高职高专"十二五"规划教材
——煤化工系列教材

炼焦生产实用技术

张　响　薛士科　丑晓红　编
周　晓　主审

化学工业出版社

·北京·

本书的编写本着内容浅显易懂，力求紧密结合实际的原则、以反映当前生产实用工艺为重点，同时广泛地介绍比较成熟的新工艺、新技术。内容包括炼焦用煤的准备、焦炉结构、焦炉机械、出炉操作、热调技术、炉体维护、炼焦生产安全及事故应急预案等，使学生和炼焦职工更多地掌握生产操作技能，更紧密地与生产实际相结合。

本书可作为高职高专煤化工专业的教材，也可作为焦化企业生产岗位操作人员参加国家职业技能鉴定的培训考试用教材，同时也可作为焦化企业工程技术人员和管理人员的参考用书。

图书在版编目（CIP）数据

炼焦生产实用技术/张响，薛士科，丑晓红编 . —北京：化学工业出版社，2011.12（2020.1 重印）
高职高专"十二五"规划教材 . 煤化工系列教材
ISBN 978-7-122-12855-3

Ⅰ．炼…　Ⅱ．①张…②薛…③丑…　Ⅲ．炼焦-生产工艺-高等职业教育-教材　Ⅳ．TQ52

中国版本图书馆 CIP 数据核字（2011）第 238789 号

责任编辑：张双进　　　　　　　　　　　装帧设计：王晓宇
责任校对：顾叔云

出版发行：化学工业出版社（北京市东城区青年湖南街 13 号　邮政编码 100011）
印　　装：北京虎彩文化传播有限公司
787mm×1092mm　1/16　印张 15¾　字数 398 千字　2020 年 1 月北京第 1 版第 3 次印刷

购书咨询：010-64518888　　　　　　　　售后服务：010-64518899
网　　址：http://www.cip.com.cn

凡购买本书，如有缺损质量问题，本社销售中心负责调换。

定　　价：39.00 元

前　言

　　本书内容编选本着浅显易懂，力求紧密结合实际，反映当前生产实用工艺为重点，同时广泛地介绍比较成熟的新工艺、新技术。内容包括炼焦用煤的准备、焦炉结构、焦炉机械、出炉操作、热调技术、炉体维护、炼焦生产安全及事故应急预案等，使学生和炼焦职工更多地掌握生产操作技能，更紧密的与生产实际相结合。

　　本书作为高中后三年制高职高专煤化工专业教材，根据教学内容侧重面的不同可以安排 80 学时左右，也可作为焦化企业生产岗位操作人员参加国家职业技能鉴定的培训考试用教材，以及焦化企业工程技术人员和管理人员的参考用书。

　　本书由石家庄焦化集团高级工程师、河北工业职业技术学院特聘客座教授张响、河北工业职业技术学院薛士科、内蒙古机电职业技术学院丑晓红编写。河北华丰电力煤化工公司总经理、高级工程师、河北工业职业技术学院特聘客座教授周晓主审。

　　本书在编写过程中参考了国内外出版的多种文献和许多企业的操作规程，在此谨向有关单位和作者深表谢意。限于编者水平和时间仓促，书中难免出现深浅不当和不妥之处，敬请读者和同行提出宝贵意见，以便在今后修订时加以改进，使其不断完善。

编者

2011 年 11 月

目 录

第一章　焦　炭

一、高炉生产及焦炭作用

焦炭主要用于高炉炼铁，其次是供铸造、电石、气化、有色金属冶炼。它们对焦炭有不同的要求，但以高炉炼铁用焦（冶金焦）的质量要求为最高且高炉用焦炭占焦炭总产量的绝大多数，为此应首先了解高炉的生产原理及焦炭在高炉中的作用。

高炉（如图 1-1 所示）是中空竖炉，从上到下分炉喉、炉身、炉腰、炉腹、炉缸五段。

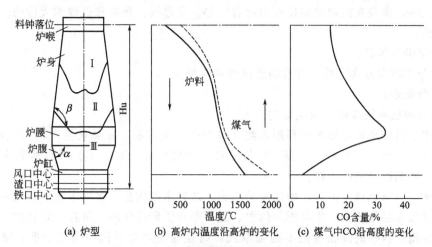

(a) 炉型　　(b) 高炉内温度沿高炉的变化　　(c) 煤气中CO沿高度的变化

图 1-1　高炉炉型及各部位温度与煤气组成

Ⅰ—800℃以下区域；Ⅱ—800～1100℃区域；Ⅲ—1100℃以上区域

原料铁矿石（或烧结矿）、焦炭和石灰石（熔剂）交替地由炉顶通过料罐（或料车）装入炉内，在炉喉处原料被预热、脱水，同时上升的煤气被冷却。由炉缸风口处鼓进的热风与焦炭不完全燃烧生成一氧化碳，并放出热量，其反应式为

$$2C + O_2 \longrightarrow 2CO$$

反应生成的 CO 是高炉冶炼过程的主要还原剂，使铁矿石中的铁氧化物还原，放出的热量是高炉冶炼过程的主要热源，占冶炼所需热量的 75%～80%。炉料因其自重在焦炭于风口处烧掉后形成空间的情况下不断下降，并受炽热的上升煤气流作用，发生了分解、还原、软化、造渣、脱硫等一系列反应，最终变成铁水和炉渣从炉缸铁口、渣口放出。铁矿石中绝大多数是各种铁的氧化物，在与还原性气体良好接触条件下，发生如下还原反应：

$$3Fe_2O_3 + CO \longrightarrow 2Fe_3O_4 + CO_2$$

$$Fe_3O_4 + CO \longrightarrow 3FeO + CO_2$$

$$FeO + CO \longrightarrow Fe + CO_2$$

在高炉下部，由于温度较高（1100℃以上），并有大量碳素存在，还发生如下直接还原反应：

$$FeO + C \longrightarrow Fe + CO$$

除此以外，硅、锰、磷、硫等氧化物也被还原进入生铁内。加入石灰石的目的在于使氧化钙与矿石、焦炭中的高熔点酸性氧化物主要在炉腹处形成熔点较低、密度较小的炉渣与铁水分开，从炉缸放出。

硫是钢铁中的有害杂质。具有足够碱度（CaO/SiO_2）和良好流动性的炉渣还可以加强生铁脱硫反应，使硫进入炉渣。

$$FeS + CaO \longrightarrow CaS + FeO$$

适宜的炉渣成分对硅、锰的还原也起一定的控制作用。

上述反应都是在炉料不断下降和煤气不断上升的相对运动中所进行的一系列传热传质过程，为使反应完全，要求炉内参与反应的物质相互均匀接触，为此炉料应分布均匀、透气性好，从炉喉到炉缸的整个途经中，只有焦炭保持固体状态，因此焦块的大小、耐磨、抗碎强度及均匀程度将直接影响炉料透气性的好坏。当炉料透气性变坏时，不仅高炉内反应过程恶化，还使气体通过阻力大大增加，造成炉料下降缓慢，甚至挂料、蹦料等高炉不顺行现象。

以上说明，焦炭在高炉冶炼过程中起着供热、还原剂、骨架和供碳四大作用。为此对焦炭的要求是：

① 固定碳含量高；

② 灰分和挥发分含量低；有害杂质硫和磷含量少；

③ 水分稳定；

④ 耐磨和抗碎强度好，块度均匀。

这样才能保证高炉有效容积利用系数（每 $1m^3$ 有效容积、每昼夜生产的生铁吨数）高，冶炼强度（每 $1m^3$ 有效容积、每昼夜燃烧的焦炭吨数）高，焦比（生产 1t 生铁需用的焦炭吨数）低，并制得合格的生铁。

近年来，为降低焦炭消耗，增加高炉产量，改善生铁质量，采用了在风口喷吹煤粉、重油、富氧鼓风等强化技术；焦炭作为热源、还原剂和供碳的作用，可在一定程度上被部分取代，但作为高炉料柱的疏松骨架不能被取代，而且随高炉大型化和强化冶炼，该作用更显重要。

根据长期使用焦炭的经验，焦炭的灰分、硫分、机械强度、热反应性和热反应强度对高炉生产的经济指标影响最为明显。因此有不少企业经常检验焦炭的热反应性（CRI）和反应后强度（CSR）。

二、高炉冶炼用焦炭

冶金焦是一种质地坚硬，以碳（含碳量 80%～85%）为主要成分的含有裂纹和缺陷的不规则多孔体，呈银灰色。

用肉眼观察焦炭可看到纵横裂纹，沿粗大的纵横裂纹分开，仍含有微裂纹的是焦块；将焦块沿细微裂纹分开，即得到焦炭多孔体又称为焦体。焦体由气孔和气孔壁构成，气孔壁又称焦质，其主要成分是碳和矿物质。焦炭纵横裂纹的多少直接影响焦炭的粒度和抗碎强度。焦块微裂纹的多少和焦体的孔孢结构则与焦炭的耐磨强度和高温反应性有密切关系。

1. 焦炭的化学组成

（1）固定碳和挥发分

固定碳是焦炭的主要成分，将焦炭再次加热到 850℃ 以上，即从中析出挥发物，剩余部分系固定碳和灰分。

焦炭的挥发分是焦炭成熟程度的标志。通常以挥发分 V_{daf}（%）表示。焦炭的挥发分与炼焦配合煤、炼焦最终温度有关。炼焦煤挥发分高，在一定的炼焦工艺条件下，焦炭挥发分略高。随着炼焦最终温度的升高，焦炭挥发分降低。

正常成熟度的冶金焦 V_{daf} 为 0.9%~1.2%；若高于 1.5% 表示焦生，生焦耐磨性差，易造成高炉透气不好、挂料、增加吹损、破坏高炉操作制度等恶果。挥发分过低则表示焦炭过火，过火焦裂纹增多、易碎，容易落入熔渣中，造成排渣困难、风口烧坏等现象。

（2）灰分

焦炭完全燃烧后的残余物为灰分，通常以灰分 A_d（%）表示，是焦炭中的有害杂质，主要成分是 SiO_2 和 Al_2O_3。

焦炭灰分增高，在高炉冶炼过程中，为造渣所消耗的石灰石和热量将增加，高炉利用系数降低，焦比增加。实践表明，灰分每增加 1%，高炉产量降低 2.2%，焦比增加 1.7%，石灰石用量增加 2.5%。在炼焦过程中煤的灰分全部转入焦炭，故焦炭灰分的高低直接取决于炼焦配合煤灰分的高低，焦炭灰分越低，对高炉生产越有利，但也要综合考虑配合煤的成本。

（3）水分

焦炭在 102~105℃的烘箱内干燥到恒重后的损失量为水分，通常以水分含量 M_t（%）表示。

焦炭的水分与配合煤的水分及炼焦工艺条件无关，主要受熄焦方式影响。采用湿法熄焦，焦炭的水分为 4%~6%，因喷水、沥水及焦炭粒度不同而波动；采用干法熄焦，焦炭在储存期间会吸附空气中水汽，使焦炭水分达 1%~1.5%。

焦炭含有适量水分有利于降低高炉炉顶温度。另外，焦炭水分低，使高炉内的反应区上移，利于提高产量。因此，焦炭水分控制要适量且力求稳定。因为高炉生产一般以湿焦计量，焦炭水分波动大，对高炉操作不利。

（4）硫分

焦炭的硫分是生铁中的有害杂质。

焦炭含硫占高炉配料中硫来源的 80% 以上，硫进入生铁后使其变脆，为去除这部分硫，需增加熔剂和焦炭；熔渣含硫过高会增加黏度，易黏着粉焦，影响操作。经验表明，焦炭硫分每增加 0.1%，熔剂和焦炭将分别增加 2%，高炉生产能力降低 2%~2.5%。

配合煤的硫分在炼焦过程中有 60%~70% 转入焦炭，因配合煤的成焦率为 70%~80%，故焦炭硫分主要取决于炼焦配合煤硫分的高低，为配合煤硫分的 80%~90%。我国规定，一般冶金焦的干基硫分 $S_{t,d}$（%）不大于 1%。

（5）磷分

焦炭的磷分含量很少，炼焦时配合煤的磷分全部转入焦炭。焦炭的磷分在炼铁时大部分转入铁中，生铁含磷使其冷脆性变大。通常焦炭含磷约 0.02%，高炉炼焦一般对含磷不作特定要求。若要求低磷焦，必须控制配合煤含磷。

2. 焦炭的筛分组成

为使高炉透气性好，焦炭粒度要均匀。焦炉生产的焦炭通常分为 >40mm、25~40mm 的冶金焦，10~25mm 的小块焦和 <10mm 焦粉四级。通常，全焦中冶金焦率为 93% 左右，小块焦为 2%~3%，粉焦为 4%~5%。为鉴定焦炭粒度的均匀性可用筛孔为 110mm×110mm、80mm×80mm、60mm×60mm、40mm×40mm、25mm×25mm 和 10mm×10mm 的一套筛子进行筛分试验。

冶金焦粒度的均匀性可用下式表示：

$$K = \frac{(40\sim80)}{(>80)+(25\sim40)}$$

式中，（40~80）、（>80）、（25~40）为该等级焦炭占冶金焦的质量百分数，K 值愈大，焦块的均匀性愈好。高炉最适宜的焦块粒度，应视高炉容积、原料情况而定，但不管高炉多大，都要求焦块均匀。

3. 焦炭冷态强度

冷态强度指标包括抗碎强度指标 M_{40}（或 M_{25}）和耐磨强度指标 M_{10}。

为了试验焦炭的耐磨性和抗碎性，我国通常采用焦炭在转动的米库姆转鼓 [米库姆转鼓是直径和宽度均为（1000±5）mm 的密闭转鼓，鼓内无穿心轴。在转鼓内壁沿鼓轴的方向焊接四根 100mm×50mm×10mm 规格（高×宽×厚）的角钢，互成 90°，角钢 100mm 的一边对着转鼓的轴线，50mm 的一边和转鼓曲面接触，且朝着转鼓旋转的反方向] 中，不断地被提料板提起，跌落在钢板上。在此过程中，焦炭由于受机械力的作用，产生撞击、摩擦，使焦块沿裂纹破裂开来以及表面被磨损，用以测定焦炭的抗碎强度 M_{40}（或 M_{25}）和耐磨强度 M_{10}。

焦炭在外力冲击下抵抗碎裂的能力称为焦炭的抗碎强度指标 M_{40}（或 M_{25}）。焦炭抵抗摩擦力破坏的能力，称为焦炭的耐磨强度指标 M_{10}。

4. 焦炭的热反应性和反应后强度

焦炭强度 M_{40}（M_{25}）和 M_{10} 都是焦炭的冷态特性，而焦炭在高炉中恰恰是在高达 1000℃ 以上的热态下使用。M_{40}（M_{25}）和 M_{10} 指标好的焦炭在高炉内不见得就表现出很好的冶炼性能。因此，人们更看重的是焦炭在冶炼热态下的"高温强度"。

经过长期的生产实践和科学实验，人们研究出可以利用焦炭的反应性（CRI）和反应后强度（CSR）来作为评价焦炭高温强度指标。我国采用的测定方法与日本新日铁相同，都是使实验条件更接近高炉情况。即在 1100℃ 恒定温度下用纯 CO_2 与 20mm 的焦球反应，反应时间为 120min，试样重 200g，以反应后失重百分数作为反应性指数（CRI）。反应后的焦炭在直径 130mm、长 700mm 的 I 型转鼓中以 20r/min 转动 600r 并经筛分，以大于 1mm 筛上物与入鼓试样总重的百分数作为反应后强度（CSR）。

三、冶金焦炭的质量指标

冶金焦炭的质量指标见表 1-1。

表 1-1　冶金焦炭的质量指标（GB/T 1996—2003）

指标		级别	粒度/mm		
			>40	>25	25~10
灰分 A_d/%		I		≤12.00	
		II		≤13.50	
		III		≤15.00	
硫分 $S_{t,d}$/%		I		≤0.60	
		II		≤0.80	
		III		≤1.00	
机械强度	抗碎强度	M_{25}/% I		≥92.0	按供需双方协议
		II		≥88.0	
		III		≥83.0	
		M_{40}/% I		≥80.0	
		II		≥76.0	
		III		≥72.0	
	耐磨强度 M_{10}/%	I		M_{25} 时，≤7.0；M_{40} 时，≤7.5	
		II		≤8.5	
		III		≤10.5	

指标	级别		粒度/mm		
			>40	>25	25~10
反应性 CRI/%		I	≤30		
		II	≤35		
		III	—		—
反应后强度 CSR/%		I	≥55		
		II	≥50		
		III	—		
挥发分 V_{daf}/%			≤1.8		
水分含量 M_t/%			4.0±1.0	5.0±2.0	≤12.0
焦末含量/%			≤4.0	≤5.0	≤12.0

注：水分只作为生产操作中控制指标，不作质量考核依据。

第二章 炼焦用煤

煤是古代死亡植物在厌氧细菌作用下的生物化学作用（也叫泥炭化作用）和在埋藏封闭条件下由地热、高压影响的地质化学作用（也叫变质作用）逐步演变过来的。因此煤的组成、性质与成煤植物、泥炭化作用条件和变质作用深浅有密切关系。根据成煤植物不同，有高等植物演变来的腐植煤和低等植物演变来的腐泥煤之分；根据泥炭化作用条件的不同会形成各种类型的岩相组成；根据变质程度的深浅，腐植煤又有褐煤、烟煤和无烟煤之分。

第一节 煤的组成与性质

一、煤的元素组成

自然界中的各种煤尽管其成煤植物和变质作用不同，终究是由有机物和无机物组成，但以有机质为主体。通常所说的元素分析是指煤中碳、氢、氧、氮、硫的测定，这五种元素是组成煤有机质的主体。

1. 碳

碳是煤的主要组成元素，也是煤中有机质的主要成分。碳是与以氢、氧、氮和硫构成化合物的形态存在。煤的基本结构单位为六角碳环的平面原子网，这些结构单位在空间彼此处于各种不同的角度下构成聚合体，在碳环原子网的周围和侧链上包含着氢、氧、氮、硫等元素。煤的含碳量是随变质程度的加深有规律的增加，故含碳量的多少可以代表煤的变质程度。泥炭的碳含量为 $50\%\sim60\%$；褐煤碳含量为 $60\%\sim77\%$；烟煤碳含量为 $74\%\sim89\%$；无烟煤碳含量为 $90\%\sim98\%$（表2-1）。

表 2-1 煤的化学组成

种类	元素组成(有机基)/%					H/C 原子比
	C	H	N	O	S	
无烟煤	93.7	2.4	0.9	2.4	0.6	0.31
中挥发分烟煤	88.4	5.0	1.7	4.1	0.8	0.68
高挥发分烟煤	80.3	5.5	1.9	11.1	1.2	0.82
褐煤	72.7	4.2	1.2	21.3	0.6	0.86

2. 氢

氢是煤的第二个重要组成元素。在煤的基本结构单位中氢位于碳环原子网的周围，煤的含氢量随煤变质程度的加深而减少（见表2-1）。

3. 氧

氧是煤的重要元素之一，是反应能力最强的元素，在煤中存在的总量和形态直接影响着煤的性质。煤在变质过程中不断放出二氧化碳和水，故煤中含氧量随变质程度的加深而迅速降低。从泥炭到无烟煤，氧含量从 $30\%\sim40\%$ 逐渐降到 $2\%\sim5\%$。

4. 氮

氮是构成煤有机物的次要元素，煤中的氮通常都是以有机氮的形式存在，主要由成煤植物中的蛋白质转化而来，其含量通常为 0.8%～1.8%，它的含量随煤化度的升高略有下降。无烟煤的氮含量多为 0.5%～1.5%，而一些年轻的褐煤，氮含量有时达 2%～2.7%，我国弱黏煤和不黏结烟煤的含氮量大多低于 1%。氮在燃烧时常以游离状态分解出来，炼焦时因高温作用氮转化为氨与吡啶类等。

5. 硫

硫是煤中的有害杂质，也是评价煤质的重要指标之一。通常可分为有机硫和无机硫两大类，总称全硫。有机硫的含量较低，但与煤的有机质结为一体，分布均匀，很难清除，一般物理洗选方法不能去除；无机硫存在于矿物质中，多以硫铁矿形式分布在煤中，由于密度不同，因而可通过洗选去除。煤含硫量一般在 1.5%以下，因不同矿区、不同煤层差别很大，有的含量高达 7%～8%。

二、煤的工业分析

煤的组成测定可分为元素分析和工业分析。元素分析一般用在鉴定煤田或采用新煤种时使用，测定的项目有碳、氢、氧、氮、硫、磷。而工业生产中广泛采用的是工业分析（煤的工业分析方法执行 GB 212—2008），用以评定煤的质量好坏和衡量煤的变质程度，测量方法简便、迅速，分析内容有水分（M_{ad}）、灰分（A_{ad}）、挥发分（V_{ad}）以及固定碳（FC_{ad}）四项。但是为了在工业生产中使用方便，通常还加上全硫（S）。

1. 水分（M_{ad}）

煤的水分包括内在水分和外在水分。内在水分的含量取决于煤的变质程度，一般来说，煤的变质程度越高，内在水分越少；外在水分的多少则取决于开采、破碎、洗选、储运等条件。内在水分和外在水分的和称为总水分（或全水分）。水分的大小通常用水分占煤的质量百分数表示。

称取一定量的空气干燥煤样，置于 105～110℃干燥箱中，在干燥氮气流中干燥到质量恒定，然后根据煤样的质量损失计算出水分的百分含量即为空气干燥煤样的水分 M_{ad}。

2. 灰分（A_{ad}）

煤样在规定的条件下完全燃烧后得到的固体残渣即为灰分。灰分的测定方法是称取一定量的空气干燥煤样，放入马弗炉中，以一定的速度加热到（815±10）℃，灰化并灼烧到质量恒定。以残留物的质量占煤样质量的百分数作为空气干燥煤样的灰分产率。

3. 挥发分（V_{ad}）

煤样在规定的条件下隔绝空气加热一部分气体逸出，从煤样失去的重量中减去内在水分即得挥发物的质量，用占煤的质量百分数表示，即为煤的挥发分。

其测定方法是：称取一定量的空气干燥煤样，放在带盖的瓷坩埚中，在（900±10）℃温度下，隔绝空气加热 7min。以减少的质量占煤样质量的百分数，减去该煤样的水分含量（M_{ad}）即为空气干燥煤样的挥发分产率。

挥发分是评价煤质及煤分类的重要指标。挥发分随煤变质程度的加深而降低的规律十分明显，且其测定方法简单，易标准化，所以几乎所有国家都将干燥无灰基挥发分 V_{daf}，作为煤工业分类的煤化度指标。

4. 固定碳（FC_{ad}）

煤样固定碳含量由下列公式计算而来

煤样固定碳含量

$$FC_{ad} = 100 - (M_{ad} + A_{ad} + V_{ad})$$

式中　FC_{ad}——空气干燥基固定碳的质量分数，%；

　　　M_{ad}——一般分析试验煤样水分的质量分数，%；

　　　A_{ad}——空气干燥基灰分的质量分数，%；

　　　V_{ad}——空气干燥基挥发分的质量分数，%。

5. 空气干燥基按下列公式换算成其他基

① 收到基煤样的灰分和挥发分。

$$X_{ar} = X_{ad} \frac{100 - M_{ar}}{100 - M_{ad}}$$

② 干燥基煤样的灰分和挥发分。

$$X_{ar} = X_{ad} \frac{100 - M_{ar}}{100 - M_{ad}}$$

③ 干燥无灰基煤样的挥发分

$$X_{daf} = V_{ad} \frac{100}{100 - M_{ad} - A_{ad}}$$

④ 当空气干燥煤样中碳酸盐二氧化碳含量大于 2% 时，则：

$$X_{daf} = V_{ad} \frac{100}{100 - M_{ad} - A_{ad} - (CO_2)_{ad}}$$

式中　X_{ar}——收到基煤样的灰分产率或挥发分产率，%；

　　　X_{ad}——空气干燥基煤样的灰分产率或挥发分产率，%；

　　　M_{ar}——收到基煤样的水分含量，%；

　　　X_d——干燥基煤样的灰分产率或挥发分产率，%；

　　　V_{daf}——干燥无灰基煤样的挥发分产率，%。

三、煤的黏结性与结焦性

1. 黏结性

煤的黏结性是指烟煤在干馏时黏结其本身或外加惰性物的能力。即粉碎后的煤在隔绝空气下逐渐加热到较高温度，有机物热解形成胶质体，经气、液、固三相相互作用，变形粒之间或变形粒子与惰性颗粒间结合的特性能力，这种特性表征为煤加热时生成胶质体中液体部分多少，流动性大小，体现黏结性的好坏。不生成胶质体时，则没有黏结性。

煤的黏结性是评价炼焦用煤的一项重要指标。煤的黏结性是煤结焦的必要条件，与煤的结焦性密切相关。炼焦煤中以肥煤的黏结性为最好。

2. 结焦性

煤的结焦性是指烟煤在焦炉或模拟工业焦炉的炼焦条件下，炼成具有一定块度和强度的焦炭的能力。即具有一定黏结性的煤，当热解到一定程度后，逐步硬化，形成半焦，继续加热，从半焦到焦炭，经热分解和热缩聚，进一步析出气体，焦质逐渐致密，同时产生收缩裂纹。以上说明，煤的结焦性包括形成半焦前的黏结性和形成半焦后的收缩性。

煤的黏结性和结焦性是两个概念，相互联系，但又有不同。黏结性好的煤在形成焦块时可能裂纹较多、变碎，其结焦性不一定好，但结焦性好的煤必须有良好的黏结性。煤的结焦性也是评价炼焦煤的一项主要指标。炼焦煤中以焦煤的结焦性最好。煤的黏结性和结焦性与煤的变质程度和岩相组成等有关。

对这些性能的研究，现代方法大体分为两类。一是测定最终效果，如罗加指数、$G_{R.I}$ 值指数、坩埚膨胀序数和葛金指数；二是测定胶质体的数量和性质，如胶质层指数、奥亚膨胀度等。

3. 黏结指数（$G_{R.I}$ 简记 G，％）

黏结指数是由中国煤炭科学研究院北京化学研究所 1976 年提出的，1986 年作为中国煤炭分类国家标准中确定烟煤工艺类别的主要指标之一。

黏结指数 G 的测定（执行 GB/T 5447—1997）是将一定质量的试验煤样和专用无烟煤（宁夏汝箕沟无烟煤）在规定的条件下混合，快速加热成焦，所得焦块在一定规格的转鼓内进行强度检验。用规定的公式计算黏结指数，以表示试验煤样的黏结能力。

黏结指数 G 值越大表明烟煤黏结性越好。黏结指数不仅能较好地表征单种煤的黏结性，成为煤炭分类的较好指标，而且焦化行业普遍将其作为指导配煤炼焦、预测焦炭强度的指标。

4. 胶质层指数（Y，mm）

胶质层指数的测定（执行 GB/T 479—2000）是按规定将煤样装入煤杯中，煤杯放在特制的电炉内以规定的升温速度进行单侧加热，煤样则相应形成半焦层、胶质层和未软化的煤样层三个等温层面。用探针测量出胶质体的最大厚度 Y、最终收缩度 X 和体积曲线（见图 2-1）。

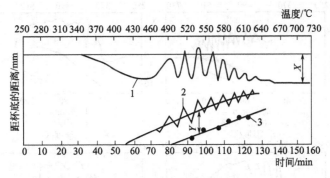

图 2-1　胶质体曲线示意图

1—体积曲线；2—胶质层上部层面；3—胶质层下部层面

Y 值越大，一般表明烟煤的结焦性越好。Y 值随煤的变质程度呈有规律的变化，一般当煤的 V_{daf} 为 30％左右时，Y 值出现最大值；V_{daf} 小于 13％或大于 50％，Y 值几乎为零。

X 值表征煤料成焦后的收缩程度。

胶质层指数测定中会有多种不同的体积曲线产生，一般分为 8 个类型（见图 2-2）。从体积曲线可看出胶质体的厚度、黏度、透气性以及气体析出情况和温度间隔，与煤的胶质体性质相关。

据体积曲线类型可以大致估计出煤的牌号，例如，

① 平滑下降形的煤可能是 1/2 中黏煤、弱黏煤、不黏煤、长焰煤或气煤等；

② 平滑斜降形的煤可能是弱黏煤或不黏煤，也可能是无烟煤或贫煤、瘦煤等；

③ 波形、微波形的煤可能是气煤、气肥煤和焦煤；

④ 之字形的煤可能是气肥煤、焦煤，之字形很大的有可能是肥煤；

⑤ 山形、之山混合形的煤可能是肥煤。

胶质层指数 Y 值的不足之处在于它不能反映胶质体的质，故不能全面评价煤的结焦性且对黏结性差或黏结性特强的煤缺乏鉴别能力。当 Y 值小于 10mm 和大于 25mm 时，数据的重现性差。另外，胶质层指数 Y 值测定主观因素大，煤样用量大，测量仪器规范性强。

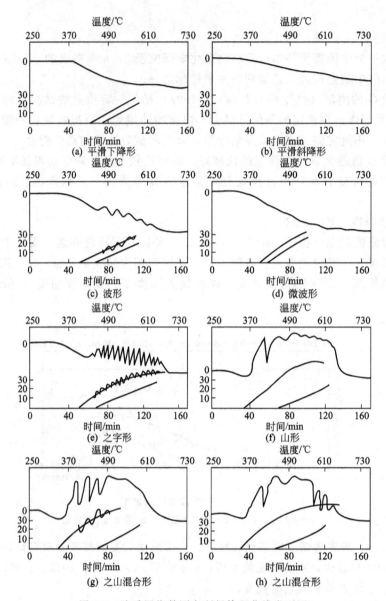

图 2-2　胶质层指数测定所得体积曲线类型图

　　1954 年和 1958 年我国制定的中国煤分类方案都将胶质层指数 Y 值作为烟煤分类的工艺指标。1986 年、2009 年颁布的中国煤炭分类国家标准中，胶质层指数 Y 值被选定为区分强黏结性烟煤的辅助指标之一。

　　5. 奥亚膨胀度（b，%）

　　奥亚膨胀度的测量（执行 GB/T 5450—1985）是将试验煤样按规定方法制成一定规格的煤笔，放在一根标准口径的管子（膨胀管）内，其上放置一根能在管内自由滑动的钢杆（膨胀杆）。将上述装置放在专用的电炉内，以规定的升温速度进行加热，记录膨胀杆的位移曲线。以位移曲线的最大距离占煤笔原始长度的百分数表示煤样膨胀度 b 的大小。膨胀度 b 是在煤笔的塑性阶段直接测定的，其大小取决于胶质层体的不透气性和塑性期间的气体析出速度，同时与煤的岩相组成有密切关系。它是一个综合性指标，变动幅度大，对黏结性中等以上的煤，特别是当煤料偏肥时，b 值可做较好地区分。

奥亚膨胀度的测量无需添加任何惰性物，在区分中等以上黏结性煤，特别是强黏结性煤方面具有其他指标无法比拟的优点。它不仅能反映胶质体的量，还能反映胶质体的质。

1953年奥亚膨胀度b被列为国际煤炭分类的重要指标。1986年颁布的中国煤炭分类国家标准中，奥亚膨胀度被选定为区分强黏结性烟煤的辅助指标之一。

第二节 煤 炭 分 类

一、我国煤炭分类

我国煤炭共有三个分类方案。

① 中国煤炭分类方案（GB 5751—2009），属于煤炭的技术分类。

② 中国煤炭编码系统（GB/T 16772—1997），属于商业分类，便于商贸交流；

③ 中国煤层煤分类方案（GB/T 17607—1998），属于科学、成因分类。

上述三个方案共同构成中国煤炭技术、商业分类与科学、成因分类的完整体系。三个方案互为补充，同时执行。

目前，焦化行业普遍使用的是《中国煤炭分类》（GB/T 5751—2009）方案。本节重点介绍中国煤炭分类方案中的烟煤（炼焦用煤），其对焦化生产中的炼焦用煤具有重要的指导意义。

二、烟煤的分类

烟煤分类采用两个参数来确定，见表2-2，一个是表征烟煤煤化程度（干燥无灰基挥发分）的参数，另一个是表征烟煤黏结性（根据黏结性的不同选用黏结指数G、胶质层最大厚度Y或奥亚膨胀度b的参数以此来区分烟煤的类别）。

表2-2 烟煤的分类（GB 5751—2009）

类别	符号	数码	分类指标			
			V_{daf}/%	G	y/mm	$b^{②}$/%
贫煤	PM	11	10.0～20.0	≤5.0		
贫瘦煤	PS	12	>10.0～20.0	>5～20		
瘦煤	SM	13 14	>10.0～20.0 >10.0～20.0	>20～50 >50～65		
焦煤	JM	15 24 25	>10.0～20.0 >20.0～28.0 >20.0～28.0	>65① >50～65 >65①	≤25.0 ≤25.0	(≤150) (≤150)
肥煤	FM	16 26 36	>10.0～20.0 >20.0～28.0 >28.0～37.0	(>85)① (>85)① (>85)①	>25.0 >25.0 >25.0	(>150) (>150) (>220)
1/3焦煤	1/3JM	35	>28.0～37.0	>65①	≤25.0	(≤220)
气肥煤	QF	46	>37.0	(>85)①	>25.0	(>220)
气煤	QM	34 43 44 45	>28.0～37.0 >37.0 >37.0 >37.0	>50～65 >35～50 >50～65 >65①	≤25.0	(≤220)
1/2中黏煤	1/2ZN	23 33	>20.0～28.0 >28.0～37.0	>30～50 >30～50		
弱黏煤	RN	22 32	>20.0～28.0 >28.0～37.0	>5～30 >5～30		

类别	符号	数码	分类指标			
			$V_{daf}/\%$	G	y/mm	$b^{②}/\%$
不黏煤	BN	21	>20.0~28.0	≤5		
		31	>28.0~37.0	≤5		
长焰煤	CY	41	>37.0	≤5		
		42	>37.0	>5~35		

① 当烟煤的黏结指数测值 G≤85 时，用干燥无灰基挥发分发 V_{daf} 和黏结指数 G 来划分煤类。当黏结指数测值 G>85 时，则用干燥无灰基挥发分 V_{daf} 和胶质层最大厚度 Y，或用干燥无灰基挥发分 V_{daf} 和奥亚膨胀度 b 来划分煤类。在 G>85 的情况下，当 Y>25.00mm 时，根据 V_{daf} 的大小可划分为肥煤或气肥煤；当 Y<25.0mm 时，则根据 V_{daf} 的大小可划分为焦煤、1/3 焦煤或气煤。

② 当 G>85 时，用 Y 和 b 并列作为分类指标。当 V_{daf}≤28.0% 时，b>150% 为肥煤；V_{daf}>28.0% 时，b>220% 的为肥煤或气肥煤。如按 b 值和 Y 值划分的类别有矛盾时，以 Y 值划分的类别为准。

烟煤的分类采用的是以烟煤的黏结指数 G 为主，胶质层最大厚度 Y 和奥亚膨胀度 b 为辅的分类指标，这样可发挥指标各自的优点。

三、单种煤的结焦特性

单种煤的结焦特性是配合煤结焦性的基础，现将各单种煤的结焦特性归纳如下。

1. 褐煤（HM）

褐煤是煤化程度低的煤，其变质程度只比泥炭高。加热时不产生胶质体，没有黏结性。在近代焦炉中不能单独炼成焦炭，通常不列入炼焦煤的范围。近年来在配煤中少量配入褐煤（约占 5%）已取得初步成果，但必须采用特殊的工艺进行处理。

2. 长焰煤（CY）

长焰煤是低煤化程度的煤，其煤化度比褐煤高，是烟煤中煤化程度最低的煤，氧含量高，高沸点的液态产物很少，胶质层厚度小于 5mm，结焦性很差。在现代焦炉中不能炼出合格的焦炭。如果采用压紧，薄装快速加热等方法，可在土焦炉中炼制出细长条的焦炭；也可在配煤中少量配入长焰煤，作为瘦化剂用。但长焰煤的配入量较高时，会使焦炭的耐磨强度降低，特别是配煤中肥煤不多的情况下，焦炭质量显著变坏，因此在配入长焰煤时要注意对焦炭质量的影响。长焰煤脆性小，一般难粉碎，若配入长焰煤时，最好将其单独粉碎，以免影响焦炭质量的均匀性。

3. 气煤（QM）

气煤是变质程度低、挥发分高、黏结性中等的烟煤。高温干馏时，产生的胶质体热稳定性差，气体析出量大。单独炼焦时能形成块焦，但焦饼收缩大，焦炭细长、易碎，并有较多的纵裂纹，气孔率大，反应性高。

在配合煤中配入气煤，焦炭块度变小，机械强度变差；但可以降低炼焦过程中的膨胀压力，增加焦饼收缩度，便于推焦，并能增加煤气和化学产品的产率。单独用气煤可以生产铁合金焦或气化焦。由于我国气煤贮量大，为了合理利用炼焦煤资源，在炼焦配煤中应尽量多配气煤。

4. 气肥煤（QF）

气肥煤是介于气煤和肥煤之间高挥发分的烟煤。煤化程度低，挥发分特别高，黏结性强。单独炼焦时能产生大量的煤气和胶质体，但胶质体稳定性差，不能生成强度高的焦炭。化学产品产率高，在配煤时可用来增加化学产品。气肥煤可作为炼焦配煤的组分。

5. 肥煤（FM）

肥煤是变质程度中等、黏结性极强的烟煤，单独炼焦时能产生大量的胶质体。其挥发分高，半焦的热分解和热缩聚比较剧烈，收缩量和收缩度较大，故单独炼焦时，焦炭的裂纹较多、较宽、较深，气孔率高，焦根部分有蜂窝状焦。又因其黏结性强，配入肥煤可使焦炭熔融良好，提高焦炭耐磨强度。还因胶质体数量多且有一定的黏度，膨胀压力较大（约为 $1.96N/cm^2$），单独炼焦时易发生焦饼难推，焦饼中心有海绵焦。

肥煤黏结性强，但结焦性不如焦煤。从我国的煤炭资源特点出发，为了多配气煤、贫瘦煤等弱黏结煤，取肥煤之长，把它作为基础煤，同时配入适量的低挥发分煤，以补其短。肥煤是炼焦配合煤的重要组分，属优质炼焦原料，是必须加以保护的煤炭资源。

6. 焦煤（JM）

焦煤是煤化程度比肥煤稍高的烟煤。单独炼焦时生成的胶质体热稳定性好、数量多、黏度大、固化温度较高、膨胀压力很大（为 $1.47\sim5.88N/cm^2$）、其半焦的收缩量小、收缩速度也小，所以炼出的焦炭块度大、裂纹少、机械强度高；但由于收缩度小、膨胀压力大，易造成推焦困难，甚至引起炉体损坏。但按其结焦性来说焦煤最适于炼制高质量的冶金焦。

在炼焦配煤中，配入焦煤可以起到骨架作用和缓和收缩应力，提高焦炭机械强度，是优质炼焦原料。从世界范围来说，焦煤的资源都比较匮乏，是必须加以保护的宝贵资源。所以不仅不能单独用焦煤炼焦，而且在炼焦配煤中应尽量减少焦煤的用量，以节约焦煤的用量。

7. 1/3 焦煤（1/3JM）

1/3 焦煤是介于焦煤、肥煤和气煤之间含有中高挥发分的烟煤，其 G 值大于 75。单独炼焦时能产生较多的胶质体，结焦性好，能炼出强度较高的焦炭。焦炭强度接近于肥煤，耐磨强度比肥煤低，比气煤、气肥煤高，是配煤炼焦的骨架煤之一。1/3 焦煤资源比较丰富，在炼焦工业中使用较为广泛。

8. 瘦煤（SM）

瘦煤挥发分低，是变质程度较高的烟煤。单独炼焦时生成的胶质体少且黏度大，所得焦炭块度大，裂纹少，熔融性较差，从外观上看，有粒状物质存在，焦炭的耐磨强度差。在炼焦配合煤中，配入瘦煤可以起到骨架作用和缓和半焦收缩应力，增大焦炭块度。

9. 贫煤（PM）

贫煤的煤化程度比瘦煤高，属于高变质程度的煤。加热时不产生胶质体，没有黏结性，不能单独炼焦，在配煤中少量配入可作为瘦化剂使用。配入贫煤时最好将其单独粉碎（因其硬度大）以增加焦炭的均匀性。

10. 无烟煤（WY）

无烟煤是煤化程度最高的煤种。加热时不产生胶质体，没有黏结性和结焦性。在某些缺少瘦煤地区，可少量配入无烟煤作为瘦化剂，但这时的肥煤配入量应高一些。无烟煤脆度较小，配入时应单独粉碎，以免影响焦炭质量，采用新的工艺处理，可以将无烟煤配入一定量的沥青或强黏结煤加压成型生产型焦。

第三章　炼焦用煤的准备

为了给焦炉提供质量合乎要求的原料煤，焦化厂无论规模大小都要设置备煤车间，将进场洗精煤进行一系列的工艺处理，原料煤在炼焦前进行的工艺处理过程称为备煤工艺过程。这些工序通常由受煤、贮煤、破碎、配煤、粉碎、贮煤塔所组成，用于完成来煤的装卸、贮存、倒运以及煤的配合、粉碎、输送等任务。备煤工艺过程大体上分为两部分：一是来煤的接收与贮存（包括卸、运煤设备、煤场等）；二是炼焦煤的配合（包括煤的配合、粉碎及混合）。

第一节　备 煤 工 艺

目前生产中按不同的配煤和粉碎程序，备煤工艺大体分为先配合后粉碎和先粉碎后配煤两种流程，很少有焦化企业采用选择粉碎流程。

一、先配合后粉碎工艺流程

先配合后粉碎是将炼焦煤料的各单种煤，先按规定比例配合，然后进行粉碎的工艺流程，此工艺流程如图 3-1 所示。

图 3-1　配合粉碎工艺流程示意图

该流程的特点是：工艺简单，布局紧凑，设备少，投资省，操作方便。但在操作时不能根据不同煤种进行不同粒度的粉碎，因此只适用于煤质较均匀、黏结性较好的煤料。对原料煤硬度差别较大时，粉碎粒度不均匀，对焦炭质量有一定的影响，但此工艺由于投资省，工艺简单，目前我国绝大多数焦化厂普遍采用。

二、先粉碎后配合工艺流程

这种工艺流程（如图 3-2 所示）是将组成炼焦煤的各单种煤按各自的性质不同进行不同细度的粉碎，然后按规定的比例配合和混合的工艺，以达到改善焦炭质量的目的。但此工艺过程复杂，需多台粉碎机，且配煤后还需设有单独的混合设备，故投资大，操作复杂。

图 3-2　先粉碎后配合工艺流程

为简化工艺，当炼焦煤只有 1～2 种硬度较大的煤时，可先将硬质煤预粉碎，然后再按比例与其他煤配合、粉碎（如图 3-3 所示）。如气煤的细度要求比肥煤、焦煤的高，所以常将这种流程用作气煤预粉碎。部分煤预粉碎机的位置可放置在配煤槽前，也可在配煤槽后。前一种布置的预粉碎机能力要与配煤前输送煤系统能力相适应，因此预粉碎机庞大，设备投资较多；后一种布置的预粉碎机能力可适当减小，所以设备轻、投资省。

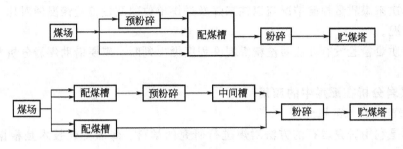

图 3-3 部分硬质煤预粉碎流程

第二节 来煤接受和贮存

为了保证焦炭质量，焦炉生产正常，必须保证入炉煤质量稳定。但是，由于煤本身具有复杂的结构组成和理化性质，即使同一变质程度的煤，甚至同一矿井出来的煤性质也不完全一样，质量也有波动。因此如何将进场洗精煤按质按量进行贮存、使用是一个十分重要的工作。

一、洗精煤质量检验

根据烟煤分类、单种煤的结焦特性，应首先对来煤进行质量判定，为此质量检验必须做到以下几点。

1. 一定要建立严格的质量检验制度

焦化厂必须对来煤建立一套严格的质量检验制度，以保证进场煤的质量稳定。

2. 对来煤按规程取样、分析

为了保证焦炭质量和检验配煤工作的好坏，必须建立对煤料的检验与化验制度，按规定进行煤料煤样的制取即：将煤试样缩分、破碎到 1.5mm 以下，送实验室进行黏结指数的测定；将煤试样缩分、破碎到 0.2mm 以下，进行工业分析；在生产过程中测定煤的水分、煤的筛分组成和配合煤的粉碎细度。

3. 判定来煤质量

为了检查来煤是否符合技术标准，每批来煤应按规程进行质量分析，并与来煤单位的分析数据做对比，如果超过允许的差别，应提出意见。如质量不合要求或混入杂质，应另行堆放。煤种核实后方可接受，对于氧化变质煤不应接收和使用。

某焦化厂来煤质量化验单见表 3-1。

表 3-1 某焦化厂来煤质量化验单

进厂精煤	水分/%	灰分/%	挥发分/%	硫分/%	吨数	X/mm	Y/mm	G	来煤日期
三给村	10.2	10.68	14.01	0.95		26.0	3.0	23.6	
古交(F)	10.1	9.74	23.27	0.97		18.0	25.0	96.1	
官庄	10.9	8.81	33.86	0.43		44.0	19.0	88.0	
新坡	13.0	11.20	21.80	1.14		43.0	16.0	86.1	
邯郸	10.7	10.23	22.51	0.69		34.0	22.0	85.8	
镇城底(F)	10.4	10.35	21.80	1.06		27.0	25.0	94.9	
古东(S)	10.9	11.37	15.17	0.87				59.2	
大山头	6.0	8.19	35.12	0.58		39.5	10.0	79.4	

依据单次来煤质量检验情况与以往来煤及送煤单位的质量检验情况做对比,判定这批次煤的质量情况。

常规的质量检验没有办法对洗精煤混洗程度做出判断,需要借助煤岩分析判定来煤的具体质量情况。

二、煤岩分析在配煤中的应用

1. 煤岩配煤技术的概念

煤岩学是利用研究岩石的方法对煤进行研究的学科。煤岩配煤技术是根据煤岩学的原理,利用煤岩学的检测方法和煤岩参数,指导洗精煤管理、配合及其他煤焦工艺参数的调整,预测、控制焦炭质量,以达到稳定、提高焦炭质量、合理利用煤炭资源、降低生产成本的技术理论和技术方法。

煤岩配煤的发展已经形成几条公认的基本原理。

① 煤是不均一的物质,是一种复杂的有机物质和无机物质的混合体。煤中有机物质的性质不同,在配煤中的作用就不同。因此,可以说每种煤都是天然的配煤。根据煤在加热过程中的变化,把煤的有机物质按其在加热过程中能熔融并产生活性键的成分,视作有黏结性的活性成分;加热不能熔融的、不产生活性键的为没有黏结性的惰性成分。

② 一种煤的活性成分的质量不是均一的,这可用反射率分布图来说明。活性成分的质量差别可以很大,不但不同变质程度煤差别大,而且即使同一种煤,所含的活性成分的质量也可有相当大的差别。如果以反射率表示一种单种煤中所含不同性质的活性成分(指镜质组)的组成,则每一种煤的活性成分反射率图都大体成正态分布。这使得煤镜质组反射率分布成为鉴别混煤的唯一有效方法。

③ 惰性组分与活性成分一样,都是配煤中不可缺少的成分,其含量的多少是决定配煤性质的又一重要指标。任何一种合理的炼焦配煤方案,都是不同质量、不同数量的活性成分与适量惰性成分的组合。

④ 成焦过程中,不是煤粒相互熔融成均一焦炭的过程,而是通过煤粒间的界面反应、键合而连接成为焦块。

2. 煤岩学在炼焦配煤中的应用现状

目前煤岩学在炼焦配煤中主要用在评定煤质、日常煤质检测、指导煤场分堆、优化配煤方案及焦炭质量预测等方面。

(1) 评定煤质

大型焦化企业,一般都有自己较为固定的供煤基地。目前,各焦化厂选择供煤基地时,除考虑各煤种间相互的配合外,主要考虑其黏结性、挥发分、灰分、硫分的高低。而实际上,黏结性好坏、挥发分产率高低主要决定于煤变质程度和岩相组成,有时煤的还原程度也能引起黏结性异常。煤中灰分、硫分主要来自煤中矿物质,煤可选性大小取决于矿物质与有机组分之间不同的共生关系。另外,来自同一供煤基地的煤,由于产自不同煤层,其性质也会有非常显著的差别。运用煤岩学手段,结合供煤点煤田地质特性,有利于找到煤种适宜、煤质稳定并可保障供应的供煤基地。

(2) 日常煤质检测

目前很多供煤厂家是汽车送煤或站台发煤,其煤源本身就很复杂且大多数焦化厂使用的单种煤往往都有不同程度的混洗现象,依据常规的分析手段,如工业分析、黏结指数测定等得出的煤质数据又不能有效的鉴别混煤,这给焦化厂的配煤工作带来了不便,甚至在经济上造成损失。

采用煤镜质组反射率方法能有效鉴别混煤。同一厂家不同批次来煤，有时常规检测属同一种煤，但煤岩特征差异较大，在配煤中所起的作用并不相同，把这样的煤作为单种煤，对配煤炼焦质量会产生非常不利的影响。

对入厂原料煤进行显微组分定量统计及镜质组反射率测定，运用这两个指标可以判别每次来煤是否稳定、正常。其中，镜质组反射率直方图可以非常直观地反映出混煤现象，并可从图中求出非正常煤的大致混入量；从显微组分定量统计结果的变化也可以看出来煤煤源发生的变化。

根据来煤质量化验和煤岩分析，作出来煤质量是否合格的判定。来煤不合格，应限量使用或直接退货拉走。

（3）指导煤场分堆

煤场中同一牌号的来煤，各供应商供煤的结焦性质差别不一，若将同一牌号各供应商来煤不加区别地堆成一堆，就可能造成同一堆煤的结焦性质波动较大。因此，必须准确区分同一牌号煤的各供应商间的来煤结焦性质的差别，确保将结焦性质相近的来煤堆成一堆，使煤场中各堆煤的结焦性质均一、稳定。根据来煤的反射率分布图，制定煤场分堆原则：同一堆煤的各批来煤最大平均反射率相近，反射率分布图围成的面积绝大部分重叠。

（4）优化配煤方案

研究表明，配合煤中单种煤的煤种结构不同，最佳配煤的反射率分布图的特征也不同。因此，应把配合煤反射率分布图特征也作为控制配煤的一个指标。

具体做法：按配煤方案中各单种煤镜质组反射率分布，通过加权平均得出配煤的反射率分布，并力求调整到理想的配合煤的反射率分布图。应避免有明显凹口的配合煤反射率分布图出现，因为这样可使配合煤在结焦过程中保证塑性状态的良好衔接和合适的焦炭光学显微组织组成的形成，保证焦炭在结焦过程中和形成焦炭的微观结构得到优化。

（5）焦炭质量预测

由于煤岩指标、数据众多和处理的复杂性以及煤质与焦炭质量之间的非线性关系，传统的线性模型和经验公式已经不适合于配煤的需要。随着计算机的飞速发展，模式识别等算法已经在很多领域被应用并取得良好的效果，它们适合于处理一些非线性的复杂问题。通过采集大量配煤炼焦试验数据，运用这些新型数据处理方法来建立焦炭质量预测模型是近年来煤岩配煤工作的主要特点。这种综合了煤岩配煤理论、现代数学处理方法和计算机技术的配煤方法，使配煤技术从经验和定性阶段进入到科学和数值化定量的新阶段。

三、贮煤场类型

焦化厂设置贮煤场的目的，一是要保证焦炉的连续生产；二是要稳定装炉煤的质量。因为不同牌号的煤其性质有差异，即便是相同牌号的煤也可能是来自不同的矿井或矿层，其质量也有所不同，通过贮煤场，可以达到混匀作用，使其质量稳定。另外，也有利于洗精煤的脱水，使装炉煤的水分降低和稳定。

我国大多数焦化厂使用的原料煤是由洗煤厂供给的洗精煤，故一般不设置洗煤设施。

贮煤场是接受来煤的主要场所。焦化厂都需设置具有一定容量的贮煤场，贮煤场通常有全封闭贮煤场和露天贮煤场两种类型。

1. 全封闭贮煤场

全封闭贮煤场为数排并列的圆形或矩形贮槽（每个贮槽容量为5000～10000t），贮槽下面是排料口，来煤直接由火车卸入煤贮槽中，槽上覆有铁筛，使大块煤留于筛上破碎后才可以落下，以免堵塞排料口。贮槽可实现上贮下配，且可杜绝煤尘污染和煤料损失。但基建投资较高，且不能进行来煤的均匀化作业。

2. 露天贮煤场

贮煤场应有足够的容量以保证一定的贮煤量，从而保证焦炉的连续稳定生产。贮煤场容量主要依据焦炉生产能力，贮存天数来确定，首先确定焦炉昼夜用煤量，当贮煤场形式确定后，可以算出它的总容量和操作容量。

焦炉昼夜用煤量计算公式如下：

$$B_湿 = \frac{NKG\eta \times 24}{\tau}$$

式中　N——每组焦炉座数，座；

　　　K——每组焦炉孔数，孔；

　　　G——炭化室一次装入湿煤量，t；

　　　η——焦炉操作紧张系数，一般 1.05～1.10；

　　　τ——炭化室周转时间，h。

贮煤场的操作容量＝昼夜用湿煤量×贮存天数

按上述标准确定的称为贮煤场操作容量，即在正常操作条件下，贮煤场所能贮存的煤量。考虑到实际生产中煤堆塌落，处理过期煤或混杂煤，各种煤堆的分割、煤场机械的运转和检修、煤场的清底和平整等需要，煤场的操作容量一般为总容量的 60%～70%。

贮煤场的长度，应能提供各种堆、取、贮的可能条件，即每种煤尽可能有三堆，条件限制时，也应有两堆以上，以便堆贮与取用分开。

为了提供煤场机械检修的场地，煤场总长度比煤堆有效长度长 10m 左右。

四、来煤的接受

接受来煤是备煤车间第一道工序，为了保证配合煤的质量，接受来煤时应注意以下几点。

① 每批来煤应按规程取样分析，并与来煤单位的煤质分析数据对比，煤种核实后方可接受。如质量不合要求或混入杂质，应适当处理。

② 来煤按其煤种，分别卸到指定地点，防止不同煤种在接受过程中互混。对各种煤的牌号、数量、质量和进入煤场时间要分别记录清楚。

③ 对来煤，可送往贮煤场，也可直接进配煤槽，生产上为改善和稳定原料煤的质量，来煤尽可能送往贮煤场。

④ 各种煤的卸煤场地要保持一定距离，一般为 2m，场地要清洁，更换煤种时应彻底清除余煤。卸煤斗、槽或受煤坑更换煤种时，也要清扫干净，避免混煤。

严格地按上述各点接受来煤，就可以做到煤种分清，保证质量，为稳定配煤质量提供先决条件。

五、来煤的贮存

从焦化厂的整个工艺流程来看，原料煤卸到贮煤场后，煤场管理的好坏，将直接影响配煤质量，因此贮煤场的管理十分重要。它对于给焦炉提供质量均衡、稳定入炉煤（其中包括来煤调配，合理堆放和取用，质量检验，环境保护等方面）有非常重要的作用。

1. 煤场应有足够的容量

贮煤场的容量与诸多因素有关，如离煤源的距离，煤矿生产规模及其生产稳定情况，交通运输条件等。一般大中型焦化厂必须保证有 10～15d 的贮煤量，小型焦化厂则更多些，从而保证焦炉的连续稳定生产。

2. 确保不同煤种单独存放

对同一种煤，为消除和减少由于不同矿井或煤层来煤所造成的该煤种的煤质差别，在贮煤场存放过程中应实行质量混匀化。通常采用"平铺直取"的操作方法，即存煤时，沿该煤种整个场地逐层平铺堆放；取煤时，沿该煤堆一侧由上而下直取，这种方法可以提高单种煤的质量均匀性。

另外，每种煤尽可能有2～3堆，条件限制时，也应有2堆，以便使煤料堆贮与取用分开。再有煤场的地坪应适当处理，根据场地土质和工厂条件可采用夯实、灌浆等措施，使煤场平整。

3. 保持一定的煤堆高度

煤堆高度过低，煤场占地面积增大，易导致雨天时煤的水分增大，煤场出现塌方且影响配煤操作。煤堆的高度与煤场机械有关，一般煤堆高度使用斗轮堆取料机可达10～15m，门式抓斗起重机为7～9m，桥式抓斗起重机一般为7～8m。

4. 防扬尘与排水

为防止粉尘过大，污染大气及造成洗精煤的损失，卸煤时应有喷水设施，煤堆应喷水或喷覆盖剂。目前，有的企业用防尘网防大风扬尘，收到一定成效；另外，煤场还应考虑防雨排水系统，及时排除煤场积水，防止煤堆塌落，并应对排水进行处理，防止污染环境。

5. 贮存期限

煤的贮放时间不能过长，以免氧化。特别是低变质程度的煤气孔率高，吸附氧多，易被氧化，发生自燃。煤的氧化除和煤种有关外，还和气温及煤场的通风条件有关。为了控制氧化，应定期检查煤堆温度，将煤堆温度控制在50℃以下。若发现温度接近50℃，应尽快取用，超过50℃时应立即散开煤堆，以防自燃。

（1）期限要求

炼焦用煤贮存期限，随煤的变质程度不同而异，也随煤的堆放类型不同而不同。变质程度大的煤要比变质程度小的煤贮存期长一些；冬季贮存期比夏季长；压实的与不压实的贮存期也不一样；南方与北方也有所不同，各种煤的允许贮存时间见表3-2。

表3-2　各种煤的允许贮存时间

煤种	堆煤季节	堆煤类型	贮存期限/d
气煤	夏季 冬季	露天 露天	50 60
肥煤	夏季 冬季	露天 露天	60 80
焦煤	夏季 冬季	露天 压实	60 90
瘦煤	夏季 冬季	露天 露天	90 150

（2）氧化对煤质的影响

煤氧化后，对煤的性质有很大影响，主要表现在以下几方面。

① 结焦性变坏。岩相组成均一的煤氧化后使胶质层厚度降低；岩相组成不均的煤氧化后胶质层厚度降低不大，但炼出的焦炭转鼓指标及性质变差。因此，可以用胶质层厚度及转鼓指标、熔融性来判断氧化对煤结焦性的影响。

② 燃点降低。氧化越深，燃点降低越多，因此，可以用燃点降低情况来判断煤的氧化程度。

③ 挥发分、碳、氢含量及发热量都降低。

④ 预防氧化的措施。煤的自燃是煤氧化到一定程度造成的，因此减轻煤的氧化可防止煤的自燃。防止氧化的措施很多，如控制煤的贮存日期；执行来煤先到先用、后到后用的原则，避免存放时间过长；定期检查煤堆温度，发现煤温高于指标时立即进行处理；避免煤堆内空气的流通；消除煤场残煤等。

一般来说，只要做好贮煤管理工作，就可以减轻煤的氧化，从而保证煤的结焦性不致因氧化严重而变坏。

六、贮煤场管理

1. 提出合理的进煤计划

根据客户对焦炭质量的需求、配煤方案并结合煤场的实际库存情况，每月提出具体的进煤计划（包括矿点、煤质要求、数量），且要求来煤均衡进场，避免造成煤场混乱。当实际贮量低于允许最低贮量时，应采取措施及时解决，以免影响炼焦生产。

2. 合理调配

贮煤场应保证各煤种的煤有一定的贮煤量。如果因某种原因，所需煤未能及时运到，贮煤场的存煤可补足这一部分煤料，但这种煤质量波动较为严重时，必然影响到煤场所必须进行的均匀化作业，不利于稳定入炉煤质量。

在煤场管理中，必须根据各类煤的配用量，煤场上各种煤的堆放和取用制度及煤场容量，向采购部门提出进煤计划，并及时组织调运，并建立各煤种的日进量和日使用量统计表，及时掌握贮煤情况，利于对贮煤的调配工作。尽量避免煤场用空后来煤直接进配料槽，使入炉煤质量发生波动，同时也要避免来煤过多，煤场难以容纳，造成管理混乱。

3. 堆放和使用

焦化厂的来煤，最好全部先进入煤场堆贮，经过煤场作业实现煤质的均匀化和脱水，以保证煤料质量的稳定。因为一方面各种牌号的煤，由于矿井和煤层的不同，而存在结焦性的不同；另一方面，在煤的洗选过程中，各种煤的可洗性不同，洗精煤的灰分和硫分也不同。因此，来煤的质量有很大波动，必须在煤场进行均匀化作业。抓斗类起重机作为煤场机械时采用"平铺直取"，堆取料机可采用"行走定点堆料"和"水平回转取料"的方法进行均匀化作业。

统计数据表明，经煤场均匀化作业后，水分、挥发分、灰分、硫分等多项指标的偏差都有所降低，其中以灰分的均匀化效果最为明显。

统计数据还表明，经过煤场堆贮 10d 左右的煤料，平均水分降低 2.33%，由于水分的降低和稳定，减少了焦炉的耗热量，改善了焦炭质量和焦炉操作，对延长焦炉寿命有利，同时有利于配煤槽均匀出料。

4. 质量检验

对来煤必须称量，并按规定进行取样。分析来煤的水分、灰分、硫分和结焦性，以核准和掌握煤种和煤质，并考虑该煤种的取用和配用。

为加快卸车或卸船速度，我国多数焦化厂是采取边取样分析，煤料边进场的方法。对铁路运输来煤一般在车厢取样，也有的是在翻车机皮带上取样。对船运来煤一般是在卸船机后送往煤场的皮带上取样。刚进煤场的煤料应单独贮放，不得与已混匀的煤料或正在取用的煤料混合。

目前国内外都十分注重取样、分析的合理、快速、高效和高准确性，并在这些方面有较大进展。

第三节 配 煤

高炉用焦要求灰分低、硫分低、强度大。从单种煤的结焦特性可知，大多数单种煤不易炼出机械强度较高的优质冶金焦。选择两种及两种以上单种煤按一定比例配合，可生产出优质焦炭。

一、配煤原则

为了保证焦炭质量，又利于焦炉的生产操作，配煤应遵循以下原则。

① 焦炭质量应符合用户要求，达到规定的指标。

② 不会产生对炉墙有危险的膨胀压力，且在结焦末期要有足够的收缩度，避免推焦困难和损坏炉体。

③ 在满足焦炭质量的前提下，适当多配一些高挥发分的煤，以增加化学产品的产率和质量。

④ 根据本区域煤炭资源的近期平衡和远景规划，充分利用本区域的黏结煤和弱黏结煤。在保证焦炭质量的前提下，应多配气煤等弱黏结性煤，尽量少用优质焦煤。

⑤ 做到运输合理，尽量缩短煤源平均距离，降低生产成本。

二、配合煤质量指标及对焦炭质量的影响

配合煤的主要质量指标包括：化学成分指标，即灰分、硫分和矿物质组成；工艺性质指标，即挥发分、细度和黏结性等；煤岩组分指标和工艺条件指标，即水分、细度、堆密度等。高炉冶炼要求焦炭低灰、低硫、高强度、热性能稳定。焦炭质量指标要求不同，则配合煤的指标也有所不同。配合煤的质量取决于单种煤的质量及其配比。

1. 水分

配合煤水分大小及其稳定与否，对焦炭产量、质量以及焦炉寿命有很大影响。配合煤水分的多少主要取决于单种煤的水分的多少。

水分过大，会使焦炉操作困难。通常水分每增加 1%，结焦时间将延长 10～15min，炼焦耗热量增加约 30kJ/kg；其次装炉煤水分过高，产生的酚水量增加，增大了酚氰污水处理装置的生产负荷。此外在装煤初期，由于炭化室墙面与入炉煤温度差很大，炉墙向炉煤迅速传热，本身温度剧降，入炉煤水分越大，炭化室墙面温度下降越多，当炉头的炭化室墙面温度降到 700℃ 以下，就会显著地损坏硅砖、影响炉体使用寿命。所以入炉煤水分不宜过大。

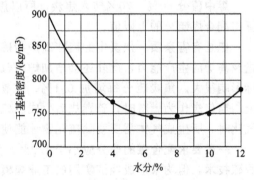

图 3-4 煤料堆密度与水分关系

另外入炉煤水分对堆密度也有影响（见图 3-4），由图可见，煤料水分低于 6%～7% 时，随水分降低堆密度增高。水分大于 7%，堆密度随水分增加而增高。

入炉煤水分过低会使操作条件恶化。装煤时冒烟、着火加剧，上升管与集气管焦油渣含量增加，炭化室墙面石墨沉积加快。

入炉煤水分控制在 8%～12% 为好，并且要力求稳定。装炉煤水分波动大，易造成炉温调节困难，焦饼温度过高或过低。为稳定焦炭质量和稳定焦炉加热制度，相邻班组的配合煤水分波动应不大于1%。因此要求来煤尽量避免直接进配煤槽，应在煤场堆放一定时期，通过沥水，稳定入炉煤的水分。

2. 灰分

焦炭的灰分来自配合煤，因此要严格控制配合煤灰分。配合煤的灰分在炼焦后全部残留于焦炭中，一般配合煤的全焦率为70%～80%，焦炭的灰分为配合煤灰分的1.3～1.4倍。

灰分是惰性物质，配合煤灰分高则黏结性降低，且灰分的颗粒较大，硬度比煤大，它与焦炭物质之间有明显的分界面，而且膨胀系数不同，当半焦收缩时，这个界面上应力集中，成为裂纹的中心，灰分颗粒越大则裂纹越宽、越深、越长，故配合煤的灰分高，炼出的焦炭强度低。高灰分的焦炭在高炉冶炼中，一方面在热作用下裂纹继续扩展，焦炭粉化，影响高炉透气性；另一方面高温下焦炭结构强度降低，热强度差，使焦炭在高炉中进一步破坏。焦炭灰分增高会使炼铁时焦炭及石灰石消耗量增大，导致高炉的生产能力降低。一般焦炭灰分每增加1%，高炉中焦炭用量增加2%～2.5%，石灰石增加4%，生铁产量降低2.2%～3.0%，同时灰分中的大颗粒在焦炭中形成裂纹中心，使焦炭的抗碎强度降低，也使焦炭的耐磨性变坏。所以配合煤的灰分应控制在一定范围之内，如配合煤中部分煤种灰分较高，则其余成分必须选配较低灰分的煤种，这样才能保证焦炭的灰分符合要求。

我国配合煤灰分普遍较高，所以焦炭灰分也较高，一般在13%以上。我国配合煤灰分高的原因是洗精煤灰分偏高，尤其是焦煤、肥煤含灰分高且难洗。而高挥发分弱黏结煤不仅储量多，且灰分低又易洗，所以多配高挥发分低灰分煤，适量少配高灰分煤，可在保证焦炭质量的同时降低焦炭的灰分和增加化学产品。采用预热煤炼焦或捣固炼焦技术是降低配合煤灰分的一条有效途径。

我国规定一级焦炭的灰分<12%，若按全焦率75%计算，配合煤的灰分应不大于9%。即配煤的灰分等于全焦率乘以焦炭的灰分：12%×75%＝9%。

配合煤的灰分、硫分、挥发分可根据单种煤的指标加权计算。

3. 硫分

硫在煤中以黄铁矿、硫酸盐及有机硫化合物三种形态存在。

煤中硫分60%～70%转入焦炭，所以焦炭硫分为配合煤硫分的80%～90%。据此可以算出配合煤硫分的上限值。

硫是有害杂质，焦炭中的硫在高炉冶炼时转入生铁中。焦炭含硫量高，将降低生铁的质量及高炉的生产能力，此外还会增加炉渣碱度。特别是焦炭含硫量波动较大时对高炉操作指标影响很大。焦炭硫分每增加0.1%，炼铁焦比增加1.2%～2.0%，生铁产量减少2%以上。当焦炭作为燃料时，硫燃烧后生成的硫氧化物气体会对金属产生腐蚀作用。当焦炭用于气化时，所生成气体需要脱除硫化物才能使用。因此配合煤中的硫分应严格控制。

一般要求配合煤的硫分应小于1.0%。为降低配合煤中的硫分可采用洗选法、萃取法等脱硫技术，但均未形成经济实用的工业规模。因此目前常用的方法是通过配入含硫量较低的煤种来降低配合煤的硫分。

4. 挥发分

配合煤挥发分的高低对焦炭的最终收缩量、裂纹度、焦炭质量及煤气和化学产品的产率均有直接影响。

配合煤挥发分高，煤气和化学产品的产率高，焦炭产率低，焦炭的最终收缩量、裂纹度增大，焦炭平均粒度变小，抗碎强度降低。在多数情况下，挥发分过高结焦性会减弱，焦炭强度有所降低，并且显微组分同向性增高，反应性变大。因此要求挥发分 V_{daf} 一般控制在

22.5％～30％间较为适宜，不超过 32％。大型高炉用焦的常规炼焦配合煤的挥发分指标控制在 26％～28％为宜。

挥发分对焦炭质量的主要影响如下。

① 挥发分过高，收缩度大，易造成焦炭平均粒度呈条状减小；抗碎强度降低；焦炭气孔壁薄，气孔率增大。

② 挥发分偏低，收缩度小，易造成炉墙压力增大，还可能造成困难推焦，损坏焦炉设备。

因此，配煤中挥发分应作为重要参数进行调控。实践表明：V_{daf} 高于 30％也可获得强度好的焦炭，但焦炭反应性较高。配合煤的挥发分高于 35％时，就难以获得中等强度的焦炭。配合煤挥发分接近 25％时，可获得强度高、结构致密、反应性好的焦炭。挥发分低于 22.5％的配合煤，在炼焦时易产生较大膨胀压力，对此应当采取降低膨胀压力的措施，以免对炉墙造成危害并引起焦饼难推。在保证焦炭质量的前提下，适当提高配合煤的挥发分以增加焦炉煤气和化学产品的产率。

5. 黏结指数（G）和胶质层厚度（Y）

黏结指数 G 表征了煤的黏结能力，同时又反映了煤的结焦性能。要炼制高强度的焦炭必须有足够的 G 值，而过高的 G 值又会造成焦炭变脆，强度降低。因此配合煤中应将黏结性指标 G 作为重要参数加以控制。一般控制 G 值在 58～82 较为合适。当配合煤黏结指数偏低时，其值的增减会明显影响焦炭的耐磨强度。

鞍钢试验表明：配合煤的实测 G 值和按单种煤 G 值加和性所得的配合煤 G 值有一定偏差。煤的黏结性差别不太大时，G 值有加和性。黏结性差别较大时，如肥煤和贫煤、瘦煤之间，G 值的加和性存在偏差。

胶质层厚度 Y 较直观地表征了配合煤中胶质体的含量。要炼制好的焦炭首先需要有足够量的胶质体来充分浸润黏结煤中的固化物质。但胶质体过量，会影响结焦过程中挥发物的溢出，进而影响焦炭质量。因此，在配煤时应合理控制 Y 值，顶装煤 Y 值一般为 17～22mm，捣固炼焦 Y 值一般为 12～14mm。但因 Y 值只反映胶质体的数量，不反应胶质体的质量，相同 Y 值的不同配合煤会生产出不同强度的焦炭。因此，应将 Y 值作为配煤中的重要参数而不作为预测强度的主要参数。

配合煤的 Y 值和 G 值均可按加和性计算得出，但存在一定的偏差，也可直接测定。

6. 细度

煤料必须粉碎才能均匀混合，粉碎的越细，其均匀性越好。细度是指粉碎后配合煤中小于 3mm 粒级煤占全部配合煤的质量百分数。细度是度量炼焦煤粉碎程度的一种指标。

煤料细度过低，则因存在有较大颗粒的弱黏结煤和灰分而使焦炭内部结构均匀性变坏，并且裂纹增多。如果煤料粉碎粒度不均匀，则在运输和堆积过程中容易产生偏析现象，颗粒大和密度大的煤粒集中在一起，而大颗粒煤往往是硬度较大的煤，这种偏析现象将使不同性质的煤分开，使煤料的均匀性变坏，以致降低焦炭质量。

细度过高不仅增加粉碎机的动力消耗，使粉碎操作困难，增加设备维修量，降低设备生产能力；还使得焦炉装煤操作困难，易产生喷煤冒烟，采用高压氨水喷射消烟装煤时，过细的煤粉易被煤气带出，造成上升管和集气管堵塞，焦油渣量增加，使焦油质量不合格，严重时造成煤气管道堵塞，影响焦炉的正常操作；更重要的是由于细度过高，黏结性煤会产生"破黏"现象，使煤料的黏结性变差。焦煤和肥煤易粉碎，且该煤种粗粒度比细粒度的 Y 值大，煤料过细使其比表面增加，胶质体被过度吸附而减薄不利于黏结，导致装炉煤的黏结性下降，使得焦炭的质量降低。再者细度增大，使入炉煤堆积密度降低，焦炉的生产能力下降。因为随着煤料细度的增加，煤的摩擦面增大，煤粒不易互相挤紧。

综上所述，要求煤料有合适的细度。目前，我国焦化企业顶装煤细度控制在 75% 左右；型煤炼焦时，细度控制在 85% 左右；捣固炼焦时，细度控制在 90%～93%，不低于 85%，并应有适当的粒度组成。相邻班组配合煤细度波动不应大于 1%。

由于各单种煤的脆度不同，因而在相同条件下，粉碎后各单种煤的细度组成也不一样。但如果煤种确定，那就主要是依靠设备来进行细度的调节。

影响煤料细度的主要因素如下。

① 粉碎机类型：从细度的均匀性来看，反击式粉碎机细度较均匀；锤式粉碎机较差（0～0.5mm 粒级多）。

② 粉碎机转子的转速：各种粉碎机的粉碎细度与转子转速有关。在生产能力一定时，转子转速增加，细度提高；转子转速降低，细度随之降低。

③ 粉碎机的调节方式：使用锤式粉碎机，细度与锤子距算条的距离有关。距离增加，细度降低；距离减少，细度增加。使用反击式粉碎机，细度与反击板距锤头的间距有关。间距增加，细度降低；间距减小，细度增加。

④ 设备的磨损情况：锤式粉碎机锤头与算条磨损愈严重，细度降低得愈多；反击式粉碎机，锤头磨损愈严重，细度降低愈多（反击板磨损较轻）。

⑤ 配煤水分：当粉碎能力一定时，煤的水分增加会使粉碎细度降低。不同类型的粉碎机，水分对细度的影响程度不同。锤式粉碎机的粉碎细度受水分影响较大，进入锤式粉碎机的煤料水分不应大于 10%，否则将使粉碎能力大大降低；反击式粉碎机当水分不太高时，水分的变化对细度影响不大；但水分较高时，对细度有影响，并且可能造成设备堵塞。

7. 配合煤的煤岩组分

配合煤中煤岩组分的比例要恰当，其显微组分中的活性组分占主要部分。但也应有适当的惰性组分作为骨架。以利于形成致密的焦炭，同时也可缓解收缩应力，减少裂纹的形成。惰性组分的适宜比例因煤化度不同而异，当配合煤的最大反射率 $R_{max} < 1.3$ 时，惰性组分为 30%～32% 较好；当最大反射率 $R_{max} > 1.3$ 时，惰性组分 25%～30% 为好。采用高挥发分煤时，需要考虑稳定组含量。

8. 配合煤的堆密度

堆密度是指焦炉炭化室中单位容积煤的质量，常以 kg/m³ 表示。配合煤堆密度大，不仅可以增加焦炭产率，而且有利于改善焦炭质量。但随着堆密度的增加，膨胀压力也增大，而配合煤膨胀压力过大会引起焦炉炉体损坏。因此，提高配合煤堆密度在改善焦炭质量的同时，要严格防止膨胀压力超过极限值，根据我国的生产经验，膨胀压力的极限值应不大于 137～196kPa。提高堆密度的途径主要有：合理控制煤的水分和粒度分布，采用煤捣固、煤压实、煤调湿、煤预热或配型煤等工艺措施。

9. 焦渣特征（CRC）

测定挥发分所得焦渣的特征。一些焦化企业根据标准坩埚观察焦饼形态的方法作为焦炭强度的预测辅助指标。根据不同形状分为 8 个序号，其序号即为焦渣特征代号。

① 粉状——全部是粉末，没有相互黏着的颗粒，则序号为 0。

② 黏着——用手指轻碰即成粉末或基本上是粉末，其中较大的团块轻轻一碰即成粉末，则序号为 1。

③ 弱黏结——用手指轻压即成小块，则序号为 2。

④ 不熔融黏结——以手指用力压才裂成小块，焦渣上表面无光泽，下表面稍有银白色光泽，则序号为 3。

⑤ 不膨胀熔融黏结——焦渣形成扁平的块，煤粒的界线不易分清，焦渣上表面有明显银白色金属光泽，下表面银白色光泽更明显。则序号为 4。

⑥ 微膨胀熔融黏结——用手指压不碎，焦渣的上、下表面均有银白色金属光泽，但焦渣表面具有较小的膨胀泡（或小气泡），则序号为 5。

⑦ 膨胀熔融黏结——焦渣上、下表面有银白色金属光泽，明显膨胀，但高度不超过 15mm，则序号为 6。

⑧ 强膨胀熔融黏结——焦渣上、下表面有银白色金属光泽，焦渣高度大于 15mm，则序号为 7。

三、企业制定配煤比的步骤

① 根据焦炭质量要求，对年进煤计划提出要求—结合全年进场洗精煤的质量和成本进行矿点优化选择（首选质优、价低、量大的矿点）。

② 根据焦炭的生产计划，提出月进煤计划要求。每月针对煤场的实际库存情况，提出具体的月进煤计划，且要求来煤均衡进场，避免煤场混乱。

③ 根据焦炭质量要求和煤场实际库存情况，制定合理的配煤比，尽可能做到生产相同质量的焦炭，成本最低；成本相同，焦炭质量最优。

④ 先检验各配煤槽的洗精煤质量，依据配煤槽的质量，对制定的配煤比进行微调。

⑤ 根据配合煤的焦渣特性预测焦炭强度来进行配煤比的再次微调。

⑥ 通过焦炉生产的焦炭质量检验来再次验证此配煤比的合理性。

⑦ 通过反复的验证、调整，不断地总结、归纳，最后形成一套满足于企业自身生产体系的配煤管理系统。

⑧ 配煤方案中变更新煤种及炉煤配比变化较大时，需要通过小焦炉配煤试验来确定配煤方案。

四、配煤炼焦试验

配煤炼焦试验是以较少量煤样用实验室设备或半工业设备来精确地测试煤的结焦性能，主要用于评定新煤种在炼焦配煤中的效果，测定某单种煤或配合煤的最大膨胀压力，扩大煤资源的利用，对于新建焦化厂则用以寻找供煤基地，试验确定经济合理的用煤方案；对于已投产的焦化厂除进行煤料预处理等新工艺研究外，当煤种变更或煤配比有较大范围调整时，也应做配煤炼焦试验，以验证新配煤比是否有利于炼焦操作及生产质量合格的焦炭。

1. 配煤试验的目的

① 根据配煤要求为新建焦化厂寻求供煤基地，通过试验确定合理的配煤方案；

② 经常性试验新建煤矿的煤质情况、评定其在炼焦配煤中的效果、测定某些煤种或配合煤的最大膨胀压力，不断扩大煤的资源利用；

③ 对生产上已使用的炼焦煤料，进行加热制度、煤料干燥、预热处理、破碎加工、掺入添加物等工艺试验，提供提高产量、改善质量的措施方案。

2. 配煤试验的煤源调查和煤样采集

① 煤源调查要求准确，要了解煤矿的名称、地理位置、生产规模、采矿能力和洗选能力；

② 制定采样计划，若采集的为原煤煤样，要首先进行洗选，并作浮沉试验，然后再制样，若采集的是洗精煤可直接制样；

③ 对煤样进行煤质分析，煤质分析包括煤的工业分析、岩相分析、全硫测定、黏结性指标的测定等；

④ 根据分析结果，对煤质进行初步鉴定，并拟定出配煤方案；

⑤ 按照配煤方案对洗精煤进行粉碎，配合后在实验室试验焦炉和半工业试验焦炉中进行炼焦试验。

3. 炼焦配煤试验

配煤炼焦试验设备有 2kg、45kg 试验小焦炉及铁箱试验，4.5kg 膨胀压力炉和 5kg 化学产品产率试验炉以及 200kg 试验炉。我国目前最常用的是 200kg 试验炉。

(1) 200kg 小焦炉试验

200kg 试验焦炉所作的配煤试验结果与生产焦炉比较接近，各试验结果对不同的配煤有较好的区分能力。因此，把 200kg 试验小焦炉作为配煤的半工业性试验。

200kg 试验小焦炉的结构：

炭化室全长 1640mm，有效长 800mm；

炭化室全高 1050mm，有效高 900mm；

炭化室平均宽 450mm；

有效容积 0.32m³；

结焦时间 16h；

装煤量（干煤）0.23t/孔；

立火道标准温度 1050℃。

200kg 试验焦炉炉体由 1 个不带锥度的炭化室和 2 个燃烧室构成。活动墙砌在一个平放在双轨上面的可移动小车上。每个燃烧室有 3 个立火道 1 个水平道及 1 个烟道管。每个立火道设有上、中、下 3 个测温孔，炭化室两端各有 1 个折页式泥封炉门，炉顶有 1 个装煤孔和 1 个荒煤气放散管。焦炉的活动墙侧装有 1 套测定装煤膨胀压力的装置，如在试验时不需要测定膨胀压力，可把活动墙改为固定墙。200kg 试验焦炉专为顶装式焦炉做单种煤或配煤的炼焦试验和测定膨胀压力。如配置有煤饼捣固机则可进行捣固炼焦试验。

200kg 试验焦炉的燃烧室及炭化室均用导热性良好、无晶型转化点、抗急冷急热性强、弹性模量大，受压变形小等优点的铝镁砖砌筑，其余部分用黏土砖和轻质黏土砖砌筑。配合焦炉操作的附属设备有推焦车、熄焦车各一台，还有一台单轨吊车用以提升装煤斗。

试验用的是原煤样品，需先经过洗选，洗选后的精煤应先粉碎后混合。要求配煤指标是：一次装干煤量 230kg，细度（85±5）%，水分 M_{ad}（10±1）%。每个煤样按 9 点取样法缩取出化验室煤样，同时对煤样进行化验室检验。配煤计算时，一律采用干基，配煤时将各种粉碎后的单种煤充分混合均匀，并根据计算量将水均匀喷入煤中（粉碎时精煤含水量 4%～6%）。装炉前炭化室炉墙表面温度不得低于 940℃，焦炉的平均火道温度为 1050℃，要求试验焦炉的火道温度必须均匀、稳定、上下温差不超过 ±10℃，两侧平均温差应不大于 ±10℃。出焦后立即熄焦。焦炭除了测定水分、灰分、硫分和挥发分外，还要测定机械强度和筛分组成。

(2) 在炼焦炉中的试验

通过 200kg 小焦炉试验，选出最佳方案，然后根据此方案，在生产焦炉上选择一孔或数孔焦炉进行工业试验。主要目的是用于测定推焦是否顺利，按此配煤方案能否达到所规定的焦炭质量，从而决定此配煤方案能否在实际生产中应用。进行生产焦炉的炉孔试验时，必须严格控制配煤比、细度和水分，准确记录结焦时间、焦饼中心温度、焦饼收缩情况和推焦电流。通过炉孔试验，最终确定配煤方案。

有时为了最终鉴定焦炭是否适应用户的要求，还需做炉组试验和炼铁试验。

五、扩大炼焦配煤煤源的技术措施

对于室式炼焦工艺，焦炭质量主要取决于炼焦煤质量、配煤或预处理工艺和炼焦生产三个方面。在炼焦煤资源一定的情况下，入炉煤的预处理对改善焦炭质量具有十分重要的意义。在满足用户焦炭质量要求的前提下，扩大炼焦配煤资源的主要技术措施有配型煤炼焦、捣固炼焦、添加瘦化剂炼焦、装炉煤调湿、风力选择粉碎等新工艺。本节重点介绍广泛应用的捣固炼焦技术。

1. 配型煤炼焦

配型煤炼焦是将 30%～40% 入炉煤添加一定量的黏结剂（一般占需成型煤量的 6%～7%）压制成型煤，然后再与散状入炉煤按比例混合同步输送到煤塔装炉的一种炼焦煤准备的特殊技术措施。

2. 捣固炼焦

捣固炼焦，一般是用高挥发分弱黏结性或中等黏结性煤作为炼焦的主要配煤组分，将煤料粉碎至一定细度后，采用捣固机械捣实成体积略小于炭化室的煤饼，然后由机侧推入炭化室进行高温炭化的一种特殊炼焦工艺。

(1) 捣固工艺流程

洗精煤 { 气煤、焦煤、瘦煤 } → 选择性粉碎 → 配煤 → 细粉碎 → 煤塔 → 捣固成形 → 焦炉

(2) 捣固基本原理

煤料捣成煤饼后，使捣固煤饼中煤颗粒间的间距比常规顶装煤料颗粒的间距缩小28%～33%，因煤料颗粒间距缩小，接触致密，煤饼捣实后堆密度可由散装煤的 0.70～0.75t/m³ 提高到 0.95～1.15t/m³。煤料体积密度的增大和煤粒间隙的减少均有利于改善煤料的黏结性。

煤料颗粒间距缩小后，在结焦过程中煤料的胶质体很容易在不同性质的煤粒表面均匀分布浸润，煤粒间的间隙越小，填充间隙所需胶质体液相产物的数量也就越少，因此较少的胶质体液相产物就可以在煤粒间形成较强的界面结合。另外，煤料颗粒的紧密接触会使煤料的膨胀压力增大，同时煤饼堆密度增加，其透气性则变差，结焦过程中产生的干馏气体不易析出，进一步增大了煤料的膨胀压力，使变形煤粒受压挤紧，煤粒间的接触面积加大，这有利于煤热解产物的自由基和不饱和化合物进行缩合反应。同时热解气体中带自由基的原子团或热解的中间产物有更充分的时间相互作用，增加胶质体内部挥发的液相产物，使胶质体更加稳定，从而改善煤料的黏结性，达到提高焦炭质量或多配入高挥发分煤和弱黏结煤的目的。

实践证明，在保证焦炭质量不变的情况下，捣固炼焦可多用 20%～25% 的高挥发分弱黏结性煤，使弱黏结性煤的用量增加到 50%，从而扩大炼焦用煤的范围，有效节约主焦煤资源，降低生产成本。而弱黏结性气煤的灰、硫含量低，所以多用气煤炼焦也有利于降低焦炭的灰分和硫分。

(3) 捣固炼焦的特点

① 原料范围宽，可多配入高挥发分煤和弱黏结煤。一般捣固炼焦可多配高挥发分弱黏煤 20%～25%。因散装煤炼焦时，一般配合煤挥发分大于 29% 时，焦炭强度将明显下降。

捣固炼焦只要挥发分小于34%，焦炭强度仍可满足要求。采用捣固炼焦工艺可以节约大量的、不可再生的优质炼焦煤资源。

② 捣固炼焦可以提高焦炭的冷态强度。捣固炼焦对焦炭冷态强度的改善程度取决于配合煤质量。配合煤黏结性较差时，焦炭冷态强度改善明显；配合煤质量好，即主焦煤和肥煤配入量多、配合煤黏结性好时，捣固工艺对焦炭冷态强度的改善不明显，尤其是 M_{40} 指标几乎没有改善，个别情况还略有下降。

实践证明，在原料煤同样的配煤比下，利用捣固炼焦所生产的焦炭无论从耐磨强度，还是抗碎强度，都比常规顶装焦炉所生产出的焦炭有很大程度的改善。捣固炼焦生产的焦炭块度均匀，大块焦炭较少，粉焦（<10mm）减少，抗碎强度 M_{40} 提高 1%～6%，耐磨指标 M_{10} 改善 2%～4%。

③ 捣固炼焦可以提高焦炭反应后强度。焦炭的热性质，尤其是焦炭的反应性主要取决于焦炭的光学组织——焦炭光学显微结构，焦炭光学显微结构又主要取决于原料煤的性质。捣固炼焦工艺对焦炭的反应性影响不大；焦炭的反应后强度不仅与焦炭的光学显微结构有关，还与焦炭的孔隙结构和焦炭的基质强度密切相关。捣固炼焦工艺不能改善焦炭的光学显微结构，但可以改善焦炭的孔隙结构，提高焦炭的基质强度。因为在捣固煤饼中焦炭颗粒间的间距比常规顶装煤粒子的间距缩小 28%～33%，且结焦过程中产生的干馏气体又不易析出，增大了煤料的膨胀压力，使煤料进一步受压挤紧，煤粒间的接触面积增加，从而使焦炭孔壁厚度增大、气孔直径变小、气孔率降低。焦炭孔壁厚度的增大，较少出现因焦炭孔壁局部气化消失、气孔融进而严重影响焦炭反应后强度的现象，这就是捣固炼焦可以改善焦炭反应后强度的原因。

因此，捣固炼焦工艺对焦炭的反应性影响不大，但可以明显提高焦炭的反应后强度，一般 CSR 可提高 1%～6%。

④ 提高焦炭产量。捣固炼焦的入炉煤堆密度是常规顶装入炉煤堆密度的 1.4 倍左右，而结焦时间延长仅为常规顶装工艺的 1.1～1.2 倍，所以焦炭产量增加，即捣固炼焦可以使焦炉的生产能力提高近 1/3。此外捣固炼焦还可以改善焦炭的筛分粒度。

⑤ 捣固炼焦可以提高焦炭视密度和堆积密度。捣固炼焦提高了入炉煤堆积密度，进而提高了焦炭的视密度和堆积密度。据生产实测值，捣固焦炭的堆积密度比顶装焦炭提高近 18%，这使得同样重量的焦炭在高炉冶炼过程中形成的气体通道变小，尤其是在软融带形成的焦炭窗口变小，使高炉炉料的透气性变差，对高炉冶炼不利。

⑥ 降低生产成本。生产相同质量的焦炭，由于可多配入价格较低的低灰、高挥发分弱黏结煤，减少主焦煤配入量，从而降低了配合煤的生产成本。

⑦ 捣固炼焦的缺点。主要是捣固机庞大、操作复杂、投资高，由于煤饼尺寸小于炭化室，因此炭化室的有效率降低。此外，由于煤饼与炭化室墙面间有空隙，影响传热，使结焦时间延长。另外捣固炼焦技术具有区域性，主要适应在高挥发分煤和弱黏结煤贮量多的地区。

（4）捣固炼焦的技术要点

① 捣固可以将煤料压实到 1.00～1.15t/m³，这样可以往配合煤中加入大量结焦性能差的煤。捣固为整个配合煤或者它的选定组分进行细粉碎创造了更大的可能性，这也是扩大炼焦煤源的一个组成部分。由于细粉碎的配合煤散密度下降，用传统顶装法装煤是困难的，特别是当水分高于 7% 时，装煤时能形成悬料，影响煤料顺利装炉，捣固装煤就没有这种限制。

② 入炉煤的压实有利于用结焦性能差的煤生产强度较好的焦炭。但是，对塑性期膨胀压力很大的主焦煤不宜进行煤料捣固。已经证实，对焦炉炭化室墙面的压力不应超过 100kPa，当超过 240kPa 时会给焦炉砌体造成永久性损坏。

③ 用 60%～70% 的高挥发分气煤或 1/3 焦煤，配以适量的焦煤、瘦煤，使其挥发分在 30% 左右、G 值 58～72（平均约 65）、胶质层厚度 Y 值为 11～14mm，这样的煤料捣固效果最好。

④ 煤料的粉碎细度应保持在 90%～93%，最低不低于 85%。不超过 2mm 的应在 85%～88% 之间，粒度不超过 0.5mm 的应在 40%～50%。对难粉碎煤料要在配煤前先行预粉碎。

⑤ 捣固要求配合煤保持合适的水分，这样才能得到紧密性足够的煤饼。捣固煤料最合适的水分为 8%～11%，最好控制在 9%～10%。水分不足时，要在运煤带式输送机上增加喷水设备。为防止雨季时煤料水分过大，应设置防雨煤棚。

⑥ 捣固炼焦时应尽量保持配煤煤种的稳定，频繁变换煤种容易影响焦炭质量和生产操作。如果用接近顶装焦炉配煤的煤料进行捣固炼焦，可能危及炉体安全和推焦困难，并且增加操作的不稳定性，还增加生产成本和能耗，将得不偿失。

⑦ 在操作管理方面，捣固焦炉由于其装煤的特殊性，往往发生焦侧炉头装煤不足，装煤时余煤较多，因此捣固焦炉达产较难。由于受煤料水分、粒度和捣固操作的影响，会发生装煤时煤饼倒塌或局部缺角过大，因此推焦操作系数较低。不仅影响其产量，也会影响焦炉的热工管理，这是由于装煤操作的特点常会发生焦侧装煤少，机侧煤料受推力作用顶部凸起而装煤多，因而造成焦侧焦炭过火，机侧焦炭加热不足。这种现象因缺乏规律性，所以在焦炉热调中难以克服。因此，捣固焦炉无论装煤操作、热工管理、余煤处理和环保治理等均比顶装焦炉难度大，更需要科学管理、精心操作，方能正常生产。

⑧ 煤料捣固技术的缺点是必须使用湿煤，以便得到致密性好的煤饼，而湿煤中的水分会延长结焦时间、增加炼焦耗热量。

（5）捣固炼焦与顶装炼焦的对比

捣固炼焦与顶装炼焦技术指标对比见表 3-3。

表 3-3　捣固炼焦与顶装炼焦技术指标对比

项　目	捣固炼焦	顶装炼焦
入炉煤水分	严格控制在 8%～13%，需配置煤棚或煤干燥、煤加湿装置。当煤水分接近 14% 时，煤饼倒塌率大大增加	相对不严格，8%～14%
配煤的煤种	必须依据所需的焦炭质量，对原料煤的资源情况和经济性综合评估，进行配煤试验，选择适宜的配煤比	相对不严格
入炉煤粒度	捣固焦炉越高，其对入炉煤粒度和粒级分布要求越严格。为了得到足够强度的煤饼，必须将煤料细度控制在 90% 左右，同时细粒级的含量（≤0.5mm）占 45%～50%	相对不严格，细度为 73%～82%
装煤操作	有时出现煤饼掉角、倒塌等事故，处理复杂，影响产量。为此，在机侧操作台设置刮板机和胶带机，用以将机侧操作台上的余煤输送到煤塔。当煤饼掉角或倒塌时，将有一部分煤饼推不进去，为此特设置煤饼切割机	简单
焦炉机械	重量大，结构复杂，维修费用高；捣固机出现问题会影响装煤操作和焦炭质量	重量小，简单，维修费用低
装煤环保	敞开机侧炉门推送煤饼，产生大量烟尘，其中又含大量荒煤气、焦油和炭黑等可燃物，给烟尘治理带来极大困难	基本解决
炉体寿命	短（一般 20 多年）	长（可达 35 年以上）

续表

项　目	捣固炼焦	顶装炼焦
多用弱黏煤	可多用 20%～25% 弱黏煤;当为大型高炉生产高质量焦炭时,弱黏煤的配入量不能太多	必须增加型煤、煤调湿等煤预处理措施才可多用 10%～15% 弱黏煤
同配比时焦炭质量	M_{40} 提高 3%～5%,M_{10} 改善 2%～4%,CSR 提高 1%～6%	不变
入炉煤成本	低(吨焦入炉煤成本可低 20～30 元)	高
吨焦投资	比顶装高 20～30 元	低

（6）捣固焦炉的应用

截至 2009 年年底,全国炭化室高 4.3m 的捣固焦炉有 400 余座;炭化室高 5.5m 的捣固焦炉有 70 余座;2009 年 3 月河北唐山佳华煤化工有限公司建成投产世界上炭化室最高的 6.25m JND625 的捣固焦炉,这说明我国的捣固炼焦技术已实现大型化。

3. 添加瘦化剂炼焦

炼焦煤料瘦化是改善焦炭强度指标的一种方法。瘦化剂主要有瘦煤、无烟煤和人造添加剂——由烟煤和褐煤制造的焦粉、用流化床生产的焦炭和半焦以及石油焦。人造添加剂可以扩大炼焦煤资源,降低煤料成本,而且在很多情况下其作用要比短缺的瘦煤更有效。

使用瘦化剂的目的是为了降低炼焦煤的膨胀压力,以避免损坏焦炉炭化室炉墙（特别是在捣固煤料炼焦时）。随着配合煤中加入的气煤和挥发分很高的气焦煤数量的增加,煤料的瘦化在某种情况下就成为获得所要求强度指标焦炭必不可少的因素。

瘦化剂的作用在于可以减少煤料在炼焦过程中的体积变化,缓和能够引起焦炭碎裂的内应力;另外,在煤转变为塑性状态前瘦化剂可吸收多余的液相,因此可以增加塑性状态煤的黏度和减少塑性相中析出挥发分的含量,提高挥发分高的煤的热稳定性。这样,在挥发物质大量析出时和焦炭结构形成时,可降低收缩作用,从而减少焦炭中产生裂纹的可能性,降低焦炭的裂纹率。

4. 装炉煤调湿

煤调湿是将炼焦煤料在装炉前去除一部分水分,保持装炉煤水分稳定在 6% 左右,然后装炉炼焦的一种煤预处理工艺。

煤调湿不同于煤预热和煤干燥。煤预热是将入炉煤在装炉前用气体热载体或固体热载体快速加热到热分解开始前温度（150～250℃）,此时煤的水分为零,然后再装炉炼焦;而煤干燥没有严格的水分控制措施,干燥后的水分随来煤水分的变化而改变;煤调湿有严格的水分控制措施,能确保入炉煤水分恒定。煤调湿以其显著的节能、环保和经济效益受到普遍重视。

煤调湿是利用外加热能将炼焦煤料在炼焦炉外进行干燥、脱水以降低入炉煤的水分或对入炉煤的水分进行调节,以控制炼焦耗热量、改善焦炉操作、提高焦炭质量或扩大弱黏结性煤用量的炼焦技术。

煤经过调湿后,装炉煤水分降低而且稳定,有利于焦炉操作稳定,避免焦炭不熟或过火;装炉煤水分降低可以缩短结焦时间、提高加热速度、减少炼焦耗热量。

第四节　配煤机械设备

一、翻车机

翻车机是通过把车厢翻转一定角度,从而把煤从车内卸出。翻车机一般在大型焦化厂使用。

目前国内使用的翻车机基本上有三种类型：O形回转式翻车机，转子式翻车机和C形翻车机。目前应用最广的是C形翻车机，本书重点介绍C形翻车机。

C形转子式翻车机，采用C形端环，结构轻巧，平台固定，液压靠板靠车，液压压车消除了对车辆和设备的冲击，降低了压车力。根据液压系统特有的控制方式，使卸车过程车辆弹簧能量有效释放，驱动功率小。

C形翻车机主要由转子、夹紧装置、靠板组成、托辊装置、滚动止挡、振动器、导料装置、液压系统等组成。

转子主要由两个C形端环、前梁和平台组成，前梁、后梁的平台与两端环的连接形式为高度螺栓把合的法兰连接，均为箱形梁结构，其作用是承载待卸车辆，并与车辆一起翻转、卸料。

夹紧装置由夹紧架、液压缸组成，其作用是由上向下夹紧车辆，在翻车机翻转过程中支撑车辆并避免冲击。

靠板组成主要由靠板体、液压缸、耐磨板、滚转装置、撑杆等组成，其作用是侧向靠紧车辆，在翻车机翻转过程中支撑车辆并避免冲击。

托辊装置主要由辊子、平衡梁、底座等组成，其作用是支撑翻车机翻转部分在其上旋转。

滚动止挡主要由周向止挡和轴向止挡等组成，周向止挡的作用是防止翻车机回零位超位，轴向止挡的作用是限制翻车机沿车辆运行方向窜动。

振动器主要由振动电动动、振动体、缓冲弹簧、橡胶缓冲器等组成，其作用是振落车厢内残余物料。

导料装置主要由导料板、导料架等组成，其作用是防止物料在翻卸过程中溢出坑外和撒落在托辊装置上。

传动装置主要由电动机、减速器、制动器、联轴器、传动小齿轮、底座及轴承座等组成，其作用是驱动翻车机转子部分翻转。

生产中与翻车机配套的其他设备还有拨车机、迁车台、推车机。拨车机是翻车机卸车线成套设备中的辅助设备之一，用来拨送多种铁路敞车，并使其在规定的位置上定位，以使翻车机完成作业；迁车台是用在翻车机卸车线上，将正常卸料车辆移送至空车线上的设备；推车机用来与迁车台配合作业，当迁车台运载已翻完的敞车进入空车线后，推车机把敞车推出迁车台，并在空车线上焦结成列。

翻车机具有效率高，生产能力大，运行可靠，操作人员少和劳动强度低等特点，适合于各种散装物料的卸车，但对车帮撞击较大，容易损坏车皮。

二、螺旋卸煤机

螺旋卸煤机由两大部分组成：

① 机架及其走行机构；

② 螺旋及其旋转提升机构。

螺旋卸车机的工作原理是靠螺旋作为推进器，当螺旋在煤堆中旋转时，与螺旋接触的煤就被螺旋推出车外。螺旋除自身旋转外，螺旋臂架还沿轴向摆动，使螺旋升高或降低。因此卸煤时，将待卸车辆送到指定受煤坑的上方，打开车厢两侧的活门，卸车机开到车厢的上方，依靠升降机构和螺旋自上而下的将煤卸出，并随卸车机沿车厢长向移动将整个车厢的煤基本卸出，残煤由人工清扫。

螺旋卸车机构造简单，制造和检修容易，重量轻，对车厢适应性强，基本无损坏，为中、小型焦化厂的主要卸车设备，但地下建筑工程量大，劳动条件较差。

三、堆取料机

1. 构造及工作原理

斗轮式堆取料机是中国试制的一种新型高效率的连续堆取的煤场机械，目前用于焦化厂常用的有 DQ-3025，DQ-5030，DQL600/1000-30，DQL800/1250-30 等型号，斗轮式堆取料机的构造见图 3-5，堆取料机的斗轮见图 3-6。

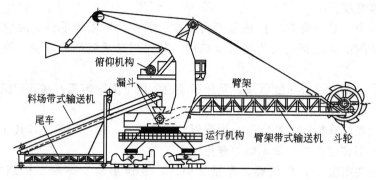

图 3-5　斗轮式堆取料机的构造

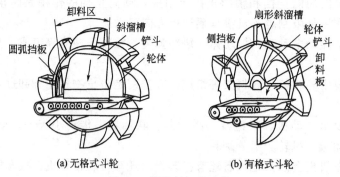

图 3-6　堆取料机的斗轮

堆料时，尾车上的进料胶带机经升降机构提升至高于悬臂胶带机，煤料经此卸到正向运转的悬臂胶带机上，并由此卸至煤堆。悬臂胶带机和斗轮臂架一起靠回转机构回转一定的角度，它与走行机构相配合，使堆取料机能在整个煤场有效范围内堆料或取料。斗轮臂架靠变幅机构改变仰俯角，以适应煤堆高度的变化。取料时，尾车与前车摘钩，尾车后退，进料胶带机下降，再入门座下，此时它不起作用。驱动斗轮，由斗轮挖取煤料，卸至逆向运转的悬臂胶带机上，并由此送到出料胶带机。

2. 斗轮式堆取料机的技术性能

斗轮式堆取料机的技术性能见表 3-4。

3. 堆取料机的优缺点

① 连续作业，生产能力大，效率高，装备功率为相同堆取料能力的装卸桥的 50%～70%。

② 生产能力相同，设备重量约为装卸桥的 1/2。

③ 土建工程量小，只需建与装卸桥大体相同的轨道基础。

④ 操作条件好，便于实现自动控制。

表 3-4　斗轮式堆取料机的技术性能

技术性能		型　号			
		DQ-3025	DQ-5030	DQL600/1000-30	DQL800/1250-30
生产能力/(t/h)	堆煤	600	1000	1000	1250
	取煤	300	500	600	800
斗轮臂架长度/m		25	30	30	30
堆取高度/m					
轨面以上		10	12	10	11.5
轨面以下		2	1.8	1.8	1.2
臂架回转角度/(°)		堆±110,取±165	±90	±100	±100
回转速度/(r/min)		0.046~0.154	0.0343~0.147	0.05~0.21	0.02~0.21
斗轮形式		开式	闭式	闭式	闭式
斗轮直径/mm		3750	5000	5000	5000
斗轮转速/(r/min)		6~10	4~8	7.56	9.9
走行速度/(m/min)		30/5	30/5	30/7	30/7
变幅范围/(°)		±16	±13	−15~+16	−13.77~+14.5
变幅速度/(m/min)		3.74~6	上升3.39,下降4.93	4~5	4~5
胶带机宽度/mm		1000	1200	1200	1200
胶带机速度/(m/s)		2.5	2.5	2	2.5
胶带机形式		可逆	可逆	可逆	可逆
电动机总功率/kW		147	235.7	230	210

　　新建煤场大多采用这种倒运机械。但堆取料机作业时，一般先进厂的煤料反而后取用，而后进厂的煤料反而先取用，煤料的均匀化作业不够理想。堆取料机斗的容量较小，对大块煤不适用，一般只能挖取粒度 200~300mm 以下的煤料。

　　4. 斗轮式堆取料机常见故障及清除

　　斗轮式堆取料机在运行过程中，常见的故障主要出现在液压系统，液压系统故障及清除方法见表 3-5。

表 3-5　液压系统故障及清除方法

故　障	产生原因	消除方法
系统中压力提不高或没有压力	油泵电动机转向错误 液压油黏度过高,油泵排不出油 压管溢流阀调整过低 系统泄漏严重 油泵内部磨损严重	调换方向 升温降低黏度,改变液压油的牌号 调整溢流阀压力 对管路等系统逐次检查堵漏 检修油泵,更换磨损件 检修电动机,更换磨损件
油马达转速低	油泵供油量过少 油泵内部磨损严重 油马达内部磨损严重	可把油泵操纵杆位置加大 检修油泵,检修各部位间隙,更换磨损件 检修油马达
系统噪声大	液压油黏度过高 补油压力过低 系统中有气泡 泵与电动机不同心 管路及阀未安装牢固 油温过低	改换黏度低的液压油 检修补油系统 排出油路中的空气 重新调整中心 紧固浮动部分管路和阀 对液压油进行加温
系统过度发热	油的黏度过高 泵与油电动机内漏严重 工作压力过高 冷却器冷却作用不好 环境温度过高	更换液压油 检修泵或电动机 检修管路消除阻力及降低负荷 降低冷却器水温 降低油温,采取吹风或其他降温措施
油电动机调速失灵	泵的伺服机构装配不良 补油压力不足	重新装配或检修伺服机构 提高补油压力到 0.75MPa

续表

故　　障	产生原因	消除方法
尾车升降油缸活塞不动	电动机转向错误,排不出油 溢流阀调压过低 系统管路及阀类减压漏油严重	改换电动机方向 检修调压系统 检修管路及阀
升降系统压力过高	油缸或油泵安装不良 单向节流阀装反	重新调整安装 改换方向
升降系统有噪声	油液黏度过高 管路及阀有摆动 吸入管进入空气	改换液压油 紧固浮动管路及各阀 紧固吸入管所有接头
油缸返回速度过大	单向节流阀孔大	调整节流阀孔
回油压力过高	滤油器堵塞	清洗滤油器

四、粉碎机

1. 反击式粉碎机

反击式粉碎机主要由转子、锤头（板锤）、前反击板、后反击板和外壳组成，如图 3-7 所示。

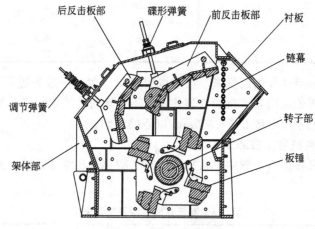

图 3-7　反击式粉碎机

反击式破碎机是一种利用冲击能来破碎物料的破碎机。工作过程中，在电动机的带动下，转子高速旋转，物料进入板锤作用区时，与转子上的板锤撞击破碎，后又被抛向反击装置上再次破碎，然后又从反击衬板上弹回到板锤作用区重新破碎，此过程重复进行，物料由大到小进入一、二、三反击腔重复进行破碎，直到物料被破碎至所需粒度，由出料口排出。调整反击架与转子之间的间隙可达到改变物料出料粒度和物料形状的目的。

煤料的粉碎细度主要取决于转子的线速度和锤头与反击板之间的间隙。当粉碎机的生产能力一定时，提高转子线速度，可获得较大的冲击能量，使粉碎细度提高。当转子线速度一定时，可借助改变反击板的间隙来调节粉碎细度。

反击式粉碎机具有以下特点：

① 煤料在机体内受到高的和反复的冲击而被击碎，粉碎效率高；

② 由于利用动能粉碎物料，煤料吸收的能量与煤料的重量成正比，颗粒大的受较高程度的粉碎，而颗粒小的不易再粉碎，因此煤料粒度均匀；

③ 结构简单，使用、调整和维修方便；

④ 设备排风量大，运行中粉尘飞扬较严重。

2. 锤式粉碎机

锤式粉碎机主要由转子、锤头、箅条和箅条调节装置以及外壳组成，如图 3-8 所示。在转子的外缘上，装有适当数量的活动连接的锤头。当转子高速旋转时，锤头沿半径方向向外伸开，从而产生很大的动能。

可逆锤式粉碎机内不设反击板，下部的两侧设有箅子代替了反击板，物料通过箅子排出，细度通过调节箅子与锤头的间距来调节。煤料水分大时，排出的物料粘在箅子上，箅孔减少，排料不畅，故产量明显下降。反击式粉碎机转子上装有板条式锤头，物料细度通过调节反击板与锤头的间距来控制。锤头为一次性使用，消耗量大，运行中排风量大，污染环境严重。

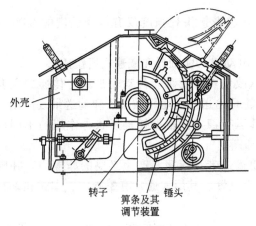

图 3-8　锤式粉碎机

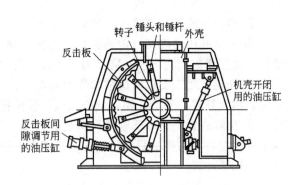

图 3-9　可逆反击锤式粉碎机

锤式粉碎机具有以下特点：

① 生产能力大，效率高，煤料细度容易调节；

② 磨损了的锤头，经补焊后可重复使用；

③ 由于没有反击装置，煤料的粉碎主要靠锤头打击，反击和相互撞击少，当物料没有粉碎到要求粒度时，只能利用锤头和下部箅条的挤压、研磨作用进行再粉碎，因此小于 0.5mm 粒级的含量较多。

3. 可逆反击锤式粉碎机

近几年，捣固炼焦技术发展较快，捣固焦炉要求装炉煤细度在 90% 左右，上述两种型号粉碎机难以适应日益发展的炼焦新工艺的需要。为满足焦化市场的需要，在分析现有粉碎机存在的问题，并吸收国外先进技术，开发了一种新型粉碎机——可逆反击锤式粉碎机，如图 3-9 所示。

可逆反击锤式粉碎机由转子、锤头、反击板、壳体和液压开箱机构组成。结构特点是小转子大锤头，两侧增设凹凸不平的大反击板，物料在旋转的锤头打击和皮击板的共同作用下使其瞬间粉碎。提高了粉碎效率，粉碎细度可达 80%～90%，取消了老式粉碎机的箅子，对物料水分适应性强，排料通畅，防止物料过粉碎；锤头结构和材质进行了较大改进，锤头一次性使用寿命可达 3000h 以上，大大减少了更换锤头的次数，液压开箱机构便于检修和更换锤头。

可逆反击锤式粉碎机是捣固焦炉炼焦煤料首先最佳粉碎设备，但是，顶装焦炉炼焦采用新型粉碎机时，应根据煤质状况和细度要求，适当减少锤头数量，防止煤料过细，同时还降低成本。

五、胶带输送机

胶带输送机是焦化厂使用的主要运煤和运焦机械，具有输送连续、均匀、生产率高运行平稳、可靠、动力消耗少、维护和保养方便，易于实现自动化控制等优点；但是用做倾斜输送时倾角较小（普通胶带机其倾角最大值为18°～21°）。

1. 胶带输送机的构造

胶带输送机的主要组成有输送带、驱动装置、滚动、托辊和拉紧装置。

① 输送带用于牵引和承受物料，要求应耐磨并具有较高强度以及在纵向和横向都有良好的扭曲性。焦化厂输送煤料的输送带上下胶层厚度分别为3.0mm及1.0mm，输送焦炭的输送带上下厚度为6.0mm及1.0mm。

输送带连接，一般采用卡接和硫化胶接两种，前者接头处强度仅有本身强度的35%～40%，后者可达85%～90%。

② 驱动装置指胶带输送机的动力部分，即由电动机，联轴器和减速机所组成。

③ 滚动有传动滚筒（传动轮）和改向滚筒（改向轮）两种。传动轮是动力传递的主要部件，输送带靠与它之间的磨损力而运行。改向轮是输送机的尾轮做拉紧和输送带改向用。

④ 托辊系用于支撑输送带和带上物料，使其运行稳定。根据托辊形状与作用的不同可分为：槽形托辊，平形托辊，调心托辊，缓冲托辊等。

⑤ 拉紧装置是为保证输送具有足够的张力使输送带和滚筒间产生必要的摩擦力，并限制输送带在各支撑间的垂度，使输送机正常运转而设置。其形式通常有螺旋式、车式和垂直式三种拉紧装置。

螺旋式拉紧装置用于胶带输送机长度小于50m，拉紧行程有500mm和800mm两种。车式拉紧装置适用于功率大，胶带输送机较长的情况，它可靠配重自动拉紧，拉紧行程大，安全可靠；但需要在胶带输送机尾部占有较大的面积和空间。当胶带输送机尾空间太小而又需要较大拉紧距离时可用垂直式拉紧装置，但也可用输送机走廊空间位置。

除以上五个主要组成部分外，一般的胶带输送机还设有制动装置，防滑装置，清扫装置和必要的除尘密闭装置。

2. 胶带输送机常见故障处理

（1）胶带跑偏

胶带输送机运行时胶带跑偏是最常见的故障。为解决这类故障重点要注意安装的尺寸精度与日常的维护保养。跑偏的原因有多种，需根据不同的原因区别处理。

① 调整承载托辊组。胶带机的胶带在整个胶带输送机的中部跑偏时可调整托辊组的位置来调整跑偏；具体方法是胶带偏向哪一侧，托辊组的哪一侧朝胶带前进方向前移，或另外一侧后移。

② 安装调心托辊组。调心托辊组有多种类型，如中间转轴式、四连杆式、立辊式等。一般在胶带输送机总长度较短时或胶带输送机双向运行时采用此方法比较合理，原因是较短胶带输送机更容易跑偏并且不容易调整。而长胶带输送机最好不采用此方法，因为调心托辊组的使用会对胶带的使用寿命产生一定的影响。

③ 调整驱动滚筒与改向滚筒位置。驱动滚筒与改向滚筒的调整是胶带跑偏调整的重要环节。因为一条胶带输送机至少有2～5个滚筒，所有滚筒的安装位置必须垂直于胶带输送机长度方向的中心线，若偏斜过大必然发生跑偏。其调整方法与调整托辊组类似。对于头部滚筒如胶带向滚筒的右侧跑偏，则右侧的轴承座应当向前移动，胶带向滚筒的左侧跑偏，则左侧的轴承座应当向前移动，相对应的也可将左侧轴承座后移或右侧轴承座后移。尾部滚筒

的调整方法与头部滚筒刚好相反。经过反复调整直到胶带调到较理想的位置。在调整驱动或改向滚筒前最好准确安装其位置。

④ 张紧处的调整。胶带张紧处的调整是胶带输送机跑偏调整的一个非常重要的环节。重锤张紧处上部的两个改向滚筒除应垂直于胶带长度方向以外还应垂直于重力垂线，即保证其轴中心线水平。使用螺旋张紧或液压油缸张紧时，张紧滚筒的两个轴座应当同时平移，以保证滚筒轴线与胶带纵向方向垂直。具体的胶带跑偏的调整方法与滚筒处的调整类似。

⑤ 落料位置对胶带跑偏的影响。物料的落料位置对胶带的跑偏有非常大的影响，尤其在两条胶带机在水平面的投影成垂直时影响更大。通常应当考虑转载点处上下两条胶带机的相对高度。相对高度越低，物料的水平速度分量越大，对下层胶带的侧向冲击也越大，同时物料也很难居中。使在胶带横断面上的物料偏斜，最终导致胶带跑偏。如果物料偏到右侧，则胶带向左侧跑偏，反之亦然。在设计过程中应尽可能地加大两条胶带机的相对高度。在受空间限制的移动散料输送机械的上下漏斗、导料槽等件的形式与尺寸更应认真考虑。一般导料槽的宽度应为胶带宽度的 2/3 左右比较合适。为减少或避免胶带跑偏可增加挡料板阻挡物料，改变物料的下落方向和位置。

⑥ 双向运行胶带输送机跑偏的调整。双向运行的胶带输送机胶带跑偏的调整比单向胶带输送机跑偏的调整相对要困难许多，在具体调整时应先调整某一个方向，然后调整另外一个方向。调整时要仔细观察胶带运动方向与跑偏趋势的关系，逐个进行调整。重点应放在驱动滚筒和改向滚筒的调整上，其次是托辊的调整与物料的落料点的调整。同时应注意胶带在硫化接头时应使胶带断面长度方向上的受力均匀，在采用导链牵引时两侧的受力尽可能地相等。

（2）胶带不转

电动机启动后传动滚筒空转胶带打滑，胶带启动不起来，这种故障是由于胶带张力不够、拉紧装置没有调整好、胶带过长、重载启动、胶带尾堆煤多等原因造成的。

（3）胶带易断开

这种原因是由胶带张力过大、接头不牢固、胶带扣质量差、胶带使用时间长、维修质量差等原因造成的，方法是调紧拉紧装置，减少张力及时更换新胶带，加强维修质量。

（4）减速机声音异常

这种原因是由轴承及齿轮过度磨损间隙过大或外壳稳定螺丝松动造成的，处理方法是更换轴承，调整间隙或更换整体减速机进行大修。

（5）减速机升温过快

这种原因是由于油量过多、散热性能差、减速机被原煤埋住造成的，处理方法是调整油量、清除原煤。

（6）减速机漏油

原因是由于密封圈损坏、减速机箱体结合面不平、对口螺栓不紧，处理方法是更换密封圈、拧紧箱体结合面和各轴承盖螺栓。

（7）托辊不转

原因是托辊轴承损坏，托辊两侧密封圈进煤粉后，堵住不转，使托滚轴受力过大弯曲。处理方法是更换托辊，升井修复，减小落货点的高差，或落货点使用防震托滚。

3. 胶带输送机常见故障的预防措施

① 要想保证胶带输送机正常工作，除每天进行一般检修维护外，还要注意日常的检查，定期检修，提高维修和保养质量。

② 提高维修人员的专业知识，正确操作胶带输送机，保证输送机的稳定运行。

六、配煤系统

1. 配煤槽

(1) 配煤槽个数

在配煤过程中，配煤槽是用来贮存所需的各单种煤料的，一般设在给料设备之上。它的数目和容量与煤料及焦化厂的生产规模有关。

一般配煤槽的个数应比配煤所用的煤种数多 2～3 个，主要目的是当煤种更换、设备维修、配煤比较大或煤质波动大的煤需要两个槽，同时配煤以提高配煤准确度时用来备用。生产能力大的焦化厂，配煤槽最好是煤种数的 2 倍。配煤槽的总容量应能保证焦炉一昼夜的用煤量。

(2) 配煤槽

配煤槽主要由卸煤装置，槽体和锥体三部分组成。按槽体的断面形状可划分为圆形和方形两种。由于方形配煤槽挂料严重，所以目前广泛采用的是圆形配煤槽。圆形配煤槽断面积较小，投资最省，挂料轻，一般为钢筋混凝土结构，直径小于 6m 的小型煤槽也可用砖砌筑。

配煤槽顶部一般采用移动胶带机卸料，当来煤胶带机从端部引入顶部时，可采用卸料车卸车。规模较小的焦化厂可用犁式卸料器卸料。配煤槽下部是锥体部分，即圆锥形斗嘴或曲线形斗嘴部分。为保证配煤槽均匀放料，圆锥体的斜角应不小于 60°，内壁面力求光滑，最好衬上瓷砖或铸石板以减少摩擦力。设计配煤槽时，槽的高度与直径之比不小于 1.6，放煤口直径不应小于 0.7m。圆锥形斗嘴下部与配煤盘连接。配煤时，煤料在配煤槽内由上往下移动，通过斗嘴到配煤盘，由配煤盘将煤放到配煤胶带上。配料槽底部通常设有风力震煤装置，以便及时处理放料口上部堵塞或悬料现象。

风力震煤装置是消除堵塞或悬料的一种方法，但要不产生堵塞，还应从本质上加以分析。因为煤料下降时，若煤料重力大于斗嘴对煤料的摩擦力，煤料就可顺利降落。所以增加煤料下降力，减小摩擦力，就可减小堵塞。双曲线形斗嘴与圆锥形斗嘴相比，双曲线形斗嘴的平均截面收缩率小于圆锥形斗嘴。收缩率小，阻力小，摩擦力小。所以，用双曲线形斗嘴只要收缩率合适就能保证煤料下行畅通。目前，焦化厂多数采用双曲线形斗嘴。

2. 定量给料设备

在配煤槽下部，设有煤料配量的定料给料设备，该设备主要有配煤盘和电磁振动给料机两种形式。

(1) 配煤盘

配煤盘由圆盘、调节套筒、刮煤板及减速传动装置等组成。配煤盘能够控制下料，达到定量给料的目的，配煤盘结构如图 3-10 所示。调节套筒可进行上下调节，刮煤板可改变插入煤料的深度，两者结合可调节煤量。调节时，调节套筒可进行大流量调节，刮煤板主要进行微量调节。

配煤盘的主要特点：调节简单，运行可靠，维护方便。但是设备笨重，耗电量大，传动部件多，刮煤板易挂杂物，影响配煤准确度，需要经常清洗。

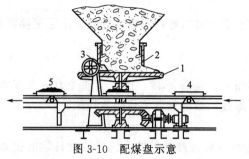

图 3-10 配煤盘示意

1—圆盘；2—调节套筒；3—刮煤板；4，5—铁盘

（2）电磁振动给料器

电磁振动给料器是一种利用电磁铁和弹性元件配合作为振动源，使给料槽作高频率的往复运动，槽上的物料以某一角度被抛出的一种给料机械。其结构如图 3-11 所示。电磁振动给料器主要由给料槽体、激振器、减振器等组成。而激振器又由连结叉、衔铁、板弹簧组、铁芯、激振器壳体组成。连结叉和槽体固定在一起，通过它将激振器的振力传递给槽体，槽体从而产生振动。板弹簧组是贮能机构，连接前质体和后质体组成双质体的振动系统。前质体由槽体、连接叉、衔铁及占槽体 10%～20% 的物料组成。后质体由激振器壳体、铁芯构成。铁芯上固定着线圈，线圈的电流是经过单项半波整流的。当电流接通时，在正半周内有电流通过，衔铁和铁芯间产生吸力，这时前质体向后移，后质体向

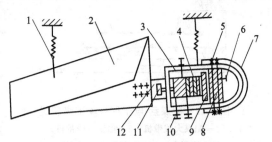

图 3-11　电磁振动给料机结构示意
1—减振器及吊杆；2—给料槽体；3—激振器壳体；
4—板弹簧组；5—铁芯的压紧螺栓；6—铁芯的调节栓；
7—密封罩；8—铁芯；9—衔铁；10—检修螺栓；
11—顶紧螺栓；12—连接叉

前移，同时板弹簧产生变形，贮存一定的弹性势能。在负半周内，线圈中无电流通过，电磁力消失。但由于贮存的弹性势能的作用，使衔铁和铁芯分开，前后质体返回各自原来位置，如此往复振动，使物料连续向一定方向移动，从而完成定量给料任务。

电磁振动给料机正常工作时，大幅度给料量的调节靠斗嘴下部溜槽和给料槽体间闸门的开启高度来调节；小幅度的调节靠改变线圈的电流大小来调节，通过调节振幅来改变给料量的大小，通常振幅应控制在 1.5～1.7mm。配煤的准确性与槽体的安装倾角、煤料在槽内的厚度以及煤料的含水量有关。煤料厚度通常保持在 80～120mm 范围较好。

电磁振动给料机的优点：结构简单、维修方便、布置紧凑、投资少、耗电量小、调节方便。缺点：安装、调整时要求严格，如果调整不好，生产中将产生噪声，影响使用效果。

3. 配煤比的控制

配煤比是根据对配煤的质量要求确定的，通常用百分数来表示。配煤比控制的准确与否，将和稳定焦炭质量密切相关。为了保证煤量稳定，配煤槽的装满高度应保持在 2/3 以上，并防止在一个煤槽内同时上煤和放煤。

（1）人工跑盘

生产中为了便于检查，许多焦化厂采用人工跑盘的方法来检查配煤比是否达到了规定的要求。这种方法是用一个 0.5m 长，相当于配煤胶带机宽的铁盘，在配煤胶带上定期监测配煤时各种煤下落到铁盘上的煤量，以多次的平均值与该种煤给定的规定值比较，其误差不超过 ±150g，作为配煤比准确度标准。各种煤在铁盘上的给定值由规定的配煤比、配煤胶带的输送能力、煤料水分等标出。生产上要求每小时检查一次配煤量。

在检查配煤比的同时，还要对配合煤的灰分和挥发分进行检查，以评定配煤操作的好坏。先测量单种煤和配合煤的挥发分和灰分，以配煤前单种煤的挥发分和灰分按配煤比计算得到的配合煤相应值与实际配合煤的测定值比较，要求配煤的挥发分偏差不超过 ±0.7%，灰分偏差不超过 ±0.3%。

（2）自动配煤系统

用人工跑盘的方法检查煤料的配比并调整配煤操作，劳动繁重，准确度难以保证。现在

许多焦化厂都采用了电子秤（核子称）自动配煤系统，根据定量给料设备的不同，相应的有两种对应装置，如图3-12、图3-13所示。

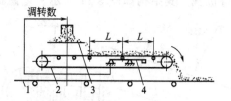 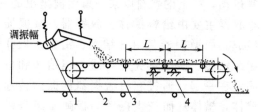

图3-12　配煤盘-电子秤自动配煤装置

1—配煤大胶带机；2—称量小胶带机；

3—配煤盘；4—电子秤；L—称量区

图3-13　电磁振动给料机-电子秤自动配煤装置

1—电振器；2—配煤大胶带机；3—称量小胶带机；

4—电子秤；L—称量区

通常采用的电子秤（核子称）配煤装置是在配煤盘和电磁振动给料机下面增设称量小胶带机和电子秤（核子称），通过调节装置控制配煤盘的转数或电磁振动给料的振幅来调节下煤量，使配煤量保持定值。称量小胶带机约为长度4m的框架式或悬臂式胶带机。

① 电子胶带秤。目前应用的电子胶带秤主要以杠杆式和悬浮式秤架结构为主。杠杆式又分单杠杆式和双杠杆式，且后者明显优于前者。悬浮式秤架结构有单托辊直接承重式和多托辊全悬浮式，前者结构简单，安装方便，广泛用于计量准确度要求不高的场合，而后者可以达到较高的准确度。

② 核子胶带秤。核子胶带秤是安装在胶带运输机的适当位置上，根据γ射线被物料吸收而减弱的原理，对散装固体物料的质量进行连续自动累计的计量器具，由累计指示器和秤体（包括放射源及源容器、框架、核辐射探测器和位移传感器）两部分组成。

图3-14　核子胶带秤组成结构示意

图3-14是核子胶带秤的示意，它是基于γ射线穿过被测物质时其强度的衰减与被测介质的组分、密度及射线方向上的厚度成指数函数关系这一原理来测量单位荷重的。

电子胶带秤和核子胶带秤是当前对胶带输送机物料进行动态计量累计的两大主流计量设备。

两者共同之处是：为了得到所输送物料的质量流量，都要检测胶带的物料荷重和胶带的速度信号，然后将两个信号相乘得到瞬时流量，再经积分或累加运算得到一段时间内输送物料的质量累计值；检测胶带速度的方式相同，都是采用磁阻脉冲式、光电脉冲式之类测速传感器。两者不同之处是：核子胶带秤是通过物料对射线的吸收来确定荷重信号，而电子胶带秤是通过对设定长度上的物料质量进行称量来确定荷重信号。

就国内大多数工厂来说，目前使用的仍然是电子胶带秤。

对电子胶带秤来说，流量越大，通常可达到更高的精确度，而对核子胶带秤来说，由于放射源强度的限制，在大流量、高负荷的情况下，透过物料被探测器接收的射线强度太弱，这无疑影响了测量准确度。

电子胶带秤称重原理是通过胶带测量物料质量，所以胶带输送机的状况，如胶带张力、胶带硬度、胶带跑偏、托辊未校准、托辊偏心等对称量准确度影响很大。核子胶带秤是通过射线吸收原理进行测量，上述因素中除胶带跑偏外，其余因素对核子胶带秤的测量影响非常小。

电子胶带秤的准确度通常较高，但它要求精心维护，否则很难保证稳定的高准确度。核子胶带秤的准确度一般，但相对来说比较稳定。

通过以上对电子胶带秤和核子胶带秤的综合比较，不难看出，电子胶带秤和核子胶带秤的优缺点互补，电子胶带秤的主要优点是准确度高、不受物料因素变化的影响、对不同物料都具有同样的复现性，主要缺点是受客观因素影响多、维护量大。而核子胶带秤正好相反。这是因为核子胶带秤出现的较晚，所采用的非接触式测量的方法，在技术上弥补了电子胶带秤接触式测量的一些不足，但是它并没有也不可能继承电子胶带秤的优点，所以核子胶带秤的出现只能作为胶带称量技术的补充。随着电子胶带秤技术的不断进步，当核子胶带秤优势不存的时候，必将退出历史的舞台。

在选择胶带秤上还应该主要考虑以下几点因素。

① 首先考虑准确度要求。高准确度、结算用的胶带计量最好选择电子胶带秤。

② 需要严格控制比例的多种物料配比的计量最好选择电子胶带秤，因为核子胶带秤的计量精度受物料类型的影响，对不同物料不具有一致的复现性。

③ 在精准确度要求不高，物料的物理化学性质稳定的情况下，为了减少维护量，可以优先选择核子胶带秤。

④ 核子胶带秤的使用最好形成一定的规模，数量越少越不划算。

第四章 结 焦 原 理

煤的结焦机理以及配合煤在加热过程中的相互作用对于合理利用和不断扩大炼焦煤煤源具有很大的理论和实际意义，人们曾对此进行了不少研究工作，但到目前为止还没有一个完全成熟的关于结焦过程机理的解释，下面所介绍的是比较公认的看法。

第一节 煤的热解过程

煤的热解过程是一个复杂的物理化学过程，它既服从于一般高分子有机化合物的分解规律，又有其依煤质结构不同而具有的特殊性，因此先从煤的结构开始讨论结焦机理。

一、煤分子结构的一般概念

煤的主要组成部分是有机物质，故煤的分子结构具有明显的有机化合物的特有结构；但因不同煤种、同煤种不同地区、同一地区不同煤层，其结构有很大差别，通过各种分析、测定，证明煤分子结构的基本单位是大分子芳香族稠环化合物，也称大分子六碳环平面网格。在大分子稠环周围，连接很多烃类侧链结构、氧键和各种官能团，侧链和氧键又将大分子碳网格在空间以不同角度互相连接起来，构成了煤的复杂的大分子结构。碳原子大部分集中在六碳环平面网格中，氢、氧基本上集中在平面网格周围及侧链中，随变质程度加深，煤的基本结构单位—六碳环平面网格变大，排列逐步规则化，侧链逐渐减少、变短。

热解过程中侧链逐渐断裂生成小分子的气体和液体产物，断掉侧链和氢的碳原子平面网格经缩合加大，在较高温度下生成焦炭。侧链的含氧量越高、距平面网格中心越远，则越容易分解或断裂。六碳环平面网格热稳定性强，在加热过程中很难分解或被破坏。

二、煤的热解过程

将煤在隔绝空气或惰性气氛中持续加热至较高温度时发生的一系列物理变化和化学反应的复杂过程称为煤的热解（或称热分解、干馏）。按热解最终温度的不同可分为：高温干馏（950～1050℃），中温干馏（700～800℃）和低温干馏（500～600℃）。黏结性烟煤的热解过程大致可分为三个阶段，如图4-1所示。

1. 第一阶段（室温～300℃）

主要是煤干燥、脱析阶段，煤没有发生外形上的变化。

① 120℃前，主要是煤脱水干燥。

② 120～200℃，煤释放出吸附在毛隙孔中的气体，如 CH_4、CO_2，CO 和 N_2 等，是脱析过程；

③ 近300℃时，褐煤开始分解，生成 CO_2、CO、H_2S，同时放出热解水及微量焦油。烟煤和无烟煤在这一阶段一般没有什么变化。

2. 第二阶段（300～600℃）

该阶段煤的分解以解聚为主，形成胶质体并固化而形成半焦。

① 300～450℃，煤剧烈分解、解聚，析出大量的气体和焦油。这些气体称为热解一次

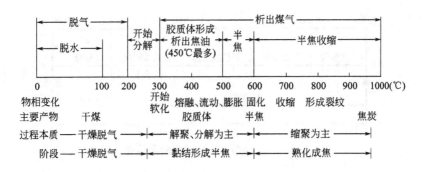

图 4-1　典型烟煤的热解过程

气体，气体主要是 CH_4 及其同系物，还有 H_2、CO_2、CO 及不饱和烃等。在 450℃前后析出焦油量最大，焦油几乎全部在这一阶段析出。此阶段由于热解生成气、液（焦油）、固（尚未分解的煤粒）三相为一体的胶质体，使煤发生了软化、熔融、流动和膨胀。

② 450～600℃，胶质体分解、缩聚、固化成半焦。此阶段气体析出量最多，煤气成分除 CO、CO_2 外，主要是气态烃，故热值较高。

3. 第三阶段（600～1000℃）

该阶段以缩聚反应为主体，由半焦转变成焦炭。

① 600～750℃，半焦分解析出大量气体。主要是 H_2 和少量 CH_4，称为热解的二次气体。一般在 700℃时析出的氢气量最大，此阶段基本上不产生焦油。半焦因析出气而产生裂纹。

② 750～1000℃，半焦进一步分解，析出少量气体（主要是氢），同时分解的残留物进一步缩聚，芳香碳网不断增大，排列规则化，半焦转变成具有一定强度和粒度的焦炭。

烟煤的热解包括上述三个阶段，它是一个连续变化的过程，每一个后续阶段，必须经过前面的各个阶段。

煤化程度低的煤（如褐煤），其热解过程大体与烟煤相同，但不存在胶质体形成阶段，仅发生剧烈分解，析出大量气体和焦油，无黏性，形成的半焦是散状的，加热到高温时，生成焦粉。

高变质煤（无烟煤）的热解过程比较简单，是一个连续析出少量气体的分解过程，既不能形成胶质体，也不能生成焦油。因此无烟煤不适于用干馏的方法进行加工。

第二节　烟煤的结焦过程

煤的黏结与成焦机理是炼焦工艺的重要理论基础，它始终是煤化学工作者倍加重视并倾注了大量心血的研究领域之一。

具有黏结性的煤，在高温热解时，从粉煤分解开始，经过胶质状态到生成半焦的过程称为煤的黏结过程。而从粉煤开始分解到最后形成焦块的整个过程称为结焦过程，如图 4-2 所示。由图可见煤的成焦过程大体可分为黏结过程和半焦收缩两个阶段。

一、煤的黏结过程

在热解过程中，当煤粉隔绝空气加热至一定温度时，煤粒开始软化，在表面上出现含有气泡的液体膜（见图 4-3）。温度进一步升高至 500～550℃时，液体膜外层开始固化生成半焦，中间仍为胶质体，内部为未变化的煤（Ⅱ）。

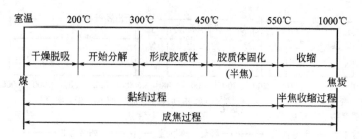

图 4-2　黏结与成焦过程阶段示意

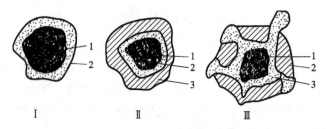

图 4-3　胶质体的生成及转化示意

Ⅰ—软化开始阶段；Ⅱ—开始形成半焦阶段；Ⅲ—煤粒强烈软化和半焦破裂阶段

1—煤；2—胶质体；3—半焦

这种状态只能维持很短时间，因为外层半焦的外壳上很快就出现裂纹，胶质体在气体压力下从内部通过裂纹流出（Ⅲ）。这一过程一直持续到煤粒内部完全转变为半焦为止。

煤的黏结性主要取决于胶质体的生成和胶质体的性质。

（1）胶质体的生成

① 煤热解时，结构单元之间结合比较薄弱的桥键断裂生成自由基，其中一部分相对分子质量不太大，含氢较多，使自由基稳定化，形成液体产物；

② 在热解时，结构单元上的脂肪侧链脱落，大部分挥发逸出，少部分参加缩聚反应形成液态产物；

③ 煤中原有的低分子化合物—沥青受热熔融变为液态；

④ 残留的固体部分在液态产物中部分溶解和胶溶。胶质体随热解反应进行数量不断增加，黏度不断下降，直至出现最大流动度。当温度进一步提高时，胶质体的分解速度大于生成速度，因而不断转化为固体产物和煤气，直至胶质体全部固化转变为半焦。

（2）胶质体的性质

煤能否形成胶质体，胶质体的数量和性质对煤的黏结和成焦至关重要，形成的半焦质量决定胶质体的性质。

① 温度间隔。它是表征煤黏结性的重要指标，胶质体的温度间隔是指煤开始固化温度（$t_{固}$）与开始软化温度（$t_{软}$）之间的温度范围（Δt）即 $\Delta t = t_{固} - t_{软}$。它表明了煤在胶质状态停留时间的长短，也反映了胶质体的热稳定性。温度间隔大，胶质体停留时间长，其液相的热稳定性好，煤粒之间有充足的时间互相接触，有利于煤的黏结。反之，胶质体停留时间短，很快分解，煤粒间的黏结性也差。

② 透气性。透气性对煤的黏结性有很大影响，这种影响表现在两方面：一方面当胶质体液相数量较少时，液相不能充满颗粒之间的间隙，则分解气体易于析出，不利于煤粒之间的接触，不利于煤的黏结。胶质体液相的数量，可以用胶质层的厚度表示；另一方面，胶质体液相虽然较多，但其透气性好，析出的气体易透过胶质体，也不利于煤粒之间的紧密接

触，不利于煤的黏结。一般来说，胶质体的透气性好，则黏结性较差。

③ 流动性。胶质体的流动性对煤的黏结也有很大影响，该性质常以胶质体的流动度加以评定，它也是鉴定煤黏结性的重要指标。流动性差（黏度较大），不利于煤粒间或与惰性物质之间的相互接触，则煤的黏结性差；反之，则有利于煤的黏结。因此，一般说来，胶质体的流动性差，黏结性也差。

④ 膨胀性。这也是表征煤黏结的重要指标。当煤处于胶质状态时，由于气体的析出和胶质体的不透气性，使胶质体产生膨胀。若体积膨胀不受限制，则称自由膨胀；若体积膨胀受到限制，就会产生一定的压力称为膨胀压力。一般膨胀性大的煤，黏结性好，反之则较差。

以上四种特性都反映了胶质体某些方面的性质，其中温度间隔与胶质体液相的稳定性密切相关，后三者均与胶质体液相的量及黏度等性质有关，这些性质之间也是相互联系的。总体来说，胶质状态下析出的量及析出速度，以及固相数量均对煤的黏结性有重要影响。胶质体的性质和液相的数量决定着煤的黏结性。

（3）煤的黏结条件

综上所述，要使煤在热解中黏结得好，应具备以下条件：

① 液体产物足够多，能将固体粒子表面润湿，并将粒子间的空隙填满，以保证其相互作用，产生足够的化学键，使分解了的煤粒表面有足够的黏结强度；

② 生成的胶质体应具有足够大的流动性、不透气性及良好的热稳定性；

③ 胶质体应具有一定黏度，有一定的气体生成量，析出的气体能产生一定的膨胀压力，促使液体填满所有孔隙；

④ 黏结性不同的煤粒应在整个三维空间均匀地分布；

⑤ 液态产物与固体粒子间应有较好的附着力；

⑥ 液态产物进一步分解缩合得到的固体产物和未转变为液相的固体粒子本身要有足够的强度。

二、煤的半焦收缩

继续升高温度，超过固化温度后，软化了的煤不可逆地转变为固态半焦。这一过程与热分解过程密切相关，因此与化学组成的关系比与岩相结构的关系更大。当超过固化温度后，焦炭结构即已形成，以后不再发生重大变化。如进一步提高温度，焦炭的光学性质也基本保持不变，反射率的变化很小，各向异性性质的强度也增加很少。

将半焦继续加热至 $950\sim1000℃$ 时，半焦继续进行热分解和热缩聚，放出气体，重量减轻，体积收缩，形成裂纹和具有银灰色金属光泽的焦炭。

在分层结焦时，处于不同成焦阶段的相邻各层的温度和收缩速度不同，因而产生收缩应力，导致产生裂纹。

综上所述，影响焦炭强度的主要因素有：

① 煤热解时生成的胶质体的数量多，流动性好，热稳定性好，则黏结性好，焦炭强度高；

② 煤中未液化部分和其他惰性物质的机械强度高，与胶质体的浸润力和附着力强，同时分布均匀，则焦炭强度高；

③ 焦炭气孔率低、气孔小、气孔壁厚和气孔壁强度高则焦炭强度高；

④ 焦炭裂纹少则强度高。

第三节　炭化室内的结焦过程

炭化室内结焦过程的基本特点有二：一是单向供热、成层结焦；二是结焦过程中的传热性能随炉料状态和温度而变化。基于此，炭化室内各部位焦炭质量与特征有所差异。

一、温度变化与炉料状态

1. 成层结焦过程

炭化室内煤料热分解所需热能是从高温炉墙侧向炭化室中心逐渐传递的。由于煤的导热

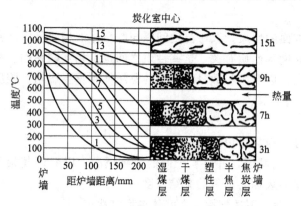

图 4-4　不同结焦时刻炭化室内各层
炉料的状态和温度（等时线）

性（尤其是胶质体）很差，在炭化室中心面的垂直方向上，煤料内的温度差较大。所以，在同一时间，距炉墙不同距离的各层煤料温度不同（图 4-4），各层处于热分解的不同阶段（图 4-5），总是在炉墙附近先结成焦炭而后逐渐向炭化室中心推移，这就是"成层结焦"。当炭化室中心面最终形成焦饼时，炭化室结焦才终了，因此结焦终了时炭化室中心温度可作为整个炭化室焦炭成熟的标志，该温度称炼焦最终温度。按入炉煤性质和对焦炭质量要求的不同，该温度为 950～

1050℃。据此，生产上用测定焦饼中心温度来判断焦炭成熟程度，并要求测温管位于炭化室中心面位置。

2. 炭化室炉料的温度分布

在同一结焦时刻内处于不同结焦阶段的各层炉料，由于热物理性质（比热容、热导率、相变热等）和化学变化（包括反应热）的不同，传热量和吸热量也不同，因此炭化室内的温度场是不均匀的。图 4-4 给出的等时线，标志着同一结焦时刻从炉墙到炭化室中心的温度分布；图 4-4 的等时线也可改绘制成以离炭化室墙的距离 x 和结焦时刻 τ 为坐标的等温（t）线（图 4-5）或以 t-τ 为坐标的等距线。在图 4-5 中，两条等温线的温度差为 Δt，两条等温线间的水平距离为时间差 $\Delta\tau$，垂直距离为距离

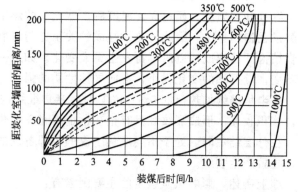

图 4-5　炭化室内炉料等温线

差 Δx。$\Delta\tau/\Delta x$ 表示升温速度，$\Delta\tau/\Delta x$ 表示温度梯度。

综合图 4-4 和图 4-5 可以说明如下几点。

① 任一温度区间，各层的升温速度和温度梯度均不相同。在塑性温度区间（350～480℃），不但各层升温速度不同，且多数层的升温速度很慢；其中靠近炭化室墙面处的升温速度最快约 5℃/min 以上，接近炭化室中心处最慢约 2℃/min 以下。在半焦收缩阶段出现

第一收缩峰的温度区间（500～600℃），各层温度梯度有明显差别。

② 湿煤装炉时，炭化室中心面煤料温度在结焦前半周期不超过 100～120℃。这是因为水的汽化潜热大而煤的热导率小，而且湿煤层在结焦过程中始终处于两侧塑性层之间，水汽不易透过而使大部分水汽走向内层温度较低的湿煤层，并在其中冷凝，使内层湿煤水分增加，而不能升高温度。入炉煤水分愈多，结焦时间愈长，炼焦耗热量愈大。

③ 炭化室墙面处结焦速度极快，不到 1h 的结焦时间就超过 500℃，形成半焦后的升温速度也很快，因此既有利于改善煤的黏结性，又使半焦收缩裂纹增多加宽。炭化室中心面处，结焦的前期升温速度较慢，当两侧塑性层汇合后，外层已形成热导率大的半焦和焦炭，且需热不多，故热量迅速传向炭化室中心，使 500℃后的升温速度加快，也增加中心面处焦炭的裂纹。

④ 由于成层结焦，两侧大致平行于炭化室墙面的塑性层也逐渐向中心移动，同时炭化室顶部和底面因温度较高，也会受热形成塑性层。由于四面塑性层形成的膜袋的不易透气性，阻碍了其内部煤热解气态产物的析出，使膜袋膨胀，并通过半焦层和焦炭层将膨胀压力传递给炭化室墙。当塑性层在炭化室中心汇合时，该膨胀压力达到最大值，通常所说的膨胀压力就是指该最大值。适当的膨胀压力有利于煤的黏结，但要防止过大有害于炉墙的结构完整，相邻两个炭化室处于不同的结焦阶段，故产生的膨胀压力不一致，使相邻炭化室之间的燃烧室墙受到因膨胀压力差产生的侧负荷 Δp。为保证炉墙结构不致破坏，在焦炉设计时，要求 Δp 小于导致炉墙结构破裂的极限负荷。

二、炭化室各部位的焦炭特征与质量差异

对于相同的炉煤，处于炭化室不同部位炼成的焦炭，用肉眼观察就能按它们的特征加以区分，它们的性质也有明显差异。如上所述，由于不同部位的焦炭，其升温速度及温度梯度不同，提高升温速度可以改善焦炭的耐磨强度（M_{10}），但不利于块度增大；而温度梯度及收缩系数则主要影响焦炭裂纹的形成及块度大小。

1. 炭化室内焦炭裂纹的形成

焦炭裂纹形成的根本原因在于半焦的热分解和热缩聚产生的不均匀收缩，引起的内应力超过焦炭多孔体强度时导致裂纹形成。在炭化室内由于成层结焦，相邻层间存在着温度梯度，且各层升温速度不同，使半焦收缩阶段各层收缩速度不同，收缩速度相对较小的层将阻碍邻层收缩速度较大层的收缩，则在层间产生剪应力，层内产生拉应力。剪应力会导致产生平行于炭化室墙面的横裂纹，拉应力会导致产生垂直于炭化室墙的纵裂纹。在炭化室中心部位，当两侧塑性层汇合时，膜袋内热解气体引起的膨胀所产生的侧压力会将焦饼沿中心面推向两侧，从而形成焦饼中心裂缝。由于纵、横裂纹和中心裂纹的产生，使炭化室内的焦饼分隔成大小不同的焦块。

2. 炭化室各部位焦炭的特征

靠近炭化室墙面的焦炭（焦头），由于加热速度快，故熔融良好、结构致密，但温度梯度较大，因此裂纹多而深，焦面扭曲如菜花，常称"焦花"，焦炭块度较小。

炭化室中心部位处的焦炭（焦尾），结焦前期加热速度慢，而结焦后期加热速度快，故焦炭黏结、熔融均较差，裂纹也较多。

距炭化室墙面较远的内层焦炭（焦身），加热速度和温度梯度均相对较小，故焦炭结构的致密程度差于焦头而优于焦尾，但裂纹较少而浅，焦炭块度较大。

3. 不同煤化度煤的焦炭特征

气煤或以气煤为主的配合煤，塑性温度区间较窄，黏结性较差，在成层结焦条件下形成的半焦层较薄；但半焦收缩量大，半焦固化时气态产物析出速度大，故焦炭强度低、气孔率高，抗拒层内拉应力的能力低，产生较多的纵裂纹。焦炭多呈细条型，焦块内裂纹也多，黏结熔融差，易碎成小块焦。

肥煤等强黏结性煤，塑性温度间隔宽，半焦层厚且结构致密，半焦收缩时，层内拉应力的破坏作用居次要，主要因层间剪应力使相邻层裂开，焦炭黏结熔融性好，横裂纹较多。

以焦煤为主炼制的焦炭黏结熔融性好，纵横裂纹均较少，块度也较大。

以瘦煤为主炼制的焦炭黏结熔融性差，总收缩量少，裂纹率低，故焦炭块度较大但强度不高。

配合煤中增加中、高煤化度的煤，可以减小收缩，增大块度。

三、影响炭化室结焦过程的因素

焦炭质量主要取决于入炉煤性质，也与备煤及炼焦条件有密切关系。在入炉煤性质一定的条件下，备煤与炼焦是影响结焦过程的主要因素。

1. 入炉煤堆密度

增大堆密度可以改善焦炭质量，特别对弱黏结煤尤为明显。

2. 入炉煤水分

入炉煤水分对结焦过程有较大影响，水分增高将使结焦时间延长，通常水分每增加1%，结焦时间延长 10～15min，不仅影响产量，也影响炼焦速度。入炉煤水分还影响堆密度，煤料水分低于 6%～7% 时，随水分降低堆密度增高。水分大于 7%，堆密度也增高，但水分增高的同时使结焦时间延长和炼焦耗热量增高，故入炉煤水分不宜过高。国内多数焦化厂的入炉煤水分为 10%～11%。

3. 炼焦速度

炼焦速度通常是指炭化室平均宽度与结焦时间的比值。炼焦速度反映炭化室内煤料结焦过程的平均升温速度。根据结焦机理，提高升温速度可使塑性温度间隔变宽，流动性改善，有利于改善焦炭质量。但在室式炼焦条件下，炼焦速度和升温速度的提高幅度有限，其效果仅使焦炭的气孔结构略有改善，对焦炭显微组分的影响则不明显。提高炼焦速度使焦炭裂纹率增大，降低焦炭块度。因此，炼焦速度的选择应多方权衡。

① 若原料煤黏结性较差，而用户对焦炭粒度下限要求不严时，宜采用窄炭化室，以使炼焦速度较大。

② 若原料煤黏结性较强，膨胀压力较高，宜采用较低的炼焦速度，即采用较宽炭化室。

③ 高炉用焦要求耐磨强度和反应后强度高，平均粒度约 50mm，粒度范围为 25～75mm，所以结焦速度可以提高一些。当采用较宽炭化室时，可通过采用热导率较大的致密硅砖，并减薄炉墙等措施，提高炼焦速度，这样不仅可改善焦炭质量，还可提高生产能力。

4. 炼焦终温与焖炉时间

提高炼焦最终温度与延长焖炉时间，使结焦后期的热分解与热缩聚程度提高，有利于降低焦炭挥发分和含氢量，使气孔壁材质致密性提高，从而提高焦炭显微强度、耐磨强度和反应后强度。但气孔壁致密化的同时，微裂纹将扩展，因此抗碎强度则有所降低。

第四节　炼焦过程的化学产品

烟煤的高温干馏经过热分解和热缩聚后，最终的产物是焦炭、化学产品和煤气。高温炼焦的化学产品产率、组成与低温干馏有明显差别，这是因为高温炼焦的化学产品不是煤直接热分解生成的一次热解产物，而是一次热解产物在析出途中受高温作用后的二次热解产物。

一、化学产品的生成

在胶质体生成，固化和半焦分解—缩聚的全过程中，都有大量气态产物析出。由于炭化室成层结焦而胶质的透气性一般很差，大部分气态产物不能穿过胶质体层，因此，胶质体内和煤料开始分解所生成的气态产物只能向上流往炉顶空间（如图4-6所示）。这部分气态产物被称为里行气，占20%～25%。而75%～80%的气态产物在胶质体固化前后生成，并沿着焦炭裂缝以及焦饼与炉墙的间隙流入炉顶空间，这部分气态产物通称外行气，最后全部在炉顶空间汇集而导出。煤热解的产物（常称一次热解产物）在流经高温的焦炭、炉墙和炉顶空间时，不可避免要进一步发生化学变化，这一变化，通常称为二次热分解。

炼焦化学产品是煤热解一次产物在高温下二次热分解的产物。当炼焦用煤变化不大时，其产率和组成主要决定于二次热解的温度和时间。

生产实践证明：温度为800℃时氨的产率最高。从500℃起石蜡烃开始转化为芳烃，在700～800℃之间最适宜于生成贵重的芳烃，此时，苯、甲苯和二甲苯等产率最高。因此，焦饼中心温度过高不利于化学产品的增产。但是，为保证焦炭全部成熟以改善焦炭强度，确保推焦顺利，不能因增加化学产品而降低焦饼中心温度。

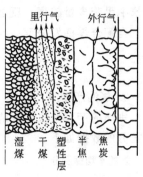

图4-6　化学产品
析出途径示意

影响二次热解和化学品产率的另一个重要因素是炉顶空间温度和容积。从化学品产率和质量来说，炉顶空间温度以750℃左右比较相宜。但生产上为使焦饼中心温度达到950～1050℃或更高，炉顶空间温度总是高于750℃，只能力求用其他措施不能用降低焦饼中心温度来降低炉顶空间温度。炉顶空间温度超过900℃，焦油中含游离碳、萘、蒽、沥青就增多，密度增大、含酚减少。当炉顶空间温度达1000℃，石墨生成迅速、坚硬，成为严重问题。在平煤操作良好、荒煤气导出顺利的条件下，炉顶空间容积宜小，以减少荒煤气在此停留时间，使二次热分解适当。再者设计合理的加热水平，调节适宜的上下温差是控制炉顶空间温度的主要途径。装满煤，不仅可以提高焦炭产量，还可以减少炉顶空间容积，降低炉顶空间温度。设置双集气管，可以显著改善荒煤气导出条件，有利于提高化产产率和质量，并在一定程度上减轻装煤的冒烟冒火的状况。

二、炼焦化学产品产率的估算

化学产品组成受火道温度、炉顶空间温度和停留时间（炉顶空间高度，炭化室高度、单、双集气管等）等因素的影响。一般炉顶空间温度宜控制在（800±30）℃，不超过850℃。过高将降低甲苯、酚等贵重的炼焦化学产品产率，且会增加焦油中游离碳、萘、蒽和沥青的含量。炼焦化学产品的产量和组成还随结焦时间而变。

当炼焦工艺条件变化不大时，高温炼焦化学产品的产率主要决定于入炉煤的挥发分。正由于此，炼焦化学产品产率与煤的挥发分产率之间既有密切关系，又不是单纯函数关系。当煤的V_{daf}一定，化学产率总是在一个较小范围内波动，即两者密切相关。

由此，可以用大量的生产数据为基础，应用数学统计方法，使各种偶然因素相对抵消，找出化学产率和V_{daf}之间的相关关系式，反过来又可用此关系式预先估算化学产率。

1. 全焦率 K

$$K=(100-V_{ad-煤})/(100-V_{ad-焦})+a$$

式中　$V_{ad-煤}$——煤料的干基挥发分产率，%；

　　　$V_{ad-焦}$——焦炭的干基挥发分产率，%；

　　　　a——校正值。

　　式中的校正值a，是一次热解产物在流经灼热焦炭时经二次热分解而析出的碳以石墨形态沉积在焦炭气孔壁上使焦炭增重。一般炼焦温度越高，煤的挥发分越高，二次热解中的裂解反应越剧烈，石墨析出越多，a值越大。据某大型焦化厂20余年生产数据的数理统计$a=1.1\pm0.3$。

　2. 粗苯产率Y

　　粗苯的产率随配煤中碳氢比（C/H）的增加而增加。并且煤料的煤化程度越深，所得粗苯中甲苯含量越高。反之，情况也相反。粗苯产率一般为干煤的0.8%～1.4%。

　　当配合煤挥发分$V_{daf}=20\%\sim30\%$的范围内，由下式求得粗苯的产率Y(%) 为

$$Y=1.61+0.144V_{daf}-0.0026V_{daf}^2$$

　3. 焦油产率X

　　焦油的产率取决于配煤的挥发分和煤的变质程度。由实践经验得知，焦油产率与配合煤挥发分的数据如下。

煤的平均挥发分/%	焦油平均产率/%	煤的平均挥发分/%	焦油平均产率/%
14.55	0.89	24.51	3.19
18.08	1.39	28.11	3.74
18.11	1.81	30.76	4.26
19.69	2.28	30.91	4.80
23.02	2.94		

　　由上可知，焦油产率随配煤中挥发分含量的增加而增加。所以，煤料的煤化程度越低，焦油产率就越大。其产率一般为干煤的2%～4%。

　　根据配煤中挥发的含量，可由下式计算焦油产率X(%) 为

$$X=-18.36+1.53V_{daf}-0.026V_{daf}^2$$

式中　X——焦油产率，%（干煤基）；

　　　V_{daf}——装炉煤的干燥无灰基挥发分，%。

　　配合煤挥发分$V_{daf}=20\%\sim30\%$的范围内，上式计算结果相当精确。

　4. 氨产率

　　氨的产率取决于配煤中氮的含量。一般配煤中含氮2%左右，炼焦时，其中60%残留于焦炭中，15%～20%在高温下与氢化合成氨，其余均呈挥发性化合物如氰化氢、吡啶等存在于煤气和焦油中。氨的产率一般为干煤的0.25%～0.35%，硫酸铵产率为1.0%～1.2%（干煤基）。

　5. 化合水产率

　　化合水的产率取决于配合煤中氧的含量。炼焦时，配煤中所含的氧有55%～60%在高温作用下与氢化合成水，其产率一般为干煤的2%～4%。

　6. 煤气产率

　　煤气的生成量随配煤挥发分的增加而增加。煤气的成分与煤的变质程度及挥发分含量有关。变质程度越浅，挥发分含量越多的煤，在炼焦时生成的煤气中一氧化碳、甲烷、重烃的含量就越多，而氢的含量减少，反之，情况相反。煤气的产率一般为干煤的15%～19%。

　　煤气的产率 $Q(\%)$ 与配煤挥发分有关，可由下式求得：

$$Q = a\sqrt{V_{\mathrm{daf}}}$$

式中　a——系数（对焦煤 $a=3$，对气煤 $a=3.3$）

　　V_{daf}——配煤的干燥无灰基挥发分，$\%$

　　综上可见，估计化产产率用的相关关系式，如其他工艺上使用的经验公式一样，都是以大量生产数据为基础，用数理统计方法得来的。正由于此，它是有特殊性、局限性、有适用范围和一定的误差，不能任意扩大使用范围。各企业在整理生产数据进行数理统计公式时，一定要根据企业各自的焦炉生产情况，将多年的生产数据处理后取得有用的较正确的修正值和系数才能使用，不然要有很大的误差。

第五章　焦炉结构及炉型简介

焦炉是生产焦炭、产生煤气和化学产品的主要设备，是结构比较复杂的工业炉，建造一座焦炉的费用颇高。生产实践证明，焦炉砌筑质量的好坏直接影响焦炉的使用寿命。如果施工质量好，投产后能严格按照焦炉技术管理规程的要求进行管理，并做到精心操作，精心维护，其使用寿命可达 25 年，甚至 30 年。为了使焦炉的使用寿命达到设计要求，确保其砌筑质量是至关重要的。

第一节　焦炉砌筑材料

焦炉筑炉材料包括耐火材料、普通建筑材料和隔热材料三类。

普通建筑材料一般指红砖、水泥等，用以砌筑不与灼热废气及高温焦炭接触的部位，如焦炉基础、顶板、抵抗墙、烟道、烟囱等（＜500℃）。

隔热材料是为了减少炉体的热损失，用于炉顶、蓄热室封墙、小烟道底部等不承重的部位。

焦炉用耐火材料属普通耐火材料，其耐火度在 1580～1770℃ 范围之内。焦炉用主要耐火材料有硅砖、黏土砖和高铝砖等，它们都有相应的质量标准：硅砖，YB/T 5013—2005；黏土砖，YB/T 5106—1993；硅火泥，YB/T 384—1991；黏土火泥，GB/T 14982—1994 等。这些都是 Al_2O_3-SiO_2 系的耐火制品，其化学矿物组成及其化学性质见表 5-1。

表 5-1　Al_2O_3-SiO_2 系耐火制品的化学矿物组成及其化学性质

制品名称		化学组成/%	原料名称	主要矿物相	化学性质
硅质		SiO_2＞93	硅石	鳞石英、方石英、残存石英、玻璃相	酸性
半硅质		Al_2O_3 15～30	半硅黏土、叶蜡石黏土加石英	莫来石、石英变体、玻璃相	半酸性
黏土质		Al_2O_3 30～48	耐火黏土	莫来石（约50%）、玻璃相	弱酸性
高铝质	Ⅲ等	Al_2O_3 48～60	高铝矾土加黏土	莫来石（60%～70%）、玻璃相	弱酸性，近似中性
	Ⅱ等	Al_2O_3 60～75	高铝矾土加黏土		
	Ⅰ等	Al_2O_3＞75	高铝矾土加黏土		

焦炉炉体的不同部位，由于承担的任务、温度、所承受的结构负荷以及所遭受的机械损伤和介质侵蚀的条件各不相同，因此要求各部位的耐火材料具有不同的性能。

炭化室（燃烧室）墙在满负荷生产时，立火道的最高温度点可达 1550℃ 以上，且又是传递干馏所需热能的媒介体，应该具有良好的高温导热性能；且墙体承受上部砌体的结构负荷和炉顶装煤车的重力，应该具有高温荷重不变形的性能；墙面又受到灰分、熔渣、水分和酸性气体的侵蚀以及甲烷渗入砖体空隙内发生炭沉积结石墨；立火道底部受到煤尘、污物的渣化侵蚀，因此应具有高温抗蚀性能。装煤时，炭化室墙面的温度从 1100℃ 左右急剧下降到 600～700℃，故必须具备在 600℃ 以上能经受温度剧变的性能。

炭化室底面砖，则应有较高的耐磨强度。

燃烧室炉头的内外侧温差悬殊，装煤时温度波动大，而且受到来自保护板的压力，因此炉头用砖应具备良好的抗温度急变性能及较高的耐压强度。

蓄热室格子砖主要用于蓄热。蓄热室内格子砖的上层与下层温差达 1000℃ 左右，上升和下降气流的温差达 300～400℃，因此格子砖的材质应体积密度大，抗温度急变性能要好。

小烟道上升气流时温度低于 100℃，下降气流时温度高于 300℃。砖煤气道则受到常温煤气和水汽的作用，因此两者都要求砌筑用砖在 300℃ 以下有较好的抵抗温度急变的性能。鉴于此，砌筑焦炉用耐火材料应该满足不同的基本要求。

一、焦炉对耐火材料的要求

① 在焦炉生产的高温条件下，能承受一定的压力和机械负荷而不变形，保持一定的体积稳定。

② 在高温下有较好的导热性能。

③ 在生产条件下能适应温度正常变化而不破损。

④ 能抵抗灰渣和煤高温干馏的化学侵蚀作用。

⑤ 具有一定的耐磨性。

二、焦炉用耐火材料的主要性能

1. 耐火度

耐火度表示耐火制品在高温下抵抗软化（熔化）性能的指标，但不是熔融温度。一般物质有一定的熔点，耐火材料却不同，它从部分开始熔融到全部熔化，其间温差达几百度，而且熔融现象还受升温速度影响。

耐火度的高低主要由砖内 SiO_2 含量、杂质含量及杂质种类而定。如 SiO_2 含量愈高，则耐火度也愈高。硅砖耐火度一般在 1690～1710℃ 之间波动。

一般规定耐火度在 1580℃ 以上者称为耐火材料。

2. 荷重软化温度

荷重软化温度表示对高温和荷重同时作用的抵抗能力，是耐火材料在高温下的荷重变形指标。通常说的荷重软化温度为耐火材料的开始变形温度。

耐火砖的常温耐压强度很高，但在高温下由于耐火材料中低熔点化合物过早熔化并产生液相而使结构强度显著降低。耐火制品在高温下都要承受一定的负荷，所以测定它的高温强度意义很大。一般用荷重软化温度作为耐火制品高温结构强度的指标。

荷重软化温度与耐火制品的化学性质、结晶构造、玻璃相的黏度、晶相与玻璃相的相对比例、烧成温度以及粒度组成有关。

硅砖耐火度 1690～1710℃，荷重软化温度 1620～1650℃。荷重软化温度与耐火度很接近，硅砖达到变形温度后立即破坏，从开始变形到终了变形仅差 10～15℃，这是硅砖的独特性质。因为硅砖有明显的结晶结构，影响硅砖荷重软化温度的因素主要是硅砖内杂质含量的多少及种类，Al_2O_3、K_2O、Na_2O 的影响最明显。

黏土砖耐火度 1690～1730℃，与硅砖的耐火度差不多。其荷重软化温度比耐火度低得多（约低 300℃），一般在 1300℃ 左右。黏土砖荷重变形曲线比较平坦，从开始变形到终了变形的温度差可达 150～300℃。所以黏土砖不能用于温度较高的区域。黏土砖耐火度与荷重软化温度相差较大的原因是：黏土砖体中有大批无晶形物质存在，它们的蠕动范围较大，在尚未达到荷重软化温度前就发生形变。

3. 气孔率

它是砖体组织致密性的指标。耐火制品中有许多大小不同、形状不一的气孔，包括开口气孔（和大气相通的气孔）与闭口气孔（不和大气相通的气孔）。气孔率即气孔占制品总体积的百分数。通常所说的气孔率是指与大气相通的显气孔的体积与制品总体积的百分数，又叫做显气孔率。

耐火制品的用途不同，对气孔率的要求也不相同。一般是气孔率愈小，愈致密，导热性愈好，愈不透气，砖的耐压强度愈高，但吸水性能差，抗急冷急热性能差。

硅砖显气孔率一般为 21%～25%，焦炉用硅砖新标准显气孔率为 22%～24%。

4. 体积密度与真密度

体积密度是包括全部气孔在内的单位体积的质量；真密度是指不包括气孔在内的单位体积耐火材料的质量。

由于不同晶型石英的真密度不一样，硅砖真密度的大小就是表示石英转化程度的重要指标之一。测定硅砖的真密度可以了解其烧成情况，可以判断硅砖的矿物组成。真密度小说明转化完全，鳞石英含量高，硅砖的热导率也高，利于降低焦炉耗热量，同时也减少了焦炉在使用过程中产生的残余膨胀。

5. 常温耐压强度

常温耐压强度是耐火制品在常温下单位面积所能承受的最大压力，它是确定砖体组织结构好坏的重要指标之一。它与气孔率、体积密度有密切关系。气孔率小、体积密度高、烧成良好的耐火制品常温耐压强度高。

硅砖常温耐压强度一般为 19.6～29.4MPa。焦炉用硅砖规定常温耐压强度为 35～40MPa（YB/T 5013—2005）。

6. 热膨胀性

耐火制品受热后，一般都会发生膨胀，这种性质称为热膨胀性。它可用线膨胀率 α 或体积膨胀率 β 来表示。不同的温度范围内，其膨胀率是不同的。

7. 导热性

导热性是指耐火制品传递热量的性能，用热导率 λ 表示。结构致密、气孔率低的砖，导热性能好。

硅砖与黏土砖等大多数耐火制品的热导率随着温度升高而增大。但也有少数耐火制品（如镁砖和碳化硅）的热导率，反而随着温度升高而减小。

黏土砖的热导率一般比硅砖小 15%～20%，故用黏土砖砌筑的焦炉，加热速度较慢，限制了产量的提高。

8. 高温体积稳定性

高温体积稳定性表示耐火制品在高温下长期使用时，体积发生不可逆变化的性能，通常以残余膨胀（或残余收缩）来表示耐火制品的体积稳定性。

黏土砖从常温升至 1100℃时，体积随温度升高而均匀膨胀，膨胀曲线近似一条直线，它在 0～1000℃ 的范围内的总膨胀量较硅砖约小 50%，故热稳定性较好，约为硅砖的 10 倍。黏土砖加热超过 1200℃时，其中低熔点物质逐渐熔化，变形的莫来石熔解后再结晶为有规则的莫来石。黏土砖由于颗粒受表面张力的作用而互相靠得紧，从而产生体积收缩，称为残余收缩，这是黏土砖的一个严重缺点，它会导致砌体产生裂纹或把灰缝拉开，发生窜漏。焦炉用黏土砖的残余收缩值一般小于 0.5%。

硅砖经过再次煅烧后所发生的不可逆的体积膨胀，称为残余膨胀。引起残余膨胀的原因是砖中尚有未转化的石英或残存石英继续转化所致。硅砖残余膨胀愈小愈好，否则砌体由于残余膨胀过大会损坏。真密度小的硅砖，残余膨胀也会小。

9. 温度激变抵抗性

是耐火制品抵抗温度激变而不损坏的性能。将试样加热到 $(850\pm10)℃$ 后保温 40min，放在流动的凉水中冷却，如此反复进行，当其损坏脱落部分的质量为原试样质量 20% 时的急冷急热次数，就作为该制品耐急冷急热性能的指标。

耐火制品的热稳定性与热膨胀性有很大的关系，若制品的线膨胀系数大，则由于制品内部温度不均匀而引起不同程度的膨胀，从而产生较大的内应力，降低了制品的热稳定性。此外，制品的形状越复杂，尺寸越大，其热稳定性也越差。经上述测定不同的耐火制品差别很大，如硅砖抵抗性最差仅 1~2 次，普通黏土砖 10~20 次，粗粒黏土砖可达 25~100 次。

10. 抗侵蚀性

耐火制品在高温下抵抗熔渣、炉料分解产物的化学及物理作用的性能。影响抗侵蚀的主要因素是：制品与熔渣的化学组成、工作温度、炉料分解产物的性质以及制品的致密度等。

硅砖是酸性耐火材料，因此对酸性熔渣的抗侵蚀性最强，对碱性熔渣的抗侵蚀性最差。硅砖抗渣性的好坏取决于 SiO_2 含量、气孔率和颗粒组成。SiO_2 含量愈高，气孔率愈低，颗粒较粗的硅砖，其抗侵蚀性就强。

黏土砖是弱酸性耐火制品，能抵抗酸性渣蚀，对碱性渣蚀和焦炉煤气侵蚀（甲烷与 CO 侵蚀黏土砖）的抵抗力较差。

三、焦炉用主要耐火材料

1. 硅砖

焦炉硅砖的 SiO_2 含量要求不小于 93%，新标准要求不小于 94%，系酸性耐火材料，耐火度 1690~1710℃，荷重软化点 1620~1650℃ 以上，无残余收缩。其缺点是耐急冷急热性能差，热膨胀性强。硅砖的基本性质取决于原料性质、晶型转化情况、加入物种类和数量以及烧成等因素。

硅砖是砌筑焦炉的主要耐火材料，它的用量约占焦炉砌体重量的 60% 以上。由于硅砖的荷重软化温度高，导热性和抗酸性渣蚀能力强，以及在焦炉炭化室工作温度区间热稳定性好，故目前大、中型焦炉的主要部位如燃烧室与炭化室、炭化室顶部、斜道、蓄热室单墙、主墙、中心隔墙等都用硅砖砌筑。

硅砖以石英岩（硅石）为原料，粉碎到适宜的粒度组成，然后加入适量的黏结剂（如石灰乳）和矿化剂（如铁粉以促进鳞石英的生成）后经混合、成型、干燥并按计划加热升温而烧成的。

硅砖中的 SiO_2 以三种结晶形态存在，即石英、方石英和鳞石英。三种形态是以晶型和密度不同来彼此区分的，它们在一定温度范围内是稳定的，超过此温度范围，即发生晶型转变。

在烘炉过程中，硅砖体积随着温度的升高而增大。硅砖最大膨胀发生在 100~300℃ 之间，300℃ 之前的膨胀量为总膨胀量的 70%~75%。其原因是 SiO_2 在烘炉过程中出现 117℃、163℃、180~270℃ 和 573℃ 四个晶型转化点，其中 180~270℃ 之间，由方石英引起的体积膨胀最大。

决定硅砖热稳定性好坏的关键是真密度，真密度的大小是确定其石英转化的重要标志之一。硅砖的真密度越小，其石英转化越完全，在烘炉过程中产生的残余膨胀也就越小。

在硅砖中，鳞石英晶体的真密度最小，线膨胀率小，热稳定性比方石英和石英好，抗渣侵蚀性强，导热性好，荷重软化温度高，是石英中体积最稳定的形态。烧成较好的硅砖中，鳞石英的含量最高，占 50%~80%；方石英次之，只占 10%~30%；而石英与玻璃相的含量波动在 5%～15%。

当工作温度低于 600～700℃时，硅砖的体积变化较大，抗急冷急热的性能较差，热稳定性也不好。若焦炉长期在这种温度下工作，砌体就很容易破裂破损。

2. 黏土砖

焦炉上黏土砖的用量仅次于硅砖。根据黏土砖的特点，通常把黏土砖用在大型焦炉温度较低及温度波动的部位，如蓄热室封墙、小烟道衬砖及格子砖、炉顶、上升管衬砖、炉门衬砖等，一般的使用温度不超过 1150℃。

黏土砖是含 Al_2O_3 35%～48%、SiO_2 52%～65%的硅酸铝材料的黏土质制品。黏土砖属于弱酸性耐火制品，能抵抗酸性熔渣和酸性气体的侵蚀，对碱性物质的抵抗能力稍差。黏土砖的热性能好，耐急冷急热。

黏土砖是用 50%的软质黏土和 50%硬质黏土熟料，按一定的粒度要求进行配料，经成型、干燥后，在 1300～1400℃的高温下烧成。黏土砖的矿物组成主要是高岭石和 6%～7%的杂质（钾、钠、钙、钛、铁的氧化物）。

黏土砖的耐火度与硅砖不相上下，高达 1690～1730℃，但荷重软化温度却比硅砖低 200℃以上，一般在 1300℃左右。由于黏土砖的荷重软化温度低，在高温下产生残余收缩，导热性能比硅砖小 15%～20%，机械强度也比硅砖差，所以，黏土砖只能用于焦炉的次要部位。

3. 高铝砖

高铝砖是 Al_2O_3 含量在 48%以上的硅酸铝或氧化铝质的耐火制品。用高铝矾土作原料，成型并干燥后 1500℃烧成。其耐火度和荷重软化温度均高于黏土砖。它的抗渣及耐磨性较好，且这些性能随着 Al_2O_3 含量的增加而提高。线膨胀曲线近似一条直线。在相同温度下，膨胀率比黏土砖大。它的体积密度为 2.3～2.75t/m³，高铝砖抗热震性好于硅砖，热导率高于黏土砖和硅砖，耐腐蚀性优于黏土砖，但热稳定性不如黏土砖，常用于焦炉炉头部分及炭化室铺底砖的炉头部位，效果较好。但不宜用于炭化室墙面，因为高铝砖在高温下易产生卷边翘角。

焦炉上用高铝砖的理化指标：牌号为 LZ-48，Al_2O_3 含量不小于 48%，耐火度为不低于 1750℃，荷重软化温度 1420℃，显气孔率不大于 22%，常温耐压强度不小于 38.2MPa。

四、焦炉用耐火泥料

1. 焦炉用耐火泥的要求

砌筑焦炉的耐火泥是粉状物料和黏结剂组成的供调制泥浆用的不定形耐火材料。它主要用做砌筑耐火砖砌体的黏结剂和涂层材料。耐火泥大多是加水（或水溶液）调成泥浆使用。它应具有相应的砌体用砖性能，焦炉用耐火泥应满足以下要求。

① 在施工后和使用时应具有必要的黏结性，以保证与砌体或周围层结为整体，使之应具有抵抗外力和耐气、耐渣侵蚀的作用。

② 必须具备良好的流动性和可塑性，以便于施工。

③ 具有与砌体或周围层材质相同的化学组成，以避免耐火泥处先毁，避免不同材质间造成不良的化学反应。

④ 具有与砌体或周围层材质相同的热膨胀性，以免互相脱离，泥层破裂。

⑤ 体积要稳定，有较小的收缩性，以保证砌体的整体性和严密性。

⑥ 在使用温度下能发生烧结，以增加砌体机械强度。

⑦ 有一定耐火度与荷重软化点。

应根据砖种和操作温度选用相应的耐火泥，即砌筑黏土砖时用黏土火泥，砌筑硅砖时用硅火泥。凡与金属埋入件相接触的砌体部位，均需在火泥中加入精矿粉。砌筑焦炉顶面砖时，应在黏土火泥中加入能增加强度的水硬性胶结剂—硅酸盐水泥和石英砂。

2. 硅火泥

硅火泥是用硅石、废硅砖粉和结合黏土（生黏土）配制而成的粉料。硅石是硅火泥的主要组分，硅石中 SiO_2 含量愈高，则硅火泥的耐火度愈高。

在硅火泥中配入部分硅砖粉，不但可以减小泥浆的线膨胀，而且能大大改善泥浆与硅砖之间在高温下的黏结性能。其原因是硅砖粉具有与硅砖类似的热膨胀曲线，在石英晶型转化体积变化时，火泥脱离硅砖的可能性较小，黏附于硅砖的能力良好，可使砖缝更好的贴靠砖面，一般硅砖粉配量为 20%～30%。

在硅火泥中加入结合黏土（生黏土）可以调整泥浆的稳定性、烧结强度、化学成分、耐火性能和掂泥性，其使用量一般为 3%左右。结合黏土加入量不宜过大，否则会使硅火泥的耐火度降低，收缩率增加，一般不超过 15%～20%。

硅火泥在实际的使用过程中，为了改善硅火泥砌筑性能（可柔动性）和烧结性能（剪切黏结强度），可在硅火泥中配添化学黏结剂。化学黏结剂可以调整泥浆的黏结时间、黏结力和烧结性能。前者主要有糊精、膨润土粉料、羧甲基纤维素等，配加量为 1%～3%。后者有硼砂（$Na_2B_4O_7 \cdot 10H_2O$）、氟硅酸钠、磷酸盐、碳酸钠和亚硫酸纸浆废液等，这些添加剂呈碱性，使 SiO_2 不易沉淀，水解后产生 $NaOH$，出现玻璃液相，既能改善泥浆结合力，又促进石英转化为鳞石英，配加量为 0.5%～1%。

粒度组成对硅火泥的使用性能影响也很大。由实践表明，较佳的粒度组成为 1mm 以上的不大于 3%，0.076～0.5mm 占 30%～40%，<0.076mm 占 65%～70%。颗粒过粗，泥浆失水快，可塑性差，砌砖操作困难，在灰槽中容易发生沉淀和偏析现象；颗粒过细，吸收水强，大量水分不易排除，容易产生裂纹。

一般好用的灰浆打在砖上后，使砖能随便被揉动、敲打 15～20s，此时间与颗粒组成有关。因此，硅火泥的使用性能，可以用此时间来表示。

硅火泥分高温（>1500℃）、中温（1350～1500℃）和低温（1000～1350℃）三种。中温硅火泥用于砌筑焦炉的斜道区中、上部和燃烧室；低温硅火泥用于砌筑蓄热室中部到斜道区下部区间；蓄热室下部则采用加 8%～10%水玻璃的低温硅火泥，以降低火泥的烧结温度。

3. 黏土火泥

黏土火泥用 60%～80%的熟黏土粉和 20%～40%的生黏土粉配制而成。

焦炉用黏土火泥一般为细粒和中粒度级（通过 0.5mm 和 1mm 筛孔的颗粒百分数应大于 97%）。其粒度组成为≤2.0mm 占 100%，≤1.0mm 不小于 97%，≤0.125mm 不小于 25%。火泥愈细，火泥与砖之间的抗剪强度愈低。黏土火泥中 Al_2O_3 含量为 35%～48%，SiO_2 含量≤60%，耐火度应大于 1650℃，黏土火泥的使用温度一般低于 1000℃。

黏土火泥中，生黏土是黏结剂，加入生黏土可以提高火泥的可塑性，降低透气率和失水率，但其收缩性大，容易产生裂纹。生黏土含量增多，将导致火泥的收缩性增加及抗剪强度下降，通常生黏土加入量不超过 22%。黏土火泥中的熟料可以增加火泥的强度，它的收缩性小，不易产生裂纹，但也不宜多加，否则泥料透气率高、黏结性小。现行的黏土质耐火泥浆标准为 GB/T 14982—1994。黏土火泥一般用于大型焦炉的炉顶、蓄热室封墙等黏土砖部位的砌筑，还用于修补焦炉。

4. 耐热混凝土

耐热混凝土是一种能长期承受高温作用的特种混凝土，由耐火骨料、胶凝材料（有时还加矿物掺合料或有机掺合料）和水按一定比例调制而成的泥料，经捣制或振动成型、硬化、养护、烘干而获得的具有一定强度的耐火制品。

耐热混凝土通常用矾土、废耐火砖、高炉矿渣等作为骨料，以矾土水泥、硅酸盐水泥、磷酸和水玻璃等作为胶凝材料。根据骨料材质和胶凝材料的不同，耐热混凝土分为很多类型，组成不同，性质不同，使用范围也不同。这种耐火制品与耐火砖相比有以下特点。

① 常温下迅速产生强度，在操作温度下也不降低。

② 使用前不必经过烧成，减少了制造耐火砖时的复杂工艺，制备工艺简单，能就地浇铸成各种形状，可减少砌体砖缝，简化结构，简化砖型，从而革新砌筑作业，加快建设速度。

③ 耐热混凝土在焦炉上主要用作上升管和炉门衬砖、炉顶轨道枕砖，以代替黏土砖，也有用作焦炉顶铺面的。根据使用部位不同，其配料有所差异。

耐热混凝土在焦炉上的试用时间虽不长，已显示出一些优点，不过也存在一些缺点，例如荷重软化温度不够高，使用中有分层剥落现象等。

五、焦炉常用的隔热保温材料

1. 隔热保温材料的种类

隔热材料具有气孔率大、机械强度低、体积密度小等特点。隔热材料的分类方法很多，一般可按使用温度、体积密度和制造方法分类。使用最多是按使用温度及体积密度分类。

按使用温度分为三种。

① 低温隔热材料。使用温度低于900℃，如硅藻土、石棉、水渣、矿渣棉、蛭石、珠珠岩等。

② 中温隔热材料。使用温度为900～1200℃，如硅藻土砖、轻质黏土砖等。

③ 高温隔热材料。使用温度高于1200℃，如高铝质轻质隔热砖、漂珠砖、轻质硅砖等。

2. 硅藻土质隔热制品

硅藻土砖是以硅藻土为原料的制品，其中加入一定量的可燃物，增大制品的气孔率，提高隔热能力。硅藻土砖只能用于1000℃以下部位，温度过高时其会收缩和熔化。体积密度0.5～0.7g/cm³，耐火度1280℃，显气孔率73%～78%，耐压强度为0.5～1.1MPa。制品尺寸有250mm×123mm×65mm和230mm×113mm×65mm两种规格。

硅藻土分生料和熟料两种。前者用于砌砖和保温层抹面，后者用作保温层填料。

3. 黏土质隔热耐火砖和高铝质隔热耐火砖

这两种砖结构都均匀，闭口气孔多，隔热性能好，热导率低，强度高。在使用中能保持炉温均衡，可减少散热损失，适用于各种工业窑炉及热工设备上的隔热层、保温层。

4. 漂珠砖

精选优质漂珠，辅以高铝原料、耐火黏土、外加剂，经机压成型、高温烧结而成的高强度轻质漂珠隔热耐火砖，分黏土质（PGN）和高铝质（PGL）两大系列。产品具有强度高、体积密度小、耐火度高、热导率小、保温隔热性能好等特点。使用温度在1400℃以下，可广泛应用于各类工业窑炉的隔热层和热工管道的保温层。制品外观规则、表面平整、尺寸精确，可根据用户需要制成异型和特异型产品。

5. 石棉制品

石棉绳是由石棉纱、线（或金属丝）制成，按形状及编织方式分为石棉扭绳、石棉编绳和石棉方绳。石棉板是用石棉和黏结材料制成的板材。

其他隔热材料，如矿渣棉、蛭石（含水黑云母）和珍珠岩等，都是含有很多细小气孔的材料。气孔愈多愈小，其热导率愈低。以珍珠岩、蛭石、轻质黏土砖块作骨料，以水泥、水玻璃、磷酸等作胶凝材料，以黏土粉、陶粒粉作掺合料，还可制成各种轻质耐热混凝土，用作隔热材料。

第二节 炉体结构

现代焦炉炉体最上部是炉顶，炉顶之下为相间配置的燃烧室和炭化室，炉体下部有蓄热室和连接蓄热室与燃烧室的斜道区，每个蓄热室下部的小烟道通过废气开闭器与分烟道相连，分烟道设在焦炉基础内或基础两侧，分烟道末端通向烟囱。

焦炉砌体的基本结构一般分成四个部分：蓄热室、斜道、炭化室和燃烧室、炉顶。如图5-1所示为焦炉纵剖视图，图5-2为炭化室-燃烧室剖视图。

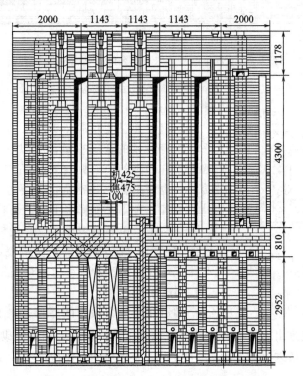

图 5-1 双联下喷复热式焦炉纵剖视图

一、蓄热室

蓄热室的作用是利用蓄积的废气热量来预热燃烧所需的空气和贫煤气。对蓄热室的基本要求是气流分配均匀，蓄热效率高，串漏少和防止局部高温。

蓄热室位于焦炉的下部，其上经斜道同燃烧室相连，其下经废气交换开闭器分别与分烟道、贫煤气管以及大气相通。蓄热室自下而上分小烟道、箅子砖、格子砖和顶部空间，如图5-3所示。

用焦炉煤气加热时，由于其热值高，不需要预热，故不通过蓄热室，直接由砖煤气道进入立火道燃烧。况且，焦炉煤气进入蓄热室预热，会因受热分解而生成石墨，造成蓄热室堵

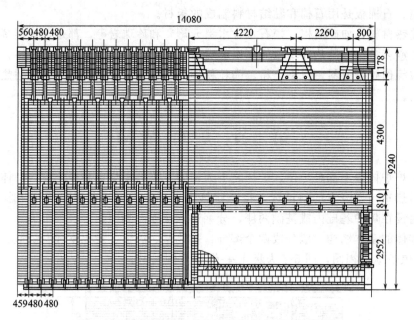

图 5-2　双联下喷复热式焦炉炭化室-燃烧室剖视图

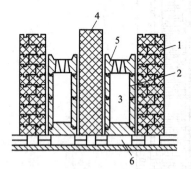

图 5-3　焦炉蓄热室结构

1—主墙；2—小烟道黏土衬砖；

3—小烟道；4—单墙；

5—算子砖；6—隔热砖

塞，而且预热后会使燃烧速度增高，火焰变短，造成高向加热不均匀。

蓄热室顶部温度经常在 1200℃ 左右，并且蓄热室隔墙几乎承受着炉体的全部重量，所以现代大型焦炉的蓄热室隔墙都用硅砖砌筑，否则将对焦炉产生不良影响。当缺少硅砖时，也可用黏土砖砌筑，但要考虑与上部硅砖砌体连接处的处理，否则上下膨胀不同，易将黏土砖砌体拉裂。

蓄热室主、单墙的炉头部位，受外界大气温度的影响，温度波动较大，硅砖砌成的炉头隔墙易产生一些裂纹，因此有些焦炉在蓄热室炉头部位采用高铝砖直缝结构。

1. 小烟道

小烟道和废气交换开闭器连接，它向蓄热室交替地导入冷贫煤气、空气或排出热废气，冷热气流交替变化，因此，用硅砖砌筑隔墙的小烟道应内衬黏土砖。小烟道内最大流速不超过 2.5m/s，小烟道的高度应不小于 200mm。

2. 算子砖

为了适应上升气流与下降气流均匀分配的要求，提高蓄热室内格子砖的有效利用系数，多数焦炉在格子砖和小烟道之间设置了扩散式算子砖。算子砖位于格子砖的下方，一方面支撑格子砖，另一方面利用孔径大小的改变使气流沿长向分布均匀。如图 5-4、图 5-5 所示。

算子砖孔排列为：小烟道入口处为上小下大，炉子中间处为上大下小，分段排列，大小孔逐步过渡，使流经格子砖的气流均匀分配。

我国 JN43 型焦炉扩散型算子砖孔尺寸排列见表 5-2。

3. 格子砖

格子砖架设在算子砖上，其高度一般用经验数据进行估算。下降气流时，用格子砖来吸收废气的热量；上升气流时，将蓄积的热量传给空气或贫煤气。这就要求格子砖单位体积内

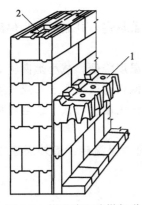

图 5-4　算子砖和砖煤气道

1—扩散型算子砖；2—直立砖煤气道

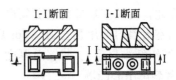

图 5-5　方孔和圆孔型算子砖

表 5-2　JN43 型焦炉扩散型算子砖孔尺寸排列

算子砖段(孔数)	1(2×7)		2(2×8)		3(2×8)		4(2×8)		5(2×8)		6(2×7)		7(2×7)	
蓄热室	煤	空	煤	空	煤	空	煤	空	煤	空	煤	空	煤	空
尺寸/mm　上孔	32	32	35	30	35	35	40	40	75	65	65	65	65	65
尺寸/mm　下孔	68	68	60	65	60	70	60	60	40	40	40	40	35	35

有较大的蓄热面积。因格子砖的环境温度变化大，故采用黏土砖。

现行使用的九孔薄壁格子砖（图 5-6）1m³ 有 64m² 换热面积。安装时上下砖孔要对准，以降低蓄热室阻力。格子砖上部留有顶部空间，主要使上升或下降气流在此得到混匀，然后以均匀的压力向上或向下分布。

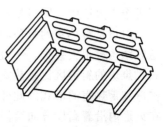

图 5-6　九孔薄壁格子砖

4. 蓄热室主墙

蓄热室主墙是上升气流与下降气流的隔墙，也是异向气流之间的隔墙。主墙两边的压差大，易漏气。当上升煤气漏入下降蓄热室，不但损失煤气，而且还会发生"下火"现象，严重时可烧熔格子砖，使废气盘变形；当上升空气漏入下降蓄热室，则会发生"空气短路"现象，因此要求主墙要厚些，一般为 300mm 左右。

下喷式焦炉的蓄热室主墙内还有直立砖煤气道，更应防止焦炉煤气漏入两侧蓄热室中，故要求主墙必须坚固和严密，因此多采用厚度较大，且带三沟舌的异型砖砌筑，砖煤气道均用管砖砌筑。

5. 蓄热室单墙

蓄热室单墙是同向气流之间的隔墙。单墙两边压差小，厚度可以薄一些。如 JN43 型焦炉，采用厚度为 200mm 的双沟舌异型砖砌筑。

几座焦炉蓄热室宽度和主墙、单墙厚度见表 5-3。

表 5-3　几座焦炉蓄热室宽度和主墙、单墙厚度

项　　目	鞍-71	JN43	JN55	JN60
宽度/mm	230/140	311.5	440	390
主墙厚度/mm	350	320	270	290
单墙厚度/mm	120	200	200	230

6. 蓄热室封墙

蓄热室封墙位于蓄热室机、焦侧端部，主要用来封堵蓄热室，并起隔热、保温作用，以减少热损失和降低环境温度。

蓄热室封墙不严，外界空气漏入下降蓄热室会使废气温度降低，减小烟囱吸力；空气漏入上升空气蓄热室会使空气过剩系数增大，使炉头温度降低；空气漏入上升煤气蓄热室会使煤气在蓄热室上部燃烧，减少进入炉头火道的煤气量，使炉头温度降低，还会将格子砖局部烧熔。因此，蓄热室端部封墙必须严密。

蓄热室封墙内部用黏土砖（6m 焦炉采用硅砖），中间为保温砖，最外层涂以保温涂料（或用硅酸铝纤维保温）。封墙总厚度一般为 400mm 左右。

7. 蓄热室中心隔墙

蓄热室中心隔墙是机、焦侧蓄热室之间的隔墙，一般位于焦炉中间，在焦炉纵长方向是一个连续的实体，因此要求设置膨胀缝。

8. 蓄热室各部分的材质

目前我国的大、中型焦炉的蓄热室主、单墙和中心隔墙都用硅砖砌筑；小烟道衬砖、箅子砖、格子砖和封墙用黏土砖砌筑。过去国内部分焦炉（侧喷式和单热式下喷焦炉）的蓄热室主墙和单墙曾用黏土砖砌筑，给实际生产带来较多麻烦，故现在已不再采用。

二、斜道

斜道位于蓄热室与燃烧室之间，是连接两者的通道，用于导入空气和煤气，并将其分配到每个立火道中，同时排出废气。

斜道是蓄热室的封顶和燃烧室的底部。斜道区结构复杂，砖型很多，不同类型焦炉的斜道区结构有很大差异。一般来说，两分式焦炉的斜道区比双联火道焦炉的斜道区要简单；单热式焦炉的斜道区比复热式焦炉的斜道区简单。斜道区的布置、形状及尺寸决定于燃烧室的构造和蓄热室的形式。此外，还应考虑砌体的严密性，砌筑要简单，而且应保证煤气及空气在火道内沿着高度方向缓慢混合。总之，斜道区通道多，气体纵横交错，异型砖用量大，严密性、准确性要求高，是焦炉中结构最复杂的部位。

1. 斜道的结构

斜道内布置着数量众多的通道（斜道、砖煤气道），距离很接近，而且通过压力不同的各种气体，容易窜漏。因此，斜道是焦炉中结构最复杂，异型砖最多，在严密性、尺寸精确性等方面要求最严格的部位。它在焦炉纵长方向是一个实体，为了吸收炉体纵长方向的热膨胀，在该区内每层砌体必须设置膨胀缝，上下膨胀缝之间的水平缝应做成滑动缝，以利于砖层的膨胀。焦炉的斜道结构如图 5-7、图 5-8 所示。

2. 斜道的结构特征

① 斜道的倾斜角不应小于 30°，否则容易在斜道内存灰和异物，日久导致斜道堵塞；

② 斜道断面收缩角一般应小于 7°，以减少阻力；

③ 同一火道内的两条斜道出口中心线的夹角尽量减小，以利于拉长火焰；

④ 斜道出口收缩和突然扩大产生的阻力应该约占整个斜道阻力的 75%，以便有效地调节出口气量；

⑤ 同种气流长、短斜道的阻力最好相当，这样易于控制每一火道中煤气、空气量及空气过剩系数；

⑥ 机、焦侧炉头立火道的斜道口应比中间立火道斜道口大，因炉头火道热损失大，需要热量较多；

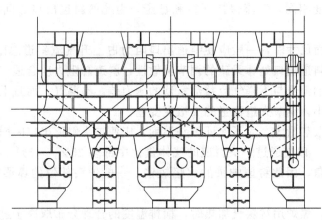

图 5-7 双联火道侧喷式焦炉斜道大样

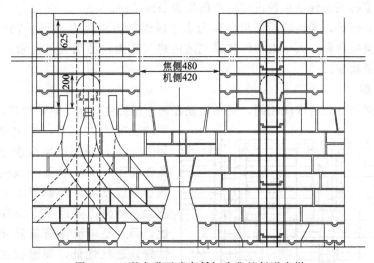

图 5-8 双联火道下喷高低灯头焦炉斜道大样

⑦ 两斜道口之间的鼻梁砖的宽度也影响火焰的长短，鼻梁砖的宽度大，火焰长。炉头立火道下部散热多和炭化室炉头部位装煤高度不足，因此，炉头立火道鼻梁砖（宽为25mm）比中间立火道（宽为40mm）窄一些；

⑧ 为了砌体热态时的膨胀，斜道区部位在砌砖时留有膨胀缝，每层膨胀缝应错开，且膨胀缝应布置在同向气流上，不要设计在异向气流、炭化室底和蓄热室封顶等处，以免漏气。

砌筑斜道用的耐火材料一般均用硅砖。

3. 斜道口

斜道口处设有鼻梁砖（火焰调节砖）及牛舌砖，如图 5-9 所示。更换不同厚度和高度的鼻梁砖，可以调节煤气和空气接触点的位置，以调节火焰高度。移动或更换不同厚度的牛舌砖可以调节进入火道的空气量（或贫煤气量）。

斜道出口的位置、交角、断面的大小、高低均会影响火焰的燃烧。为了拉长火焰，应使煤气和空

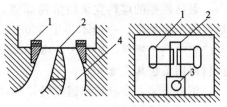

图 5-9 斜道出口图

1—牛舌砖；2—鼻梁砖；3—灯头；4—斜道

气在斜道出口时速度相同,气流保持平行和稳定,为此两斜道出口之间设有固定尺寸的鼻梁砖。

在确定斜道断面尺寸时,一般应使斜道出口阻力占上升气流斜道总阻力的 2/3～3/4 为好。这样可以保持斜道出口处鼻梁砖的调节灵敏性,斜道总阻力应合适。阻力过大时,烟囱所需吸力增加,增加上升与下降气流蓄热室顶的压力差,易漏气,而且上升气流蓄热室顶的吸力减小。阻力太小,调节火道流量的灵敏度变差。

由于炉头火道散热量大,为了保证炉头温度,应使炉头斜道出口断面(放调节砖后)比中部大 50%～60%,以使通过炉头斜道的气体量比中部多 25%～46%。由于炉头部位的炭化室装煤易产生缺角,因此希望炉头的火焰短些,一般炉头部位的鼻梁砖比中部火道的薄一些。

在正常情况下,焦炉用贫煤气加热时,横排温度的合理分布取决于进入各火道燃烧用的煤气量和空气量,以及排出的废气量的分配,即主要取决于斜道口开度的排列。所以确定合理的斜道口开度排列是保证焦炉正常生产的重要条件之一。

对于侧入式焦炉,各烧嘴断面积之和为水平砖煤气道断面的 60%～70% 为宜。太大则各烧嘴的调节灵敏性差;太小则增加砖煤气道内煤气压力,易漏气,且除炭空气不易进入,容易使砖煤气道堵塞。

三、炭化室

炭化室与燃烧室两者依次相间,炭化室设在两个燃烧室之间。焦炉生产时,燃烧室墙面平均温度约 1300℃,炭化室墙面平均温度约 1100℃,局部区域温度还要高一些。在此温度下,墙体承受炉顶机械和上部砌体的重力以及煤料的膨胀压力和推焦时的侧压力,墙面还要经受干馏煤气和灰渣的侵蚀,因此要求墙体荷重软化温度高,导热性好,透气性低,高温抗蚀性强,整体结构强度高,如图 5-10 所示。

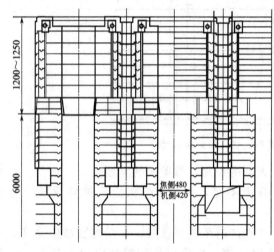

图 5-10　JN 型焦炉炭化室-燃烧室

1. 炭化室的宽度

炭化室宽度与煤料的结焦性和焦炭用途有关,对焦炉的生产能力与焦炭质量均有影响。炭化室宽度一般在 400～550mm。

黏结性强的煤应采用宽炭化室。增加炭化室宽度,焦炉的容积增大,装煤量增多,但因煤料传热不良,随炭化室宽度的增加,结焦速度降低,结焦时间延长,因此宽度不宜过大。

黏结性差的煤料宜采用快速炼焦,故用窄炭化室。炭化室宽度减小,结焦时间大为缩短,但不应太窄,一般不小于 350mm。否则,宽度太窄会使推焦杆强度降低,推焦困难,且结焦时间缩短后,操作次数增加,按生产每吨焦炭计,所需操作时间增多,增加污染,耐火材料用量也相应增加。

炼铸造焦,要求结焦速度慢,焦块大,故应用宽炭化室。

2. 炭化室锥度

为顺利推焦,焦炉炭化室呈梯形,焦侧宽度大于机侧,两侧宽度之差称为炭化室锥度。

锥度与煤料性质和装煤方式有关。配煤的挥发分低，应采用锥度大的炭化室；配煤的挥发分高、收缩性大，锥度可小一些；捣固焦炉炭化室的锥度可减小，甚至无锥度；炭化室长，锥度适当大一些；宽炭化室焦炉的锥度因焦饼收缩较大从而锥度可减小。顶装焦炉炭化室每米长度的锥度在 4.1～5.3mm。我国大、中型焦炉炭化室锥度一般为 50～70mm。

3. 炭化室高度

炭化室高度与炭化室高向加热均匀性和炉体强度密切相关。炭化室高度减去炭化室顶部空间高度，即装煤线高度，称为炭化室的有效高度。

利用废气循环、分段加热等措施可改善焦炉高向加热的均匀性。炭化室加高后，它要求的炉体强度也要加大，即燃烧室宽度和炉顶厚度相应加大。

大型焦炉的炭化室高度一般为 5.5～7.63m，增加炭化室高度是提高焦炉生产能力的重要措施。炭化室高度增加，入炉煤堆密度增加，有利于焦炭质量的提高。但是随着高度的增加，为使炉墙具有足够的强度，就必须相应增大炭化室的中心距及炭化室与燃烧室的隔墙厚度。为了保证高向加热均匀性，势必在不同程度上引起燃烧室结构的复杂化。为了防止炉体变形和炉门冒烟，应有坚固的护炉铁件和有效的炉门清扫机械。凡此种种，使每个炭化室的基建投资及材料消耗增加。因此，应以单位产品的各项技术经济指标进行综合平衡，选定炭化室高度的适宜值。

目前我国最高的炭化室高度已达 7.63m，世界上最高的炭化室高度已达 8m。

4. 炭化室长度

炭化室长度减去机焦侧炉门砖深入的距离称炭化室有效长度。焦炉的生产能力与炭化室长度成正比，而单位产品的设备造价随炭化室长度增加而显著降低。因此，增加炭化室长度有利于提高产量，降低基建投资和生产费用。但炭化室长度的增加受下列因素的限制。

① 受炭化室锥度与长向加热均匀性的限制。

因为炭化室锥度大小取决于炭化室长度和入炉煤料的性质。一般情况下，煤料挥发分不高，收缩性小时，要求锥度增加。随着炭化室长度增加，锥度增大，长向加热均匀性问题就比较突出，导致局部产生生焦，这不仅使质量和产率降低，而且使粉焦量显著增加。

② 受推焦阻力及推焦杆的热态强度的限制。

随着炭化室长度的增加，不仅由于长向加热不均匀使粉焦量增加从而使推焦阻力增大，还由于焦饼重量增加，焦饼与炭化室墙面、底面之间的接触面增加，从而使整个推焦阻力显著升高。随着炭化室长度的增加，推焦杆的温度在推焦过程中逐渐上升，而一般钢结构的屈服点随着温度升高而降低，到 400℃时，约降低 1/3。因此，炭化室长度增加也受此限制。

③ 炭化室长度还受到技术装备水平和炉墙砌砖的限制。目前认为炭化室的最大有效长度为 17～18m。

四、燃烧室

燃烧室位于炭化室两侧，数量比炭化室多一个。燃烧室长度与炭化室相等，燃烧室的锥度与炭化室相等但方向相反，以保证焦炉炭化室中心距相等。

1. 立火道

燃烧室用隔墙分成许多立火道，如图 5-11 所示，以便控制燃烧室长向的温度从机侧到焦侧逐渐升高。立火道的形式因焦炉炉型不同而异，立火道个数随炭化室长度增加而增加，一般大型焦炉的燃烧室有 26～32 个立火道。立火道中心距大体相同，一般为 460～480mm。JN43 型、JN60 型焦炉均采用 480mm，M 型焦炉为 500mm。中心距小一些有利于焦炉的结构强度，但影响比较小。

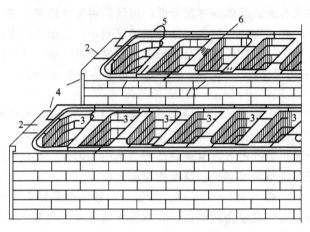

图 5-11　燃烧室砌砖图

1—炭化室；2—燃烧室炉头；3—立火道；4—凹槽；5—砖舌；6—隔墙

立火道的宽度则因炭化室中心距增大而加宽，这有利于立火道内的废气辐射传热。立火道的底部有两个斜道出口和一个砖煤气道出口，分别通煤气蓄热室、空气蓄热室和焦炉煤气管转。用贫煤气加热时由斜道出口引出的贫煤气和空气在立火道内燃烧；用焦炉煤气加热时，两个斜道均走空气，焦炉煤气由砖煤气道出口引入与空气在立火道中混合燃烧，产生的热量传给炉墙，间接加热炭化室中煤料，对其进行高温干馏。

2. 燃烧室宽度

它与炭化室的高度密切相关，炭化室愈高，墙面受到的膨胀压力愈大，相应的燃烧室宽度也需加大。燃烧室宽度愈大，承受来自炼焦过程中产生的膨胀压力愈大。燃烧室宽度也与煤种膨胀压力有关，煤膨胀压力大，燃烧室宽度也需要大。

3. 加热水平高度

燃烧室顶盖高度低于炭化室顶，两者之差称为加热水平高度。加热水平高度是焦炉炉体结构中的一个重要尺寸，是为了保证使炭化室顶部空间温度不致过高，从而减少化学产品在炉顶空间的热解损失和石墨生成的程度。其值过大，焦饼上部温度低，不利于焦饼上下均匀成熟；过小，炉顶空间温度高，影响焦化产品的质量和产量，也使炉顶空间易结石墨，影响推焦，同时，由于炉顶空间温度高，导致炉顶面温度高，恶化了炉顶操作环境。因此不同高度的焦炉加热水平是不同的。

4. 炉墙砖的厚度

炉墙砖太厚从传热来说不经济，热阻大，延长结焦时间。一般炉墙砖减薄 10mm，结焦时间大约缩短 1h。炉墙砖太薄，受到砖本身的强度和炉体结构稳定性的限制。目前大、中型焦炉的炉墙砖厚度基本控制在 95～100mm，当然大型焦炉在燃烧室下部几层砖可采用较厚尺寸的砖，也有小型焦炉采用 80mm 厚的炉墙砖。

5. 炉头结构和炉头火道

在焦炉生产期间，由于出焦启闭炉门，炉头砖温度波动较大，硅砖易于碎裂，因此，在设计中常采用直缝炉头，炉头砖材质改为耐急冷急热性能较好的高铝砖。由于炉头火道散热较多，相应要供应较多的热量，否则炉头火道温度不易提高，容易形成炭化室炉头生焦，在设计中炉头火道断面小一些，这样与其对应的煤量也小一些，从而减轻了炉头火道的热负荷，它的热负荷约为中间火道的 85%。国内常用的炉头结构，如图 5-12 所示。

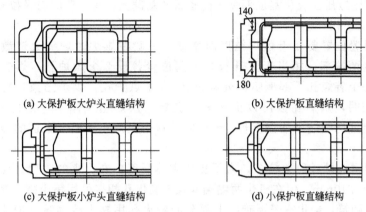

(a) 大保护板大炉头直缝结构　　　(b) 大保护板直缝结构

(c) 大保护板小炉头直缝结构　　　(d) 小保护板直缝结构

图 5-12　几种焦炉炉头结构

6. 炉墙结构

炉墙结构要求严密坚固，砖便于制造。我国大型焦炉都用宝塔砖结构的炉墙。国内几种炉墙结构的优缺点见表 5-4。

表 5-4　几种炉墙结构的优缺点

丁字砖	酒瓶砖	锤头砖	宝塔转
1. 上下层错缝大而均匀； 2. 结构强度较好，长期生产未见脱缝； 3. 沿垂直缝有拉断现象； 4. 炭化室燃烧室有直通缝； 5. 大修时剔茬困难	1. 上下层错缝仅 45mm，长期生产容易沿灰缝脱开，并出现酒瓶砖掉头现象； 2. 大修时剔茬甚易； 3. 炭化室燃烧室无直通缝	1. 炭化室墙面的立缝比丁字砖和酒瓶砖少 1/3，适用于立火道中心距较小的焦炉，如沥青焦炉； 2. 锤头砖较长，长期生产砖易断裂； 3. 炭化室燃烧室无直通缝	1. 在酒瓶砖的基础上改进而成，错缝介于丁字砖和酒瓶砖之间； 2. 大修时剔茬比丁字砖稍易； 3. 炭化室和燃烧室无直通缝

7. 耐火材料

燃烧室材质关系到焦炉的生产能力和炉体寿命，一般均用硅砖砌筑。为进一步提高焦炉的生产能力和炉体的结构强度，其炉墙有发展为采用高密度硅砖的趋势。只在燃烧室炉头部分用一些耐急冷急热性能较好的高铝砖。

五、炉顶区

炉顶区是指炭化室盖顶砖以上的部位，设有装煤孔、上升管孔、看火孔、烘炉孔、拉条沟和装煤车轨道座。炉顶区的总高取决于炉体强度和炉顶操作环境的温度。我国大、中型焦炉的炉顶区的厚度为 1000～1250mm。现代大型焦炉的炉顶区厚度已达 1700mm。

装煤孔的数量：炭化室有效长度在 10m 以下时设置 2 个装煤孔；11～14m 应设置 3～4 个装煤孔；15m 以上应设 4 个装煤孔。孔数多，装煤快，炉内煤峰较多，煤峰高差小，易于平煤，但炉顶面散热多，操作环境差。装煤孔下口应设计成喇叭口，如图 5-13 所示。

看火孔的内径应考虑能容易更换灯头砖和调节砖。

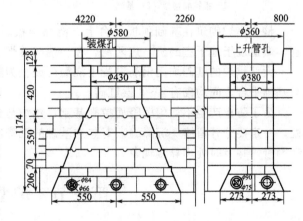

图 5-13　JN 型焦炉炉顶

装煤车轨道座应压在炭化室顶部黏土砖砌筑的基础上，其位置应与纵拉条、看火孔、装煤孔错开。

烘炉孔的设置位置要便于烘炉结束时堵塞。一般在烘炉时炉头火道散热大，不易升温，故在机焦侧两端部，相当于上升管孔下部位置各设 2 个烘炉孔，烘炉结束，打开炉门进行堵塞。每个装煤孔下部喇叭口处各设 2～3 个烘炉孔，烘炉结束，打开装煤孔盖进行堵塞。实践证明，烘炉孔数可以少于看火孔数，烘炉热气体不一定进入所有看火孔，不通气的火道温度比横墙平均温度低 4～13℃，这个温差小于通气火道的最高温度与最低温度之差。

炉顶区所用耐火材料种类较多。为了提高砌体强度，炭化室的盖顶砖应用厚些的大硅砖，一般为 170～210mm。但在机焦两侧端部及与装煤孔相接处用黏土砖，装煤孔及轨道座基础应用黏土砖砌筑，炭化室盖顶砖以上部分的看火孔用黏土砖砌筑（炉顶滑动缝以上部分），两装煤孔之间可砌黏土砖和轻质黏土砖（隔热砖）。为减少炉顶区散热，改善炉顶区的操作条件，在不受压部位砌隔热砖。为节省耐火砖，炉顶的实心部位可用筑炉过程中的废耐火砖砌筑。炉顶表面用耐磨性好，能抵抗雨水侵蚀的缸砖砌筑。此外，在多雨地区，炉顶最好有一定的坡度以供排水。

六、基础平台与烟道

基础位于焦炉炉体的底部，它支撑整个炉体、炉体设施和机械的重量，并把它传到地基上去。焦炉的基础结构随炉型和煤气供入方式的不同而异。

焦炉基础有下喷式（图 5-14）和侧喷式焦炉（图 5-15）。下喷式焦炉基础是一个地下室，由底板、顶板和支柱组成。侧喷式焦炉基础是无地下室的整片基础。

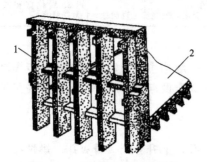 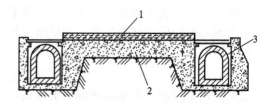

图 5-14　下喷式焦炉基础结构　　　　　图 5-15　侧喷式焦炉基础结构
1—抵抗墙构架；2—基础　　　　　　　1—隔热层；2—基础；3—烟道

整个焦炉砌筑在基础顶板平台上。浇灌顶板时，按焦炉膨胀后的尺寸埋设好下喷煤气管，烟道位于地下室的机、焦两侧，在炉端与总烟道相通。

大型焦炉的基础均用钢筋混凝土浇灌而成。为减轻温度对基础的影响，焦炉砌体的下部与基础平台之间均砌有 4～6 层红砖。

为了防止产生不均匀沉降而拉裂基础，焦炉与分烟道、焦炉与贮煤塔等不同承重的基础处，一定要分开留缝—沉降缝。对焦炉基础的沉降应在施工和投产以后的前几年中注意观察和测量，并及时处理异常现象。

第三节　炉型分类

现代焦炉基本已经定型，其分类方法很多。可以按照装煤方式、加热用煤气种类、空气和加热用煤气的供入方式、气流调节方式、燃烧室火道结构以及实现高向加热均匀性的方法等进行分类。每一种焦炉炉型均由以上分类合理的组合而成。

一、按装煤方式

按装煤方式有顶装焦炉和侧装焦炉。侧装焦炉又称捣固焦炉。捣固焦炉是先将入炉煤用捣固机捣成煤饼，然后从焦炉机侧将煤饼送入炭化室内。顶装焦炉是将入炉煤从炉顶经装煤孔装入炭化室。两种焦炉的炉体结构没有原则上的差别。

捣固焦炉为适应捣固煤饼的侧装要求，有以下特点。

① 由于捣固煤饼沿炭化室长向没有锥度，捣固焦炉的炭化室锥度较小（0～20mm）。

② 为保证煤饼的稳定性，煤饼的高宽比有一定限制。采取提高煤饼稳定性技术后，目前唐山佳华煤化工公司拥有世界最高炭化室 6.25m 的捣固焦炉。

③ 捣固煤饼靠托煤板送入炭化室。托煤板易造成炭化室底层炉墙砖的磨损比较严重，故炭化室第一层炉墙砖应特别加厚。

④ 炉顶不设装煤口，只设 2～3 个供消烟车抽吸装炉时产生的荒煤气或烧除沉积炭用的孔。

二、按加热用煤气种类

按加热煤气种类有复热式焦炉和单热式焦炉。复热式焦炉既可以用贫煤气（热值较低）加热，又可以用富煤气（热值较高）加热。单热式焦炉又可分为单用富煤气加热的焦炉和单用贫煤气加热的焦炉。

三、按煤气的供入方式

按加热用煤气入炉方式可分为侧入式焦炉和下喷式焦炉两种方式。

1. 侧入式

加热用的焦炉煤气由焦炉机、焦两侧的水平砖煤气道引入炉内，空气和贫煤气则从废气开闭器和小烟道从焦炉侧面进入炉内。国内小型焦炉多采用侧入式。

2. 下喷式

下喷式焦炉加热用的富煤气由炉体下部通过下喷管垂直地进入炉内，空气和贫煤气则从废气开闭器和小烟道从焦炉侧面进入炉内。如 JN60-82 型等炉型均采用此法。

采用下喷式可分别调节进入每个立火道的煤气量，故调节方便，且易调准确，有利于实现焦炉的加热均匀性。但需设地下室以布置煤气管系，因此投资相应加大。

四、按气流调节方式

按气流调节方式分类有上部调节式焦炉和下部调节式焦炉。上部调节式焦炉从炉顶更换调节砖（牛舌砖）来调节空气和贫煤气量。下部调节式焦炉是更换小烟道顶部的调节砖或是改变空气口开度大小和翻板开度来调节空气量。

五、按火道结构形式

按火道结构形式分类有水平火道和直立火道两大类。目前水平火道焦炉已不再采用。直立火道又可分为两分式、四分式、跨顶式和双联式、四联式等。如图 5-16 所示。

1. 两分式

两分式火道燃烧室是将燃烧室内火道分成两半，彼此以水平集合烟道相连。由于进入焦侧的煤气量和空气量多于机侧，上升与下降的供热不易平衡，机、焦侧温度调节比较困难，因此机侧火道数应比焦侧火道数稍多。在一个换向周期内，一半立火道走上升气流，另一半立火道走下降废气。换向后，则气流向反方向流动。

最大优点是结构简单，异向气流接触面小；主要缺点是由于在立火道顶部有水平集合烟

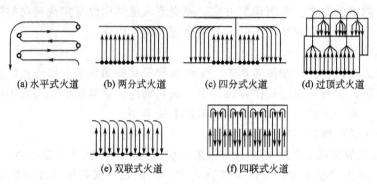

图 5-16　燃烧室火道型式示意图

道，所以燃烧室沿长度方向的气流压力差太大，气流分配不均匀，从而使炭化室内煤料受热不均匀，尤其当焦炉的长度加长或采用低热值煤气加热时更为严重，同时削弱了砌体的强度，因此断面形状和尺寸的确定应合适。为减少气流通过水平集合烟道的阻力，常增大其断面，但将削弱砌体的强度。炭化室容积增大时，燃烧室废气量增多，两分式焦炉的缺点更为突出。中小型焦炉炭化室比较短，且一般都用焦炉煤气加热，产生的废气量小，上述缺点就不突出。我国中小型焦炉多采用两分式结构，大型焦炉不采用。

2. 过顶式

过顶式燃烧室中，两个燃烧室为一组，彼此借跨越炭化室顶部且与水平集合烟道相连的6～8个过顶焰道相连接，形成一个燃烧室全部火道走上升气流，另一个燃烧室全部火道走下降废气。换向后，气流呈反向流动。这种燃烧室中的火道沿长度方向分 6～8 组，每组4～5个火道。每组火道共用一个短的水平集合烟道与过顶烟道相连，因此气流分配较均匀，但炉顶结构复杂，且炉顶温度高。

3. 双联式

双联式火道，将每个燃烧室设计成偶数个立火道，每相邻两个火道为一组，一个火道走上升气流，另一个火道走下降废气。换向后，气流呈反向流动。这种燃烧室由于没有水平集合烟道，因此具有较高的结构稳定性和砌体严密性，而且沿整个燃烧室长度方向气流阻力小，分配比较均匀，整个炭化室内煤料受热较均匀。但异向气流接触面多，结构较复杂，砖型多，焦炉老龄时易串漏。目前，双联式火道在我国大型焦炉上广泛采用。

4. 四联式

四联式火道燃烧室中，立火道被分成四个火道为一组，边火道一般每四个为一组，中间立火道两个为一组。这种布置的特点是一组四个立火道中相邻的一对立火道加热，而另一对走废气。在相邻的两个燃烧室中，一个燃烧室中一对立火道与另一燃烧室走废气的一对立火道相对应，或者相反，这样可保证整个炭化室炉墙长向加热均匀。

六、按拉长火焰方式

按拉长火焰（改善高向加热均匀性）方式进行分类可分为高低灯头式焦炉、多段加热式焦炉、废气循环式焦炉，如图 5-17 所示。现代大容积焦炉常同时采用几种方法实现高向加热均匀性。

1. 高低灯头

高低灯头系双联火道中单数火道为低灯头、双数火道为高灯头（或相反），火焰在不同的高度燃烧，使炉墙加热有高有低，以改善高向加热均匀性。但此种方法仅适用于焦炉煤气

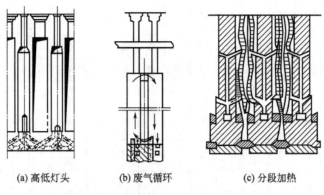

（a）高低灯头　　（b）废气循环　　（c）分段加热

图 5-17 各种解决高向加热均匀的方法

加热，并且效果也不显著。且由于高灯头高出火道底面一段距离才送出煤气，故自斜道出来的空气，易将火道底部砖缝中的石墨烧尽，造成串漏。JN60-82、JNX60-87 型焦炉即用此法。

2. 多段加热

多段加热式焦炉是将空气和贫煤气（当用焦炉煤气加热时，煤气则从垂直砖煤气道进入火道底部）沿火道墙上的通道，在不同的高度上通入火道中燃烧，一般分为上、中、下三点，使燃烧分段以拉长火焰长度，使高向加热均匀，但焦炉立火道结构复杂，需强制通风，空气量调节困难，加热系统阻力大。上海宝钢引进的新日铁 M 型焦炉即采用此法。

3. 废气循环

这是使燃烧室高向加热均匀最简单而有效的方法，故现在被广泛采用。由于废气是惰性气体，将它加入煤气中，可以降低煤气中可燃组分浓度，从而使燃烧反应速度降低，火焰拉长，从而保证高向均匀加热。双联火道焦炉可在火道隔墙底部开循环孔，依靠空气及煤气上升时的喷射力，以及上升气流与下降气流因温差造成的热浮力作用，将下降气流的部分废气通过循环孔抽入上升气流。根据国内有关操作数据表明，燃烧室上下温差可降低至 40℃左右。目前我国的大型焦炉均采用此法。

废气循环因燃烧室火道形式不同可有多种方式

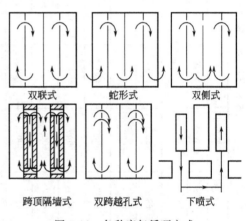

双联式　　　蛇形式　　　双侧式

跨顶隔墙式　双跨越孔式　下喷式

图 5-18 各种废气循环方式

（图 5-18），其中蛇形循环可以调整燃烧室长向的气流量；双侧式常在炉头四个火道中采用，为防止炉头第一个火道因炉温较低、热浮力小而易产生的短路现象，一般在炉头一对火道间不设废气循环孔，双侧式结构，可以保证炉头第二火道上升时，由第三火道的下降气流提供循环废气。

沿燃烧室长度和高度方向的加热均匀性，是获得质量均匀的焦炭、缩短结焦时间及降低焦炉耗热量的重要手段。为此，应通过控制给每个火道的煤气量及空气量来保证燃烧室沿长度方向的加热均匀性。

第四节　现代焦炉简介

一、国内目前常用炉型

国内目前常用炉型见表 5-5。

表 5-5 国内目前常用炉型

炉型	炭化室有效容积/m³	炭化室主要尺寸/mm							立火道		加热水平高度/mm	结焦时间/h	结构特征
		全长	有效长	全高	有效高	平均宽	锥度	中心距	中心距	个数			
顶装焦炉													
JNX70	48	16960	16100	6980	6630	450	50	1400	480	34	1050	19	双联下喷复热废气循环下调
JN60	38.5	15980	15140	6000	5650	450	60	1300	480	32	905/1000	19	双联下喷复热废气循环
JNX60-87	38.5	15980	15140	6000	5650	450	60	1300	480	32	905	19	双联下喷复热废气循环下调
宝钢 M 型	37.6	15700	14800	6000	5650	450	60	1300	500	30	755	20.7	双联全下喷三段加热复热
JN43	23.9	14080	13280	4300	4000	450	50	1143	480	28	700	18	双联下喷复热废气循环下调
JNX43-80	23.9	14080	13280	4300	4000	450	50	1143	480	28	700	18	双联下喷复热废气循环
JNK43-98	26.6	14080	13280	4300	4000	500	50	1143	480	28	700	20.5	双联下喷复热废气循环下调
JN50-81	26.8	14080	13280	5000	4700	430	50	1143	480	28	799	16.7	双联侧入单热废气循环
JN55	35.4	15980	15140	5500	5200	450	70	1350	480	32	900	18	双联下喷复热废气循环
捣固焦炉													
JNDK55	44.7 煤饼体积 40.26m³	15980	15220 煤饼长 15210	5550	煤饼高 5330	554 煤饼宽 500	20	1350	480	32	808	25.5	双联下喷复热废气循环
JNDK43-D(F)	27.2 煤饼体积 24.67m³	14080	13280 煤饼长 13150	4300	煤饼高 4000~4100	500 煤饼宽 450	10	1200	480	28	700	22.5	双联下喷（复热）废气循环
JND38	19.6(17.05)	12560	11804 (煤饼长)	3800	3600	460(400)	10(00)	1100	460	26	663	19	双联下喷复热废气循环
7.63m 焦炉													
大、马、武、首钢 7.63m 焦炉	2×70 孔 有效容积 76.25m³,与凯泽斯图尔厂基本相同	18.56 (18.8H)	17.77 (18H)	7.54(c); 7.63(H)	7.09(c); 7.18(H)	0.603(c); 0.59(H)	50	1650		36		25.2	双联下喷复热废气循环

二、JN 型焦炉简介

JN 型焦炉种类繁多，有两分式、下喷式、侧入式及捣固式等不同类型，具有代表性的有 JN60 型焦炉、JN55 型焦炉和 JN43 型焦炉。

JN 型焦炉结构示意见图 5-19。

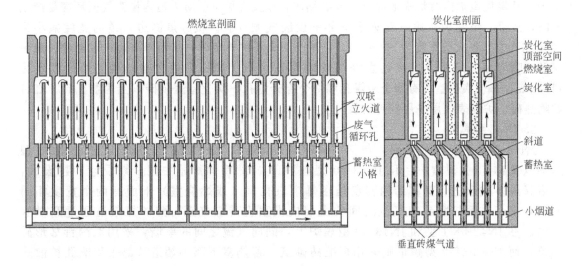

图 5-19 JN 型焦炉结构示意

1. JN60 型和 JNX60 型焦炉

JN60 型焦炉为双联火道、焦炉煤气下喷、废气循环、复热式顶装焦炉。

炉体结构特点是：蓄热室主墙宽度为 290mm，采用三沟舌结构；单墙宽度为 230mm，采用单沟舌结构。斜道宽度为 120mm。边斜道出口宽度为 120mm，中部斜道出口宽度为 96mm。这样，即可大量减少砖型，又可提高边火道温度。有些焦炉采用高低灯头结构。炭化室墙的厚度上下一致，均为 100mm。炭化室墙面采用宝塔砖结构。炉头采用硅砖咬缝结构，炉头砖与保护板咬合很少。燃烧室由 16 对双联火道组成。在装煤孔和炉头处的炭化室盖顶用黏土砖砌筑，以防止急冷急热而过早地断裂，其余部分均用硅砖，以保持炉顶的整体性及严密性。炉顶装煤孔和上升管孔的座砖上加铁箍。炉头先砌并设灌浆孔，以使炉头更为严密。炉顶由焦炉中心线至机、焦两侧炉头，有 50mm 的坡度，以便排水。焦炉中心线处的炉顶厚度为 1250mm，机焦侧端部的炉顶厚度为 1200mm。

JNX60-87 型是 1987 年专为宝钢二期焦炉而设计的下调式焦炉。它的外形和基本尺寸与 JN60 型焦炉相同，亦为双联火道，焦炉煤气下喷，废气循环、复热式顶装焦炉。其不同之处是蓄热室分格。其优点是气流分布均匀，热工效率高；火道温度调节是在地下室通过蓄热室箅子砖上的可调节孔调节，因此调节简便、准确、容易。其缺点是蓄热室结构复杂、砌筑困难；如格子砖堵塞，则不易更换，因此未推广使用。在总结了宝钢二期焦炉生产经验的基础上，经现场结合，鞍山焦耐院又新设计了 JNX60-2 型下调式焦炉在宝钢三期焦炉上使用。其设计作了许多改进，选用了新材质，改善了炉头加热和操作环境。

2. JN55 型焦炉

JN55 型焦炉炉体结构特点是，每个炭化室下面有两个宽度相同的蓄热室，在蓄热室异向气流之间的主墙内设垂直砖煤气道，单墙和主墙均用带沟舌的异型砖砌筑，以保持其严密性。斜道区用硅砖砌筑。斜道宽度为 130mm。边斜道（第 1、2、31、32 火道）出口为 110mm，中部斜道出口宽度为 80mm。这既可提高炉头火道温度，又可减少斜道区的砖型数量。燃烧室由 16 对双联火道组成。立火道底部设有废气循环孔，可使焦饼上下加热均匀。由于打开炭化室炉门时炉头下部比上部散热多，以及在炉头一对火道内设废气循环容易产生短路，故机、焦侧炉头第一对火道下部不设废气循环孔。机、焦侧边火道的宽度减小为 280mm（中部各火道宽度为 330mm），以减小边火道的热负荷，从而提高边火道温度。焦炉煤气喷嘴均为低灯头。沿炭化室高向炉墙厚度一致。炉头采用直缝结构。炉顶厚度为 1174mm。每个炭化室设有四个装煤孔和两个上升管孔。炭化室盖顶砖以上为黏土砖、红砖和隔热砖。炉顶表面层采用缸砖砌筑。

3. JN43 型焦炉

JN43 型焦炉已形成系列，包括 JN43-58-1 型焦炉（又称 58 型焦炉）、JN43-58-2 型焦炉（又称 58-2 型焦炉）和 JN43-80 型焦炉。JN43 型焦炉是中国早期设计和建设的，其后又经多次改进。炉体结构特点是在每个炭化室（或燃烧室）下面有两个宽度相同的蓄热室。在蓄热室异向气流之间的主墙内设垂直砖煤气道，焦炉煤气道通过它供入炉内。在 JN43-58-1 型和 JN43-80 型焦炉上，同向气流之间的单墙，采用双沟舌 Z 形砖砌筑，而 JN43-58-2 型焦炉则采用标准砖砌筑。蓄热室下部小烟道顶部采用圆孔扩散式算子砖，以使蓄热室气流分布均匀；小烟道两侧衬以黏土砖，以保护由硅砖砌筑的单主墙；小烟道底部和蓄热室封墙均砌有隔热砖，以减少散热。斜道出口处设有可更换的不同厚度的调节砖，以调节各立火道的煤气和空气量。JN43-58-2 型焦炉和 JN43-80 型焦炉的炉头火道，其斜道口宽度较中部立火道的斜道口宽度为大，以提高炉头温度。JN43 型焦炉炉体的斜道区全部用硅砖砌筑。燃烧室由 28 个立火道组成，每两个火道为一组，组成双联火道。每对立火道隔墙上部设有跨越孔，底部设有废气循环孔。每个炭化室设有三个装煤孔和一个或两个上升管孔。JN43-58-1 型和 JN43-58-2 型焦炉炭化室的盖顶砖为黏土砖，JN43-80 型焦炉则为硅砖。在炭化室盖顶砖之上用黏土砖、红砖和隔热砖砌筑，以减少炉顶散热。炉顶表面层，用缸砖砌筑，以提高炉顶表面的耐磨性。JN43-58-1 型焦炉在炉顶设有烘炉水平道，JN43-58-2 型和 JN43-80 型焦炉则将烘炉水平道取消，以减少炉顶漏气和降低炉顶温度和炉顶空间表面温度。

JNX43 型下调式焦炉（仅湘潭钢铁公司使用）采用蓄热室分格设计，设有可调算子砖孔。特别适用于用贫煤气加热的焦化厂。

JNK43-98D 型焦炉是宽炭化室（500mm），双联火道，焦炉煤气下喷，废气循环的顶装焦炉，是适应市场需要而设计的一种焦炭质量高，炉体寿命长，环保好，经济适用，投资省的新型焦炉。有单热式和复热式两种结构。此型焦炉特别适用于山西优质煤的炼焦，可炼制成优质的冶金焦和铸造焦。

4. JND5.5m 与 4.3m 捣固焦炉

我国 2008 年以前建成投产的捣固焦炉大多数炭化室高度为 4.3m，2008 年以后在建或建成投产的捣固焦炉大多数炭化室高度为 5.5m、6.25m。国家工信部颁发的《焦化行业准入条件（2008 年版）》规定：新建捣固焦炉炭化室高度必须 ≥5.5m，捣固煤饼体积 ≥35m³，企业生产焦炭能力 100 万吨/a 及以上。也就是说各级政府相关部门不再审批新建 4.3m 捣固焦炉。现将炭化室高度为 5.5m 与 4.3m 捣固焦炉的基本工艺参数作一比较，见表 5-6。

表 5-6 5.5m 与 4.3m 捣固焦炉的比较

名 称		炭化室高度/m		5.5m 与 4.3m 比较
		5.5m	4.3m	
炭化室 (冷态尺寸) /mm	长	15980	14080	+1900
	高	5550	4304	+1246
	平均宽	500	500	相同
	锥度	20	10	+10
	中心距	1350	1200	+150
	墙厚	100	100	相同
	立火道个数/个	32	28	+4
煤饼几何尺寸/mm		15210/15070×5370×450	13250/13050×4100×450	煤饼高度增加 1270
煤饼体积/m³		36.586	24.262	+12.32
煤饼高宽比		11.93	9.11	+2.82
单孔装干煤量/t		36.6	24.3	+12.30
单孔产干焦量/t		27.45	18.23	+9.22
焦炉周转时间/h		22.5	22.5	相同
每孔年产干焦量/t		10687.2	7097.6	+3589.6
生产 200 万吨焦炭出焦次 数/次		72860	109709	-36849
年产焦炭 100 万吨规模需构 成炉组孔数/孔		2×50(非最经济规模)	2×72 (配置分体式侧装煤推焦车)	-44

5. JND6.25m 捣固焦炉的结构特点

炭化室高 6.25m 的捣固焦炉在河北省唐山佳华煤化工公司投产。该焦炉拥有自主知识产权，是目前世界上炭化室高度最高、单孔炭化室容积最大、技术水平最先进、自动化程度最高的 6.25m 大型捣固焦炉。

6.25m 捣固焦炉为双联火道，废气循环，焦炉煤气下喷，高炉煤气侧入的复热式捣固焦炉。

① 蓄热室主墙用带有三条沟舌的异型砖相互咬合砌筑的，而且蓄热室主墙砖煤气道管砖与蓄热室无直通缝，保证了砖煤气道的严密。蓄热室单墙为单沟舌结构，用异型砖相互咬合砌筑，保证了墙的整体性利严密性。

② 炭化室越高蓄热室封墙的串漏越严重，为了减少蓄热室封墙的串漏，设计将斜道口阻力增加，减小蓄热室顶的吸力，相对改小外界与炉头蓄热室的压力差，从而减少蓄热室的漏气率，保证了足够的煤气量供应炉头火道。

③ 将蓄热室封墙分四层，由内而外分别为硅砖、无石棉硅酸钙板、隔热砖、新型保温涂料。内层硅砖膨胀系数大，烘炉结束后蓄热室就形成一个密封体；整块的无石棉硅酸钙板具有很好的密封和隔热效果好；最外层的新型保温涂料确保封墙的严密性和隔热效果，而且便于维修。

④ 为保证炭化室高向加热均匀，设计采用了加大废气循环量和设置焦炉煤气高灯头等措施。

⑤ 炭化室墙采用"宝塔"砖结构，它消除了炭化室与燃烧室之间的直通缝，增强了炉体的严密性，使荒煤气不易窜漏，并便于炉墙剔茬维修。

⑥ 由于出焦时炉头炭化室墙面温度下降快、易剥蚀，因此燃烧室炉头采用双层结构，外层为高铝砖，抗热震性好；内层为硅砖，使炉头第一火道形成一个气密性好的箱体结构，减少炭化室荒煤气向立火道窜漏；炉头硅砖和高铝砖之间采用多部位咬合，克服了烘炉过程中高铝砖和硅砖高向膨胀量不一致，避免了开工初期炉头荒煤气泄漏。

6. JNX-7 顶装焦炉

JNX-7 型焦炉炉体是在总结了 JN60 型焦炉、JNX 系列焦炉、8m 实验炉、国外各种大容积焦炉设计、生产经验的基础上全新开发设计的大型焦炉。JNX-7 型焦炉的结构为双联火道、废气循环、焦炉煤气下喷、高炉煤气侧入的复热式下调焦炉。具有结构严密、合理、加热均匀、热工效率高、投资省、寿命长等优点，是适合中国国情的新一代大型焦炉。

（1）为改善高向和长向加热的均匀性所采取的措施

① 采用了双联火道、废气循环的加热方式，在总结 JN60 型焦炉、8m 试验焦炉以及国外大容积焦炉高向加热经验的基础上，不仅加大了废气循环量，而且还设置了焦炉煤气高灯头，保证了高向加热的均匀性。

② 在总结国外大容积焦炉的斜道口大小及其排列方式和国内下调焦炉生产经验的基础上，确定出 JNX-7 型焦炉斜道口开度和排列尺寸，可以有效保证 JNX-7 型焦炉在长向加热的均匀性。

③ 蓄热室采用分格和箅子砖可调的结构，可使气流在蓄热室内合理地分配，大大减少了气流的偏析，增加了格子砖的冲刷系数，降低了废气的温度，提高了焦炉的热工效率。

④ 为了确保边火道的加热满足要求，边蓄热室、蓄热室封墙、炉头斜道出口和炉头立火道都采取了特殊的结构，确保焦饼的均匀成熟。

⑤ 蓄热室箅子砖和斜道出口均设置可更换的调节砖，焦炉的调节简单易行，准确可靠，保证了 JNX-7-2 型焦炉加热的均匀性。

（2）为提高焦炉的寿命和环保水平，在结构上采取的措施

① 改进了蓄热室主墙、单墙、隔墙以及封墙的结构，保证了墙的严密性和整体性，减少了 CO 的排放量，提高了焦炉的热工效率。

② 新设计的 JNX-7-2 型焦炉炭化室墙面砖在继承了 JN 系列焦炉优点的基础上，提高了炭化室墙面砖的抗剪强度，减少了炭化室墙面砖损坏的可能性；提高了炭化室墙面砖的严密性，减少炭化室和燃烧室之间的窜漏；同时还尽量减少了炭化室墙面砖的砖型数，以便于维修。

③ 改善了燃烧室立火道隔墙的结构，保证了燃烧室的整体性和立火道之间的严密性。

④ 采用加大废气循环量和设置焦炉煤气高灯头措施，既保证了炭化室高向加热的均匀性，也可以减少了 NO_x 的产生。

⑤ 重新设计的炉顶结构可减少炉顶的散热，改善炉顶的操作环境。合理的装煤孔布置和装煤孔结构，既可减少装煤时阵发性污染物的排放量，又可保证均匀装煤，以达到减少平煤操作次数、减少污染物排放的目的。

⑥ 蓄热室采用两个火道为一格的结构，斜道高度增加到 900mm，避免了立火道火焰对蓄热室顶部格子砖的直射，有效降低了蓄热室顶部格子砖的温度。

（3）为提高煤的结焦性能，焦炉结构的改进

为提高煤的结焦性能，炭化室采用了宽度为 450mm 的窄炭化室，炉墙厚度也减薄到 95mm，以达到提高炭化室结焦速度、减少焦煤配比、降低炼焦煤成本和提高经济效益的

目的。

（4）燃烧室墙的稳定性和强度

燃烧室墙具有足够的稳定性和强度。经过详细计算表明，并和各种型号焦炉相比较，JNX-7型焦炉炉墙的极限侧负荷为9066Pa，比国内现有的6m焦炉有了较大的提高。

（5）焦炉用材的选用、砖型图设计

JNX-7型焦炉所用材料的选用和砖型图的设计都进行了精心的考虑，焦炉炉体用耐火材料具有易采购、制砖成品率高、便于施工等特点，完全称得上是适合中国国情、技术先进的新型焦炉。

（6）JNX-7型焦炉炉体的主要尺寸

炭化室高度	6980mm	炭化室墙厚度	95mm
炭化室中心距	1400mm	炭化室容积	48m³
炭化室宽度（平均）	450mm	加热水平高度	1050mm
焦侧	475mm	立火道中心距	480mm
机侧	425mm	炉顶厚度	1650mm
炭化室锥度	50mm	立火道个数	34
炭化室长度	16960mm	结焦时间	19h

7. 7.63m 焦炉的特点

7.63m焦炉是从德国引进的既有废气循环又含燃烧空气分段供给的"组合火焰型"焦炉，焦炉炭化室高7.63m、复热式、单集气管、每座焦炉三个吸气管。7.63m焦炉炉体为双联火道、分段供空气加热及废气循环，焦炉煤气下喷、低热值混合煤气及空气均侧入，蓄热室分格及单侧烟道的复热式超大型焦炉。此焦炉具有结构先进、严密、功能性强、加热均匀、热工效率高、环保优秀等特点。

① 在分格蓄热室中，每个立火道单独对应1格蓄热室构成1个加热单元。用焦炉煤气加热时，在地下室用设有孔板的喷嘴调节煤气，孔板调节方便，准确；空气是通过小烟道顶部的金属调节板调节。用低热值混合煤气加热时，煤气和空气均用小烟道顶部的金属调节板调节，使得加热煤气和空气在蓄热室长向上分布合理，均匀。

② 蓄热室主墙、单墙和隔墙结构严密，用异型砖错缝砌筑，保证了各部分砌体之间不互相串漏。主墙和单墙下部采用半硅砖，上部采用硅砖砌筑，半硅砖砌体和硅砖砌体之间设有滑动缝。

③ 由于蓄热室高向温度不同，蓄热室上、下部分别采用不同的耐火材料砌筑，从而保证了主墙和各分隔墙之间的紧密接合。

④ 分段加热使斜道结构复杂，砖型多。但斜道的通道内无膨胀缝的设计使斜道严密，防止了斜道区上部高温事故的发生。

⑤ 燃烧室由36个共18对双联火道组成。分3段供给空气进行分段燃烧；并在每对火道隔墙间下部设循环孔，将下降火道的废气吸入上升火道的可燃气体中，用此两种方式拉长火焰，达到高向加热均匀的目的。当用高炉煤气和焦炉煤气的低热值混合煤气加热时，空气通过燃烧室底部斜道出口，距燃烧室底部1/3和2/3处的立火道隔墙出口分别喷出，与燃烧室底部斜道另一个出口喷出的低热值混合煤气形成3点燃烧加热；当焦炉单用焦炉煤气加热时，混合煤气通道也和空气通道一样走空气，空气通过燃烧室底部两个斜道出口，距燃烧室底部1/3和2/3处的立火道隔墙出口分别喷出。焦炉煤气由燃烧室底部煤气喷嘴喷出，形成3点燃烧加热。由于3段燃烧加热和废气循环，炉体高向加热均匀，且废气中的氮氧化物含量低，可以达到先进国家的环保标准。

⑥ 跨越孔的高度可调，可以满足不同收缩特性的煤炼焦的需要。

⑦ 炉顶设有 4 个装煤孔和 1 个水封式上升管。

⑧ 采用单侧烟道，仅在焦侧设有废气盘，可节省一半的废气盘和交换设施，优化烟道环境。

三、炉组选择与生产能力的确定

1. 焦炉生产能力

一般根据焦炭的需要量确定，为合理利用焦炉机械、提高劳动生产率，一个炉组多为两座或四座焦炉构成，焦炉炉组的生产能力按下式计算：

$$Q=\frac{N \times M \times B \times K \times 8760 \times 0.97}{\tau \times 0.94}$$

式中　Q——个炉组生产全焦的能力，t/年；

　　　N——每座焦炉的炭化室孔数；

　　　M——个炉组的焦炉座数；

　　　B——每孔炭化室装干煤量，t；

　　　K——干煤产全焦率，%；

　　8760——全年小时数，h/年；

　　0.97——考虑到检修炭化室的减产系数；

　　　τ——周转时间，h；

　　0.94——按湿焦含水 6% 计算的湿焦炭换算系数。

2. 每座焦炉的最多孔数

每座焦炉的最多孔数决定于周转时间和焦炉机械的操作时间。

例如，炭化室平均宽为 407mm 的 58-Ⅱ 型焦炉，周转时间按 15h 设计，两座焦炉共用一台熄焦车，其他机械均每座焦炉单独设置，此时熄焦车比其他机械紧张，故应以满足熄焦车的操作时间作为确定每座焦炉最多孔数的依据。熄焦车一次操作时间需 5～6min。故平均宽 407mm 的 58-Ⅱ 型焦炉设计的炉组，每座焦炉孔数为

$$N=\frac{(15-2) \times 60}{2 \times 6}=65 \text{ 孔}$$

上式分子中的 2 为检修时间。分母中 2×6 为熄焦车在操作每座焦炉各一孔时所需的分钟数。

当两座焦炉合用一套机机械时，推焦车的操作时间最紧张，一次操作时间需 10～11min，则应按满足推焦车操作时间，作为确定焦炉孔数的依据。故由此得平均宽为 450mm 的 58-Ⅱ 型焦炉，每座孔数为 42 孔。

四、炉型选择的原则

炉型和炉组对一定的生产能力可能有多种方案，应通过可行性研究，由综合技术经济的比较，最后确定，一般应考虑以下原则。

① 炭化室的容积应与生产能力相对应，使配置的机械能充分发挥其作业能力，若不考虑焦炉的进一步发展，一般不建设一个炉组仅一座焦炉的焦化厂。

② 炭化室宽度应根据建厂地区所采用的煤源性质加以选择。对于黏结性相对较差的煤料宜采用较窄的炭化室；对黏结性较好的煤料宜用较宽一些的炭化室；对气煤量较多的地区可采用捣固焦炉，虽相同生产能力的捣固焦炉比顶装焦炉投资高，劳动生产率低，但可提高气煤用量、改善焦炭质量。

③ 原、燃料和产品销售的综合平衡，焦化厂的产品与钢铁、化工、城市煤气等很多部门有关，生产所需原料煤量很大、涉及煤矿、交通运输等部门可能提供的条件，此外生产所需水、汽、电及其他辅助原料量也较大。因此在确定焦化厂规模、选定炉型时，必须考虑综合平衡，以防投产后造成供销脱节。影响焦炉生产的稳定性和均衡性。

④ 选择炉型与相应的机械装备水平，还应考虑投资规模、借贷资金的偿还期限等经济因素以及本地区或附近地区的机械加工能力、耐火砖及其他重要材料的供应情况、地区或国家所能提供的机械装备等。正确选定与装备水平、投资规模相对应的炉型，以便缩短建设周期，加快资金周转，提高企业效益。

五、大容积焦炉的比较

7m、6m 顶装焦炉以及 5.5m、6.25m 捣固焦炉投资方案比较（根据中冶焦耐工程技术有限公司提供数据比较如下）见表 5-7。

表 5-7 7m、6m 顶装焦炉以及 5.5m、6.25m 捣固焦炉比较

（根据中冶焦耐工程技术有限公司提供焦炉基本工艺参数数据进行的比较）

序号	项目	单位	焦炉炉型			
			6.0m 顶装	7.0m 顶装	5.5m 捣固	6.25m 捣固
1	设计规模	万吨	110	150	110	130
2	炭化室孔数	孔	2×55	2×60	2×55	2×53
3	装炉煤的堆密度	t/m³	0.75	0.75	1	1
4	每孔炭化室装煤量（干煤）	t	28.5	41.7	40.6	45.6
5	单炉焦炭产量（干煤）	t	21.66	31.69	30.04	31.69
6	全焦产率	%	76	76	74	74
7	焦炉周转时间	h	19	22	25.5	24.5
8	装炉煤水分	%	6%～14%	6%～14%	8%～12%	8%～12%
9	煤气产率（吨干煤）	m³	320	320	340	340
10	焦炉炉体技术特点		双联火道、废气循环、焦炉煤气下喷、空气侧入	双联火道、废气循环、焦炉煤气下喷、空气侧入	双联火道、废气循环、焦炉煤气下喷、空气侧入、宽炭化室	双联火道、废气循环、焦炉煤气下喷、空气侧入、宽炭化室、多段加热
11	焦炉机械总体技术装备水平		1. 推焦串序：一次对位、5-2 串序；2. 机械水平：单元程序控制和单元手动控制，配备炉号识别及自动对位系统，设置焦炉机械联锁系统；3. 焦炉机械环保水平高	1. 推焦串序：一次对位、2-1 串序；2. 机械水平：与炉号识别及自动化对位系统相配合，全自动化及半自动化操作，工控机操作，焦炉机械四车联锁系统；3. 焦炉机械环保水平高；4. 配备事故停电处理措施	1. 推焦串序：5-2 串序；2. 机械水平：单元程序控制和单元手动控制，配备炉号识别及自动对位系统，设置焦炉机械联锁系统；3. 焦炉机械环保水平高	
12	技术及设备引进		技术完全国产化；独立自主知识产权；设备完全国产化		技术完全国产化；独立自主知识产权；引进捣固机（或国产）	技术完全国产化；独立自主知识产权；引进 SCP 机

序号	项目	单位	焦炉炉型			
			6.0m 顶装	7.0m 顶装	5.5m 捣固	6.25m 捣固
13	配煤比	%	焦煤：35～40；肥煤：25～30；1/3 焦煤（或气煤）：20～30；瘦煤：5～15		在顶装焦炉配煤的基础上可多配弱黏结性煤，焦炭冷态强度基本相同。当为大型高炉生产冷热强度很高的优质焦炭时，很难配入较多的高挥发分或弱黏结煤，而焦煤、肥煤比例大会增大对炉墙的膨胀压力，并影响焦炉推焦	
14	对高炉炼铁的影响				会使高炉炉料的透气性变差，对高炉冶炼不利	
15	设计炉龄	年	25～30	25～30	20～25	20～25
16	劳动定员（仅炼焦车间）	人	176	190	176	181
17	人均焦炭产量	t	6242	7970	6450	7065
18	投资（仅炼焦车间）	万元	35000	63000	37000	70000
19	吨焦投资（仅炼焦车间）	元	318.62	547.41	325.96	416.06
20	炼焦车间占地	公顷	4.4	6	5.5	6.4
21	建设周期	月	14	15	14	17

第六章 护炉铁件与煤气设备

第一节 护 炉 铁 件

护炉铁件包括保护板、炉门框、炉柱、大、小弹簧和纵、横拉条等，护炉铁件装配如图6-1所示。

一、护炉铁件的作用

焦炉砌体是用各种材质和形状的耐火砖砌筑而成的。当砌体从冷态升温到高温时，由于 SiO_2 晶型转变和物理作用，使砌体产生膨胀。在生产过程中，一方面 SiO_2 晶型继续发生转化；一方面炼焦制度变化、炉温波动使高温砌体发生膨胀、收缩，从而产生变形；再一方面摘、挂炉门、推焦焦饼挤压、炉煤结焦膨胀等引起的机械力也易造成砌体产生裂纹和损坏。为使砌体适应生产需要，减少这类破损，砌体外部必须安装护炉铁件，使其连续不断地向砌体施加数量足够的、分布均匀合理的保护性压力，使焦炉砌体在自由膨胀和外力作用下仍能保持完整性和严密性，并有足够的强度，从而保证焦炉在热态下的正常工作。

护炉铁件给予焦炉砌体的保护性压力是通过拉条、弹簧、炉柱和保护板施加给砌体的。反过来，焦炉砌体所需保护性压力的大小决定了炉柱、横拉条、大小弹簧的尺寸和结构。为使保护板和炭化室炉肩紧密贴靠，要求炉柱通过保护板应有效、持续地传递压力，不得松弛和脱开。但在实际生产中，炉柱和保护板间总有间隙，所以炉柱给保护板的力是通过它们间一些贴靠点上的刚性力和炉柱小弹簧施加的弹性力来传递的。如果这些压力点松弛或脱开，传递保护性压力的机能便丧失。

在力学中，作用力和反作用力是相互的，护炉铁件固紧炉体和炉体膨胀就是作用和反作用的关系。焦炉砌体在生产过程中产生膨胀和收缩，即炉体的变化是绝对的，而护炉铁件对砌体的作用力与炉体膨胀的反作用力间的平衡则是相对的。因此，护炉铁件给予炉体的保护性压力应适应砌体由于膨胀而产生的应力变化。当砌体得到的保护性压力不足或不能调节时，砌体的整体性将逐渐破坏，裂纹扩大，砌体的结构强度显著降低，严重时炉头倒塌，炭化室墙面变形。因此，正确的设计、安装、管理和维护护炉铁件，是保证焦炉稳产、高产、优质、长寿的重要一环。

二、护炉铁件

1.炉柱、拉条和弹簧

炉柱安装在机、焦两侧保护板外面，由上、下横拉条将机、焦两侧炉柱拉紧。上部横拉条机、焦侧和下部横拉条机、焦两侧装有弹簧（或弹簧组）。上部横拉条焦侧因受焦饼推出

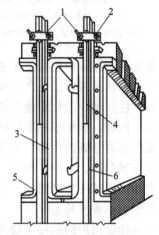

图 6-1　护炉铁件装配简图

1—横拉条；2—弹簧；3—炉门框；
4—炉柱；5—保护板；
6—炉门挂钩

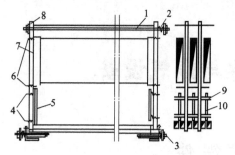

图 6-2　炉柱、拉条和弹簧装配图

1—上部横拉条；2—大弹簧；3—下部横拉条；

4—蓄热室墙小弹簧；5—蓄热室保护板；

6—燃烧室保护板上下小弹簧；7—炉柱；

8—枕铁；9—固定小炉柱用横梁；10—小炉柱

时烧烤，故不设弹簧。在炉柱内沿高向装有若干小弹簧，其装配如图 6-2 所示。

（1）炉柱

炉柱是护炉铁件中最重要的部分，有焦炉"脊骨"之称。

炉柱通过保护板承受炉体的膨胀压力，护炉铁件靠炉柱本身应力和外加力给炉体以保护性压力，使砌体的裂纹或砖缝始终处于压缩状态，控制炉体膨胀，使炉体完整严密。

炉柱给炉体的作用力是上、下大弹簧力的总和。通过小弹簧及某些与炉柱贴靠的压力点传递给保护板作用于炉体上，炉体给炉柱反作用力，作用力与反作用力两者相平衡。炉柱必须有足够的应力强度，以保证炉柱在使用中处于弹性状态。为满足此要求，在设计中通常采用加补强板和加大钢号等措施；在生产中应加强炉柱的维护和调节；各部弹簧随炉体膨胀需要进行调节以控制炉柱曲度，监督刚性力的分布。

同时，炉柱还起架设机、焦侧操作平台，支撑集气管和吸气弯管，作拦焦车、装煤车滑线的安装基础的作用。有的焦炉蓄热室单墙上还装有小炉柱，小炉柱经横梁与炉柱相连，借以压紧单墙，起保护作用。因炉柱所承受的作用力不同，每座焦炉有 3～4 种形式。不同形式的炉柱其长度不同，主要区别在于炉柱上端部有无固定吸气管或集气管托架用的螺栓孔，有无大弹簧安装孔等。

传统焦炉的炉柱一般采用工字钢制成，如炭化室高 4.3m 焦炉的炉柱用 36 号双工字钢制成。20 世纪 80 年代后，大多数焦炉都用 H 型钢制作炉柱，如 6m、7m、7.63m 等焦炉。由于国内轧制的 H 型钢规格不多，因而很多焦炉采用焊接 H 型钢。如 6m 焦炉的炉柱用焊接 H 型钢 422mm×315mm×32mm/32mm 来代替轧制 H 型钢 422mm×315mm×25mm/32mm。H 型钢与双工字钢相比，在重量相同的情况下，前者的强度和刚度均较后者大。焦炉炉柱的材质一般选择 Q235B。

（2）炉柱曲度及测量

当炉柱受力（即炉体对炉柱的膨胀压力）逐渐增大时，炉柱将弯曲，曲度逐渐增大。在烘炉和生产过程中，炉柱曲度是变化的。炉柱曲度的变化将影响对炉体的保护作用，曲度过大将使保护板中部不受力，破坏对炉体高向负荷的均匀分布，因此炉柱曲度要经常测量。

炉柱在自由状态下的曲度很小，不超过 5mm。但安装后，在弹簧加压、拉条拉紧前也要测量，其数据作为炉柱曲度在自由状态下的原始数据 y_0。

生产上炉柱曲度通常用三线法测量（图 6-3）。在两端抵抗墙上，对应于炉门上横铁、下横铁和算子砖的标高处，分别设置上、中、下三个测线架。将两端抵抗墙上同一标高的测线架分别用直径 1.0～1.5mm 的钢丝连接起来，并用松紧器或重物拉紧，此三条钢丝要调整到同一垂直平面，并与炉

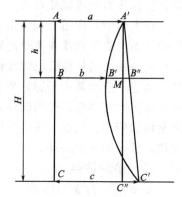

图 6-3　三线法测量炉柱曲度计算图

柱离开一定距离。分别测量钢丝到炉柱测点的距离 a、b、c，则炉柱曲度 $B'B''$ 可按 $\triangle A'MB''$ 与 $\triangle AC'C'$ 相似的原理导出，按下式计算实测曲度 y。

$$y = B'B'' = B'M + MB'' = (a-b) + (c-a)\frac{h}{H}$$

若炉柱在未加压前存在曲度 y_0，则炉柱的实际曲度

$$y_实 = 测量曲度\ y - 自由状态曲度\ y_0$$

（3）炉柱的维护

对炉柱的维护主要是监护炉柱曲度，即监护炉柱的应力在其弹性范围内，并保证各个压力点正常接触，以对炉体施加正常的保护性压力。

正常情况下，由于砌体上下部位的膨胀量不同，故炉柱曲度因炉体的膨胀而逐年增加。炉柱曲度的变化表明，保护性压力沿炉柱高向分布在变化。如果炉柱处于弹性变化范围，炉柱曲度的变化也基本上反映了炉体膨胀的变化。炉柱在弹性变形范围内，可通过松紧上、下大弹簧进行调整。为对炉体施加保护性压力，炉柱在弹性变形范围内应保持一定曲度，年增加量一般在 2mm 以下，炉柱曲度一般在 18～25mm 范围内为好。生产实践表明，限定炉柱曲度不大于 25mm 是保证刚性力合理分布的前提，下部大弹簧吨位在生产中随炉体膨胀需要不断放松。当炉柱实际曲度＞50mm 时，表明已超过弹性极限而失效，需要更换或矫直处理。

炉柱变形的原因如下。

① 管理不严。在改变炉温后，没有及时调节弹簧吨位，以致使炉柱产生永久性变形。

② 炉门框或炉门清扫不干净，造成炉门不严，冒烟冒火，烧坏炉柱。

③ 操作不小心，炉门没有对正，造成炉门不严，冒烟冒火，烧坏炉柱。

④ 焦饼难推或焦饼夹在炉门框或导焦栅内没有及时清除，这样一方面对炉柱产生较大的作用力，另外，炽热的焦炭会烧坏炉门框、导焦栅和炉柱。

⑤ 推焦后的炉头焦没有清扫干净，在炉柱附近燃烧也会烧坏炉柱。

⑥ 炉门框与保护板间石棉绳破损或钩形螺栓松懈、脱落等造成冒烟着火烧坏炉柱。

⑦ 保护板没有灌好浆，造成炉头串漏着火，烧坏炉柱等。

防止炉柱变形的预防措施如下。

① 力求做到加热制度稳定。

② 定期测量炉柱曲度。

③ 及时调节炉柱上的弹簧吨位。

④ 维持正常的集气管压力制度。

⑤ 禁止炉门冒烟冒火。

⑥ 推焦后及时把炉头焦清理干净。

⑦ 炉头火道温度不应太低，以免炉头砖开裂产生冒烟冒火。

为给炉柱提供足够的压力，在生产过程中，要注意对弹簧和横拉条的管理和维护。弹簧长期使用会有弹性疲劳现象，火烤时会加速疲劳而失效，失效弹簧要及时更换。

（4）拉条

拉条有横拉条和纵拉条。其作用是与炉柱、抵抗墙一起组成一"骨架"，固定好护炉铁件，保护好焦炉砌体，防止炉柱倾斜。

① 横拉条。横拉条的作用是拉紧炉柱，包括上部、下部横拉条。下部横拉条一般由圆钢在其一端加工螺纹制作而成。上部横拉条一般由 2 根圆钢组成，安装在焦炉炉顶的拉条沟内。

下喷式焦炉下部横拉条一般为机、焦侧各1根，安装在焦炉基础"牛腿"埋管处；侧喷式焦炉的下部横拉条一般穿过焦炉基础底部（埋管），由2个整根圆钢组成。

上、下部横拉条有弹簧或弹簧组用来调节炉柱对炉体的水平压力。大型焦炉的拉条多用$\phi44\sim50mm$的圆钢制成。横拉条规格见表6-1。

表6-1 横拉条规格

炉 型	JN60	JN55	JN43
上部横拉条直径/mm	50	45	50
上部横拉条中心至炉顶面间的距离/mm	100	100	70
下部横拉条直径/mm	50	45	50

上部横拉条埋置在炉顶拉条沟内，应保持自由窜动。由于其安装位置紧靠炉顶装煤孔和上升管孔处，易受高温烘烤和从炭化室逸出的荒煤气的作用而被腐蚀和发生蠕变。因此，为保护上部横拉条，一般在上述部位增加保护套，该保护套有两种形式，一般采用铸铁槽形保护套，也有采用钢套管形式的，钢套管还有分段和整根两种形式。采用铸铁槽形保护套，其优点是在对上部横拉条的相应部位进行保护的同时，还可以随时监视上部横拉条因腐蚀和蠕变而直径变细的情况，以便采取必要的预防和处理措施。而采用钢套管的形式就不方便进行这种监视，整根钢套管的形式根本就不能进行监视，一旦发生拉条断裂现象，将会产生较为严重的后果。

在焦炉生产过程中应加强对拉条的维护，焦炉上升管孔、装煤孔等处温度最高，且易串漏，冒烟冒火烧坏拉条，因此应对上升管根部和装煤孔处进行经常性修补、灌浆；炉顶积存余煤或炭化室装煤不满等都将使炉顶温度升高，降低拉条强度，因此也应对装煤操作加强管理，并尽可能降低炉顶温度。

为保持拉条在弹性范围内正常工作，在生产中拉条的任一断面直径不得小于原始状态的75％，拉条变细到一定程度就应更换，否则将使铁件失去对炉体的保护作用。

拉条变细而失效，通常可由大弹簧的负荷变小来发现，因此需要按时测量弹簧负荷和经常检查弹簧、压板等位置的相对变化。

② 纵拉条。纵拉条的作用是拉住抵抗墙，克服焦炉纵向膨胀产生的推力，保证炉体设计预留的滑动缝被压缩。

纵拉条由扁钢制成，一般暴露在炉顶表面，不加任何盖板。纵拉条在炉顶面上沿机焦侧方向，每隔$2\sim3m$设置一根纵拉条，两端穿过抵抗墙的预留孔，用弹簧组拉紧两端抵抗墙，避免抵抗墙因炉体膨胀而产生外倾，对保持端部燃烧室的完好十分必要。纵拉条的拉力要足以克服在烘炉时炉体边墙滑动缝上下层砖之间的滑动摩擦力，拉力与焦炉高度有密切关系，与焦炉的孔数无关。各种焦炉纵拉条规格见表6-2。

表6-2 各种焦炉纵拉条规格

炉 型		JN60	JN55	JN43
纵拉条总条数/个		7	6	6
纵拉条端部尺寸/mm		Φ65	Φ56	Φ65
纵拉条中部尺寸/mm		100×30	90×20	90×25
每根纵拉条所用弹簧	数量	3个弹簧组	3个弹簧组	3个弹簧组
	规格/mm	Φ45/Φ25	Φ45/Φ25	Φ45

（5）弹簧

焦炉用弹簧分大、小两种，其作用是把压力通过炉柱、保护板依次传递给焦炉砌体，使砌体在设计范围内有效膨胀。弹簧在最大工作负荷范围内，负荷与压缩量成正比。在烘炉和生产过程中，弹簧负荷必须经常检查和调节。弹簧在安装前应进行试验，并分组安装，原始数据应予长期（一代炉龄）保存，以备检查对照。

弹簧在长期生产使用中有弹性疲劳现象，火烤时会加速疲劳而失效，应加强弹簧的管理和维护。一旦发现失效的弹簧要及时更换，上部弹簧组应加保护罩以保护弹簧的性能。弹簧负荷超过规定值时，要根据炉柱曲度、炉柱与保护板间隙的情况，进行综合考虑调节。JN43 型焦炉各部位弹簧负荷见表 6-3。

表 6-3　JN43 型焦炉各部位弹簧负荷

安装部位	应有压力/t	安装部位	应有压力/t
炉柱上部弹簧组	10～10.5	燃烧室保护板下部	1.5～2
炉柱下部弹簧组	7～8	蓄热室保护板	1.0～1.5
燃烧室保护板上部	1.5		

大型焦炉一般在正常生产条件下，上部大弹簧负荷为 10～15t，下部大弹簧负荷为 7.5～9t。小弹簧负荷除燃烧室保护板下部的二线小弹簧负荷稍高外，一般均为 1.0～1.5t。

焦炉一般采用圆形柱螺旋压缩弹簧，弹簧材质为 60Si2Mn 或 55Si2Mn，扭转极限应力为 750MPa，耐温 250℃。制成的弹簧需进行热处理，其硬度为 HRC45～49。焦炉常用弹簧规格见表 6-4。

表 6-4　焦炉常用弹簧规格

钢丝直径/mm	弹簧中径/mm	自由高度/mm	总圈数	有效圈数	最大工作负荷/kN	极限工作负荷/kN	质量/kg	旋向
Φ22	97	180	6.5	5	19.6	23.1	5.9	左
Φ25	92	220	6.5	5	29.4	34.3	8.4	左
Φ40	163	195	4	2.5	68.6	82.3	20.3	右
Φ45	174	225	4.5	3	88.2	111.9	30.8	右

2. 保护板和炉门框

（1）保护板

保护板是紧扣在燃烧室炉头上的重要护炉铁件。它的作用一是保护燃烧室炉头砌砖不直接受机械碰撞和冷空气袭击；二是传递来自炉柱上弹簧的压力，使压力均匀的分布在燃烧室炉头砌体上，不让砌体自由膨胀，以保护燃烧室炉墙在烘炉和生产过程中不被破坏，三是保护炉柱。

保护板的工作环境比炉门框更恶劣，不但忍受着高温和还原性腐蚀介质（荒煤气）的侵蚀，而且启闭炉门时，急冷急热的温差变化程度远大于炉门框。

在生产过程中常发生保护板横向断裂和铸铁因高温脱碳而造成剥蚀现象。保护板又是最终受力部件，炉门、衬砖和炉门框的重量最终都作用在它身上。保护板是一个重达数吨的大型铸件，在目前的铸造技术和原料质量条件下，宜用中等标号的灰铸铁或蠕墨铸铁（如 RuT340）。过去的生产实践表明：高标号灰铸铁、耐热铸铁和球墨铸铁等效果均差。

保护板分为大、中、小三种见表 6-5。

表 6-5 大、中、小保护板

形式	大保护板	中保护板	小保护板
护炉方式	全炉保护板与炉门框连接在一起	全炉保护板与炉门框连接在一起	每个炭化室由独立的保护板和炉门框保护
护炉压力传递方式	由小弹簧及炉柱直接压保护板传递力	由小弹簧和炉柱通过保护板和炉门框传递力	由炉柱的顶点经炉门框传递力
材质	中等标号的灰铸铁或蠕墨铸铁(如 RuT340)	炉门框与保护板均是铸铁加工件	炉门框是铸铁加工件,保护板是钢板焊接件
石棉密封圈	炉肩一圈,外两圈	炉肩一圈,外一圈	炉肩一圈,外一圈

大保护板（图 6-4）是槽形的铸铁板，外形有工字形和丁字形两种，两个相邻保护板在炭化室中心处相接。大保护板背面的凹槽处在安装前要用耐火泥浆抹平，其作用是在不影响保护板强度的情况下减轻重量，减少炉头散热量；保护板两侧有压石棉绳的沟槽；正面有用于炉门框对位的定位销孔和钩形螺栓孔。

小保护板（图 6-5）（包括蓄热室部位保护板）是块厚度为 14～16mm 的长方形钢板，中间焊有立筋，用以加强刚性。小保护板与炉门框为各炭化室、燃烧室独立配置，炉门框用固定在炉柱上的顶丝压紧在保护板上，安装、更换方便，重量也较轻，但对炭化室的严密性差，炭化室泄漏的煤气容易烧烤炉柱。当炉柱变形时，其上固定的顶丝不能压紧炉门框和保护板，进一步削弱护炉作用。此外，小保护板不伸入砌体，炉头容易剥蚀。故小保护板仅在小型焦炉中被采用。

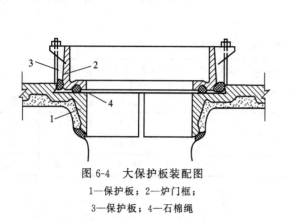

图 6-4 大保护板装配图

1—保护板；2—炉门框；
3—保护板；4—石棉绳

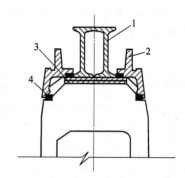

图 6-5 小保护板装配图

1—炉柱；2—炉门框；3—固定炉门框
螺栓；4—石棉绳

中保护板是块厚度约为 35mm 的铸铁板。其贴靠炉头的一面，凹处抹耐热混凝土，与炉柱接触的一面加工有螺纹孔，用以固定炉门框。中保护板与小保护板相比，其刚度大，使用寿命长。同时，由于改变了炉门框的安装形式，炉柱变形时，炉门框与炉肩间的密封性受其影响的程度大大减少了。因此。在有条件的企业小型焦炉应选用中保护板。

（2）炉门框

炉门框为周边带筋的长方形铸铁框，用螺栓紧固在保护板上，形成一个强固的密封框。炉门框工作环境恶劣，忍受着高温和还原性腐蚀介质（荒煤气）侵蚀，间歇经受启闭炉门的机械力的冲击。工作中常发生上下挠曲和侧向弯曲变形，以至影响炉门刀边密封和顺利推焦。

炉门框结构简单，其上有炉门挂钩和悬挂炉门的导轨。传统的炉门框断面呈 L 形，现代的炉门框断面呈箱形。L 形断面炉门框的内外两面温差大，断面内的温差应力大，易于变形。箱形大断面的现代炉门框能经受得住启闭炉门的机械冲击力，同时断面内的温差应力小。炉门框的材质一般宜用中等标号的灰铸铁或蠕墨铸铁（如 RuT340）。

炉门框与炉头或保护板间的密封，过去一般采用石棉编绳，石棉最高工作温度约为530℃，且弹性小易硬化。当炉门框稍有变形就会出现缝隙使炉头冒烟，甚至着火；冒出荒煤气的温度超过 530℃时，石棉绳会部分或全部烧损，冒烟量增大，从而造成恶性循环。目前很多都改用硅酸铝纤维毡或陶瓷纤维毡复合编绳代替石棉绳。因其工作温度高，强度大，弹性持久，使焦炉更加严密，而得到广泛应用。

现代大中型焦炉一般都用刀封式炉门，为此要求炉门框有一定的强度和刚度，加工面应光滑平直，以便与炉门刀边严密接触，密封炉门。在日常生产中，炉门框的刀封面应保持清洁，及时清除积存的焦油和石墨，使其与炉门刀边接触严密，避免冒烟着火。另外，炉门框在安装时上下要垂直对正。

3. 保护板（炉门框）的倾斜度与弯曲度

保护板（炉门框）的倾斜度 A 用来评定或监督它们对炉肩的压紧情况。

$$A = B - C$$

式中　B——机、焦侧上横铁处膨胀值，mm；

　　　C——机、焦侧下横铁处膨胀值，mm。

炉柱对保护板的压力合理，可减少倾斜，并使保护板与炉头砌体不致脱开。

大保护板（炉门框）的弯曲度，用来评定或监督它们的变形情况。保护板（或炉门框）的弯曲度过大，则炉门很难对严。当弯曲度超过 30mm 时应当更换。炉门框因高温作用而弯曲，使其周围成为焦炉的主要冒烟区，至今，尚未有妥善的解决办法。随着炭化室高度的增加，问题更加突出。增大断面系数虽能提高冷态刚度，但长期高温作用下仍不免变形。采用中空炉门框要周边保持相同厚度，加工很困难，且长期使用会造成内外温差加大，也有损强度。

三、炉体膨胀

1. 纵向膨胀

烘炉过程中砌体的纵向膨胀靠设在斜道区、炉顶区等实体部位的膨胀缝以及两侧炉端墙处的膨胀缝来吸收。砌体作纵向膨胀时，由于各层膨胀缝的滑动面间有很大的摩擦阻力，单靠抵抗墙不能克服该摩擦阻力使砌体内部发生相对位移而使膨胀缝变窄，而且砌体纵向膨胀对抵抗墙产生的推力，会使抵抗墙向外倾斜以致开裂破坏。因此必须依靠纵拉条及两端的弹簧组提供的纵向保护性压力。当该力超过各层膨胀缝滑动面的摩擦阻力，或砌体的纵向推力时，砌体的纵向膨胀才能被膨胀缝吸收。炭化室愈高，膨胀缝所在区域的上部负载愈大，膨胀缝层数愈多，滑动面越大越粗糙，甚至在滑动面上误抹灰浆等，摩擦阻力和对抵抗墙的水平推力也愈大，则纵拉条的断面应愈大，弹簧组提供的吨位也应愈高。JN 型焦炉在炉顶配置 6～7 根纵拉条，每根纵拉条在烘炉过程中应保持弹簧组的负荷在 16～20t。

纵拉条失效是抵抗墙向外倾斜的主要原因，这不仅有损于炉体的严密性，还会使炭化室墙呈扇形向外倾斜，严重时影响推焦。

2. 横向膨胀

炉体横向不设膨胀缝，烘炉过程中，随炉温升高砌体横向逐渐伸长，投产后的两三年内，由于残存石英继续向鳞石英转化，炉体继续伸长。此外在生产过程中，周期的装煤、出焦导致炉体周期性的膨胀、收缩。为使砌体中每个横向结构单元在膨胀、收缩过程中，能沿蓄热室底层砖与基础平台间的滑动层作整体移动，并保持砌体的完整、严密、就必须在机焦两侧设置能够提供横向保护性压力的护炉铁件。

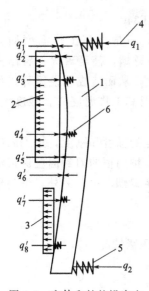

图 6-6 砌体和炉柱沿高向
的受力情况

1—炉柱；2—燃烧室保护板；
3—蓄热室保护板；4—上部大
弹簧；5—下部大弹簧；
6—小弹簧

保护性压力通过上、下大弹簧，上、下拉条，炉柱，小弹簧，保护板传递给砌体，砌体和炉柱的受力情况如图 6-6 所示。上部大弹簧通过贯穿炉顶的上部横拉条施加在炉柱上部的力为 q_1，下部大弹簧给炉柱下端以力 q_2。这两个力通过炉柱直接给砌体，或再通过小弹簧、保护板给砌体传递保护性压力。其中 q_1'、q_2'、q_5' 和 q_6' 为刚性力，取决于炉柱与砌体或保护板的直接贴靠；q_3'、q_4'、q_7' 和 q_8' 为弹性力，可通过小弹簧的压紧程度调节。

通过对某厂炉柱实际标定，并进行相应的受力计算表明，刚性力约为弹性力的 1~1.4 倍，因此保持炉柱有适当曲度，保证炉柱与保护板上、下端及与小炉头、斜道区的贴靠，以稳定刚性力，对炉体保护十分重要。保护板必须始终贴靠燃烧室炉肩和蓄热室墙，以保证对砌体的压力传递。受压不足或由于砌体内开裂使保护性压力传递中断，均会导致砌体松散、漏气以致逐渐损坏。

3.炉体膨胀测量

炉体的膨胀一是砖本身的线膨胀，这个膨胀压力很大，因此在炉体升温时，必须控制升温速度，防止急剧膨胀；二是由于砌体热胀冷缩使砖和砖缝产生裂纹，被石墨填充，造成炉体不断的产生膨胀，后者是可以控制的。焦炉投产两、三年后，硅砖的残余膨胀基本结束，炉体上、下横铁部位的年膨胀率不应超过 0.035%，当超过 0.05%，应该查找原因。

炉体伸长量的计算公式为

炉体伸长量=(上横铁部位伸长量+下横铁部位伸长量)/2mm

炉体伸长率=炉体伸长量/设计炉长×100%

四、护炉铁件的检测内容及频次

护炉铁件的检测内容及频次见表 6-6。

表 6-6 护炉铁件的检测内容及频次

序号	项目	测量周期	备注
1	炉长的测量	每年二次	变化较大时应增加次数
2	炉柱曲度、弹簧吨位测量和调节	每季一次	
3	炉高的测量	每年一次	
4	炭化室标高测量	每年一次	
5	各车轨道标高测量	每年一次	
6	炉幅测量	三月一次	变化较大时应增加次数
7	抵抗墙垂直高测量	每年一次	
8	操作台柱测量	每年一次	
9	各滑动点测量	每年两次	
10	横纵拉条检查	每年一次	
11	横纵拉条加油	一至二月	

在进行各项测量时，要先详细核对各测量点是否符合要求，历次的测量基点应保持不变，并做永久性标记。

第二节　荒煤气导出设备

荒煤气导出设备包括上升管、桥管、水封阀、集气管以及相应的氨水喷洒系统。

其作用是：顺利导出焦炉各炭化室内发生的荒煤气，保持适当、稳定的集气管压力，即不致因煤气压力过高引起冒烟冒火，又要使各炭化室在结焦过程中始终保持正压；将荒煤气适度冷却，保持适当的集气管温度，即不致因温度过高引起设备变形、恶化操作条件和增大回收负荷，又要使焦油和氨水保持良好的流动性，以便顺利排走。荒煤气的导出系统见图6-7。

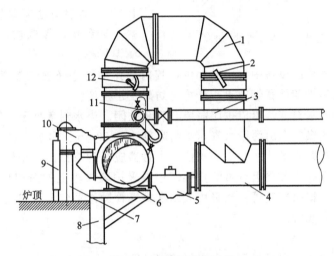

图 6-7　荒煤气导出系统

1—吸气弯管（Π形管）；2—自动调节翻板；3—氨水总管；4—吸气管；5—焦油盒；
6—集气管；7—上升管；8—炉柱；9—隔热板；10—桥管；11—氨水管；12—手动翻板

温度 700～800℃的荒煤气由上升管引出，经过桥管时用温度 75～80℃的循环氨水喷洒，由于部分氨水（2.5%～3.0%）迅速蒸发大量吸热，使荒煤气温度急剧降至 80～90℃，同时煤气中 60%～70%的焦油蒸气冷凝析出。冷却后的煤气、循环氨水和冷凝焦油一起进入集气管，并沿集气管向集气管中部的吸气管方向流动。煤气在集气管截面的上部流动，经吸气弯管（Π形管）进入吸气管；循环氨水和焦油在集气管截面的下部流动，经焦油盒（保持一定液封高度，防止荒煤气由此通过）进入吸气管。吸气弯管设有调节翻板用以控制集气管压力，使吸气管下方炭化室底部在推焦末期保持+5Pa的压力。吸气管内荒煤气、循环氨水和冷凝焦油一起流向煤气净化工序。

一、上升管

上升管（如图6-8所示）安装在焦炉炉顶，用以导出炭化室内荒煤气。上升管包括底座和筒体两部分。底座一般采用普通铸铁，其下部与焦炉炉顶上升管孔承插连接，上部以法兰形式与筒体连接。筒体一般采用厚约 10mm 的钢板卷制焊接成圆筒状，内衬耐火材料，一是为了防止高温荒煤气直接与钢板接触，发生焦油冷凝，再裂解，最终形成焦油渣生成石墨，日久堵塞上升管；二是为了防止 600～700℃的高温荒煤气直接与钢板接触，使上升管壁温度升高，甚至烧红，管壁承重能力下降，发生变形倒塌；三是如不衬砖，上升管外壁温

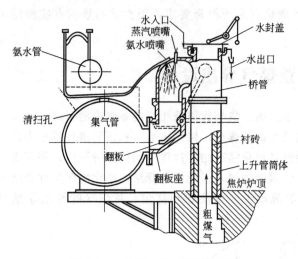

图 6-8　上升管、集气管结构图

度很高，会造成炉顶温度过高，严重恶化操作环境。也有的上升管制成外部水套式，内通锅炉软水，以回收荒煤气显热，软水吸收显热后部分汽化，经汽包分离水滴，可产生 0.3～0.4MPa 的蒸汽。

为减少上升管向炉顶热辐射，上升管靠炉顶侧设有隔热罩，以改善炉顶操作条件。有的焦化企业在内衬黏土砖的上升管外表加一层 40mm 厚的珍珠岩保温层，经实测上升管外壁温度仅 80～100℃。这种方法简单易行，但上升管余热不能利用，保温层的增设略影响炉头测温操作。

上升管是荒煤气导出设备中的关键部位，其内部挂结石墨必须经常清扫，以保证畅通。否则因堵塞而造成焦炉四处冒烟冒火，严重时妨碍正常生产。

上升管上部设有水封盖，可以按照需要开启和关闭。当水封盖处于关闭状态时，通过水封密封，可以阻止荒煤气逸出污染大气，水封高度 40～50mm。水封用水一般采用满流供水或平衡水槽补充水等办法维持水封盖的水位。水封盖应经常清扫，防止焦油冷凝和外来焦粉堵塞。水封盖开闭方向应方便上升管清扫操作；当采用装煤车上的清扫机械清扫上升管时，水封盖的开闭方向应朝向集气管；当采用人站在集气管操作平台上清扫上升管时，水封盖的开闭方向不应朝向集气管。

二、桥管

桥管包括桥管本体、水封阀阀体和水封盖（见图 6-9、图 6-10）。

桥管本体上部与水封盖连接，一般采用法兰连接；下部与上升管管体法兰连接；侧面与

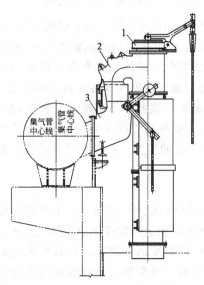

图 6-9　与圆形集气管相连的桥管

1—水封盖；2—桥管本体；3—水封阀阀体

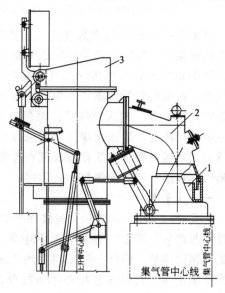

图 6-10　与 U 形集气管相连的桥管

1—水封盖；2—桥管本体；3—水封阀阀体

水封阀阀体连接。近几年来都采用水封式承插结构连接，既可以适应炉体高向和水平方向的热膨胀从而方便调整，又可以保证密封的严密性。桥管本体上部设有高低压氨水喷嘴和清扫孔等。

当上升管水封盖打开时（炭化室出焦或清扫上升管等），水封阀阀盘关闭，从桥管上部氨水喷嘴喷下的氨水沿翻板四周溢流，形成水封，其高度约 40mm，以阻止集气管内的荒煤气反流入桥管内。水封阀阀盘启闭杠杆上设有配重，可以保持阀盘的启闭位置。

桥管上还设有清扫孔，以检查氨水喷洒情况，并进行桥管和喷嘴的清扫。

由炭化室进入上升管的荒煤气（温度达 700～800℃）经桥管氨水喷嘴连续不断地喷洒热氨水（温度 75℃左右）。由于热氨水蒸发大量吸热，荒煤气温度迅速冷却到 80～100℃，并使大部分（60%～70%）焦油冷凝下来。若用冷氨水喷洒，氨水蒸发量降低，煤气冷却效果反而不好，并使焦油黏度增加，容易造成集气管堵塞。喷洒氨水系循环使用，其蒸发量占喷洒量的 2%～4%，余下的氨水和焦油流至回收车间，经分离、澄清、补充后，由循环氨水泵打回焦炉，循环氨水用量对于单集气管约为 5t/t 干煤；对于双集气管约 6t/t 干煤，氨水压力应保持 0.2MPa 左右。

为保证正常喷洒，循环氨水必须不带焦油，氨水压力应稳定，并经常检查喷嘴和氨水管，发现堵塞及时清扫。

循环氨水因故中断，荒煤气不能有效被冷却而使集气管温度升高时，应采取以下应急步骤。

① 当短期停氨水时，应迅速关闭氨水总阀，打开放散管翻板进行荒煤气放散。

② 当长时间停氨水时，应向集气管内通入蒸汽并关闭氨水总阀。如果集气管温度过高时，可适当接通工业水喷洒降温。如果压力过大时，可以适当打开一两个刚装煤炉室的上升管直接放散。氨水停供期间，应经常检查集气管的温度，防止其过热。

③ 当恢复氨水供应时，首先关闭工业水，然后逐步打开氨水喷洒，使集气管温度逐渐降至正常。

氨水冷却煤气的效果与其雾化程度有关，雾化好则冷却效果好。雾化程度取决于氨水的压力、氨水的温度、氨水的清洁程度及喷嘴的结构等因素。

三、集气管

集气管是汇集从各炭化室导出的荒煤气的设备。

集气管是用钢板焊制或铆制而成的圆形或 U 槽形管段，沿整个炉组置于炉柱上的托架上，与水封阀阀体相连，汇集各炭化室中由上升管排出的荒煤气及由桥管喷洒下来的氨水和冷凝下来的焦油。集气管上部每隔一个炭化室设有一个带盖的清扫孔，以清扫沉积于底部的焦油和焦油渣。通常还设有氨水喷嘴，以进一步冷却煤气。

集气管通过 Π 形管、焦油盒与吸气管相连（图 6-11）。集气管中的氨水、焦油及焦油渣等

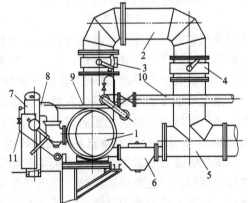

图 6-11　圆形单集气管配置图

1—集气管；2—吸气弯管；3—手动调节翻板；
4—自动调节翻板；5—吸气管；6—焦油盒；
7—上升管；8—桥管及阀体；9—集气管
操作台；10—氨水管；11—蒸汽管

靠其坡度流走，一般安装坡度为 6‰～1‰，倾斜方向与焦油、氨水导出方向相同。集气管的焦油、氨水排出口与吸气管连接处设有焦油盒，以捞出沉积的焦油渣或桥管清扫下来的石墨块。Π形管专供荒煤气排出，其上装有手动和自动调节翻板，用以调节集气管压力。Π形管下方焦油盒只通焦油、氨水。Π形管和焦油盒之后，煤气与焦油、氨水又汇合于吸气管，为使焦油和氨水顺利流至回收车间的气液分离器并保持一定流速，吸气管应有 1‰～1.5‰的坡度。

每个集气管上还设有两个放散管，在集气管压力过大或开工时放散用。当停鼓风机或停氨水时，可打开放散管或新装煤号炭化室的上升管盖。

集气管有单双之分，一般单集气管设在机侧，双集气管则机、焦侧均设集气管，如图 6-12 所示。双集气管有利于装煤，能将炭化室内的荒煤气快速导出。双集气管的缺点是：炉顶面空间温度较高；由于机、焦侧集气管内煤气压力不平衡，在结焦末期，机、焦侧集气管内的煤气有"倒流"现象（煤气从压力高的一侧集气管反流入水封阀、桥管、上升管、炭化室，再进入另一侧的上升管、水封阀、桥管、集气管）；设备增加 1 倍，维修工作量大。现代焦炉都配置了较完善的无烟装煤设备，如装煤车一般设置机械给料装置，采用顺序装煤；高压氨水喷射抽吸装煤烟尘；设置装煤除尘系统。它们配合在一起能很好地解决装煤烟尘治理问题，因此，现代焦炉一般都采用单集气管。近些年还出现了一些单集气管设在焦侧，不设置焦油盒的设计范例。

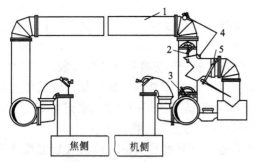

图 6-12　双集气管布置图
1—炉顶横贯煤气管；2—焦侧手动调节翻板；
3—机侧手动调节翻板；4—氨水喷嘴；
5—自动调节翻板

集气管的断面有圆形和 U 形之分。圆形集气管对应的桥管阀体安装在集气管的侧面，具有能降低上升管高度、降低炉顶操作环境温度和便于人工清扫上升管等优点。U 形集气管对应的桥管阀体安装在集气管的上部，经过气体阻力小，上升管较高，炉顶环境温度也高，但缩小了上升管中心与集气管中心之间的距离。与圆形集气管相比，当集气管半径相同时，U 形集气管的断面要大于圆形集气管的断面。

集气管断面大小与炭化室孔数和每个炭化室单位时间内发生的煤气量有关。确定断面时应做集气管的阻力计算，集气管内最大气体流动阻力不大于 20Pa，这样可以减少炉端炭化室炉门刀边等不严密处的冒烟。为了减少集气管内气体流动阻力和炭化室炉门刀边处的煤气压力，目前大型焦炉每 25～30 孔炭化室配置一个集气管和吸煤气管。

集气管的压力控制是保证在整个炼焦周期内所有炭化室处于正压操作状态，防止负压操作。集气管压力值以炭化室底部压力为 5Pa 时实测的集气管压力为参考确定的。其压力控制是在 Π 形管上设置手动和自动调节蝶阀（调节翻板）。

集气管是否畅通关系到焦炉荒煤气能否顺利导出。因此，集气管必须保持正常的喷洒制度和温度制度，更要经常清扫。在集气管端部设有清扫氨水管，集气管上清扫孔可进行人工清扫。在氨水量及压力足够条件下，可采用在集气管底增设喷嘴代替人工清扫。采用喷嘴冲刷，可以连续冲刷，也可间歇冲刷。间歇冲刷节省氨水，但操作麻烦，且影响清扫效果，为此一般都采用连续冲刷。

因故停供氨水时，应立即关闭集气管上的氨水喷嘴。在此期间，应控制集气管温度在240℃以下，防止集气管因温度过高受热膨胀造成位移或变形。若需要喷洒工业水时或恢复供应氨水时，其喷洒量要逐渐加大，防止由于急冷而使集气管产生收缩变形。

四、氨水喷洒装置

氨水喷洒装置包括低压氨水喷洒、高压氨水喷射抽吸装置和高压氨水清扫装置。

① 低压氨水喷洒用于喷洒来自上升管的热煤气（荒煤气），使其从 700～800℃ 冷却到 80～90℃ 以下，同时使其中一部分焦油和氨水冷凝下来。喷洒氨水的压力一般要求为 17～25kPa。喷嘴采用高低压合一的喷嘴，如图 6-13 所示。低压氨水喷嘴直径与喷水量的关系见表 6-7。

② 高压氨水喷射抽吸装置用于抽吸装煤烟尘。

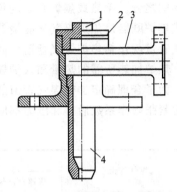

图 6-13　高低压氨水喷嘴
1—塞子；2—衬垫；3—喷嘴座；4—喷嘴

表 6-7　氨水喷嘴流量

喷嘴直径/mm	喷嘴压力/kPa	计算流量/(m³/h)	实测流量/(m³/h)	流量系数
7	156.8	2.5	2.4	0.96
8	156.8	3.18	2.99	0.94
8	196.0	3.56	3.27	0.91
8	215.6	3.73	3.47	0.93
8	156.8	10.08	9.3	0.92
10	147.0	4.83	3.88	0.80
10	215.6	5.85	4.64	0.79
10	156.8	15.79	12.6	0.80
12	147.0	6.97	5.5	0.79
12	215.6	8.45	6.68	0.79
12	156.8	22.7	17.9	0.79

根据国内多家企业的经验：高压氨水的使用压力不能太高，过高的压力会造成荒煤气夹带煤粉太多，使焦油质量下降，焦油渣增多。一般认为 2.2～2.7MPa 比较合适。

过去 20 多年的经验证明：完全依靠高压氨水喷射抽吸装煤烟尘和装煤车的顺序装煤来解决装煤冒烟问题是困难的。最现实可靠的措施是高压氨水喷射抽吸装煤烟尘和装煤车配合地面除尘站净化装煤烟尘。高压氨水泵一般采用多级离心泵配用变频电机，这样配置后，在高压氨水喷射时能维持压力稳定。

第三节　焦炉加热设备

焦炉加热设备的作用是向焦炉输送和调节煤气和空气以及排出燃烧后的废气。

加热设备主要包括加热煤气管道，废气交换开闭器和交换机。炼焦生产工艺要求供热均匀稳定和调节灵敏方便，因此在煤气管道上设有调节和控制用的不同类型的管件及测量温度、压力、流量的接点。为改善加热条件，配备有预热器、水封等附属设备。

加热设备的状态如何，对炼焦生产的影响很大。所以加强维护和管理，保持正常运转是保证焦炉稳产、优质的重要条件。

一、加热煤气管道及设施

加热煤气管道用于向焦炉供给加热用煤气。根据用户的加热气源情况，焦炉有单热式和复热式之分。单热式焦炉有单烧焦炉煤气的（此种单热式焦炉居多）和单烧高炉煤气的；复热式焦炉既能烧焦炉煤气又能烧贫煤气（一般是高炉煤气与焦炉煤气的混合气）。因此加热煤气管道就包括焦炉煤气管道、高炉煤气管道和混合煤气管道。

焦炉加热所需的热量和入炉煤气的热值、温度及操作压力决定了煤气管道管径的大小。

为了合理确定加热煤气管道的管径，一般情况下供焦炉加热的煤气流速（按标准状态并考虑紧张操作系数后）和压力都应符合表 6-8 的要求。

表 6-8 煤气流速和煤气压力

煤气管道	焦炉煤气		高炉煤气		混合煤气
	流速/(m/s)	压力/kPa	流速/(m/s)	压力/kPa	流速/(m/s)
通至两座炉前的煤气导入管	≤20	≥3.5			
每座炉前的煤气管	≤15		≤15	≥4.0	≤15
沿焦炉纵向的煤气分配管	≤12	1.0~1.5	≤12	0.5~1.2	
进入炉体的煤气支管	≤12		≤12		

为了防止生产中煤气外漏，引起中毒、着火和爆炸，煤气管道的各部分均应保持严密，日常生产中要注意经常检查与维护。

加热煤气管道的配置和走向除了受周围相关设备和建（构）筑物制约外，主要取决于焦炉炉型和高炉煤气的交换设备。我国大中型焦炉一般采用双联火道、废气循环、焦炉煤气下喷和贫煤气侧入的复热式焦炉，其他形式的焦炉应用得很少。下面仅介绍双联火道、废气循环、焦炉煤气下喷、贫煤气侧入的复热式焦炉的加热煤气管道配置情况。

煤气管道配置分为两部分，即炉间台引入部分和地下室部分。

1. 炉间台引入煤气管道部分

典型复热式焦炉的炉间台引入煤气管道配置如图 6-14 所示。

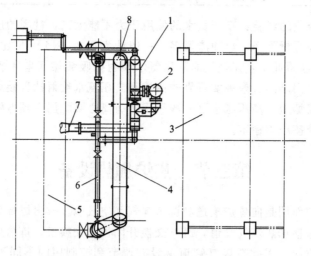

图 6-14 复热式焦炉炉间台部分煤气管道配置

1—焦炉煤气引入管；2—预热器；3—煤塔；4—高炉煤气主管；5—抵抗墙；
6—混合煤气管；7—焦炉煤气主管；8—高炉煤气引入管

焦炉煤气管道一般从机侧架空引入。一般炭化室高 6m 及以上的焦炉，一座焦炉一个引入管；炭化室高 6m 以下（如 4.3m）的焦炉，有两座焦炉合用一个引入管和一座焦炉一个引入管两种形式，其形式的选择取决于焦炉规模的大小。高炉煤气管道的引入既有从焦侧引入的，也有从机侧引入的。从机侧引入的焦炉煤气管道和高炉煤气管道需要横跨推焦车轨道，一般均设桥架。

为了测量煤气流量，一般在煤气引入管上设流量孔板（或流量计）。流量孔板一般布置在水平管段上。焦炉煤气流量孔板一般设在预热器前。为了准确计量，孔板前（按煤气流向）应留出 8～10 倍管径长的直管段，孔板后应留出 3～5 倍管径长的直管段，随着控制水平和精度要求越来越高，孔板前后的直管段长度要求更长。由于炉间台机焦侧方向尺寸的限制，炉间台引入管水平管段长度往往满足不了这种要求，因此有的焦炉把流量孔板（或流量计）设在外线管道上。

为了防止焦炉煤气中的萘、焦油等杂质沉积堵塞管道，一般在焦炉煤气管道引入管上设有预热器（见图 6-15）。预热器前后的煤气管之间设有连通管，以备预热器检修时用。

为了稳定外来加热煤气压力，调节焦炉煤气流量的蝶形翻板一般设在预热器后的焦炉煤气主管上。混合煤气管道上同样设有流量孔板和调节蝶形翻板。为了使两种煤气混合良好，还设有混合器（图 6-16）。

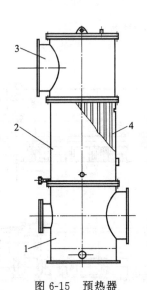

图 6-15　预热器

1—下段；2—加热段；3—上段；4—列管

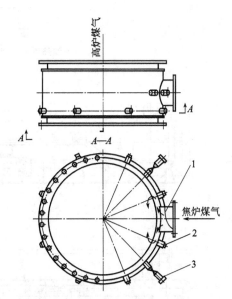

图 6-16　焦炉煤气和高炉煤气混合器

1—焦炉煤气进入口；2—清扫用管接头；3—蒸汽清扫头

（1）煤气混合器

煤气混合器是一个同心的套管段，内管上钻有许多小孔，焦炉煤气由外管进入管间，并经小孔进入高炉煤气管道，混合器外管上对着小孔的位置装有丝堵，以便拧开清扫。

（2）煤气预热器

预热器设置在焦炉煤气总管上，用来预热焦炉煤气。其作用是为了防止萘、焦油等物质从焦炉煤气中冷凝析出堵塞管件，并稳定加热用的煤气温度。

预热器是直立列管式的热交换器，由三段组成。下面一段进入煤气后，将煤气分散到中间一段的列管中，煤气在列管中流过，被管外的蒸汽预热到 45～50℃，最后煤气集中到上面一段，并进入加热煤气主管中。

预热器和混合器一般布置在焦炉间台一层，但随着焦炉大型化，加热煤气管道及相关设备尺寸越来越大，焦炉间台空间有限，布置预热器和混合器也就越来越困难，因此，炭化室高7m焦炉、7.63m焦炉均将预热器和混合器以单元站点的方式设在外线区域（图6-17、图6-18）。

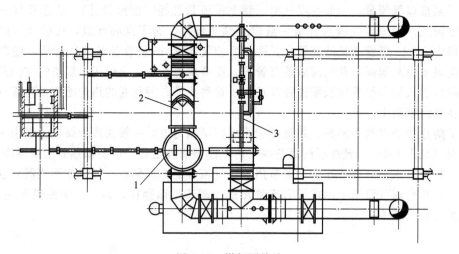

图6-17 煤气预热站
1—预热器；2—焦炉煤气管道；3—蒸汽管道

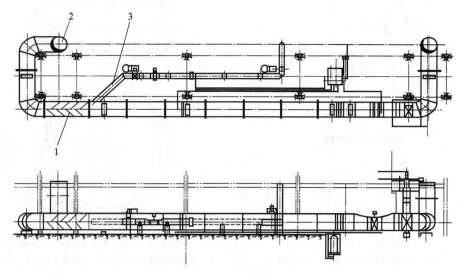

图6-18 煤气掺混站
1—静态掺混器；2—高炉煤气管道；3—焦炉煤气管道

2. 地下室部分煤气管道

焦炉煤气下喷和贫煤气侧入的复热式焦炉的地下室部分煤气管道配置如图6-19所示。

（1）高炉煤气管道

主管一般设在地下室机焦两侧。按照高炉煤气流向，在分配支管上依次设有调节旋塞、孔板盒、交换旋塞（高炉煤气通过废气交换开闭器的煤气砣交换的不设交换旋塞）和连接弯管等。

高炉煤气调节旋塞是一个带润滑油杯的直通旋塞，小头带有密封盖和拉紧弹簧，外壳上设有一个清灰口，平时用堵板盖紧。为了便于铸造及减轻芯子重量，减少芯子和外壳的摩擦

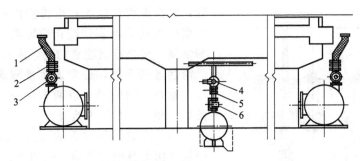

图 6-19 复热式焦炉的地下室煤气管道配置图

1—连接弯管；2—高炉煤气孔板盒；3—高炉煤气调节旋塞；

4—焦炉煤气交换旋塞；5—焦炉煤气孔板盒；6—焦炉煤气调节旋塞

面，当旋塞关闭时，保持最小密封面在 40～50mm，壁厚约 20mm（图 6-20）。

高炉煤气交换旋塞国内使用较少，大多数焦化厂使用复合变位性能良好的（有一定弹性变形）的连接弯管，方便安装和调整，且使用效果良好。

（2）焦炉煤气管道

在焦炉煤气的总管和主管设有煤气开闭器，用于调节和切断全炉的煤气供应。由于焦油渣等的沉积而使开闭器经常关闭不严，因此当长期切断煤气时，尤其是检修，必须堵盲板，以保证安全。

焦炉煤气主管一般设在地下室中偏机侧，主管上设有煤气自动调节翻板，根据生产需要自动地保持加热煤气压力和规定值。

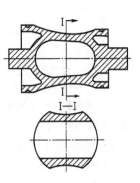

图 6-20 高炉煤气调节旋塞芯

① 冷凝液水封槽和自动放散水封槽。焦炉煤气主管道应有一定坡度，以便管道内的冷凝液和焦油顺利排出。在加热煤气管道的最低点应设有冷凝液水封槽［图 6-21(a)］，冷凝液和焦油自流排入该水封槽中。为顺利地排出冷凝液和焦油，冷凝液水封槽顶表面的标高应低于煤气主管下表面标高。为使煤气压力波动时，煤气不致窜出液面，要求冷凝液排出管插入深度至液面间的水封高度 H 应大于煤气可能达到的最大压力，一般 H 为 1.2～1.5m。在水封槽上并配置有向水封槽注水用的清水管，防冻用的蒸汽管和排气用的放散管等。为保证水封槽正常工作，要经常检查其满流情况，以便保持足够的水封高度，为此安装一个联通玻璃

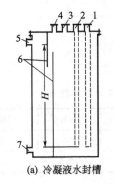
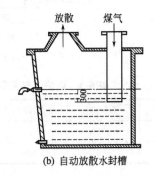

(a) 冷凝液水封槽   (b) 自动放散水封槽

图 6-21 冷凝液水封槽和自动放散水封槽

1—蒸汽管；2—冷凝液排出管；3—进水管；4—煤气放散管；5—溢流管；

6—挡板；7—放空管；H—水封高度

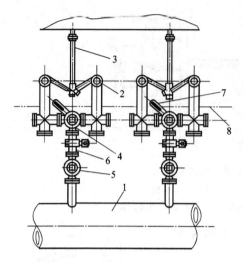

图 6-22　焦炉煤气管道配置图

1—焦炉煤气主管；2—横管；3—立管；

4—交换旋塞；5—调节旋塞；

6—孔板盒；7—交换搬把；8—交换拉条

管，以检查满流情况；应检查冷凝液排出管和水封槽内焦油渣堵塞情况；应定期检查水封槽的严密情况。应当特别注意的是，水封槽使用几年后，严密性显著下降，经常发生渗漏煤气的情况。所以，检查水封时必须有两人，一人在安全的地方监护，而另一个下去检查。

为了稳定煤气主管的压力，缓冲换向时管道中煤气压力急增对仪器、仪表等设备带来的危害，通常还设有自动放散水封槽［图 6-21(b)］，当煤气压力超过联接管插入深度时，煤气冲出水面由放散管逸出。

此外，焦炉煤气管系中还设置有煤气安全设备和其他附属设施，以备清扫，开工和发生事故时使用，如蒸汽管、放散管、取样管和防爆阀等。

按照焦炉煤气流向，在分配支管上依次设有调节旋塞、孔板盒、交换旋塞、连接管和横管相连接（图 6-22）。

② 焦炉煤气调节旋塞。调节旋塞是用来调节、切断或联通煤气的。焦炉煤气调节旋塞是一个带润滑油杯的直通旋塞，旋塞芯靠小端弹簧抑或螺母加以扣紧。常用的几种焦炉煤气调节旋塞见图 6-23 和表 6-9。

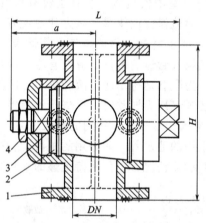

图 6-23　焦炉煤气调节旋塞

1—外壳；2—芯子；3—油杯；4—螺母

表 6-9　焦炉煤气调节旋塞主要尺寸及质量表

规格	DN100	DN80	DN70	规格	DN100	DN80	DN70
H/mm	290	290	240	a/mm	190	155	130
L/mm	360	310	265	质量/kg	42.5	28.64	17

③ 焦炉煤气交换旋塞。交换旋塞是煤气加热设备中的重要部件，要定期清洗加油，保持既光滑灵活又严密畅通，特别是开关位置要准确。见图 6-24(a)、图 6-24(b) 和表 6-10。

在交换旋塞的外壳上与气流方向垂直的一侧设有除炭孔。

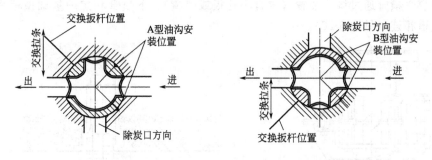

图 6-24（a）　焦炉煤气 A 型和 B 型交换旋塞示意图

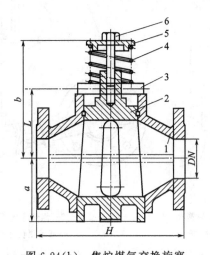

图 6-24（b）　焦炉煤气交换旋塞

1—外壳；2—芯子；3—交换扳杆；4—弹簧；5—小盖；6—螺栓

表 6-10　焦炉煤气交换旋塞主要尺寸及质量表

规格	DN100	DN80	DN70	规格	DN100	DN80	DN70
H/mm	350	290	280	b/mm	237	237	219
L/mm	141	141	123	芯子质量/kg	19	11.3	5.4
a/mm	135	126	151	质量/kg	49	38	25.5

④ 孔板盒。为了方便孔板的更换，一般均设焦炉煤气和高炉煤气孔板盒。几种常用的孔板盒主要尺寸见图 6-25 和表 6-11。

表 6-11　焦炉煤气孔板盒主要尺寸及质量表

规格	DN100	DN80	DN70	规格	DN100	DN80	DN70
H/mm	250	250	250	c/mm	115	105	100
L/mm	303	293	239	d/mm	115	105	100
a/mm	100	100	125	质量/kg	29	23.1	19.6
b/mm	157	147	142				

⑤ 煤气横管。横管必须适应焦炉加热煤气的要求。对于双联下喷的焦炉，每个燃烧室有两排横管，分别供给单、双数火道煤气，以满足单数燃烧室的单数立火道是上升管流时，双数燃烧室的单数立火道是下降气流。

焦炉煤气横管通过调节装置（内有小孔板或喷嘴）、下喷管和焦炉基础顶板埋管与焦炉的砖煤气道相连（见图6-26）。

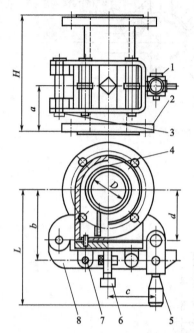

图 6-25　焦炉煤气和高炉煤气孔板盒

1—螺栓；2—盒体；3—开口销；4—弹簧夹；
5—手柄；6—顶丝；7—销；8—杠杆

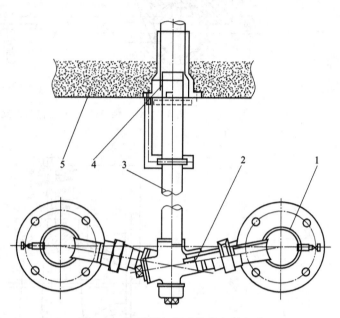

图 6-26　焦炉煤气下喷管及相关部分

1—横管；2—焦炉煤气调节装置（喷嘴）；3—下喷管；
4—基础顶板埋管；5—焦炉基础顶板

焦炉煤气主管压力一般为700～1500Pa，高炉煤气主管压力则为500～1000Pa，要求煤气主管和横管内的煤气流速不大于12m/s，以免增加阻力，但也不宜太低，以免管道过粗，易使萘等在管道内沉积造成堵塞。

二、废气设备

焦炉废气设备有废气交换开闭器、机焦侧分烟道翻板及总烟道翻板。

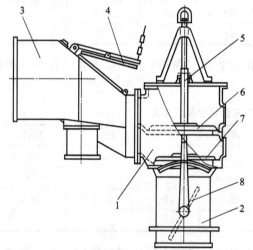

图 6-27　双盘式废气交换开闭器

1—筒体；2—烟道连接管；3—两叉部；4—风门；
5—砣杆；6—上砣盘；7—下砣盘；8—调节翻板

1. 废气交换开闭器

废气交换开闭器是控制焦炉加热用空气量、导入贫煤气和排出废气并实现这些气流方向转换的焦炉工艺设备。它通过小烟道连接管（或两叉部）与焦炉小烟道连接，通过烟道弯管与分烟道连接，并通过连接管与高炉煤气连接弯管相接。

废气交接开闭器主要有两种形式：一种是双盘式废气交换开闭器；另一种是杠杆传动砣式废气交换开闭器。

（1）双盘式废气交换开闭器

采用双盘式废气交换开闭器时，废气拉条通过链条和提杆直接提起废气盘。它主要由筒体、砣盘、两叉部和烟道连接管（含调节翻板）构成（图6-27）。两叉部分别与空气蓄热室小烟道和煤气蓄热室小烟道相连，两叉部上部有两个风门，分别与空气蓄热室小烟道和煤气蓄热室小烟道相通。风门启闭由废气拉条的小链带动。当风门落下，筒体内上砣盘和下砣盘全部提起时，蓄热室内的废气导入分烟道。废气量由调节翻板进行调节。当焦炉用焦炉煤气加热时，两个风门均与废气拉条的小链相连，并按交换程序动作一起启闭两个风门。当对应的蓄热室为上升气流时，两个砣盘全部落下，两叉部两个风门都打开，由此进入加热用空气。空气量可以通过改变风门入口断面积来调节。当用混合煤气加热时，只打开两叉部中一个叉上的风门进空气，将有贫煤气连接管的一个叉上的风门锁紧。贫煤气通过贫煤气连接管、两叉部进入煤气蓄热室小烟道。当采用这种废气交换开闭器时，其混合煤气的交换必须通过混合煤气交换拉条带动混合煤气交换旋塞来实现。

（2）杠杆传动砣式废气交换开闭器

杠杆传动砣式废气交换开闭器有煤气、空气、废气交换开闭器和空气、废气交换开闭器两种。煤气、空气、废气交换开闭器主要由壳体、传动机构、废气砣、煤气砣、空气门盖和废气阀体构成（图6-28）。

用混合煤气加热时，解除与煤气蓄热室相通的空气门盖的杠杆连接，并严密锁紧空气门盖，将煤气砣提杆与传动杠杆相连。借助传动机构落下废气砣，即时打开空气蓄热室的空气门盖，空气进入空气蓄热室的小烟道，提起煤气砣，贫煤气经单叉导入煤气蓄热室小烟道，焦炉的加热系统转入上升气流。下一个交换时，落下煤气砣，关闭空气门盖，提起废气砣，此时废气导入分烟道，焦炉的加热系统转入下降气流。

用焦炉煤气加热时，煤气砣与传动杠杆脱开，和煤气蓄热室相通的空气门盖与传动杠杆连接。借助传动机构打开两个空气门盖，即时落下废气砣，空气同时进入煤气和空气蓄热室的小烟道，焦炉的加热系统转入上升气流；下一个交换时，

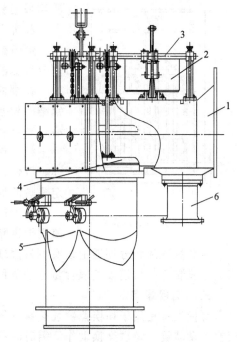

图 6-28　杠杆传动砣式煤气、空气和废气交换开闭器

1—壳体；2—空气门盖；3—传动机构；
4—废气砣；5—废气阀体；6—煤气砣

落下空气门盖，提起废气砣，废气导入分烟道，焦炉的加热系统转入下降气流。

这种废气交换开闭器的煤气砣能够代替高炉煤气交换旋塞起到启闭混合煤气的作用，而且混合煤气的交换借助杠杆传动机构即可实现，可省去混合煤气交换传动拉条。空气、废气交换开闭器不设煤气砣和煤气砣筒体，其作用与煤气、空气、废气交换开闭器用焦炉煤气加热时相同。国内现已将煤气、空气、废气交换开闭器和空气、废气交换开闭器合二而一，用一套四连杆传动机构实现上述几种气流的换向，使得这种废气交换开闭器的结构更加紧凑。

如前所述，杠杆传动砣式废气交换开闭器与双盘式废气交换开闭器相比较具有如下特点。

① 用高炉煤气砣代替高炉煤气交换旋塞。

② 通过杠杆、轴卡和扇形轮等来提起高炉煤气砣，省去了高炉煤气交换传动拉条。这样交换时，煤气砣、废气砣和空气门的工作必须严格按照先落下废气砣、提起空气门盖、后提起煤气砣和先落下煤气砣、后关严进风门、再提起废气砣的顺序进行，并且在两个砣一起

一落之间要有适当的间隔时间。

③ 杠杆传动砣式废气交换开闭器采用煤气砣交换，启闭贫煤气，由于煤气砣的严密性较差，可能有较多的贫煤气通过煤气砣漏失到烟道内，造成能源浪费和 CO 污染大气。而双盘式废气交换开闭器与高炉煤气交换旋塞配合，高炉煤气的泄漏量较小，但如果高炉煤气交换旋塞清洗不及时，将有不少的高炉煤气漏入焦炉地下室，污染操作环境，也有可能形成爆炸性气体。

双盘式废气交换开闭器的筒体、砣盘、两叉部、调节翻板和烟道连接管以及杠杆传动砣式废气交换开闭器的壳体、废气砣、煤气砣、空气门盖、废气阀体和外壳等主要零部件的材质均采用灰口铸铁 HT1200。

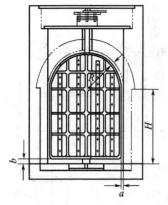

图 6-29　分烟道调节翻板

2. 烟道翻板

烟道翻板是调节和控制烟道吸力的设备。一般设置机、焦侧分烟道翻板和总烟道翻板。

在翻板上部的轴头上设有滚动轴承和止推轴承，翻板由槽钢结构架承托，和烟道壁的间隙不小于 50mm，翻板转动灵活，满足对废气排出量的准确调节。

机、焦侧的分烟道翻板分别和自动调节机的操作机构相连，以便自动调节翻板的开度，保持分烟道吸力的规定值，稳定焦炉的加热。总烟道翻板一般不设自动调节机构。

分烟道翻板结构形式如图 6-29 所示，图中 a、b、H、R 值因烟道断面不同而异。

在总烟道和各分烟道上设有测量温度和吸力的测孔，用以测量烟道的温度和吸力。有些焦炉还安装有分烟道废气氧含量自动测量及控制系统。

三、交换设备

交换设备是用于切换焦炉加热系统气体流动方向的动力设备和传动机构，包括交换机和交换传动装置。每次交换动作所需时间一般为 46.6s。

1. 交换机

交换机是带动各传动拉条进行交换的动力机械。

焦炉构造和煤气设备不同，但交换机操作步骤都是三个基本的交换过程，即先关煤气，后交换空气和废气，最后开煤气。这是由于先关煤气，可使加热系统中残留的煤气被继续进入的空气烧尽，最后开煤气，可使燃烧室内已有足够的空气，煤气进入后即能燃烧，从而可以避免残余煤气引起的爆鸣和进入煤气的损失。

液压交换机由液压站、双向往复式油缸和电气控制系统组成。由液压站供给油缸压力油，驱动活塞杆两端连接的拉条传动系统进行交换。各油缸的动作程序由电液换向阀和电气控制系统控制并相互联锁。液压交换机结构简单，制造方便，随着液压技术的完善，液压交换机显示出诸多优点。目前新建焦炉多采用液压交换机。

液压交换机的传动控制程序如图 6-30 所示。其控制程序是：每隔 20min 由电器指挥仪按交换程序启、闭电磁阀，电动机通电后带动叶片泵 2 将工作液体加压到工作压力，冲开单向阀 3，通过电液换向阀 7，推动油缸 8、9、10、11 的活塞，并分别带动各链条，实现交换。电磁液压换向阀由电气控制系统按要求的交换程序和时间动作，调节节流阀用于调节液压缸的活塞速度。两台电动机分别驱动两台油泵，其中一台操作，一台备用。停电时，可用手摇泵上油，用重物压电液换向阀。由人工完成交换工作，轻便省力。

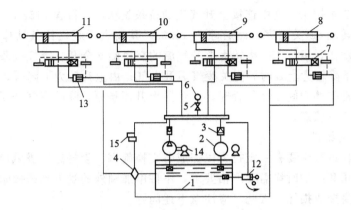

图 6-30　JM-4 型液压交换机油路图

1—油箱；2—叶片泵；3—单向阀；4—滤油器；5—压力表阀门；6—压力表；
7—电液换向阀；8、9—高炉煤气油缸；10—废气油缸；11—焦炉煤气油缸；
12—溢流安全阀；13—调节节流阀；14—电动机；15—安全阀

2. 交换传动装置

交换传动装置包括焦炉煤气传动拉条、高炉煤气传动拉条和废气传动拉条及导轮等。

交换传动发起后，交换机带动煤气（或焦炉煤气）拉条、废气拉条按一定程序运行，以改变煤气、空气、废气的流动方向。

生产期间，拉条行程受气温等条件影响而发生变化，所以应随时监督行程的变化情况，一年内应几次调节行程，保持其准确性，以达到煤气废气开关的准确性。

3. 交换过程

交换时间、气流方向变化关系如图 6-31 所示。由图表明，焦炉煤气拉条在一个交换过程中分两次动作，交换机启动后经 7.5s 开始第一次动作，使原上升的煤气及原下降气流的除炭口关闭，然后停止 24.1s，其间进行废气拉条的动作，最后开始焦炉煤气拉条的第二次动作，将转为上升气流的煤气打开和下降气流的除炭口打开，总行程为 460mm。

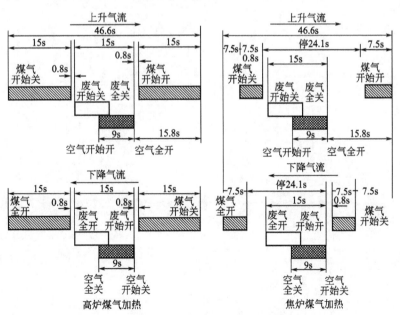

图 6-31　交换过程中气流方向改变情况示意图

　　高炉煤气分二根拉条，其中连接上升气流的拉条先动作，行程715mm，运行15s，把原上升的交换旋塞转动90°关闭完，然后停止16.6s，其间进行废气拉条动作，最后连接原下降气流的拉条再动作，运行15s将转为上升气流的交换旋塞全开。废气拉条在交换过程的中间15s动作，由下降转为上升时，先关废气后开空气；由上升转为下降时，先关空气后开废气，在废气拉条动作的中间1/3行程时，无论原上升还是原下降的废气开闭器，所有空气盖板及废气砣均处半开状态。

　　4. 交换设备的维护

　　交换机在工作过程中要有一定拉力以完成各交换旋塞、废气砣及进风口盖板的启、闭动作，在安装、使用和维护时均需要严格要求，不许增加额外的受力和摩擦阻力，以避免交换系统和交换机本身造成损坏。因此，应注意下述问题。

　　① 拉条的行程应保证旋塞开关、砣杆提起高度合乎要求，并全炉一致。

　　② 拉条在运行过程中应平稳、无卡住、无跳动等情况，拉侧的紧链和送侧的松链应十分明显。

　　③ 拉条与搬把，拉条与砣杆在同一垂直平面内运行，托轮和导向轮的相对位置应保持拉条呈直线运动，钢绳无扭曲现象。各旋塞和各砣杆均安装在同一水准线上。

　　④ 交换机各传动轴严格保持平行，齿轮啮合严密，各轴运行时间、各传动齿运转行程、各轴与轴承间隙符合要求。

　　⑤ 各轴、各轮、各旋塞的润滑良好，油槽畅通，并定期擦洗加油。各砣杆定期擦洗，无卡砣现象。旋塞的压紧弹簧在保证旋塞严密前提下不过紧。

　　⑥ 行程调节与焦炉加热有密切关系，各拉条的行程不足或过量，将影响焦炉的供入煤气或空气及废气的排出，所以应当经常调节使之保持不变。调节时，应根据标记点检查位移情况，调节至规定的行程量，同时要观察旋塞是否开正，砣杆和风门提起高度是否合适和且全炉要求一致，还要观察两个交换的行程是否一致，链条松紧是否合适等。

第七章 焦炉机械

焦炉机械主要分两大类：侧装煤焦炉机械和顶装煤焦炉机械。

第一节 侧装煤焦炉机械

采用捣固侧装炼焦工艺所使用的焦炉机械有装煤车、推焦车、拦焦车、熄焦车、捣固机、消烟除尘车等以完成煤饼捣固、装煤和出焦等操作。本书重点介绍目前焦化企业普遍使用的大连重工·起重集团有限公司生产的五车一机。

一、装煤车

捣固装煤车的主要功能是走行至煤塔底下受煤，通过捣固机将装在煤箱里面的散煤捣固成煤饼，再走行至指定的炭化室处，将捣固成形的煤饼装入炭化室内。

1. 结构特征

（1）装煤车主要部件

装煤车主要部件组成见表7-1。

表 7-1 装煤车主要部件组成

序号	名称	功　能
1	钢结构	起到骨架支撑作用
2	走行装置	完成装煤车沿轨道方向运行功能
3	装煤装置	完成将捣固好的煤饼装入炭化室的功能
4	密封框装置	阻止装煤时烟尘的外逸
5	余煤回收装置	将散落的余煤进行收集
6	司机室	操作者对设备进行操作的场所
7	电气室	安放电气柜,电阻,变压器的场所
8	液压室	安放液压泵站、阀站、润滑泵站
9	液压配管	完成将油缸、马达与液压系统连成一体的功能
10	空调装置	对司机室、电气室、液压室起到降温
11	润滑系统	完成对各部件轴承、轴套的润滑作用
12	气路系统	完成对各部位喷吹,气缸与空压机风包连成一体
13	电缆槽	起到对设备上的电缆起到汇集支撑和保护作用
14	液压系统	有泵站和阀站是各液压执行机构的动力源
15	电气系统	是设备上所有机构完成相关功能的控制组成,包括电气柜内部硬件和相关软件程序等组成

（2）装煤车结构特点

装煤车采用两轨门型结构。

① 走行装置。其功能是实现装煤车在地面运行轨道上进行往复运行和对位。

走行装置结构布置及组成：在钢结构下方设有前后走行梁，每条走行梁下方均装有 2 个走行轮组，共计 4 个轮组一起驱动整机在轨道上运行。每个轮组结构为 3 轮平衡台车的结构形式，均由电机、减速机、盘式联轴器、盘式制动器和车轮等组成，且均为主动轮组。走行装置是通过铰轴安装座与钢结构的前、后走行梁连接到一起的。

②装煤装置。是用来盛装散煤，然后由捣固机将散煤捣固成煤饼，并且实现将煤饼由机侧装入炭化室内的装置。见表 7-2。

表 7-2　装煤装置

序号	名称	备注
1	装煤传动	该传动由电动机、行星减速机、制动器、主动链轮和从动链轮组成，是驱动装煤底板的动力部件，采用变频调速技术
2	前挡板	捣固过程中，前挡板关闭，通过煤槽内外壁自锁。与煤槽内外壁和后挡板共同形成一个封闭煤箱
3	煤槽内外壁	煤箱的主要构成部分，在捣固时，内外壁靠拢，与前后挡板共同形成一个封闭的煤箱。捣固完成后，内外壁向两侧打开
4	后挡板	位于装煤底板上，捣固时通过后支座固定，装煤时随底板一起前进
5	煤槽壁活动装置	由 20 组正弦杠杆组成，分别位于煤槽内外壁两侧，通过液压缸驱动，实现煤槽壁的开闭

③ 装煤密封框装置。在装煤过程中使用，减小煤饼与炉柱之间的环形间隙，起到阻止烟尘外逸的作用。密封框装置由密封框体和传动部分组成。

④ 润滑系统。主要对回转的轴承，轴套提供润滑脂，减少摩擦和磨损，提高使用寿命。车辆在运行时要对以下项目进行维护和保养，并按照润滑保养制度如表 7-3 执行（五车一机的润滑制度基本相同，其他车不在叙述）。

表 7-3　润滑保养制度

润滑点		润滑方式	润滑油牌号	润滑制度	附注
编号	名称				
1	走行减速机	油池	90 号齿轮油	6 个月	更换
2	各摆线减速机	油池	46 号齿轮油	6 个月	更换
3	集中润滑点	电动	1 号极压锂基润滑脂，冬季用 0 号	每日 2 次	一年更换
4	石墨铜套	填充	石墨棒	自润滑	大修更换
5	各滑动、滚动导轨	涂抹	1 号极压锂基润滑脂		每周一次
6	各钢绳	涂抹	1 号极压锂基润滑脂		每周一次
7	各齿形联轴器	填充	1 号极压锂基润滑脂	每月一次	大修更换

2. 安全装置

为防止意外事故，装煤车上设置了许多安全装置和措施。见表 7-4。

表 7-4　安全装置和措施

序号	预防事故	安全措施
1	防止车辆刚性碰撞	装煤车前后走行梁两侧设置缓冲器
2	防止车辆运行时在运行区域碰撞行人	在走行梁两侧设置声光报警装置
3	防止装煤底板冲出行程	采用拉线盒式编码器对行程控制；前部和后部设有行程保护限位

续表

序号	预防事故	安全措施
4	防止走行,装煤等电机元件过载工作	在电气系统中设置了过载保护开关
5	防止设备出现意外事故,而装煤车仍进行工作	在每个装置的附近都设置了急停按钮,出现意外事故时,司机和辅助人员可直接按下,将装煤车停止工作
6	防止取门过程中管路爆裂,炉门坠落	在提门,压门,倾斜油缸管路上设置了液压保护锁
7	防止执行机构动作超限	均设置了行程限位保护开关

二、推焦车

推焦车的主要功能是开闭机侧炉门;将红焦从焦炉炭化室推出;对炉门、炉框进行清扫;对溢出的头尾焦进行回收处理;对新装入炉内的煤饼,在炉门外进行切煤饼处理。

1. 结构特征

(1) 推焦车主要部件

推焦车主要部件见表 7-5。

表 7-5 推焦车主要部件

序号	名称	功 能
1	钢结构	起到骨架支撑作用
2	走行装置	完成大车沿轨道方向运行功能
3	推焦装置	完成将焦炭从炭化室内推到熄焦车内功能
4	取门装置	完成机侧炉门的开闭功能
5	炉门清扫装置	清理炉门作用,将附着的焦油灰渣清理掉,提高与炉框密封效果
6	炉框清扫装置	清理炉框作用,将附着的焦油灰渣清理掉,提高与炉门密封效果
7	推焦锁闭装置	推焦时,通过地面抵抗墙将推焦力抵消,保护走行装置
8	头尾焦回收装置	将散落的头尾焦进行熄灭和收集
9	司机室	操作者对设备进行操作的场所
10	电气室	安放电气柜,电阻,变压器的场所
11	液压室	安放液压泵站、阀站、润滑泵站、加油泵的场所
12	电源滑触器	完成从炉体滑线将电力导入推焦车上的功能
13	液压配管	完成将油缸、马达与液压系统连成一体的功能
14	空调装置	对司机室、电气室起到降温作用
15	润滑系统	完成对各部件轴承、轴套的润滑作用
16	气路系统	完成对各部位喷吹,与空压机风包连成一体
17	电缆槽	起到对设备上的电缆起到汇集支撑和保护作用
18	切煤饼机构	用来处理装煤时煤饼未送到位或煤饼发生塌煤的情况
19	余煤回收装置	用来对切煤饼机构切落的余煤进行回收处理
20	集尘装置	开炉门和推焦过程中配合炉头烟的抽吸
21	液压系统	有泵站和阀站是各液压执行机构的动力源
22	电气系统	是设备上所有机构完成相关功能的控制组成

(2) 推焦车结构特点

捣固推焦车采用两轨门型结构,分为上下两层平台。走行布置在一层平台下方,而推焦装置、炉门清扫装置、炉框清扫装置、头尾焦回收装置、切煤饼机构、余煤回收装置、集尘装置、液压室、电气室、气路系统等都安置在一层平台上方。司机室安放在二层平台的上方。

① 走行装置。与装煤车相同。

② 推焦装置。是用来推出炭化室内成熟的焦炭,并对炭化室顶部的石墨进行吹烧和刮削,同时也可以对上升管根部的石墨进行吹烧。

推焦装置布置在钢结构一层平台中间位置,其相关组成如表 7-6 所示。

表 7-6　推焦装置的相关组成

序号	名称	备注
1	推焦头	与高温焦炭接触,推出炭化室红焦
2	驱动装置	由电动机,制动器,减速机,手摇机构等组成,是驱动推焦杆装置的动力部件,采用涡流制动器组合方式实现调速功能
3	防风板装置	防止推焦杆从炭化室内退出后,侧部冷风吹后旁弯变形
4	支辊组	起支撑推焦杆的作用,共计 5 组
5	推焦杆装置	为箱型截面,由前段、中段和尾段三段组成,其中前段和中段现场焊为一体,尾段通过铰轴与中段相连,齿条铆接在上表面,前段和尾段上有安全保护的活齿结构
6	滑靴装置	在炭化室内部支撑推焦杆作用,由上下两体组成,连接处为偏心的六角块结构,通过变换装配角度实现底部滑靴的高度调整
7	推焦支座	支撑驱动齿轮和安放前平衡支辊作用
8	前平衡辊装置	起支撑推焦杆的作用,承受力量较大,为双轮平衡台车形式
9	焦粉收集装置	用来收集齿条吹扫的焦粉及粉尘
10	石墨吹扫装置	用于炭化室顶部和上升管根部石墨吹扫

③ 取门装置。是用来将炉门取下和关上。

取门装置布置在一层平台,位于推焦杆左侧,为台车结构形式,见表 7-7。

表 7-7　取门装置

序号	名称	备注
1	取门台车油缸	行程 2710mm,实现取门装置的前后移动功能
2	取门头倾斜油缸	行程 80mm,取门时该油缸处于伸出浮动状态,使取门头与炉门倾斜状态适应
3	提门油缸	推动取门头上下运动,完成炉门从炉门框勾中提出来,行程 350mm
4	压门闩油缸	用来将炉门的上下门闩压松,行程 60mm
5	取门轨道梁	取门台车轮在中间轨道中运行,对台车起支撑和限位作用
6	取门台车	在油缸(序号1)推动下,在轨道间前后运行
7	上导辊轮	对取门台车起限位作用,对运行和取门过程中产生的侧向力起抵消作用
8	侧导辊装置	对取门台车起限位作用,对运行和取门过程中产生的侧向力起抵消作用
9	旋转装置	通过滚轮与 S 道配合,使吊挂架在运行过程中旋转 90°
10	插销装置	固定取门头,保证在取门头随取门台车运行过程中不旋转
11	支撑架	在取门头取门时,对取门头起支撑作用

④ 炉门清扫装置。对取门机摘下的炉门进行清理。主要是对炉门砖两侧和底部、四周刀边区域进行清理,对耐火砖采用铣刀方式进行清理。

清门装置布置在推焦杆左侧,为台车结构,台车油缸驱动清门装置前进可以将炉门包围住见表 7-8。

表 7-8 清门装置

序号	名称	备注
1	清门台车	在油缸驱动下可往复运动,到位后由铣刀清扫炉门
2	链轮驱动机构	拉动侧部铣刀台车往复运动,通过螺旋铣刀旋转对炉门侧部耐火砖进行清理
3	吊挂装置	固定框架
4	侧部清扫台车	对炉门侧部的耐火砖和刀边进行清理,在链轮驱动机构驱动下可往复运动
5	底部清扫台车	对炉门底部的耐火砖和刀边进行清理,台车在油缸驱动下可往复运动

⑤ 炉框清扫装置。对炉框进行清理。主要完成炉框镜面、炉框内部两侧和炉底的清理,采用刮刀的方式进行清理。

清框装置布置在推焦杆右侧,为台车结构,台车油缸驱动清框装置前进可以将清扫头伸进炉框内部见表 7-9,清框头结构见表 7-10。

表 7-9 炉框清扫装置

序号	名称	备注
1	炉框清扫头	与炉框直接接触部位,上部安装多组弹簧刮刀,利用刮刀对炉框进行清扫
2	旋转架	与清框头和台车架相连,能绕回转轴承(序号 7)轴线旋转
3	清框台车	装有车轮组,侧挡轮组,在油缸驱动下可前后移动
4	钢结构框架	为框架结构,有上下轨道,台车轮组可在轨道间滚动
5	驱动油缸	驱动台车前后移动
6	S形曲形轨道	与导向辊轮(序号 8)配合,提供旋转架旋转动力
7	回转轴承	分为上下两组,上部除起到定心作用还承担垂直轴向力,下部只起到定心作用
8	导向辊轮	与序号 6 配合,提供旋转架旋转动力
9	锁闭机构	当清框头旋转至极限位置时,将旋转架进行锁紧

表 7-10 清框头结构

序号	名称	备注
1	外框架	通过铰轴座与旋转架连接,可绕该轴转动,框架内部有导向轨道,对内框架起限位作用
2	内框架	上部装有刮倒组,在油缸驱动下可在外框架内部上下移动
3	铰轴座	连接外框架和旋转架作用
4	炉底刮刀	对炉内刮刀刮落的灰渣和炉底堆积的灰渣进行清理作用
5	底部镜面刮刀	对炉框下部镜面刮削,为弹簧压紧结构
6	防热板	为防止清扫头受热变形,在前部安置了该防热板,减少热辐射作用
7	炉内刮刀	对炉框内部进行刮削,为弹簧压紧结构
8	侧部镜面刮刀	对炉框两侧镜面进行刮削,为弹簧压紧结构
9	上部镜面刮刀	对炉框上部镜面刮削,为弹簧压紧结构

⑥ 头尾焦处理装置。主要用来收集从炭化室内部散落焦炭并将其熄灭;对炉门、炉框清理过程中的清理物进行熄灭和收集。该装置主要由刮板机组成。

⑦ 推焦锁紧装置。推焦锁紧装置与地面抵抗墙配合,将推焦时产生的水平推焦力传到地面,保护走行装置不受侧向力。

该装置由 2 组楔块机构组成,分别布置在侧梁的底部,由油缸、滑道、楔块组等组成。

⑧ 切煤饼机构。切煤饼机构布置在一层钢结构平台的右侧靠近焦炉的边缘。在正常装煤情况下，若煤饼没有发生塌煤，就无需用切煤饼机构来处理，只要在装煤后关上炉门就可以了。

⑨ 余煤回收装置。该装置是用来对切煤饼机构切落的余煤进行回收处理的，主要由刮板机构成，刮板机上部有接煤开口，下部有个漏煤嘴，刮板机将余煤运输到漏煤嘴处并漏到炉台上的斜溜槽中，再通过炉前皮带机输送走。

⑩ 集尘装置。该装置布置在推焦中心线的推焦头的上方，用来配合炉头烟收集工作。推焦时，在炉门打开前将集尘罩移动到位，以来遮挡开门后和推焦过程中冒出的烟尘。

2. 安全装置

为防止意外事故，推焦车上设置了许多安全装置和措施，应详细了解相关内容，见表7-11。

表 7-11　安全装置和措施

序号	预防事故	安全措施
1	防止车辆刚性碰撞	推焦车前后走行梁两侧设置缓冲器
2	防止车辆运行时在运行区域碰撞行人	在走行梁两侧设置声光报警装置
3	防止推焦杆冲出行程	采用编码器对行程控制；前部和后部设有行程保护限位；推焦杆上设有前后活齿结构；推焦杆尾段设有机械止挡装置
4	防止离合器操作手柄误操作时发生危险	在手柄处都设置了电气联锁保护开关，用以监控手柄的离合状态
5	防止走行，推焦等电机元件过载工作	在电气系统中设置了过载保护开关
6	防止设备出现意外事故，而推焦车仍进行工作	在每个装置的附近都设置了急停按钮，出现意外事故时，司机和辅助人员可直接按下，将推焦车停止工作
7	防止取门过程中管路爆裂，炉门坠落	在提门，压门，倾斜油缸管路上设置了液压保护锁
8	防止执行机构动作超限	均设置了行程限位保护开关

三、拦焦车

拦焦车运行在焦侧拦焦车轨道上，其作用是开闭焦侧炉门，对焦侧炉门、炉框进行清扫，头尾焦处理，推焦时通过导焦栅将焦炭导入熄焦车内，并将出焦过程中产生的烟尘收集并导入固定的集尘管道中。

1. 结构特征

（1）拦焦车主要部件

拦焦车主要部件见表7-12。

表 7-12　拦焦车主要部件

序号	名称	功能
1	钢结构	起到骨架支撑作用
2	走行装置	完成大车沿轨道方向运行功能
3	导焦装置	完成将焦炭从炭化室内导到熄焦车内功能
4	取门装置	完成机侧炉门的开闭功能
5	炉门清扫装置	清理炉门作用，将附着的焦油灰渣清理掉，提高与炉框密封效果

续表

序号	名称	功　能
6	炉框清扫装置	清理炉框作用，将附着的焦油灰渣清理掉，提高与炉门密封效果
7	头尾焦回收装置	将散落的头尾焦进行熄灭和收集
8	集尘装置	将开门、清门、导焦过程中产生的烟尘进行收集和净化
9	司机室	操作者对设备进行操作的场所
10	电气室	安放电气柜，电阻，变压器的场所
11	液压室	安放液压泵站、阀站、润滑泵站的场所
12	受电装置	完成从炉体滑线将电力导入拦焦车上的功能
13	液压配管	完成将油缸、马达与液压系统连成一体的功能
14	空调装置	对司机室、电气室、液压室起到温度调节
15	润滑系统	完成对各部件轴承、轴套的润滑作用
16	气路系统	完成对各部位喷吹，与空压机风包连成一体

（2）拦焦车结构特点

拦焦车采用二轨框架结构，以导焦栅为中心，左右各分为上下两层平台，取门和清框装置在导焦栅左右。走行布置在一层平台下方，司机室，电气室，液压室均布置在一层平台，集尘装置安装在第一轨和第二轨中间。

走行装置、取门装置、清门装置、清框装置、头尾焦处理装置的结构特点与推焦车相同，不再叙述。

① 导焦装置。本装置用于将推焦车推出的红焦导入熄焦车内。由吊辊、侧导向辊、导焦栅骨架、导焦护板、导焦栅底部和顶部、导焦挡烟板、锁闭机构、驱动油缸等组成，见表7-13。本装置通过液压传动，既可单元自动控制，又可手动操作运转。

表 7-13　导焦装置

序号	名称	备　注
1	吊辊	2组双吊辊，2组单吊辊
2	导焦栅	框架结构，内部用可方便更换的槽钢组成
3	导焦栅驱动机构	液压缸驱动导焦栅前后移动
4	导焦槽	外部骨架，底板材质为 ZGMn13
5	锁闭装置	在导焦槽下部，在导焦栅导焦时锁住导焦栅

导焦装置位于拦焦车车体的中间部位。导焦栅主要由坚固横截面的框架组成，框架采用Q345材质的方管及钢管焊接而成。为了防止推焦烟尘污染大气，在导焦栅框架外侧，设有不锈钢防尘板。导焦栅框架内侧由光滑、线性排列、可方便更换的槽钢组成。下部导焦槽带有可更换的钢板和侧板，其材质为ZGMn13，耐磨性能好，可显著提高使用寿命。导焦栅上部直接连接集尘上部烟罩，将出焦烟尘收集到地面站。

推焦车把焦炭从炭化室推出后经过导焦栅，在其尾部焦炭急停落入熄焦车厢中。在出焦侧，导焦栅两侧有分开固定的垂直密封条，当导焦栅向前运动时，垂直密封条与集尘装置的密封条构成迷宫式的缝隙，阻止烟尘泄漏。在导焦栅两侧的前部装有垂直的弹性导焦装置位于该车体的中间部位，导焦上部由钢结构导焦轨道上带有减摩轴承的车轮吊挂，下部两侧有导向轮。

② 除尘装置。在炉门开启、导焦、清门、清框的过程中会有大量的有害烟尘外逸,污染大气环境。该装置是用来收集上述过程中产生的有害烟尘并经过集尘罩导到地面站,进行烟尘处理。

本系统主要布置在拦焦车第一轨和第二轨之间,主要由集尘罩,开集尘翻板,导套等部分组成,见表7-14。

表 7-14　除尘装置

序号	名称	备 注
1	炉前烟罩	收集炉门上方冒出的烟尘
2	吸气管路	风机吸风口与炉前烟罩的连接管道
3	下部件	罩住熄焦车车厢,罩体安装在一层平台钢结构上,是主烟罩的下部罩体
4	上部件	拱顶上部件,坐落在导焦栅移动轨道上平面,将其上部罩住,收集导焦过程的烟尘
5	开闸板和连接器装置	负责打开地面站烟道的闸板并通过连接器与烟道连接,油缸驱动
6	风机	在三层平台上,增加眼前烟罩和清门烟罩的烟尘收集率
7	上部件和中部件	上部件和中部件将导焦栅罩住,使烟尘不外溢,与下部件等连接在一起,组成主烟罩,将落入熄焦车焦炭产生的烟尘收集并导入地面站
8	清门烟罩开闭阀	清门烟罩管路只有在清门时才需要打开
9	清门烟罩	在清门装置的上部,负责收集清门时炉门的烟尘
10	密封框架	主烟罩与导焦栅之间的密封件

集尘罩由型钢焊接的骨架和不锈钢板组成。罩体钢板外面焊接一定数量的筋板以加强罩体强度。集尘罩设有两个连接器,通过油缸推动连接器前后移动与集尘管道相接通,并开关集尘管道上的闸板,把收集的烟雾和粉尘送到地面除尘站。

2. 安全装置

为防止意外事故,拦焦车上设置了许多安全装置和措施,见表7-15。

表 7-15　安全装置

序号	预防事故	安全措施
1	防止车辆刚性碰撞	拦焦车前后走行梁两侧设置缓冲器
2	防止车辆运行时在运行区域碰撞行人	在走行梁两侧设置声光报警装置
3	防止取门过程中管路爆裂,炉门坠落	在提门,压门,倾斜油缸管路上设置了液压保护锁
4	防止执行机构动作超限	设置了行程限位保护开关

四、熄焦车

用来装载由炭化室推出来的温度约1000℃的炽热焦炭,并由电机车牵引送入熄焦塔进行湿法熄焦,然后将冷却的焦炭运往凉焦台卸出。

1. 熄焦车的结构

熄焦车由车架、转向架、左右端壁、前后侧壁、车门、底板以及开门机构所组成。左右端壁、前后侧壁、底板、车门装有耐热板,耐热板由铸铁制成。底板与水平面成28°斜角,以便卸焦时让焦炭顺利流出。

熄焦车的开门机构是气动的,气动开门的压缩空气从电机车上由管路送来,由电机车司机操纵。开门机构系连杆机构,当车门位于关闭的极限位置时,杠杆已通过死点,使车门不致因焦炭压力而自行打开。工作时,气缸驱动两侧长轴通过杠杆系统打开(或关闭)车门,以达到卸焦和关门的目的。

2. 安全装置

为防止意外事故,熄焦车在开门机构处设置了限位开关保护,见表7-16。

表 7-16　安全装置

预防事故	安全措施
检测车门关闭状况	设置了限位开关

五、捣固机

固定式捣固机由 8 组 3 锤捣固机组成,捣固锤总共 24 个,安放在焦炉煤塔侧操作间的固定轨道上。当装煤车进入煤塔下取煤时,将落入煤槽内的散煤料夯实成具有一定强度的煤饼,便于装煤车从焦炉机侧将煤饼送入炭化室。

1. 结构特征

(1) 捣固机主要部件

捣固机的主要部件见表7-17。

表 7-17　捣固机的主要部件

序号	名称	功　能
1	机架	起到骨架支撑作用
2	安全档装置	在捣固煤饼工作结束后,防止停锤装置意外失控及误操作引发落锤事故
3	导向轮装置	导向,保证锤杆上下平稳运行
4	弹性轮装置	提升捣固锤至一定高度,然后使锤自由落体进行煤饼捣固
5	齿轮组装置	驱动弹性轮装置
6	停锤装置	开始捣固煤饼时松开捣固锤,捣固结束后夹紧捣固锤
7	捣固锤	自由落体冲击煤饼砸实
8	车轮装置	支撑导向
9	捣固传动系统	减速机(带电机)＋变速机
10	集中润滑系统	完成对各部件轴承、轴套的润滑作用
11	电气系统	是设备上所有机构完成相关功能的控制组成,包括硬件和相关软件程序等组成

(2) 捣固机结构特点

捣固机采用两轨元宝梁型结构。

① 机架。机架的功能是作为其他部件的支撑和连接,起到平台作用。机架采用两轨元宝梁型结构,分为上下两部分,之间以螺栓连接,承载梁为工字断面。停锤装置安装在上部机架上,而弹性轮装置、齿轮组装置、车轮装置及安全挡装置安装在下部机架。每个锤杆上下运动时由安装在机架上的 4 对导向轮装置导向,见表7-18。

表 7-18　机架

序号	名称	备　注
1	上部机架	安装停锤装置、导向轮装置
2	下部机架	安装弹性轮装置、齿轮组装置、车轮装置、安全挡装置、导向轮装置

② 安全挡装置。该部件功能是当捣固煤饼工作完毕,锤杆提升到原始位置时,电动液

压推杆推动挡杆位于锤头下方，防止停锤装置意外失控及误操作引发的落锤事故。安全挡装置的组成见表 7-19。

表 7-19　安全挡装置的组成

序号	名称	备　注
1	支座	起到与下部机架连接作用
2	电液推杆	驱动部件
3	感应板	与接近开关配合使用，控制电液推杆的行程
4	接近开关	当感应板进入感应范围后发出电信号，控制电动液压推杆的前后动作，并与弹性轮装置联锁
5	钢丝绳挂起装置	停锤装置失效时挂起捣固锤
6	挡杆	当发生意外落锤时对锤起到一定的止挡作用

③ 导向辊装置。导向辊装置在锤杆上下运动时起导向作用，保证锤杆上下平稳运行。导向辊轮由球墨铸铁制作，具有自润滑性能，维护保养简便。导向辊轮一定要转动灵活，转动不灵活一定要重新装配。且导向辊轮为易损消耗件，磨损后要及时更换，防止出现乱冲乱撞等非正常磨损。

④ 弹性轮装置。弹性轮装置由凸轮组、对称可调机构组成。齿轮组驱动凸轮旋转，通过凸轮组中弹性元件压缩产生的作用力将锤杆夹紧，并提升至一定高度，然后自由落体进行煤饼捣固。每套凸轮装置有三个凸轮组，夹紧凸轮的中心距可由对称可调机构中的螺杆进行调整。弹性轮装置组成见表 7-20。

表 7-20　弹性轮装置组成

序号	名称	备　注
1	轴承箱及支座	支座与下部机架安装，轴承箱固定在支座上内装有轴承起旋转副作用
2	凸轮组	凸轮旋转至表面与锤杆接触后，利用内部弹性元件压缩产生的夹紧力将以及接触面之间的摩擦力将捣固锤提升至固定高度（约为 400mm）；凸轮旋转至表面与锤杆脱离后，松开捣固锤。每套凸轮装置有三个凸轮组
3	齿轮	与齿轮组装置中的齿轮对应啮合，带动凸轮组所在的轴旋转，从而使凸轮组旋转
4	对称可调机构	将左螺旋螺杆和右螺旋螺杆串连。调整凸轮组间距时拧两端的左螺母、右螺母，两个螺杆同向转动，实现左右凸轮同时向锤杆方向移动
5	轴	弹性轮装置每侧的 3 个凸轮分别穿在 3 段短轴上

弹性轮装置经由支座安装在下部机架上。

每个捣固锤对应一个凸轮组。每个捣固机上，各凸轮组根据锤数的多少按不同的相位角排列在传动轴上，保证各捣固锤上下错落有序的工作。

⑤ 齿轮组装置。齿轮组装置一头与捣固传动的变速机啮合，一头与凸轮组啮合。齿轮组装置安装在下部机架上。

⑥ 停锤装置。由电动液压推杆、扇形齿轮、传动轴、夹锤凸轮、拔爪、轴承座、接近开关等组成。停锤时，电动液压推杆推动扇形齿轮驱动传动轴旋转，使夹锤凸轮在自重作用下贴近锤杆，当锤杆下落时，依靠摩擦阻力夹紧锤杆，阻止锤杆下落。捣固机工作时，传动轴反向旋转，使夹锤凸轮脱离锤杆，锤杆靠自重落下。

⑦ 捣固锤。捣固时，在弹性轮装置的作用下进行有规律的自由落体运动冲击砸实煤饼。捣固锤由锤体、摩擦板等组成。锤体由工字钢制作，经打磨、校直后，将摩擦板粘贴在锤体上。

⑧ 捣固传动系统。由减速机（带电机）＋变速机组成，安装在下部机架上。

⑨ 润滑系统。主要对变速机内的齿轮对和滚动轴承进行加油润滑。

2. 安全装置

为防止意外事故，捣固机上设置了许多安全装置，见表 7-21。

表 7-21 安全装置

序号	预防事故	安全装置
1	停锤时防止意外落锤	设置安全挡装置
2	防止过载工作	在电气系统中设置了过载保护开关
3	防止设备出现意外事故，而捣固机仍进行工作	在操作箱上设置了急停按钮，指定的操作人员和辅助人员可直接按下，将捣固机停止工作
4	防止执行机构动作超限	均设置了行程限位保护开关

六、导烟车

U 形管导烟车在焦炉炉顶的轨道上运行。其主要功能是揭关炉盖，通过水密封式 U 形管把烟尘导入到相邻炭化室。

1. 结构特征

（1）导烟车主要部件

导烟车主要组成部分见表 7-22。

表 7-22 导烟车主要组成部分

序号	名称	功能
1	钢结构	起到骨架支撑作用
2	走行装置	完成大车沿轨道方向运行功能
3	U 形管装置	完成将装煤时产生的烟尘从一个炭化室导入相邻的炭化室
4	上升管操作装置	完成高压氨水切换及自动关闭上升管盖功能
5	连接器	完成炉头烟罩与机侧集尘干管的对接
6	司机室	操作者对设备进行操作的场所
7	电气室	安放电气柜，电阻、变压器的场所
8	液压室	安放液压泵站、阀站、润滑泵站、应急柴油机的场所
9	滑触器装置	完成从炉体滑线将电力导入导烟车上的功能
10	液压配管	完成将油缸、马达与液压系统连成一体的功能
11	空调系统	对司机室、电气室、液压室起到降温
12	电缆槽	起到对设备上的电缆起到汇集支撑和保护作用
13	限位开关装置	各个执行机构的起止点，通过限位开关传递信号
14	液压系统	有泵站和阀站是各液压执行机构的动力源
15	电气系统	是设备上所有机构完成相关功能的控制组成，包括电气柜内部硬件和相关软件程序等组成

（2）结构特点

导烟车采用两轨门型结构，钢结构平台下方四点为走行装置，平台下方人可通过，司机室布置在平台下方，U 形管装置、液压系统、上升管操作装置、上升管清扫装置、空调系统、手动吊车和滑触器装置等都安置在钢结构平台上方。

① 走行装置。走行装置与装煤车相同。

② U 形管装置。U 形管装置在油缸的驱动下，落入到水封炉座内，内嵌式的揭盖装置将炉盖在 U 形管内部打开，保证了导烟过程的全密封，将装煤孔的烟尘通过 U 形管的导通作用，导入到相邻的炭化室。

U 形管装置有两套，即 N+2 型 U 形管，N-1 型 U 形管全部安装在平台上的固定架上，U 形管装置是一种台车钢架形式，钢架的两侧是滑轮组，钢架内部装有揭盖装置，揭盖装置是由四个提升杆，抓手及转手旋转油缸组成，每个提升杆下部带有个抓手，每两个抓手共同抓住一个炉盖，在钢架的下部螺栓连接了 U 形管，U 形管与钢架为一整体，在外部油缸的驱动下，连通相邻炭化室的两个炉口。U 形管装置组成见表 7-23。

表 7-23 U 形管装置组成

序号	名称	备注
1	吊架	固定揭盖装置油缸
2	揭盖油缸	驱动揭盖装置上下运动
3	钢架	U 形管主体结构，连接揭盖装置，U 形管，上部吊架等零部件
4	揭盖装置	揭关炉盖
5	U 形管	U 形管装置主体部分，导通烟尘
6	抓手旋转油缸	驱动提升杆带动抓手旋转运动
7	防爆盖	安全保护作用，防止爆炸损坏设备
8	U 形管装置提升油缸	驱动 U 形管装置上下运动

③ 连接器。通过盲导套的连接机侧除尘罩与机侧除尘干管来处理机侧装煤时产生的烟尘。

本装置由盲导套、驱动臂、驱动油缸、开阀板油缸等装置组成。驱动臂一端连接在平台滑道架上，另一端连接盲导套，油缸的作用下可绕定轴旋转而与机侧除尘干管对接，在盲导套上方有由油缸、限位杆、油缸支架组成的开翻板装置，可打开翻板阀。

2. 安全装置

为防止意外事故，导烟车上设置了许多安全装置和措施，见表 7-24。

表 7-24 安全装置和措施

序号	预防事故	安全措施
1	防止车辆刚性碰撞	导烟车前后走行梁两侧设置缓冲器
2	防止车辆运行时在运行区域碰撞行人	在走行梁两侧设置声光报警装置
3	防止 U 形管撞击炉盖座	前部和后部设有行程保护限位
4	防止走行电机元件过载工作	在电气系统中设置了过载保护开关
5	防止设备出现意外事故，而导烟车仍进行工作	在导烟车司机室设置了急停按钮，出现意外事故时，司机可直接按下，将导烟车停止工作
6	防止 U 形管爆炸	在除尘器的上方和两侧设置了泄爆口，用来泄荷爆炸能量，导烟车工作时，该泄爆口周围区域禁止站人
7	防止执行机构动作超限	均设置了行程限位开关

第二节 顶装煤焦炉机械

顶装煤焦炉机械推焦车、装煤车、拦焦车、熄焦车的结构特性与侧装煤焦炉机械大同小异，本节只就有区别的装煤车的装煤装置、揭盖装置以及推焦车的平煤装置做介绍。

一、顶装煤装煤车

1. 装煤装置

（1）功能

装煤装置是装煤车的主要功能设备。目前常用的给料形式为螺旋给料，它由煤斗、螺旋给料器、减速机和电机等组成。

（2）结构特点

① 螺旋采用变频电机进行调速，实现可控给料。虽然每个装煤孔所承担的装煤量不同，但可以通过给料转速调节使其装煤料位同时水平上升，实现各装煤孔同时装煤，并保持炉顶煤气通道畅通，使装煤时间缩到最短，达到无烟装煤。

② 螺旋由不锈钢制造，螺距沿出料方向逐步加大，使给出的料愈来愈松。出料口与螺旋中心有一偏心，可以减少物料与导套外壁碰触力，避免煤湿时粘连造成堵煤。

③ 螺旋给料由于给料可控，每个煤斗下了多少煤根据数码管可以做出判断，平煤信号也可及时发出。

（3）操作注意事项

① 接煤的时间距装煤时间不能太长，如果因故不能及时装煤，应采取相应措施，必要时把煤卸掉，重新受煤再装煤。

② 下煤导套要定期清理，特别是雨季和煤水分大时。

③ 当装入煤的水分大于 10％时，螺旋给煤转数要相应降低，否则会造成堵塞。

④ 出现个别炭化室煤料未装满时要及时进行补料，但要有容积量的概念，不能盲目进行，否则也易堵塞。

2. 揭炉盖装置

（1）传动形式和机构组成

揭炉盖装置主要是为了减轻工人体力劳动和改善工作条件而设置的。我国常用的一种液压传动 S 形轨道小车电磁铁吸引式揭炉盖装置由电磁铁吸头、小车、S 形轨道、油缸及其摆动杠杆组成。

（2）结构特点

① S 形轨道由螺栓吊挂在钢结构上，空间三个方向均可调整，以保持轨道正确位置。

② 揭炉盖小车内套小台车，其上安有搓动炉盖装置，由油缸带动可以破黏，防止揭盖时影响座圈的稳固。小台车可以游动，以适应吸头与炉盖不同心的转动。有些单位因不存在盖与座之间的黏着问题，将搓动取消不用，这也是可行的。

二、推焦车的平煤装置

1. 平煤的目的和要求

平煤操作的主要目的是拉平装煤时在炭化室装煤孔下边形成煤峰，并使炉顶气流畅通。

平煤杆通常采用钢绳传动，将平煤杆从机侧小炉门伸入炭化室顶部空间往复运动，通过平煤杆隔板把煤峰拉平。平煤要与炉顶装煤车配合操作，装煤量达到 80％之后方可平煤。如过早平煤，平煤杆进入炉内无煤作为支撑会损坏平煤杆。

由于环保标准日渐提高，平煤时小炉门应该密封，力争煤气不外逸，要求平煤时间尽量缩短。为此装煤车大多采用机械给料，通过科学合理的装炉，力图使炭化室内的煤线水平上升，煤峰尽可能小。

平煤过程拉出的余煤有两种处理办法：一种是暂存在车上设置的余煤斗内，定时放入煤塔附近专用单斗提升机料斗内,再送进煤塔,这种办法增加了操作时间,对程序操作极为不利;另一种是设置余煤回炉装置,在平煤的同时将余煤送入炉内。目前普遍采用的是第二种余煤处理办法。

2. 平煤装置的结构特点

我国 20 世纪 80 年代后带有余煤回送机构的平煤装置图 7-1。

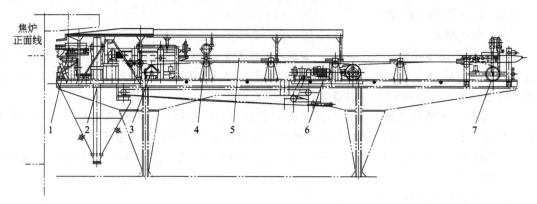

图 7-1　带有余煤回送机构的平煤装置
1—开闭小炉门装置(横开式);2—埋刮板提升机;3—前滑轮;
4—平煤杆上压辊;5—平煤杆;6—传动装置;7—后滑轮

① 平煤梁及其支架采用龙门式整体钢架好,结构紧凑,平台宽阔。平煤传动机构设置在下部平台的结构梁上,可避免平煤滑轮与钢丝绳滚筒间的作用力传到底架造成振动。

② 在对应平煤杆前位尾端下支辊的上方设有压辊。为平衡平煤杆最大悬臂时的重量,最前端的下支辊应为双连支辊。支辊标高的调整采用导框吊挂式结构,调整修理更加方便。

③ 平煤杆前后移动的传动滑轮设有拉紧钢绳机构,钢绳传动使用一段时间后钢绳就会拉长(特别是新换的钢绳),造成传动不稳,因此设有拉紧钢绳机构。

3. 平煤杆系统的安全措施

平煤杆前后移动行程由主令控制器控制;主令失灵,限位可进行二次保护。若再失灵由非常限位进行第三次保护。假若这些电气保护都失灵,则由设在行程两端的机械限位进行第四次保护,以避免平煤杆冲出发生事故。

第三节　机车联锁

为了保证安全生产,机、焦侧和炉顶之间应设有联锁装置。只有当拦焦车和推焦车对准同一炭化室,拦焦车做好接焦准备并由拦焦车发出指令时,推焦杆才能动作。此外,装煤车和推焦车之间也应设联锁信号,以便装煤时推焦车配合平煤。为达到上述联锁要求,国内外使用的联锁方法主要有以下几种。

一、电气联锁

这是在焦炉四大车辆上都设有相互接通的一条联锁滑线,依靠这条滑线组成的回路,配以按钮、继电器、信号灯、限位开关等,实现装煤车与推焦车间的装煤、平煤联锁,以及推焦车与拦焦车、熄焦车间的推焦联锁。这种联锁的主要缺点是不能实现对位(对准同一炭化室)联锁,因此一般电气联锁均辅以通话联锁。

二、通话联锁

分有线与无线二种方式。焦炉四大车是移动设备，难于设置专线通话联系，因此多数焦化厂均依靠电力线载波电话实现通话。利用电力线载波虽较方便，但载波电话机的设计必须考虑把电网中的各种杂音干扰抑制到最小程度，以保证通话清晰。也可在四大车之间设立无线电双向通话设备，一般这种设备多以会议电路方式，这样当出现异常情况时，便于各岗位通过各频道互相沟通，各车还可和厂调度室联系。

三、γ-射线联锁

用钴 60 的 γ-射线实现推焦车、拦焦车和熄焦车联锁，国外已较普遍使用。这种联锁是利用放在同位素容器中的钴 60 发出的 γ-射线，来激发装于另一车辆上的探头电路，使该车辆进行所要求的动作。较完善的联锁系统要求在装煤车、推焦车、拦焦车和熄焦车上都设有 γ-射线的发送设备（装钴 60 的同位素容器）和接收设备（探头线路），实现互相间的对位联锁。例如当拦焦车对准某一炉室后，熄焦车驶向该炉室，当熄焦车头所发出的 γ-射线对准拦焦车上探头线路时，激发线路使继电器受电、信号灯亮，告诉推焦车司机熄焦车已处于接焦正确位置而停车。当推焦车和拦焦车对准同一炭化室时，拦焦车上的发送设备所发出的 γ-射线通过炭化室顶部空间击中推焦车上的接收设备，激发推焦杆电动机的供电线路，推焦司机才能推焦。当机焦侧炉门关闭后，推焦车发出 γ-射线击中装煤车的接收设备时，激发信号通知装煤。使用 γ-射线联锁安全可靠，但有时炭化室装煤过满，炭化室顶部空间被堵，使拦焦车发出的 γ-射线通不过而不能进行联锁。故还需设置声音通话和电气联锁。

四、激光联锁

利用激光具有方向性好，且为单束平行光的特点采用激光对位联锁已在国外得到利用。还因激光的高频和短波特性，可同时用以传递和处理信息，进行焦炉操作的有效控制。

第八章　出炉操作

焦炉的出炉操作指的是装煤、推焦和熄焦操作，其操作的好坏对焦炉的高产、稳产、优质以及炉体寿命影响很大，因此出炉操作必须按要求、按计划严格操作。

第一节　装煤操作

装煤操作包括从煤塔取煤和往炭化室装煤两部分。

一、从贮煤塔取煤

1. 贮煤塔

贮煤塔用于贮存入炉煤料，按其断面形状可分为方形与圆形两种。无论哪种贮煤塔均由上部布料装置、槽身、放煤嘴及震煤装置等构成。北方的焦化企业在冬天时煤料会在放煤嘴部位冻结，影响放煤，为此还应有防冻设备。

为了保证焦炉连续、稳定生产，贮煤塔需要有一定容积。其容积大小，应与焦炉的生产能力相适应。容积过大、投资增加；容积过小，会给生产操作带来麻烦，往贮煤塔送煤次数相应增多，特别是遇到送煤系统出故障时，将影响焦炉生产。设计煤塔容量一般应保证焦炉有 16h 的用量。由于煤塔四周易积存煤料，尤其是 20 世纪 80 年代以前所建的旧式方形煤塔角部更易挂料，影响贮煤塔容积有效利用。当贮煤塔装满煤料后，停止供煤，靠自流和震煤装置能从下部放出的煤量称有效容量，它往往少于设计容量。有效容量与煤塔下部漏斗的倾角、漏斗斗壁光滑程度、震煤装置及效果、炉煤水分和放煤制度有关。在较好的情况下，有效容积只有设计容积的 60%～70%，即有 30%～40% 的配合煤贮在煤塔内，这一部分煤贮存时间过长就会发生氧化变质，不可再装入炭化室内，因为氧化变质不但造成焦炭质量恶化，甚至会出现推焦困难，损坏炉体。所以规程中规定每半年对煤塔要进行一次彻底清扫，而且清扫出的陈煤不准装入炭化室内。在清扫时为了不影响生产，可采取分格清扫，清扫工作不但费工、劳动条件差，而且还带有一定危险。为了改变此状态，20 世纪 80 年代之后所建的煤塔将漏斗嘴部分改成双曲线结构，煤塔内壁衬以瓷砖，这样基本上消除了积煤死角和棚料，并且加快了放煤速度，所以不再强调定期清扫，其清扫周期可根据生产需要来确定。

2. 从煤塔取煤

（1）必须按规定的要求进行取煤操作

装煤车在煤塔下取煤时，必须按照车间规定的顺序进行。同一排放煤嘴，不准连续放几次煤。每装完一个炭化室后，应按规定从另一排放煤嘴取煤。如不按规定顺序取煤，只从某一排放煤嘴连续取煤，将造成这排被放空。当配合煤再次送入煤塔时，必然造成煤塔内煤料颗粒偏析，颗粒分布不均匀，造成有的炭化室装入粒度较大的煤，有的炭化室装入粒度较小的煤，影响焦炭质量；此外，煤塔中将形成有一部分为新送入的煤，而另一部分是陈煤甚至是发生煤质变化的煤，这更是不允许的。生产实践证明，不按顺序取煤，煤塔内易形成棚料。为此，煤车取煤时，除按规定顺序取煤外，还应保持煤塔中煤层经常维持在约 2/3 处。

这个规定是考虑到焦炉能连续生产，不会因备煤系统出现小故障而影响正常生产，以及减少煤料偏析。

（2）放煤闸门完全打开

煤塔放煤时，放煤闸门完全打开，加快放煤速度，可防止煤塔发生棚料。

二、往炭化室装煤

全炉炭化室的装煤顺序与推焦顺序是一致的，按推焦顺序表进行，这里不加叙述。

装煤操作虽不是一项复杂的技术问题，但其操作好坏确实影响焦炉的生产管理和产品质量的稳定。往炭化室装煤分为顶装煤操作和捣固装煤操作两种方式。

1. 顶装煤操作

（1）装平煤操作原则

① 装满煤。装满煤就是合理利用炭化室有效容积，这是装煤的主要问题。

装煤不满，炉顶空间增大，炉顶空间温度升高，不仅降低焦炉生产能力和化学产品质量，同时炉墙石墨增加，严重时会造成推焦困难。

装煤太满，炉顶空间过小，影响煤气流速，使炭化室内煤气压力增大，而且会使顶部焦炭加热不足。所以应在保证每炉最高装煤量和获得优质焦炭及化学产品的原则下确定平煤杆高度。

要装满煤必然在平煤时带出一部分余煤，这也是装满煤的标志。但也不宜带出过多的余煤，这样会带来平煤操作时间延长等其他问题，每炉余煤量应控制在 100kg 以内。

带出的余煤因受炭化室高温影响，部分煤质已发生变化。所以这部分煤只准由单斗提升机回送至炉顶余煤槽中，并将它逐次放在煤车煤斗上部。现在炭化室高 6m 焦炉，在推焦车上设有余煤回送装置，推焦后将余煤送入炭化室。生产实践证明送入余煤量不多且又只送入炭化室端部对焦炉生产没影响。

② 装煤均匀。装煤是否均匀是影响焦炉加热制度和焦饼成熟的重要因素。因为对于每个炭化室的供热量是一样的，如果各炭化室的装煤量不均匀，就会使焦炭的最终成熟度不一致，炉温均匀性受到破坏，甚至出现高温事故，为此要搞好各炭化室装煤量的计量。

装煤车在接煤前后应进行称量，以便正确计量装入炭化室内实际煤量，并保证每个炭化室装煤量的准确。

考虑到不同炉型炭化室容积相差较大，所以在考核装煤量均匀程度时，用每孔炭化室装煤量不超过规定装煤量的 ±1% 为合格，可用装煤系数 $K_{装煤}$ 来评定，一般要求达到 0.9 以上。

$$K_{装煤} = (M - A)/M$$

式中　M——班实际装煤炉数；

　　　　A——与规定装煤量超过 1% 以上的炉数。

装煤均匀，不仅指各炉室装煤量均匀，也包括每孔炭化室顶面煤料必须拉平，不能有缺角、塌腰、堵塞装煤孔等不正常现象。

装入炭化室的煤料，不同部位的堆密度是不同的，尤其是重力装煤更是如此，它与装煤孔数量、孔径、平煤杆结构与下垂程度以及煤料细度、水分等因素有关，一般在装煤孔下部，机侧上部煤料堆密度较大。采用螺旋给料装煤，煤料堆密度均匀性有所改善。

③ 少冒烟。装煤时冒出荒煤气不仅影响化工产品产率，更严重的是污染环境，影响工人身体健康，所以不仅要研究装平煤操作及缩短装煤时间，减少装煤过程中冒烟，而且在平煤完毕后要立即盖好装煤孔盖，并用调有煤粉的稀泥浆密封盖与座之间的缝，并进行压缝，

防止冒烟。

装煤过程中要正确使用高压氨水消烟法。其消烟原理：借助于高压氨水喷射力在炭化室内产生负压，把荒煤气吸入集气管内，减少煤气外泄。高压氨水在喷射过程中容易将煤尘和空气（通过装煤孔及小炉门处吸入）带入集气管中使焦油中含尘量和游离炭增加，甚至发生焦油乳化，造成焦油与氨水分离困难，影响化工产品质量及焦油深加工。因此在使用高压氨水时应控制适当压力，配合顺序装煤，装煤时严密装煤孔及小炉门的间隙，并在装煤结束后立即关闭高压氨水，以减少喷射时间，减轻喷射高压氨水带来的副作用。

（2）装平煤操作

装煤车在煤塔下按规定量取完煤后，开到等待装煤的空炭化室上方，同时，关闭上升管盖，打开桥管翻板，开启桥管上的高压氨水阀，放下煤斗套筒，按装煤顺序打开各煤斗闸板开始装煤。当最后一个煤斗的下煤通道即将堵住时，进行平煤操作。推焦车平煤杆带出煤时，关闭煤斗闸板，提起套筒，把残留在装煤孔外的余煤扫入炉内，盖严装煤孔盖，平煤杆退出，关闭高压氨水阀。装煤车继续取煤，等待下一个炭化室装煤。

① 装平煤操作。往炭化室装平煤操作大致可分三个阶段。

第一阶段从装煤开始到平煤杆进入炉内，该阶段延续时间约 60s。这阶段的操作关键是选合理的装煤顺序，因为它将影响整个装煤过程的好坏。

第二阶段自平煤开始到煤斗内煤料卸完为止，一般不应超过 120s。它与煤斗下煤速度和平煤操作有关。该阶段是装煤最重要阶段，它将决定是否能符合装煤原则，为此装煤车司机和漏煤工要注意各煤斗下煤情况，及时启动振煤装置和关闭闸板。

第三阶段自煤斗卸完煤至平煤结束，该阶段不应超过 60s。该阶段主要是平整煤料，保证荒煤气在炉顶空间能自由畅通。严禁平煤结束后再将炉顶余煤扫入炭化室内，以防堵塞炉顶空间。

装煤顺序是装煤操作重要环节，它往往受装煤孔数量、荒煤气导出方式、煤斗结构、下煤速度，各煤斗容积以及操作习惯等因素影响，各企业装煤操作有所不同。

现就 3 个或 4 个装煤孔的焦炉装煤顺序简述如下。

3 个装煤孔的焦炉，双曲线结构煤斗放煤顺序一般有两种。

• 先放机侧煤斗，当下完煤后立即关闭闸板，盖上炉盖，同时打开焦侧煤斗闸板待放完煤后，立即关闭闸板盖上炉盖，同时打开中间煤斗放煤，并打开小炉门进行平煤，直至平煤完毕。此装煤顺序缺点是操作时间较长需 180～220s，焦侧容易缺角。其优点是装煤过程冒烟少。如果将 3 个煤斗容积比改成机侧 35%，中间 25%，焦侧 40% 时，其装平煤时间可缩短 20～25s，而且使焦侧能装满煤，不易缺角。

• 先装两侧煤斗，待下煤约至 2/3 时，打开中间煤斗闸板放煤，当两侧煤斗放空煤后进行平煤，直至装煤结束。此种顺序操作时间短，而且使焦侧能装满煤，不易缺角，冒烟少，但操作麻烦。为了正确实施此装煤顺序应采用程序控制代替人工操作。

4 个装煤孔焦炉、双曲线煤斗（各煤斗容积基本相等），推荐以下下煤顺序。

先装 3 号煤斗（焦中）5s 后关闭闸门，同时打开 1 号和 4 号煤斗（即机、焦两侧）待 5～10s 后，再打开 2 号和 3 号煤斗（机中和焦中）放煤，待两侧煤斗放完煤或煤斗内停止下煤时，开始平煤，当中间两煤斗放完煤，装煤车离开该炭化室，推焦车平煤到把炉内煤料完全平好和保证炉顶空间沿炭化室全长畅通为止。

此装煤顺序的优点：装平煤快，约 160s，比各煤斗同时放煤快约 20s，而且装煤满，不缺角，冒烟时间短，烟量少，平均冒烟时间约 35s。如果装煤和平煤操作配合适当，冒烟时间只有 12s，而其他装煤顺序冒烟时间长达 65～75s，但此装煤顺序较烦琐，需要采用程序控制来代替人工操作才行。3 号煤斗先放煤的目的是，因为 4 个煤斗容积相同，如两侧煤斗先放煤容易造成焦侧缺角，装煤不满，因此，3 号煤斗先放 5s，以弥补 4 号煤斗容积相对偏少的不足。

装煤顺序的选择应以先两侧后中间，力求装满煤，平好煤，不缺角、少冒烟为原则。

② 装平煤操作注意事项。

• 禁止将泥土、废砖及铁器等杂物扫入炉内。

• 禁止将清扫煤塔的陈煤和平煤带出的余煤装到煤斗下部。

• 禁止装煤不满或装煤过量；禁止装煤后不平煤；禁止装煤结束半小时后再补充装煤。禁止煤未平透之前退出平煤杆和将炉盖盖上。

• 禁止非装煤炉号打开高压氨水；禁止过早打开高压氨水；禁止在打开高压氨水后，未关闭上升管盖的情况下进行装煤操作。

• 为保证装煤均匀，应安装计量设施。装煤车在取煤前后应按规定进行称量。

• 严禁炉门未对好或未清扫炉门、炉框时装煤。

• 严禁将炉顶余煤扫入空炉炭化室底部；严禁平煤结束后自装煤口再扫入余煤。

• 严禁漏煤口盖冒烟。

• 禁止使用弯曲的平煤杆平煤。

• 注意装煤车轨道安全挡、轨道接头连接及轨距保持正常状态。

(3) 顶装平煤的特殊操作

① 装煤时突然停电。应立即关闭全部控制开关，将制动器开关回零位。打开上升管盖，关闭闸板，提起闸套，松开走行闸，组织人员将装煤车推到上风侧。

② 发现磁力开关粘连，应立即关闭总电源。

③ 平煤时突然停电。平煤杆在炭化室中：应将控制开关回零位，并迅速用手摇装置将平煤杆摇回。

④ 平煤时后钢绳拉断。平煤杆掉入炭化室中：将前钢绳倒在后面用或用链式起重机将平煤杆拉出。

⑤ 平煤时炉门崩脱。迅速用钢绳将炉门绑在炉钩上，退出平煤杆，再设法将炉门对上。

(4) 平煤杆调整

平煤杆进入小炉门的高度并不代表平煤杆在炭化室内的状态，而对焦炉装平煤操作有较大影响的是平煤杆沿炭化室全长所处的位置。平煤杆的状态直接影响炭化室煤料最终装入状态和装煤的操作时间，所以经常调整并保持平煤杆的良好状态是非常重要的。

调整平煤杆的托辊和平衡辊的标高，使平煤杆外伸至焦侧，在自身重力作用下产生 150～200mm 自由下垂是较合适的，因为它在炭化室内能依靠煤料得到平衡。当平煤杆在炭化室内往返运动时，随着煤料的升高，平煤杆也升高，将煤料沿炭化室全长扒平，可避免煤料过于压实。

试验站调整平煤杆时，平煤杆托辊的标高不应与小炉门的标高相同，因这样难以检验平煤杆的正确状态，也无需顾虑因托辊标高低于小炉门会造成平煤杆在试验过程中的弯曲。平煤杆在试验站调整后，还应通过在炭化室内带煤料操作，根据实际情况再做适当调整，直至达到理想状态。

调整好的平煤杆在操作过程中会逐步产生偏差而影响操作效果，需及时发现，及时调整。平煤杆产生偏差后对平煤操作会产生下述两种不良效果。

① 平煤杆不产生下垂。平煤杆进入炭化室后，沿炭化室顶向前伸至焦侧不产生下垂现象。这样的平煤效果并不好，且延长平煤时间，平煤杆不得不长趟运行，带出过多余煤，而且容易在装煤孔之间形成煤料凹腰或焦侧装煤孔堵塞。

② 平煤杆下垂过大。平煤杆进入炭化室后，下垂过大，插入煤料较深而将煤料压实，这样也拖延平煤时间并带出大量余煤，影响焦炭质量，甚至造成推焦困难。

上述两种平煤杆在炉内的状态虽不相同，但在装煤过程中造成的效果却相似。

2. 捣固侧装煤操作

（1）捣固装煤的要求

① 对入炉煤细度、水分的要求。

• 捣固焦炉越高，对入炉煤粒度和粒级分布要求越严格。捣固焦炉一般要求煤料细度（<3mm级的含量）在90%左右，不低于85%，不高于93%，同时细粒级的含量（<0.5mm）在45%～50%。

• 入炉煤水分8%～12%，最佳水分9%～11%。当煤水分接近14%时，煤饼倒塌率大大增加。

② 要保证煤饼达到规定的密度和高度，装煤时不倒塌不散架，要求：

• 堆密度：0.95～1.15t/m³；

• 装煤后炉顶空间以200mm为准，不超过300mm；

• 铺平、捣实、捣平、不塌煤、不缺角。

③ 装煤电流不应大于200A，装煤极限电流300A。

（2）捣固操作

① 捣固机的操作程序。

• 捣固装煤车行驶到煤塔下，使煤槽对准捣固机上的捣固锤，这时煤槽前、后挡板和煤槽活动壁处于关闭状态（冬季冰冻地区使用时，应开启远红外线电保温板，可防止煤饼冻结在煤槽内）。煤槽中心与捣固机锤杆中心对准后，启动煤塔下的摇动给料器，当煤槽中的煤层厚度达到800mm以上时，捣固机才可进入工作状态。首先打开捣固机下方的安全挡，然后启动弹性轮装置的电动机，再将停锤机构打开，捣固锤进行煤饼捣固工作。

• 煤饼成型后，首先使停锤机构处于夹紧位置，延时5～8s，弹性轮电动机停止运转，然后放下捣固机下方的安全挡，即完成一个捣固循环操作。

② 捣固机的使用注意事项。

• 各捣固锤的锤头中心相对于锤头中心连线不对中偏差不得大于15mm，否则装煤车对位困难，捣固机无法正常工作。

• 弹性轮装置机构工作时，捣固锤不得产生打滑现象。如因捣固锤摩擦片磨损严重而产生打滑现象，应及时调整压紧装置，不能满足要求时则应更换摩擦片。

• 调整好捣固机的安装位置后，用轨道固定器将其固定住，以防捣固机因位置发生变动，造成捣固锤锤打煤槽前后挡板。

• 捣固机每次大修后，新换捣固锤杆都必须进行重新调整弹性轮夹紧中心的对称性，防止不对称夹紧将捣固锤杆顶弯。

③ 捣固机停机操作。

• 切断主电源，切断控制电源，锁好操作箱；

• 在检修平台入口挂上禁止通行的标识牌。

（3）捣固机发生事故时的处理方法

① 捣固过程中突然停电。

· 地面配备备用电源：立刻通知地面人员，按照相关的操作规范，尽快合闸送电。

· 地面没有备用电源：将操作模式转换到应急状态，确保地面供电主路断开，防止突然来电发生意外。

② 捣固过程中弹性轮装置提不起锤。

· 让摇动给料器停止送煤。

· 停止捣固工作，将其余的捣固锤提升到停锤位置，放下安全挡。

· 利用焦炉煤塔上方的电动葫芦将坠落到煤箱里的捣固锤吊起，锤的下方用安全挡装置上的钢丝绳挂住。

· 查找弹性轮装置提不起锤的原因，根据实际情况或调整弹性轮间距或更换弹性元件或更换锤体上的摩擦板。

· 故障排除后，松开安全挡上的钢丝绳，先提起捣固锤至停锤位置。停锤装置夹住捣固锤后，电动葫芦上的吊钩松开。然后按照正常操作程序重新启动捣固机进行捣固工作。

③ 停锤装置失灵。

· 弹性轮装置运转将所有捣固锤提升到停锤位置。

· 将失灵的停锤装置对应的捣固锤用安全挡装置上的钢丝绳挂住，其余捣固锤用停锤装置夹紧，放下安全挡。

· 查找停锤装置夹不住锤的原因。根据实际情况或修理电液推杆或更换含油轴承或重新调整限位开关。

· 故障排除后，用停锤装置夹紧捣固锤，然后松开安全挡上的钢丝绳。

④ 安全挡装置失灵。

· 将失灵的安全挡装置对应的捣固机组的捣固锤用安全挡装置上的钢丝绳挂住。

· 故障排除后，放下安全挡，松开钢丝绳。

⑤ 捣固机意外落锤的事故处理。造成人员伤亡的对伤亡人员及时进行救治和善后处理；损坏的零部件如锤体、装煤底板视情况进行修复和更换。检查安全挡是否失效，或存在违规操作。未找到事故发生的原因之前，禁止再次使用发生事故的捣固机。

（4）捣固装煤车操作

① 装煤操作。推焦车取下机侧炉门后，装煤车的装煤装置对准炭化室中心。操作煤槽内、外壁外移 40mm，当信号灯亮才可打开煤槽前挡板。等焦侧发出允许装煤的信号后，才可进行装煤操作。要随时掌握煤槽底板的行程位置，煤饼送到终点，则装煤行程的控制开关起作用自动停止前进。接着操作煤槽后挡板锁闭机构将煤槽后挡板锁住，这时即可将装煤底板抽出。当煤槽底板快回到后极限位置时（差 2～3m），将煤槽后挡板锁闭机构打开，并开动后挡板卷扬机将后挡板拖回，煤槽底板和后挡板在行程开关作用下，自动停在后极限规定的位置上。随之关闭煤槽前挡板，再关闭煤槽活动壁。

装煤时集中精力，密切注意煤饼进入情况和电流情况，发现煤饼倒塌、超过极限电流或听到停止装煤信号时，要立即停止装煤，查明原因并处理后方可继续装煤。

炉门关闭后就完成了一个炭化室的装煤操作，开动捣固装煤车到煤塔下，准备进行下一个煤饼的捣固操作。

② 装煤操作注意事项。

· 装煤车司机要经常检查托煤板是否良好，有无变形、裂缝和划痕；托煤板滑道有无磨损和磨穿。

• 捣固煤饼前，煤槽前挡板和活动壁必须处于关闭位置。禁止装煤车煤箱活动壁未关好即放煤。

• 严禁装煤车未对好位就启动给煤机和捣固机。

• 严禁煤箱侧面有人时启动震煤设施，防止喷出煤料伤人。

• 严禁放锤时将脚踏在煤箱边缘及锤附近或伸到锤下。

• 捣固时不得接触和攀登捣固机，捣固完毕应将捣固锤头收至规定高度，并挂好安全挂钩。

• 不允许捣固机连续运转超过 30min，否则电机温升有可能超过 45℃损坏电机。

• 装煤车走行时，煤槽底板不能移动；装煤操作时，走行不能移动。

• 没有接到装煤信号，不得装煤。进行装煤操作时，托煤板必须对准炭化室中心，且要注意煤饼进入情况，禁止煤饼在炉前倒塌时强行送煤。

• 装煤司机必须准确记录每个炭化室的装煤时间及发现的一切不正常现象，如炉温过高、过低、炉体损坏、煤饼倒塌和装煤缺角情况及其他异常现象。

• 装煤司机注意观察焦炉炉墙损坏情况炭化室过顶砖和炉墙处石墨增长厚度情况及其他异常现象。

• 停电及检修时，要拉下电气总开关，各操作开关和主令控制器手柄都必须处于零位。

• 装煤底板在装煤过程中发生故障时，应尽快采取措施将装煤底板拉回，采用地面应急供电系统或机械拖拽设备将装煤底板托出炭化室，以避免烧坏装煤底板。

• 装煤开始前刮板机必须提前运行，以防存煤过多，拉断链条，损坏设备。

• 禁止走行架两侧的缓冲器与轨道端头的止挡器碰撞。禁止车辆之间相互碰撞。

• 在解除设备本身各装置之间的联锁时，要特别注意采取安全措施，确认无误后，方可解除联锁。在解除各车之间的联锁时，必须通知有关车辆，在确保安全的情况下，方可实施。

• 禁止车辆高速行驶时急速制动，应减速后制动，以免造成事故。

• 风速大于 20m/s 时，装煤车应停止工作，并停放在安全的位置，切断电源，卡住车轮，防止风吹车动，造成事故。

③ 电气联锁要求。

• 走行时，煤槽底板及密封框不能移动。

• 装煤操作及密封框工作时，走行不能移动。

（5）捣固装煤发生事故时的处理措施

① 装煤过程中突然停电。

• 地面配有备用电源。

立刻通知地面人员，按照相关的操作规范，尽快合闸送电。

装煤车司机按非常电源的操作方法将剩余煤饼装入炭化室，并将装煤底板尽快退出炭化室，退至原始位置。

• 地面没有备用电源。

将操作模式转换到应急状态，确保地面供电主路断开，防止突然来电发生意外。

将装煤传动机构上的制动器手动手柄开启，使制动器松开，还需将减速机与主动链轮连接的联轴器拆掉。

通过装煤车后侧设置的应急导向棍，采用手动起重链或牵引机械拉回装煤底板。

② 装煤过程中电动机及电气系统出现故障。

在装煤过程中出现装煤传动电动机及电气系统发生故障时，其处理方式及步骤如下。

• 将装煤传动机构上的制动器手动手柄开启，使制动器松开；还需将减速机与主动链轮连接的联轴器拆掉。

• 通过装煤车后侧设置的应急导向棍，采用手动起重链或牵引机械拉回装煤底板。

③ 装煤过程中，电磁阀操作不灵。

• 前挡板正在开闭时电磁阀不动作：通过手动操作取门阀组上的相关电磁阀，确保油路连通，完成前挡板开关操作。

• 煤壁正在移动时电磁阀不动作：通过手动操作煤壁移动机构阀组上相关电磁阀，将煤壁移动到目标位置。

• 后挡板正在锁闭时电磁阀不动作：通过手动操作后挡板锁闭阀组上相关电磁阀，将后挡板锁闭装置移到目标位置。

④ 走行装置发生故障时处理。

• 车轮轴断裂，轴承碎裂，车轮开裂的处理方法。

发生断轴时装煤车不能运行，需要停止装煤车工作，必须原地更换备件。将车轮组用千斤顶顶起，将损坏的部件拆下，更换新部件。

• 电动机、联轴器损坏的处理方法。

发生该故障时，装煤车仍可以进行工作，完成本炉操作。然后低速运行到检修位进行检修，启动备用车辆完成后续工作，但必须满足如下条件：

将损坏的联轴器和电动机与传动减速机脱开；将另一侧的驱动轮组制动器脱开。

通过电气控制切换，采用一个变频器拖动 2 台电动机的方式低速运行到检修位进行检修。

• 减速机损坏时处理方法。发生减速机损坏，需要停止装煤车的运行工作，原地更换减速机。

⑤ 煤饼倒塌。

• 当煤饼倒塌长度超过 1.5m 时，应将炭化室内部分煤饼通过拦焦车导焦栅，用推焦杆推至熄焦车内，然后再用麻袋捆在推焦杆底部将炭化室清扫干净，并将煤箱内剩余煤饼在炉端实验平台推出，重新捣固装煤。

• 严禁煤饼严重倒塌时不作任何处理强行装煤。

• 凡连续二次煤饼倒塌，应检查炉墙有无变形、炭化室底是否平整、捣固机是否正常，查明原因、记录处理经过。原因未查明不得盲目继续生产。

• 煤饼倒塌后，要根据炉内煤饼倒塌情况，对相关燃烧室和立火道的进行调整。

第二节　推焦操作

一、推焦计划的制订

1. 几种"时间"概念

（1）周转时间

周转时间是一个炭化室两次推焦相距的时间，即包括煤的干馏时间和推焦装煤等操作时间。对全炉来说，周转时间也是全部炭化室都进行一次推焦所需的时间。

周转时间一般是由生产任务来确定的，但还应考虑到焦炉砌砖的材质、炭化室宽度、炉体及设备状况、操作管理水平以及焦炭质量等因素，确定合理的周转时间。

在确定周转时间时，应留有一定余地，以确保生产任务的完成。焦炉在生产过程中周转时间应保持稳定，不应频繁变动。当实际周转时间短于设计周转时间称为强化生产。在炉体完全良好的状态下，强化生产最多只能短于周转时间1h。

（2）操作时间

操作时间指某一炭化室从推焦、平煤、关上小炉门再至下一炉号开始摘门所需的时间，即相邻两个炭化室推焦的间隔时间。

每炉操作时间一般为10～12min，缩短操作时间有利于炉体保护和减轻环境污染，但必须以完成各项操作为前提。操作时间应根据操作工水平和几个车辆综合操作情况而定，应以工作最紧张的车辆作为确定操作时间的依据。一般熄焦车操作一炉要5～6min，推焦车要10～11min，装煤车和拦焦车操作时间均少于推焦车。因此，对于共用一套车辆的2×42孔、2×36孔焦炉组，每炉操作时间应以推焦车能否在规定时间内操作完为准。而2×65孔、2×50孔焦炉组，除共用一台熄焦车操作外，其他车辆每炉一套，故操作时间应以熄焦车能否在规定时间内操作完为准。由操作时间的意义可以看出，在操作时间中，开始推焦以前和开始平煤以后的时间已属结焦时间范围内。

（3）检修时间

检修时间为全炉所有炭化室都不出炉的间歇时间。实际上是将周转时间分为总操作时间和检修时间，即：

$$周转时间=每孔操作时间×孔数+检修时间$$

检修时间是用于车间清扫，设备维修，以保证机械设备正常运转和焦炉正常生产。检修时间以2～3h为宜，过短不利于维修和更换备品备件，起不到检修作用；过长会造成荒煤气发生量不均衡。所以在确定检修时间时应考虑到设备状态及检修能力。

当周转时间较短时，一个周转时间内安排一次检修；若周转时间较长，为均衡出炉、稳定炉温，可在一个周转时间内安排若干次检修。

（4）结焦时间

结焦时间是煤在炭化室内高温干馏的时间，一般规定为从平煤杆进入炭化室到推焦杆开始推焦的时间间隔。

2. 推焦顺序与循环推焦图表

正常生产的焦炉，每孔炭化室都应按一定周转时间进行煤的干馏炼焦和出炉操作。由于焦炉机械只能逐孔推焦、装煤，所以必须制定一定的推焦、装煤顺序，使整座焦炉有秩序地进行操作，为此就要编制推焦顺序表。

（1）编制推焦顺序表的原则

① 全炉每个炭化室都应保持规定的干馏时间。

② 推焦时相邻炭化室处于结焦中期，以免推焦时造成炉墙损坏，并且在装煤后两边燃烧室对新装煤料均匀加热。

③ 焦炉移动机械行程较短，节省运转时间和节能。

④ 保持移动机械有一定的检修时间。

⑤ 煤气沿集气管长向均匀排出。

（2）推焦顺序

根据编制推焦顺序的原则，目前采用的推焦顺序有如下三种。

① 9-2顺序，是我国普遍采用的推焦顺序。

② 5-2顺序，现已经被广泛采用。机械行程较9-2顺序短，更适用于5炉距"一点定

位"推焦车。

③ 2-1 顺序，在国外采用较多。

以两座 42 孔焦炉为例，上述三种推焦顺序的实际编排分别如下。

• 采用 9-2 串序时，排列如下（为便于记忆，炭化室不编零结尾的炉号）：

1 号笺：1，11，21，31，41，51，61，71，81，91；

3 号笺：3，13，23，33，43，53，63，73，83，93；

5 号笺：5，15，25，35，45，55，65，75，85；

7 号笺：7，17，27，37，47，57，67，77，87；

9 号笺：9，19，29，39，49，59，69，79，89；

2 号笺：2，12，22，32，42，52，62，72，82，92；

4 号笺：4，14，24，34，44，54，64，74，84；

6 号笺：6，16，26，36，46，56，66，76，86；

8 号笺：8，18，28，38，48，58，68，78，88；

• 5-2 顺序：

1 号笺：1，6，11，16，21……71，76，81；

3 号笺：3，8，13，18，23……73，78，88；

5 号笺：5，10，15，20，25……70，75，80；

2 号笺：2，7，12，17，22……72，77，82；

4 号笺：4，9，14，19，24……74，79，84；

• 2-1 顺序：

1 号笺：1，3，5，7，9……39，41，43，45……79，81，83；

2 号笺：2，4，6，8，10……40，42，44，46……80，82，84；

（3）循环推焦图表

循环推焦图表是按月编排的，其中规定焦炉每天每班的操作时间、出炉数和检修时间。

现以 2×42 孔焦炉为例编制循环推焦图表，若周转时间为 18h，单孔操作时间为 10min，则检修时间 $\tau_{检}=18-84\times10/60=4h$，故在一个周转时间内将操作和检修分为两段，即每段为 9h。第一段内排 42 炉，总操作时间为 7h，检修时间 2h；第二段也排 42 炉，操作时间 7h，检修时间 2h。其循环推焦图表见 8-1。

表 8-1 循环推焦图表

日 期	时间/h		出炉数			
	1 3 5 7 9 11 13 15 17 19 21 23 0 2 4 6 8 10 12 14 16 18 20 22 24		夜班	白班	中班	合计
1,4,…,28	——— ——— ———		42	42	36	120
2,5,…,29			36	36	36	108
3,6,…,30	—— ——		36	36	36	108

注：表中"—"表示出炉操作时间。

从表 8-1 可以看出，每经过一定时间，出炉与检修时间重复一次。重复一次的时间称为一个大循环时间。一个大循环时间内的每个周转时间称为一个小循环时间。表中每 72h（一个大循环内）包括了 4 个小循环，每个小循环 18h 可用下列不定方程来表示：

大循环环天数(y)×24＝大循环中包括的小循环数(x)×周转时间

式中，x，y 必须是正整数，上例中 $x=4$，$y=3$，即一个大循环需 3 昼夜，在 3 昼夜中包含了 4 个小循环。

在没有较长时间延迟推焦和结焦时间变动下，推焦图表应保持不变。

3. 推焦计划的编制

三班推焦操作应严格执行推焦计划。每班推焦计划应符合推焦图表，并考虑前一班执行推焦计划的情况。在编制推焦计划时，应保证周转时间与结焦时间之差不大于 15min；需烧空炉时，周转时间与结焦时间之差不大于 25min。

在没有延迟推焦和不改变生产计划时，每班的推焦计划应与循环推焦图表相一致，编排时就很简单。但遇有延迟推焦，生产计划调整及特殊炉号处理等情况发生时，就需将这些特殊因素考虑在内进行仔细编排。

（1）正常情况下推焦计划的编制

对于 2×42 孔焦炉，操作时间 10min，检修时间 4h，分两段进行。如某日零点第二段检修完毕，开始出炉，当班为甲班，9-2 顺序推焦。开始推 1 号炭化室，其计划表形式见表 8-2。

表 8-2　甲班推焦计划表

炉号	推焦时间	炉号	推焦时间	炉号	推焦时间	炉号	推焦时间
1	0:00	13	50	25	40	47	30
11	10	23	2:00	35	50	57	40
21	20	33	10	45	4:00	67	50
31	30	43	20	55	10	77	6:00
41	40	53	30	65	20	87	10
51	50	63	40	75	30	9	20
61	1:00	73	50	85	40	19	30
71	10	83	3:00	7	50	29	40
81	20	93	10	17	5:00	39	50
91	30	5	20	27	10		
3	40	15	30	37	20	检修	7:00～9:00

（2）乱签炉号的处理

因各种原因产生一个或几个延迟推焦的炉号时，即所谓"乱签"。在编排推焦计划时，应尽量在较短的时间内逐步"顺签"。恢复正常办法如下。

① 一是向前提：即每次出炉时，将乱签的炉号向前提 1～2 炉，以求逐渐达到其在顺序中的原来位置，这种方法不损失炉数，但调整慢。

② 二是向后丢：即在该炉号出炉时不出，使其向后丢，逐渐调整至原来位置，这样调整快，但损失炉数。一般延迟 10 炉以上可采取向后丢炉的办法调整，但延长的结焦时间不应超过结焦时间的 1/4，应注意防止高温事故。

（3）结焦时间变动及事故状态下推焦计划的编制

如果因某种原因而发生事故时，也可采用循环图表法，使结焦时间改变到最小程度。事故后的推焦计划与事故持续时间和检修时间有关。

现将事故时间分两种情况进行讨论：

① 事故持续时间小于一段检修时间；

② 事故持续时间大于一段检修时间。

第一种情况事故持续时间小于检修时间时，用撵炉的办法解决事故影响的炉数，尽快赶回丢失的炉数。

在撵炉时一般规定 1h 内只能多出 2 炉，否则影响出炉操作质量，甚至易发生机械设备及生产操作事故。

第二种情况因事故持续时间较长，可以采取缩短操作时间和利用检修时间推焦的办法赶回一定的产量；如事故时间太长，则该丢炉时，必须丢炉。

二、推焦操作

1. 推焦操作要求

对推焦操作的要求是安全、准点、稳推。

（1）安全

安全推焦十分重要。如发生误推焦和红焦落地，后果很严重，可能造成重大人身和设备事故。因此，应做到：各车及设备应处于良好的状态；推焦前做好必须的一切准备工作；推焦计划编排准确；摘炉门前看准炉号，防止摘错炉门；推焦前，四大机车（或五车一机）做好联系，确认准确无误后方可推焦；推焦时注意出焦情况，发现问题及时制止；推焦中电流超过规定时，不准强行推焦等。

（2）准点

准点推焦是指实际推焦时间应符合计划推焦时间。若不准时推焦，由于结焦时间不符规定而使焦炭不熟或过火，不但降低焦炭质量，还可能造成推焦困难。不按点推焦不但影响本周转时间，而且影响下一循环的结焦时间变化，并将破坏炉温的均匀、稳定。

（3）稳推

稳推是指推焦操作要正确进行并要加强管理，使焦炭能够被顺利地推出。推焦时，推焦杆头应轻贴焦饼正面，开始推焦时速度要慢，以免把机侧焦饼撞碎，妨碍推焦。当推焦杆刚启动时，焦炭首先被压缩，推焦阻力达到最大值，此时指示的电流为推焦最大电流。焦饼移动后，阻力逐渐降低，推焦杆前进速度可较快，终了时又放慢。整个推焦过程中，推焦阻力是变化的。它的大小反映在推焦电流上。为此，推焦时要注意推焦电流的变化。推焦电流超过规定的极限值时，焦饼移动困难或根本推不动，即所谓焦饼难推。

焦饼难推，直接影响焦炭的产量和质量，扰乱正常的推焦计划，破坏焦炉加热，严重损坏炉体，缩短焦炉及设备使用寿命，增加工人的劳动强度，危害极大。

2. 推焦操作

（1）推焦操作

推焦操作就是把成熟的焦炭推出炭化室的操作。推焦应按下列步骤进行。

① 推焦前按计划炉号和时间提前 10～20min 打开上升管盖，同时关闭桥管水封翻板。缓缓打开远离上升管的炉盖，避免由于大量空气进入与煤气混合而发生强烈爆鸣，震坏炉体。空气经装煤孔、炭化室顶部空间，然后由上升管排出，以烧去炉顶及上升管内石墨，并要观察上升管火焰，火焰 1m 多高，金黄色、清晰淡薄、絮云形状、无黑烟，表示焦饼成熟良好；若火焰紫红色且夹带黑焰、火焰上下波动、忽高忽低表示焦炭成熟度不够，或局部有生焦；若火焰呈天蓝色、短且喷白表示焦炭过火。正常生产时，不应打开三个以上的上升管盖，上升管盖打开过早会破坏焦炉压力制度，烧掉密封炉墙的石墨，造成串漏，而且损失荒煤气和恶化环境。打开盖后的上升管应清扫管壁及桥管内积聚的焦油和石墨，否则越积越

多，造成荒煤气通道堵塞，以致炉门冒烟冒火。清扫时应用压缩空气将火压住后进行，并应尽量站在上风侧。清扫中应检查氨水喷洒及喷嘴的堵塞情况，发现问题及时处理。

② 顶装煤焦炉推焦前 10min 打开出焦号炭化室的全部炉盖，检查装煤孔是否有堵塞现象，如有堵塞应打通，以免影响推焦。并从炉口观察顶部焦饼的收缩情况，与炉墙间有20～30mm 收缩缝表示成熟良好，并应清扫炉口石墨，避免积存过多而影响装煤。同时清扫炉口圈及炉盖上的积垢，以备装煤后封闭严密。

③ 推焦前 5min 内分别摘下机、焦两侧炉门，机焦侧出炉工及时清扫沉积在炉门和炉门框上的石墨、焦油渣和软焦油等脏物。如果炉门、炉门框清扫不干净，则炉门刀边不能紧压炉门框，造成炉门关闭不严密，结焦初期大量冒烟冒火，会烧坏护炉铁件、损坏炉体、漏失荒煤气和污染环境；结焦末期则吸入空气，损害炉体的严密和烧掉焦炭。

摘炉门不能过早，因故延长推焦时间 10min 以上时，必须将已打开的炉门重新对上，以免冷空气损坏炉头砌体，炉头焦饼倒落和烧掉焦炭。

④ 推焦杆和导焦栅对准出炉炭化室，熄焦车做好接焦准备。熄焦车在确认导焦栅对好后向推焦车发出推焦指令；当推焦车司机确实得到熄焦车允许推焦的准确信号后才能开始推焦。

⑤ 按计划推焦时间，准时（±5min 以内）推焦。

推焦时，推焦杆中心线对准炭化室中心，并且保证推焦杆头的正面与炉头焦饼紧贴，缓慢前进不能冲撞焦饼，当推焦杆头接触焦饼，焦饼开始滑动后，推焦杆方可改为全速推进，推焦杆头进入导焦栅时减速，推焦杆返回时同样控制（即所谓两慢一快）。注意推焦时，推焦杆不能摩擦炉墙，并用压缩空气（回程时）吹扫炭化室顶部石墨。同时，推焦时推焦车司机要注意推焦电流，发现电流过大或当得到停止推焦信号时，必须立即停止推焦杆前进。拦焦车司机也应注视出焦情况；熄焦车接焦时行车速度应与推焦速度相适应，使推出焦炭能均匀地分布在车箱内。熄焦车司机应密切注意出焦或拦焦车动态，发现问题及时制止推焦。

⑥ 推焦后，推焦杆立即退回原位，若炭化室底部遗留较多的残焦，必须用推焦杆再推一次。推焦车司机需准确记录实际推焦时间和推焦电流以及检查发现该炭化室的一切不正常现象（如炉温过高、过低、炉体损坏和装煤不满等）。出炉工应及时处理炉头尾残焦，炭化室两端炉底部 400mm 内不许存有过多焦炭，以免影响炉门落严，然后对正机、焦侧炉门，横铁落下，保证严密并防止炉门脱落。

⑦ 在整个出焦过程中，要求各岗位正确操作，动作迅速、准确，配合默契。炭化室自开炉门至关炉门的开敞时间不应超过 7min，热修工补炉时也不宜超过 10min。焦饼推出至装煤开始的空炉时间不超过 8min，烧空炉时间也不宜超过 15min，否则冷空气易对炉体冷却而损坏护体。

推焦与装煤一样，应按规定的图表和一定的顺序进行，这样才能稳定加热制度，提高产品质量，合理地使用机械设备和延长炉体寿命。

（2）推焦过程中的事故处理

① 推焦过程突然停电。

a. 地面配有备用电源。

立刻通知地面人员，按照相关的操作规范，尽快合闸送电。

推焦车司机按非常电源的操作方法将余焦推出，并将推焦杆尽快退出炭化室，退至原始位置。

b. 地面没有备用电源。

将操作模式转换到应急状态，确保地面供电主路断开，防止突然来电发生意外。

将推焦传动机构上的制动器手动手柄开启，使制动器松开。

扳动手摇机构齿轮离合的操作手柄，使得齿轮处于连通状态，将操作手柄用销轴锁死。

在四个位置用摇柄将机构摇动，缓慢将推焦杆退出炭化室，然后将齿轮脱开，手柄锁死。

② 推焦杆需紧急退回时。推焦过程中出现意外需将推焦杆快速退回时，迅速操作强制退出开关，推焦杆即可全速退回。

③ 电动机及电气系统故障时。

a. 将推焦传动机构上的制动器手动手柄开启，使制动器松开。

b. 扳动手摇机构齿轮离合的操作手柄，使得齿轮处于连通状态，将操作手柄用销轴锁死。

c. 在四个位置用摇柄将机构摇动，缓慢将推焦杆退出炭化室，然后将齿轮脱开，手柄锁死。

d. 启用备用车辆进行以后操作，该车进行维修。

④ 减速机、联轴器等驱动系统故障时处理。

在该种情况下，用户地面配备的供电应急系统（柴油发电机组）及手摇机构均失效，应采用手动起重链或牵引机械拉回推焦杆。

⑤ 推焦杆行程超限时主动齿轮啮合不上时处理。

采用手动起重链拉回过头距离，然后再用电动操作推焦杆退回，并重新调整行程控制器和推焦杆后部的止挡器。

（3）电磁阀操作不灵

① 正在取门时电磁阀不能动作：通过手动操作取门阀组上的相关电磁阀，确保油路连通，完成取门和关门操作。

② 正在清扫炉框时电磁阀不能动作：通过清框阀组上相关电磁阀手动操作，将清扫头退到原始位置。

③ 正在清扫炉门时油泵不能运转：通过清门阀组上相关电磁阀手动操作，将炉门清扫头移到原始位置，然后把炉门装上。

④ 各部油缸发生故障时：将油缸接头销轴取下，油路接头打开，使用手动起重链将各装置退回安全位置，解除走行联锁，将推焦车开到安全位置进行修理。

（4）走行装置发生故障时处理

与装煤车的处置方法相同。

3. 推焦一般注意事项

由上述推焦操作要求可知，推焦操作是组织焦炉正常生产的最基本工作，必须正确操作，严格要求。因此，推焦时要注意以下几点。

① 每次推焦打开炉门的时间在推焦计划规定的时间±5min 之内，摘门后均应清扫炉门、炉门框、磨板和小炉门上的焦油和沉积炭等脏物。

② 在推焦车机械之间应有信号装置；推焦杆与推焦车走行应有机械联锁。

推焦车司机只有确实得到拦焦栅对好位和熄焦车做好接焦准备的信号才能推焦。推焦时首先推焦杆轻触焦饼正面，开始推焦速度要慢以免把焦饼撞碎和损坏炉墙。

③ 推焦车司机要认真记录推焦时间、装煤时间和推焦最大电流。

④ 关闭炉门后，严禁炉门及小炉门冒烟着火，发现冒烟着火，立即消灭。

⑤ 炭化室摘开炉门的敞开时间不应超过 7min。炭化室炉头受装煤、推焦影响剥蚀较快，摘开炉门时间越长，冷空气侵蚀时间越长，炉头砖剥蚀越快。炉头焦炭遇空气燃烧使焦炭灰分增加。热修补炉时也不宜超过 20min。

⑥ 焦饼推出到装煤开始的空炉时间不宜超过 8min，烧空炉时也不宜超过 15min。烧空炉时间过长，炭化室温度过高对装煤不利，墙缝中石墨被烧掉，不利于炭化室墙严密。个别情况需要延长时应由车间负责人批准。

⑦ 禁止推生焦和相邻炭化室空炉时推焦。焦炭在炭化室里成熟后，焦炭与炭化室墙之间产生一条 20～30mm 的收缩缝，推焦才能顺利。如果焦炭生，收缩小，炭化室墙和焦炭之间没有缝隙，容易产生难推。难推焦不仅对推焦车械有损害，而且也是炉墙变形的主要原因。发生难推时，要重新对上炉门，查找原因，提高火道温度，延长结焦时间。再次推焦时，要检查立火道温度，打开装煤孔盖检查焦炭收缩情况，确认焦炭成熟后再推焦。

炭化室推焦时，要求相邻炭化室处于结焦中期，结焦中期的炭化室的煤正处于半焦状态，半焦的焦炭和炭化室墙无间隙，这样才能保证炭化室不至于因推焦力的作用而变形损坏。相反，如果空炉，在推焦力作用下，容易使炉墙变形损坏。炭化室一旦变形，就容易再次产生难推焦，使炭化室墙变形恶性循环，加剧损坏。因此，相邻炭化室空炉时绝对禁止推焦。

⑧ 严禁用变形的推焦杆或变形的杆头推焦。推焦杆平直无弯曲变形才能保证推焦顺畅。但是推焦杆长年在高温下使用，特别是在推焦过程中突然停电、发生机械事故等原因，造成推焦杆在高温下烘烤，使推焦杆扭曲、变形。用变形推焦杆推焦，阻力大，推焦运行不稳定甚至跳动，容易造成难推。推焦杆头在行走过程中有可能刮碰炭化室墙，造成炉墙破损和变形。因此，车间一定备有推焦杆和杆头的备品，变形的推焦杆或杆头一定及时更换。

⑨ 严禁强制推焦，以防损坏炉墙。

4. 建立清除"石墨"制度

焦炉投产后在生产过程中，炭化室墙不断生长"石墨"，"石墨"生长速度与配煤种类、结焦时间长短有直接关系，车间根据具体情况建立清除炭化室"石墨"的规章制度。

（1）烧空炉清扫"石墨"

烧空炉就是炭化室推完焦以后，关上炉门不装煤，装煤口盖和上升管盖开启，让冷空气进入炭化室烧石墨。烧空炉时间与生长"石墨"程度有关，一般烧 1～2 炉的操作时间。若 9-2 顺序 1 号炭化室烧空炉，1 号炭化室推完焦后，不立即装煤，待 11 号、21 号炭化室推完焦后，1 号炭化室再装煤，这就是烧 2 炉空炉，若只推完 11 号炭化室后，1 号炭化室就装煤，这就是烧 1 炉空炉。一般烧 1～3 个小循环，经过几次烧空炉后的"石墨"和墙之间有一定缝隙，"石墨"本身变得酥脆，然后人工敲打，"石墨"就可以清除。

（2）压缩空气吹扫"石墨"

推焦车的推焦杆头上安装压缩空气管，当出焦时用压缩空气吹烧炭化室顶"石墨"，吹烧一段时间后，再用人工敲打除掉"石墨"，保持炭化室顶清洁。

5. 推焦电流监视

当推焦杆刚启动时，焦炭首先被压缩，推焦阻力达最大值，此时指示的电流为推焦最大电流。焦饼移动后，阻力逐渐降低，推焦杆前进速度可较快，快终了时又放慢。整个推焦过程中，推焦阻力是变化的，它的大小反映在推焦电流上。为此，推焦时要注意推焦电流的变化，推焦电流过大常表现为焦饼移动困难或根本推不动，即所谓焦饼难推。如出现焦饼难推而强制推焦，将造成炉墙损坏变形。

推焦电流因不同焦炉、不同炉体状况及不同推焦车而不同。应根据具体情况，规定焦炉的最大推焦电流，防止强制推焦损坏炉墙。推焦车司机要准确记录推焦电流。随着焦炉的衰老推焦电流也随着增大，因此把握推焦电流的变化，就等于在某种程度上掌握了炉墙的损坏情况，对焦炉管理提供了一定的依据。另外，炉墙的"石墨"情况也影响推焦电流大小，推焦电流的变化对监视炉墙"石墨"情况也提供了信息。

个别炉号温度不正常，如低温或高温发生时，也造成推焦电流升高，推焦电流也给调温提供了有用的信息。

推焦车司机不仅准确记录每个炭化室的推焦时间（即推焦杆头接触焦饼的开始时间）、装煤时间（即平煤杆伸入小炉门的开始时间），还要准确记录推焦最大电流，及时发现不正常现象，以便及早采取措措，避免发生事故。

6. 难推焦的处理

推焦时，推焦电流超过规定的最大电流时称为难推焦。难推焦有一个从量变到质变的过程。如果在量变阶段能及时发现问题，采取措施，消除隐患，就可避免困难推焦。例如，炉墙"石墨"的增长是由少到多，相应地推焦电流也会由小到大，当发现"石墨"增长较快，推焦电流变大时，可以采用烧空炉的办法除掉石墨；如果是炉温低造成难推焦，应关上炉门，延长时间，成熟后再推；如果温度过高，焦炭过火引起难推焦，应扒除炉头部分焦饼，直至见到焦饼收缩缝和一段垂直焦饼后，才能再次推焦；对于特殊炉号，只要从推焦、装煤及加热都予以特殊管理，也可减少焦饼难推。因此，只要坚持经常性的炉墙维护、加强生产管理，杜绝事故发生，焦饼难推是可以减少甚至避免的。

焦饼一次推不动，再推第二次时一般称为二次焦事故。难推焦的处理通常采用人工扒焦的方法，即扒去部分焦炭尤其是机焦侧头部的焦炭，以减少推焦时的阻力，然后再推焦。

在炼焦技术规程中，对难推焦必须严格管理：

① 严禁一次推不出焦不作任何处理接连进行二次推焦。

② 第一次未推出应查找原因，排除障碍后经值班主任同意方准进行第二次推焦。三次以上推焦时须有车间主任在场并经允许才能进行。

③ 再次推焦前，必须清理焦饼，将碎焦扒出，直至见到焦饼收缩缝为止。

④ 难推焦出现后应在短期内处理完毕。

⑤ 每次难推焦后，应记录难推焦的原因以及处理经过，并提出防止难推焦的措施。

⑥ 因石墨原因造成难推，必须在推焦后立即清除。

总之，造成难推焦的原因很多，如：加热制度不合理，炉墙石墨沉积过厚，炉墙变形，平煤不良，原料煤的收缩值过小以及推焦杆变形等。难推焦的各种原因及处理措施见表8-3。

二次焦对炉体损害比较大，是导致炉体变形的主要原因。某一炭化室炉墙变形，三班都要从推焦、装煤、加热方面给予特殊管理，这样可以减少困难推焦，否则二次焦会不断发生，并造成相邻炭化室墙的损坏，甚至向全炉蔓延，加速全炉的损坏。

7. 病号炉的装煤和推焦

焦炉在开工投产后，由于装煤、摘门、推焦等反复不断的操作而引起的温度应力、机械应力与化学腐蚀作用，使炉体各部位逐渐发生变化，炉头产生裂缝、剥蚀、错台、变形、掉砖甚至倒塌。炭化室墙面变形，推焦阻力增加，出现二次焦。因炉墙变形经常推二次焦的炉号，称之病号炉。一座炉中有了病号炉，就要对病号炉采取措施，尽量减少二次焦发生，防止炭化室墙进一步恶化。防止的措施如下：

表 8-3 焦饼难推原因及防止措施表

	难推原因	推焦症状	影响程度	焦炭特性	防止与解决措施
配煤不良	配煤中缺乏足够数量的收缩性煤	难推或堵塞	大量炉室	焦炭正常	变更煤种或配煤比有较大变动时需作配煤试验
	配入大量不黏结性煤	难推	大量炉室	焦饼失掉完整性	变更煤种或配煤比有较大变动时需作配煤试验
	装入已氧化了的煤	难推或堵塞	大量炉室	焦饼失掉完整性,易碎	加强煤场管理
	个别来源煤的质量不稳定	难推或堵塞	个别或部分	焦炭质量不均匀	加强煤场管理和煤质化验
	配煤比破坏	难推	个别或部分	焦炭碎或焦块大	加强对入炉煤的质量检验
	煤粒度不良或煤塔中煤粒分层	难推	大量或个别	焦炭质量不均匀	向煤塔送煤和给煤车装煤应按规定进行
	装入煤水分增高	难推	大量或个别	正常焦炭	加强对入炉煤的质量检验
装平煤不良	平煤不良堵塞装煤孔	堵塞	个别炉室	焦炭正常	严格执行操作规程。严禁平煤后将余煤扫入炉内
	未考虑炉室变形而装煤过多	难推或堵塞	个别炉室	焦炭正常	定期检查炉室,加强维修
	炭化室机侧装煤不满	难推或堵塞	个别炉室	焦炭正常	严禁装煤不满
加热不良	全炉温度偏低	难推或堵塞	大量炉室	焦炭不成熟及易碎	经常观察推出焦饼
	横排温度不均	难推或堵塞	大量或个别	焦炭质量不均	经常观察推出焦饼
	破坏推焦计划提前推焦	难推	大量或个别	不成熟易碎	遵循推焦图表
	压力制度破坏,炭化室漏入空气	难推	个别炉室	局部过热,焦炭易碎	确定合理压力制度
炉墙变形	炭化室墙有病变	难推或堵塞	个别炉室	焦炭正常	对病号应建立专门装煤制度
	炉头或炉框变窄(特别焦侧)	难推堵塞	个别炉室	焦炭正常	注意推焦电流变化,用人工清扫夹焦

（1）少装煤

根据病号炉炭化室墙变形的部位、变形程度，在变形部位适当少装煤，周转时间同其他正常炉一样。少装煤优点：病号炉按正常顺序推焦，不乱签。缺点是损失焦炭产量。这种方法一般在炭化室墙变形不太严重的炉号上使用。

（2）适当提高病号炉两边火道温度

将炉墙变形的炭化室两边立火道温度提高，保证病号炉焦炭提前成熟，有一定焖炉时间，焦炭收缩好，以便顺利出焦。但改变温度给调火工带来许多不便，一般不宜采用。

（3）延长病号炉结焦时间

若炭化室墙变形严重时，只少装煤也解决不了推二次焦的问题，还可以在采取少装煤的同时延长病号炉的结焦时间。这样在排推焦计划时，病号炉另排，不能在正常顺序中。病号炉最好按其周转时间单独排出循环图表，每天病号炉推焦时间写在记事板上，防止漏排、漏推而发生高温事故。

8. 头尾焦处理

打开炉门时有炉头焦塌落，推焦时会带出尾焦，大多数的焦化厂都将头尾焦扔入炭化室内重新炼焦。由于头尾焦在空气中时间长，燃烧使本身灰分增加，不但对焦炭质量有影响，还损失一定量的焦炭，因此，头尾焦不应扔入炭化室内。目前国内 5.5m、6m 以上大容积焦炉，在推焦车和拦焦车上都带有头尾焦处理装置。

三、推焦操作的考核

考核推焦情况的指标是推焦系数，即推焦计划系数 K_1、推焦执行系数 K_2 和推焦总系数 K_3。

K_1 是考核表中计划结焦时间与循环图表中规定结焦时间的偏离情况。即

$$K_1=(M-A_1)/M$$

式中　M——本班计划推焦炉数；

　　A_1——计划与规定结焦时间相差 ±5min 以上的炉数。

K_2 用以评定本班推焦计划的实际执行情况。

$$K_2=(N-A_2)/M$$

式中　N——本班实际推焦炉数；

　　A_2——超过计划推焦时间 ±5min 以上的炉数；

　　M——本班计划推焦炉数。

K_3 用以评价炼焦车间在遵守规定的结焦时间方面的管理水平，反映焦炉生产操作的总情况。即

$$K_3=K_1\times K_2$$

一般要求 K_3 系数达到 0.9 以上。

四、推焦过程中的特殊操作

焦炉的出炉操作是连续性的，是各车和各岗位相互配合、共同完成的生产作业，因此，遇有特殊操作和事故处理，应统一指挥，及时处理，确保安全。

1. 焦炉停止加热

(1) 本炉或相邻炉停、送煤气或倒换加热煤气操作应停止出炉操作

焦炉停止加热，炉温迅速降低，如继续推焦和装煤，将加速炉温下降。遇有送煤气和倒换煤气时，需进行煤气放散，因此，要求该区域严禁有火源，以防发生着火或爆炸事故，同时，在此期间非工作人员应远离，以防煤气中毒。

(2) 鼓风机故障短时间内不能恢复正常应停止出炉操作

鼓风机停，集气管压力很大，且放散大量荒煤气，在此期间进行装煤或推焦操作，易引起着火和发生意外，因此，应停止出炉操作。

(3) 有计划的停送煤气及倒风机

如果是有计划的停送煤气及倒风机，应尽量安排在检修时间内进行，以免焦炉减产。

2. 出炉过程中突然停电

推焦（或装煤）过程中突然停电，各车应首先将控制器拉回零位；手动与机械传动联锁断开，以防手动时突然来电发生人身伤害事故，拉下电气总开关。

① 推焦车：立即组织员工用手摇装置将炭化室内的推焦杆或平煤杆摇回原位，以免烧损变形。有条件时应对上炉门和关好小炉门。

② 装煤车正在装煤中途时，应继续装到不下煤为止，关上闸板，提起闸套，将煤车推离炉口，盖上炉盖。

③ 拦焦车应用手摇装置退回导焦栅。如导焦栅内有红焦，将车移到炉端台，扒出导焦栅内红焦，用水熄灭。

3. 煤塔着火

北方焦化厂冬季有些煤塔斗嘴用煤气火保温防冻，当煤塔放煤"漏眼"时，煤气火易从斗嘴吸入，造成煤料着火。发生着火时，应根据着火程度正确处理。小火可立即送煤压火；

着大火时应封闭斗嘴，隔绝空气并送煤压火。熄灭后应及时放入煤车煤斗上部，装入炉内。

4. 推焦杆掉入炭化室内

推焦杆过劲脱离齿轮掉入炭化室内时，如距离近则用大螺丝和铁板垫齿轮拉回来。若距离远时，找钢绳拉回，移上齿轮后再卸下钢绳。

5. 平煤杆掉入炭化室内

平煤杆掉入炉内或后股钢绳拉断时，应立即将钢绳换好或用链式起重机将平煤杆拉出，消除故障后继续平煤。

6. 红焦落地

发生红焦落地，首先应立即将熄焦车远离红焦，发出紧急信号制止推焦。落地红焦应组织人工熄焦，少量红焦立即用铁锹铲出轨道外熄灭；大量红焦应通知消防车立即熄灭，并及时清离熄焦车轨道，然后送往焦台。

7. 炉门脱钩、着火

炉门脱钩掉下发生倾斜，应用钢绳捆好，防止倒落，然后用链式起重机吊起，对好炉门。

炉门着火，应用风管（或蒸汽）将火及时扑灭。用风（或汽）扑灭后，应对炉门压件进行调节。如火太大无法扑灭，通知上升管打开上升管盖，并通知炉门修理站查明原因及时处理。

第三节 熄 焦

熄焦是将赤热焦炭（950～1050℃）冷却到便于运输和贮存温度（300℃以下）的操作过程。目前的熄焦方法有湿法熄焦和干法熄焦两种。湿法熄焦除常规湿法熄焦外，还有低水分熄焦和稳定熄焦等。

一、湿法熄焦

湿法熄焦工艺简单，装置占地面积小，基建投资少，生产操作方便。但湿法熄焦一是浪费大量红焦显热，每炼 1t 焦炭消耗热量为 3.15～3.36GJ，其中湿熄焦浪费的热量为 1.49GJ，约占总消耗热量的 45%；二是湿熄焦时红焦急剧冷却会使焦炭裂纹增多，焦炭质量降低；三是湿熄焦产生大量的有毒有害气体以及湿熄焦产生的蒸汽夹带着大量的粉尘，通常达 200～400g/t 焦，是焦化厂的主要污染源。

1. 常规湿法熄焦操作

（1）接焦准备

① 检查设备运转情况和控制系统情况；

② 熄焦车的放焦闸门应紧闭；

③ 启闭放焦闸门的压缩空气压力应不小于 0.4MPa；

④ 应持有当班推焦计划表。

（2）接焦与熄焦

① 按推焦计划表对准炉号。移动接焦时，熄焦车厢边缘超出导焦栅中心 1～1.5m。

② 与推焦车的信号确认后，见红焦方可移车，接焦时行车速度与推焦速度相适应，尽可能使焦炭在车箱内分布均匀，便于均匀熄焦，防止红焦落地，禁止车箱内接两炉焦炭（定点接焦时，只要熄焦车中心对准导焦栅中心，无需移车）。

③ 接焦完毕后，熄焦车应快速开向熄焦塔，进塔前应减速，同时开启熄焦水泵，进行

喷水熄焦。熄焦过程中动车 2～3 次，每次距离 1～1.5m，使焦块表面充分浸水，增加熄焦效果。

④ 喷水时间 90～120s，喷水量约 2m³/t 干煤，熄焦水蒸发消耗 0.4m³/t 干煤，熄焦后的焦炭水分控制在 3%～5%，并防止将大量红焦带到焦台上。

熄焦喷水是熄焦过程中关键环节，要控制好喷水时间。喷水时间过长，会造成焦炭水分过大；喷水时间不够，会造成出现大量红焦，都会影响焦炭质量。最佳喷水时间应根据企业实际情况而定。

（3）卸焦

完成熄焦后应在熄焦塔外控水 1min 左右，防止将大量的水带到凉焦台上。然后按顺序将焦炭卸到凉焦台上，应做到小开门、慢行走均匀卸焦，车厢内不留剩焦。后关紧放焦门，鸣笛，瞭望，开车准备接下一炉焦。

（4）凉焦及放焦

熄焦后的焦炭，卸放在凉焦台上，停留 30～40min，使水分蒸发和焦炭继续冷却。个别尚未熄灭的红焦应立即用水熄灭。

焦台长度可根据焦炭停留时间，每小时最大出炉数和熄焦车长度，按下式计算：

$$L=\frac{KnA(l+1)t}{\tau-\tau_1}+(l+1)$$

式中　K——焦炉紧张操作系数，取 1.07；

　　　n——焦炉炭化室孔数；

　　　A——炉组座数；

　　　l——熄焦车有效长度，m；

　　　t——焦炭在焦台停留时间，一般取 0.5h；

　　　τ——焦炉周转时间，h；

　　　τ_1——检修时间，h。

凉焦台宽度一般取焦饼高度的 2 倍，倾角一般与熄焦车底倾角（28°）相同。凉焦台面为缸砖或铸铁板。严格按所定顺序放焦是保证水分稳定的关键。禁止将红焦放在皮带上。

（5）注意事项

① 电机车走行之前必须鸣笛、瞭望。

② 在接焦过程中，如遇到拦焦车突然发生故障，拦焦车机身倾斜和对位错误、电机车停电和放焦门自动打开等事故时，应立即发出停止推焦的指令。

③ 熄焦车在走行过程中，放焦门自动打开，大量红焦落地时，应立即驶离火区，设法用附近水管人工熄焦。

④ 在寒冷地区的冬季，禁止熄焦车停放在熄焦塔下；寒冷季节根据情况及时给压缩空气风包放水，防止结冰，影响操作。

⑤ 电机车给出推焦信号后，在推焦前不得移动熄焦车，司机也不能随意脱离岗位。

⑥ 按规定及时打水清扫熄焦塔内的除尘装置；定时检查喷洒管的喷水情况，如有堵塞及时清理。

⑦ 经常注意熄焦沉淀池中水位高低，及时调节补充水和清理池中粉焦；当有备用熄焦水泵时，应经常轮流使用。

⑧ 卸焦时，如车门打不开，可用杠杆撬开车门，也可将车门推杆销轴取下，车门在焦炭推动下自行打开，这时应特别注意安全，防止发生安全事故。

⑨ 为了避免耐热板和金属结构过热而产生有害变形，应尽量缩短赤热焦炭在车箱内的停留时间。

⑩ 熄焦车接焦后，如发生停电或行驶机构发生故障，熄焦车尚未到达熄焦塔时，应及时用软管引水熄焦，或者将车门就地打开，将焦炭卸出。

⑪ 若发现耐热板产生较大变形或破坏时，应及时更换。

⑫ 熄焦车接焦时，要求焦炭均布于车箱内，保证接焦均匀，缩短熄焦时间。

⑬ 应经常检查熄焦车各部分的连接螺栓，发现松动，及时处理。

⑭ 气动开门机构应经常注意维护，以保证其正常工作。

⑮ 车门自锁性能良好是保证熄焦车正常工作的重要条件，如发现不正常情况，应立刻校正。

⑯ 如发生车门打不开的现象时，应仔细检查连杆系统的位置，发现不正常情况应及时校正。

⑰ 应严格遵守润滑制度，保证各润滑点润滑良好。

2. 低水分熄焦

低水分熄焦是对常规湿法熄焦的喷洒管加以改进和完善。低水分熄焦采取大水流喷射熄焦，使熄焦水的给水速度远大于熄焦水被吸入焦块和蒸发的速度，以至于这些大量的水只有一部分水在从上至下通过焦炭层时被吸收并激烈汽化，其余大部分水流快速通过中下层焦炭一直到达熄焦车厢倾斜底板，从车门上预先开好的许多孔洞中流出，以避免熄焦水在车内积聚淹没及浸透焦炭，造成焦炭水分过多。车内各层，尤其是车厢底部赤热红焦与熄焦水接触汽化瞬时产生的大量水蒸气，凭借其巨大推动力从下至上触及并冷却焦炭。有着巨大推动力的水蒸气迫使车厢内的焦炭处于"沸腾"状态，这保证了车厢内的焦炭得到均匀冷却，其水分可通过控制熄焦时间达到低而均匀的目标。低水分熄

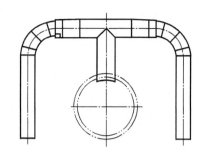

图 8-1　低水分熄焦用喷嘴

焦的喷洒管和产生柱状大水流的喷嘴（见图 8-1）均用不锈钢制造。低水分熄焦通常与一点定位熄焦车配合使用，其效果很好。

低水分熄焦工艺特别适用于常规湿熄焦系统的改造。经特殊设计的喷嘴可按最适合原有熄焦塔的方式排列。管道系统由标准管道及管件构成，可安装在原有熄焦塔内。在采用一点定位熄焦车有困难的情况下，也可沿用传统的多点定位熄焦车，但获得的焦炭水分将比一点定位熄焦车略高约 0.5%。低水分熄焦已在国内焦化企业得到广泛的普及和推广。

低水分湿法熄焦循环水量比常规湿法熄焦要大，一般按 $3m^3/t$ 干煤，熄焦时间（比常规湿法熄焦要短）为 70～90s，一般采用设置高置槽间接熄焦方式，高置槽的出水口距喷洒管出水口的高度差不小于 6m。熄焦水的启闭由电动或气动的控制阀门来控制，其他设施与常规湿法熄焦相同。

（1）接焦准备

与常规湿法熄焦操作相同。

（2）接焦与熄焦

① 按推焦计划表对准炉号，使熄焦车中心对准导焦栅中心，接焦时无需移车。

② 接焦完毕后，熄焦车快速开到熄焦塔下，确认高置槽水位满足熄焦条件（一般用红绿灯指示，绿灯指示可以进入熄焦塔内熄焦，红灯指示不可以进入熄焦塔内熄焦）并准确对

位后，由熄焦车司机操纵或自动启动熄焦控制阀门进行熄焦。熄焦过程中无需移车。为了避免熄焦初期大量水蒸气使熄焦车内表面焦炭向车外迸溅，熄焦过程分前后两段进行，前段为小水流，后段为大水流，这样，在大水流熄焦前设置一段小水流熄焦，可使熄焦车内表面焦炭变成"盖在车厢内焦炭上的一层被"，小水流大致是大水流量的1/3左右。各段时间长短和水流量的具体大小可以根据现场实际熄焦情况任意调节。

熄焦洒水及耗水情况为：

洒水时间	70～90s
小水流	10～20s，
大水流	60～70s
熄焦喷洒水量	3m³/t 干煤

③ 低水分熄焦的喷洒水量比常规湿法熄焦高50％左右，但熄焦水的消耗量两者相差无几。由于低水分熄焦后焦炭水分比常规湿法熄焦低几个百分点，所以，低水分熄焦的熄焦水消耗量还会略低一点。

④ 由于低水分熄焦时产生大量水蒸气，熄焦车内焦炭处于"沸腾"状态，焦炭相互之间摩擦碰撞，飞溅出来的焦块和焦末较多，因此，沉积在回水沟和沉淀池中的焦块和焦末也就较多，其量要超过常规湿法熄焦的量，要注意及时清扫这些焦块和焦末，以免熄焦后回水溢出。

（3）卸焦

由于熄焦车是定点接焦，车内焦炭层较厚，放焦时焦炭冲力大，有可能焦炭冲出焦台，故放焦时应小开门，控制焦炭的流量，移车速度要与焦炭流量相配合。

其余的操作管理与安全可参照常规湿法熄焦。

3．稳定熄焦

稳定熄焦技术是对常规湿法熄焦技术的改进和完善。稳定熄焦与低水分熄焦都采用定点接焦和间接熄焦（高置槽）方式。但稳定熄焦洒水方式独特，有顶部熄焦和底部熄焦（特制的熄焦车底部夹层中设有若干个熄焦喷水口），如图8-2所示。

稳定熄焦依靠高压力、大水流熄焦，瞬时产生大量水蒸气，通过蒸汽的强烈搅动，焦炭不但被熄灭还受到强烈搅动，使较大颗粒焦炭按结构裂纹开裂。焦炭经稳定熄焦后，焦炭粒度得到稳定，水分低而均匀，由此得名"稳定熄焦（CSQ）"。

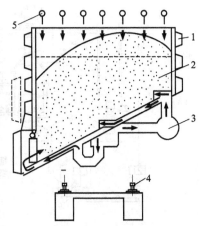

图8-2　稳定熄焦示意图

1—熄焦车体；2—焦炭；3—下部喷水系统；
4—轨道；5—上部喷水系统

稳定熄焦是德国发明的一种湿法熄焦工艺，可通过控制熄焦水的喷洒量与喷洒时间从而将焦炭的水分控制在3％～3.5％的范围内，与低水分熄焦有异曲同工之处，所不同的是熄焦车的结构和熄焦水与焦炭层的接触方式。

稳定熄焦采用的一点定位熄焦车的盛焦装置，为一不漏水的方形罐体，悬空内衬的耐磨板在罐体的斜底与耐磨板间形成一夹层空间，设在斜底下端放焦口的挡板为内外两层，内层挡板用于将焦炭挡在罐体内，外层挡板则与罐体的外壳间形成密封，防止熄焦过程中熄焦水外泄。在罐体的外部两端各设有一个与罐底夹层相通的注水口。

在熄焦过程中，大量的熄焦水从两个注水口直接注入罐底夹层内，并通过内衬耐磨板上均匀排列的开口进入焦炭层底部，与红焦接触后产生的大量蒸汽由下而上穿过焦炭层将焦炭熄灭。仅在熄焦刚开始时，设在熄焦塔内位于焦罐上方的喷洒管喷洒少量的水，用于熄灭顶层焦炭。熄焦时间和熄焦水流量均可在控制室内调节。

目前，我国仅在引进的 7.63m 焦炉上采用稳定熄焦。

二、干法熄焦

干熄焦起源于瑞士，从 20 世纪 20～40 年代开始研究开发干熄焦技术，进入 60 年代，实现了连续稳定生产，并逐步向大型化、自动化和低能耗方向发展。

干法熄焦是利用冷的惰性气体（燃烧后的废气），在干熄炉中与赤热红焦直接接触换热而冷却红焦。吸收了红焦热量的惰性气体将热量传给干熄焦系统的废热锅炉产生蒸汽，被冷却的惰性气体再由循环风机鼓入干熄炉冷却红焦。干熄焦废热锅炉产生的中压（或高压）蒸汽用于发电。

1. 干熄焦工艺流程

如图 8-3 所示，从炭化室中推出的 950～1050℃ 的红焦经导焦栅落入运载车上的焦罐内，运载车由电机车牵引至干熄焦装置提升机井架底部（干熄炉与焦炉炉组平行布置时需通过横移牵引装置将焦罐牵引至干熄焦装置提升机井架底部），由提升机将焦罐提升至井架顶部，再平移到干熄炉炉顶。焦炭通过炉顶装置装入干熄炉。在干熄炉中，焦炭与惰性气体直接进行热交换，冷却至 250℃ 以下。冷却后的焦炭经排焦装置卸到胶带输送机上，送筛焦系统。

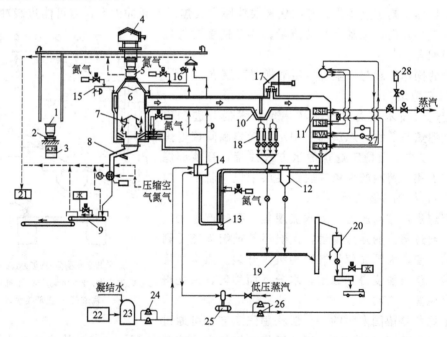

图 8-3　干熄焦工艺流程图

1—焦罐；2—运载车；3—对位装置；4—起重机；5—装入装置；6—干熄炉；7—供气装置；

8—排出装置；9—运焦带式输送机；10——次除尘器；11—干熄焦锅炉；12—二次除尘器；

13—循环风机；14—热管换热器（或气体冷却器）；15—空气导入装置；16—预存室气体放散装置；

17—次除尘器放散装置；18—焦粉冷却装置；19—焦粉收集装置；20—焦粉储仓；

21—干熄焦环境除尘地面站；22—除盐水站；23—除盐水箱；24—除氧给水泵；

25—除氧器；26—锅炉给水泵；27—强制循环泵；28—消声器

通过废热锅炉冷却到 180℃ 的惰性气体由循环风机通过干熄炉底的供气装置鼓入炉内，与红焦进行热交换，出干熄炉的热惰性气体温度为 850～980℃。热惰性气体夹带大量的焦粉经一次除尘器进行沉降，气体含尘量降到 10g/m³ 以下，进入干熄焦锅炉换热，在这里惰性气体温度降至 200℃ 以下。冷惰性气体由锅炉出来，经二次除尘器，含尘量降到 1g/m³ 以下后，温度又降至 180℃，由循环风机送入干熄炉循环使用。

锅炉产生的蒸汽或并入厂内蒸汽管网或送去发电。

干熄焦包括焦炭运行系统、惰性气体循环系统和锅炉系统。

2. 干熄焦装置的主要设备

主要设备包括：电机车、焦罐车、提升机、装料装置、排焦装置、干熄炉、鼓风装置、循环风机、废热锅炉、一次除尘器、二次除尘器等。

（1）电机车与焦罐车

电机车是牵引机车，用来牵引焦罐车。大型干熄焦装置一般采用旋转焦罐，使罐内焦炭粒度分布均匀，焦罐带有密封盖，以防红焦同空气接触烧损。焦罐车正常情况下采用定点接焦方式。

（2）提升机

提升机运行于干熄焦构架上，将装满红焦的焦罐提升并移至干熄炉炉顶。

（3）装入装置

装入装置包括加焦漏斗、干熄炉水封盖和移动台车。装入装置靠电动杆驱动。装焦时加焦漏斗与加焦口联动，能自动打开干熄炉水封盖，配合提升机将红焦装入干熄炉，装完焦后复位。装料设备上设有集尘管，装焦时防止粉尘外逸。

（4）排焦装置

排焦装置安装于干熄炉底部，将冷却后的焦炭排到皮带输送机上。目前，排焦装置一般采用连续排焦，由电磁振动给料器控制切出速度，采用旋转密封阀将切出的焦炭在密闭状态下连续排出，由于该装置耐温、耐磨、气密性好，排焦时粉尘不外逸。

（5）循环风机

循环风机是干熄焦装置循环系统的心脏，要求耐温、耐磨并且运行绝对可靠。

（6）给水预热器

给水预热器安装在循环风机至干熄炉入口间的循环气体管路上，用锅炉给水进一步降低进入干熄炉的气体温度，以强化干熄炉的换热效果，同时用从循环气体中回收的热量加热锅炉给水。

（7）干熄炉

干熄炉是干熄焦装置的核心，一般为圆形截面的竖式槽体，外壳用钢板及型钢制做，内衬耐磨黏土砖及断热砖等。干熄炉上部为预存室，中间是斜道区，下部为冷却室。在预存室外有环形气道，环形气道与斜道连通。干熄炉预存室容积要满足焦炭预存时间的要求，预存一般在 1～1.5h；冷却室容积则必须满足焦炭冷却的要求。预存室设有上、下料位计和压力测量装置及自动放散装置；环形气道设有自动导入空气装置；冷却室设有温度、压力测量装置及人孔、烘炉孔等。

（8）供气装置

供气装置安装在干熄炉底部，它由风帽、气道、周边风环组成，能将惰性气体均匀地供入冷却室，能够使干熄炉内气流分布较均匀。

（9）一次及二次除尘器

一次除尘器采用重力沉降槽式除尘，用于除去 850～980℃ 惰性气体中所含的粗粒焦粉。二次除尘器采用多管旋风除尘器，将循环气体中的焦粉进一步分离出来。

3. 干熄焦的特点

（1）回收红焦显热

出炉红焦的显热约占焦炉能耗的 45% 左右。采用干熄焦可回收约 80% 的红焦显热，平均每干熄 1t 焦炭可回收热量约为 3.9MJ，可产生压力为 3.82MPa、温度为 450℃ 的蒸汽约 0.54t。

（2）减少环境污染

干熄焦的这个优点体现在两个方面。

① 炼焦车间采用湿法熄焦，每熄 1t 红焦就将 0.4t 含有大量酚、氰化物、硫化物及粉尘的蒸汽抛向天空，这部分污染占炼焦对环境污染的 1/3。干熄焦则是利用惰性气体，在密闭系统中将红焦熄灭，并配备良好的除尘设施，基本上没有这方面的污染，但是由于循环气体中积聚有一定量的 H_2 和 CO，需经常进行向循环气体中送入空气进行烧损，同时必须排出一定量的含 CO 等循环气体，这些污染物对大气也有污染，另外干熄焦焦炭的水分仅为 0.5%～1%，运焦、筛焦系统必须有除尘设施。

② 由于干熄焦能够产生蒸汽（5～6t 蒸汽需要 1t 动力煤），并可用于发电，可以避免生产相同数量蒸汽的锅炉对大气的污染，尤其减少了 SO_2、CO_2 向大气的排放。对规模为 100 万吨焦化厂而言，采用干熄焦，每年可以减少 8～10 万吨动力煤燃烧对大气的污染。

（3）改善焦炭质量

干熄焦比湿熄焦焦炭 M_{40} 可提高 3%～8%，M_{10} 可改善 0.3%～0.8%，反应性有一定程度的降低，干熄焦与湿熄焦的全焦筛分区别不大。由于干熄焦焦炭质量提高，可使高炉炼铁入炉焦比下降 2%～5%，同时高炉生产能力提高约 1%。

两种熄焦方法焦炭质量对比见表 8-4。

表 8-4　两种熄焦方法焦炭质量对比

质量指标	米库姆转鼓/%		筛分组成/%					平均块度/mm	反应性(1050℃)/[ml/(g·s)]	真密度/(g/cm³)	DI_{15}^{150}/%
	M_{40}	M_{10}	>80mm	80～60mm	60～40mm	40～25mm	<25mm				
湿法熄焦	73.6	7.6	11.8	36	41.1	8.7	2.4	53.4	0.629	1.897	83
干法熄焦	79.3	7.3	8.5	34.9	44.8	9.5	2.3	52.8	0.541	1.908	85

（4）投资和能耗较高

干熄焦与湿熄焦相比，干熄焦投资较大，为焦炉投资的 35%～40%。干熄焦也确实存在本身能耗高的问题，这是制约干熄焦技术发展的主要因素，有待进一步解决。

第四节　焦炉操作管理

焦炉是一种复杂的热工设备，一代焦炉的寿命要求在 25 年以上，而焦炉生产又是一个多工序、多岗位、多种操作相互配合、共同完成的生产工艺，尤其是推焦、装煤（出炉）操作更为典型，因此要使焦炉高产、稳产、优质、长寿必须要有一整套焦炉技术管理制度。为此，焦化工作者们在总结焦炉生产管理经验的基础上，提出了一个概括的焦炉操作方针（"五字"操作方针）。实践证明，它对促进焦炉技术管理、延长焦炉寿命、提高焦炭质量等方面都起到了较大的作用。

一、焦炉"五字"操作方针

"五字"方针即一正、二均、三净、四通、五完好。

1. "五字"方针的内容和基本要求

(1)"一正"

要求焦炉首先要做到正压操作。它包括焦炉集气管、炭化室底部都要达到规定的压力,不论何种焦炉炉型、何种装备水平都应遵循这个原则。焦炉只有使炭化室系统的压力始终大于燃烧系统压力,保持煤气从炭化室稳定地串漏至加热系统,可使炭化室砌缝被游离石墨密封,并可消除砌体中出现熔洞、熔融及渣蚀的可能;反之负压操作时,容易引起管道堵塞和煤气质量变坏,从而影响正常操作、炉温稳定和炉体寿命。

(2)"二均"

要求焦炉温度要均匀;出焦要严格按计划均匀出焦。以确保全炉焦炭成熟程度一致,从而使焦炭质量得以保证。

(3)"三净"

要求焦炉炉门、炉框、小炉门必须清理干净。这是由现代焦炉炉门结构的形式——刀边密封所决定的,它是消除煤气外漏、改善焦炉操作环境、减轻污染、维护护炉铁件、延长焦炉寿命的重要措施,否则将引起焦炉护炉铁件的损坏、环境恶化,影响炉体寿命。

(4)"四通"

要求上升管、桥管、集气管以及加热煤气通道保持畅通。荒煤气导出系统和煤气加热系统是焦炉生产中的关键部位,如果这些煤气通道不畅、阻力增大,将会直接破坏焦炉正常加热和造成炉门冒烟跑火,烧坏护炉铁件,影响焦炉寿命。

(5)"五完好"

要求焦炉机械和交换装置要经常保持完好状态,这是焦炉生产的基础。强化焦炉机械的维护、检修是保证焦炉正常生产的关键。在焦炉生产管理中树立设备为生产服务的观点,在生产操作中必须严格按设备性能,精心操作,精心维护,发现并反馈设备隐患,维护好焦炉设备,充分发挥两者相辅相成的特点,为焦炉正常生产创造条件。

2. "五字"方针的内在联系

焦炉"五字"操作方针的五个方面是互相联系又互为补充的整体。其关系可认为:焦炉正压操作是整个炼焦生产的前提和关键;炉温均匀和推焦均匀(准点)是必要条件;推焦均匀(准点)可以促进炉温均匀,而炉温均匀又可保证焦炭成熟一致,为顺利推焦创造条件;炉门、炉框、小炉门必须清理干净是改善焦炉环境、提高管理水平的重要环节;煤气通道的畅通(四通)为炉温均匀奠定了基础,也使"三净"操作顺利,降低劳动强度;焦炉机械设备的完好是炼焦生产的基础和支柱。总之"五字"操作方针的内容缺一不可,放松某一方面的操作都会导致焦炉生产处于被动局面,乃至引起恶性循环,缩短焦炉寿命。

3. 焦炉"五字"操作方针和化产回收的关系

从炼焦生产的工艺流程来说,焦炉是化学产品回收的前道工序,焦炉操作的好坏直接影响化学产品回收的产量、质量。正压操作能保证煤气质量以及焦油、粗苯等产品的回收率;均匀出焦使煤气发生量均匀,利于煤气的净化;炉门密封使焦炉煤气减少损失,提高产量。总之,焦炉生产是化学产品回收的前提和基础,是为化学产品回收工艺创造条件。

二、执行焦炉技术管理规程

焦炉是耐火材料的砌体,不顾客观条件地超负荷生产、频繁地变动结焦时间、不按推焦计划推焦、负压操作、炉门冒烟冒火等现象都是不允许的,否则会使焦炉操作恶化,炉体和设备提前损坏，生产不能正常进行。新焦炉投产后应组织力量进行 2～4 个月的有效调节并加强生产操作管理。同时应按原冶金部颁发的《焦炉技术管理规程》制订各项操作管理制度，并严格贯彻执行，使炉温均匀、操作熟练，达到焦炉正常生产水平。在此基础上不断完善和改进焦炉操作管理是完全必要的。

1. 焦炉技术管理制度

包括焦炉的温度制度、压力制度（总称加热制度）；装煤制度、推焦制度、熄焦制度、上升管集气管操作制度；焦炉及其附属设备的维护、检修制度等（在相应章节进行介绍，本节不再详细叙述）。

2. 焦炉及其附属设备维护制度

焦炉是炼焦车间的主体设备。为了保证焦炉砌体的完整性和生产正常进行，需要进行经常性的热修和护炉铁件维护。焦炉的热修维护，应有专业的热修班负责；焦炉护炉铁件维护必须有专人负责。对焦炉的砌体除经常观察外，必须定期地、有计划地进行检查。炉体紧固件在正常生产时应处于完好状态，并经常检查受力情况，并加以调整。

3. 装煤、推焦管理制度

① 装炉煤料应进行检验，制定合理的装煤制度，符合炼焦工艺要求。例如，对相邻班的配煤质量波动要求：

水分　　　±1%

挥发分　　±1%

细度　　　±2%

② 推焦应严格地按规定串序，准点推焦。确定焦炉最短结焦时间，应考虑焦炉砌体材质、炉体现状及操作管理水平等因素。

4. 上升管、集气管操作制度

规定集气管出口煤气温度应达 80～90℃，上升管、桥管、集气管、氨水喷头、翻板、蝶阀、氨水管、蒸汽管、压缩空气管均应保持良好状态，如有损坏应及时修复或更换，同时应备有事故用的工业水管。

5. 熄焦制度

熄焦制度包括接焦要求、熄焦、放焦要求及定期清扫喷水管、沉淀池和清理沉淀池焦粉的制度。

三、焦炉操作的检查和评定

焦炉生产管理中不仅需要有完善的技术管理制度，而且更需要经常性的管理和督促。焦化厂（车间）有必要下设一个焦炉工艺检查专业机构对焦炉操作制度进行检查和评定，通过检查可以不断纠正焦炉操作中出现的偏离标准操作的倾向，可以不断改进操作制度中不符合生产工艺的部分，从而使焦炉操作水平不断提高。焦炉工艺检查采取个人自检、班组互检以及专职检查相结合的方法，结合企业的经济责任制，调动操作人员学技术、求上进的积极性。

焦炉采用工艺检查的方法，不仅可以推动焦炉操作标准化，而且对一些水平较低、上岗时间短的工人，还可以起到技术练兵和传、帮、带的教育、培训，对减少操作事故起到了良好的作用。

第九章　煤气燃烧

为了研究焦炉加热的特点、规律，需先了解煤气的燃烧特性。

第一节　煤气性质与燃烧

焦炉加热所使用的煤气，通常有焦炉煤气和高炉煤气，此外还有发生炉煤气。

一、煤气性质

1. 煤气组成

煤气组成见表9-1。

表 9-1　几种煤气的组成

名称	组成（体积分数）/%								低热值/（kJ/m³）
	H_2	CH_4	CO	C_mH_n	CO_2	N_2	O_2	其他	
焦炉煤气	55～60	23～27	5～8	2～4	1.5～3.0	3～7	0.3～0.8	H_2S等	17000～17600
高炉煤气	1.5～3.0	0.2～0.5	26～30		9～12	55～60	0.2～0.4	灰	3600～4400
发生炉煤气	12～15	0.5～2.0	25～30		2～5	46～55		灰	4500～5400

在焦炉设计中，为统一热工计算数据，根据我国的情况，焦炉煤气和高炉煤气组成采用表9-2的数据。

表 9-2　热工计算煤气组成

名　　称		组成（体积分数）/%							低热值/（MJ/Nm³）
		H_2	CH_4	CO	C_mH_n	CO_2	N_2	O_2	
焦炉煤气		59.5	25.5	6.0	2.2	2.4	4.0	0.4	17.92
高炉煤气	大型高炉	1.5	0.2	26.8		13.9	57.2	0.4	3.64
	中型高炉	2.7	0.2	28.0		11.0	57.8	0.3	3.93

2. 煤气发热值

煤气发热值是指单位体积的煤气完全燃烧所放出的热量（kJ/m³）。发热值有高、低之分。燃烧产物中水蒸气冷凝呈0℃液态水时的发热值称高发热值；燃烧产物中水蒸气呈汽态时的发热值称低发热值。在热工设备中，因燃烧后废气温度较高，水蒸气不可能冷凝，所以有实际意义的是低发热值。各种燃气的发热值可用仪器直接测得，也可由组成按加和性计算。

3. 煤气密度

单位体积煤气的质量称为煤气密度（kg/m³）。焦炉煤气、高炉煤气（大型）、高炉煤气（中型）的密度分别为：0.451kg/m³，1.331kg/m³，1.297kg/m³。

4. 煤气的加热特性

(1) 焦炉煤气

由表 9-1 可知,焦炉煤气中可燃成分含量多,不可燃成分很少,故发热值高,提供一定热量所需煤气量少,产生废气量也少。理论燃烧温度高,达 1800～2000℃,着火温度是 600～650℃。由于 H_2 占 1/2 以上,故燃烧速度快、火焰短,煤气和废气的密度低,分别约为 $0.451kg/m^3$ 和 $1.21kg/m^3$($a=1.25$);因 CH_4 占 1/4 左右,且含有其他不饱和烃(C_mH_n),故火焰光亮,辐射力强,处于高温下的砖煤气道和喷嘴等处会沉积石墨,需要在焦炉换向过程中进空气除炭。此外,用焦炉煤气加热时,加热系统的阻力小,炼焦耗热量低。增减煤气流量,焦炉燃烧室温度的变化反应比较灵敏。

焦炉煤气在回收车间净化不好时,煤气中含焦油、萘较多,容易堵塞管道和管件,煤气中的氨化物、氰化物、硫化物对管道和设备腐蚀较严重。

当焦炉压力制度不当,炭化室负压操作时,煤气中 N_2、CO_2、O_2 含量增加,热值降低。因此,炼焦和回收车间的操作对焦炉煤气的质量影响较大。

(2)高炉煤气

由表 9-1 可知,高炉煤气不可燃成分约占 70%,故发热值低,提供相同热量所需煤气量多,产生的废气量也多。理论燃烧温度较低,为 1400～1500℃,着火温度大于 700℃。高炉煤气中可燃成分主要是 CO 且不足 30%,其他大多是 N_2,燃烧速度慢、火焰长,高向加热均匀,可适当降低燃烧室火道温度。用高炉煤气加热时,由于废气和煤气密度较高,约为 $1.4kg/m^3$($a=1.25$)和 $1.3kg/m^3$,废气量多,耗热量高,加热系统阻力大,约为焦炉煤气加热时的二倍以上。使用高炉煤气时,必须经蓄热室预热至 1000℃ 以上,才能满足燃烧室温度的要求,故要求炉体严密,以防煤气在燃烧室以下部位燃烧。由于高炉煤气中含 CO 多,毒性大,故要求管道和设备严密,并且使交换开闭器、小烟道和蓄热室部位在上升气流时也要保持负压。

为降低加热系统阻力,可往高炉煤气中掺入一定量的焦炉煤气,以提高煤气热值,但为避免焦炉煤气中碳氢化合物在蓄热室热解、堵塞格子砖,焦炉煤气掺入量不应超过 5%～10%(体积分数)。

二、煤气燃烧

煤气的燃烧是指煤气中的可燃成分和空气中的氧在足够的温度下所发生的剧烈氧化反应。

燃烧必须同时具有三个条件:可燃成分、空气(氧)、一定温度(或火源),缺少一个条件都不会引起燃烧。

1. 燃烧

(1)燃烧过程

煤气的燃烧在一般条件下可分为三个过程:

① 煤气和空气的混合;

② 将可燃混合物加热至着火温度;

③ 可燃物和氧起化学作用且连续稳定。

(2)燃烧方式

根据煤气和空气的混合情况,煤气燃烧有两种方式,即动力燃烧和扩散燃烧。

① 动力燃烧。煤气和空气在进入燃烧室前先均匀混合,然后再着火燃烧的方法叫动力燃烧,其燃烧速度取决于化学动力学因素(化学反应速率),也叫做无焰燃烧。

② 扩散燃烧。煤气和空气分别送入燃烧室,依靠对流扩散和分子扩散,边混合、边燃烧的方法叫扩散燃烧,其燃烧速度取决于可燃物分子和空气分子相互接触的物理过程,这种

方法也叫做有焰燃烧。焦炉立火道内煤气的燃烧属于扩散燃烧。

（3）完全燃烧

煤气完全燃烧时火焰明亮。焦炉煤气燃烧火焰短，呈稻黄色；高炉煤气火焰长，呈浅蓝色。当煤气燃烧不完全时，火苗暗红并带有黑烟。在焦炉正常加热过程中，应当使煤气完全燃烧，这样才能有效地利用煤气的热能，提高热效率，降低耗热量。要达到完全燃烧，必须具备以下条件：

① 要有足够的空气量；

② 空气和煤气中可燃成分充分接触，混合均匀；

③ 足够的燃烧时间和空间；

④ 煤气加热到着火点以上温度；

⑤ 及时排除燃烧产生的废气。

（4）燃烧极限

煤气的燃烧过程不同于一般的氧化反应，而是伴着强烈放热的连锁反应过程。为使燃烧达到发热、发光的程度，必须有足够大的反应速率。当参与燃烧的煤气和空气的浓度减小使反应速率减慢至某一极限值时，燃烧不能继续进行。这时煤气和空气所组成的混合物中可燃气体的浓度叫燃烧极限。燃烧极限的上限与下限之差为燃烧范围。当低于下限或高于上限含量时，均不能着火燃烧。可燃气体的燃烧极限随混合物的温度和压力增加而加宽，同时可燃气体与氧的混合物比与空气的混合物燃烧极限要宽得多。某些可燃气体和空气混合物在常压下的燃烧极限见表9-3。

表9-3 空气与可燃气体混合物在常压下的燃烧极限

可燃气体	H_2	CO	CH_4	C_2H_6	C_6H_6	焦炉煤气	高炉煤气	发生炉煤气
燃烧极限/%	9.5～65.2	15.6～70.9	6.3～11.9	4.0～14.0	1.41～6.75	6.0～30.0	46.0～68.0	20.7～73.7

2. 着火温度

着火温度又称着火点。它是使可燃物开始正常稳定燃烧的最低温度。着火温度的高低与可燃混合气体的成分、燃烧系统的压力，燃烧室结构和大小等有关，着火温度的具体数值由实验测得。几种可燃气体的着火温度见表9-4（因实验方法不同，各资料所列数据有差异）。

表9-4 几种可燃气体在标准状况下的着火温度

名称	H_2	CO	CH_4	C_2H_4	C_6H_6	焦炉煤气	高炉煤气	发生炉煤气
着火温度/℃	580～590	644～658	650～670	542～547	740	600～650	＞700	640～680

3. 煤气爆炸

爆炸的本质与燃烧基本一致。不同点在于燃烧是稳定的连锁反应，在必要的浓度极限条件下，主要依靠温度的提高，使反应加速；而爆炸是不稳定的连锁反应，在必要的浓度极限条件下，主要依靠压力的提高，使活性分子浓度急剧提高，而加速反应。因此，各种可燃混合物的燃烧极限就是爆炸极限。

（1）煤气爆炸的原因

可燃混合物在设备和环境中达到必要的浓度极限，遇到高温或火源，产生高压引起爆炸。

（2）煤气爆炸的防范措施

了解了煤气爆炸的原因，就可主动采取防范措施，避免爆炸事故的发生。如焦炉煤气、氢气、苯蒸气的爆炸下限很低，当管道、管件、设备不严时，漏入空气中，遇到火源极易发生着火爆炸；相反，高炉煤气、发生炉煤气、氢气和一氧化碳爆炸上限较高，当管道、设备不严并出现负压时，容易吸入空气形成爆炸性可燃混合物。此外，当管道内煤气低压或流量过低时，也易产生回火爆炸。因此，煤气压力低于规定数值时要停止加热，预防事故发生；煤气管道或设备投入生产前要作爆炸试验；点燃煤气时要先给火后送气；烘炉时要求焦炉达到 750℃ 以上才能转为正常加热；各种加热炉由于各种原因煤气火焰自行熄灭后，要将炉膛内可燃物排除后方能点火等；对动力燃烧，要求混合物进入燃烧室时必须加热到着火温度以上，以及气流速度大于火焰传播速度。

第二节　热效率与耗热量

一、焦炉的热效率

焦炉的热效率是衡量焦炉能量利用技术水平和经济性的一项综合指标。分析焦炉的热效率对进一步改进生产工艺、提高焦炉的热工操作水平、改善生产技术管理和降低产品能耗具有重要意义。

焦炉的热效率为有效热量与供给的全部热量的百分数。

$$\eta = (Q_{Yx}/Q_{GG}) \times 100$$

或

$$\eta = (1 - Q_{SS}/Q_{GG}) \times 100$$

式中　η——热效率，％；

Q_{Yx}——有效热量，kJ/t 干煤；

Q_{GG}——供给的热量，kJ/t 干煤；

Q_{SS}——损失的热量，kJ/t 干煤。

有效热量是指达到工艺要求时所被利用的热量。供给的热量是指外界供给焦炉的热量，但不包括物料带入的显热。损失的热量是指供给的热量中未被利用的部分。

二、炼焦耗热量

焦炉的炼焦耗热量是指 1kg 入炉煤炼成焦炭需要供给焦炉的热量，单位是 kJ/kg。一般大型焦炉在正常结焦时间的情况下，当入炉煤水分为 7％ 时，用焦炉煤气加热的湿煤耗热量一般为 2090～2510kJ/kg；而用高炉煤气加热时湿煤的耗热量一般为 2510～2720kJ/kg。

炼焦耗热量指标除了作为用来加热焦炉的煤气消耗量的计算依据以外，还是评定焦炉结构完善、热工操作和管理水平好坏以及决定炼焦消耗定额高低的一项主要指标。其数值的大小与入炉煤料及其组成、加热煤气的性质与质量等因素有关。

1. 耗热量计算

（1）湿煤耗热量

湿煤耗热量是指 1kg 湿煤炼成焦炭实际消耗的热量，用 q^f 表示，按下式计算：

$$q^f = (V_t Q_{DW}^g)/G$$

式中　V_t——标准状态下的实际加热煤气量，m³/h；

Q_{DW}^g——干煤气的低位发热量，kJ/m³；

G——装入焦炉的湿煤，kg/h。

在计算中，上述各项所取数值的时间应是一致的。当焦炉操作条件一定时，湿煤耗热量随入炉煤水分的变化而改变。由于各焦炉入炉煤水分不同，因此湿煤耗热量相互之间缺乏可比性，其数值的大小也不能真实地反映出焦炉热工操作的水平。

（2）相当耗热量

相当耗热量（q_h）即换算为含水量为 7% 的湿煤的耗热量。为统一计算基准，便于比较，将实际湿煤耗热量换算为水分含量相同的湿煤的耗热量。按现行规定，我国采用 7% 的水分作为换算基准。计算方法如下。

用焦炉煤气加热时：

$$q_h = q^f - 29.31 \times (W - 7)$$

用贫煤气加热时：

$$q_h = q^f - 33.49 \times (W - 7)$$

式中　　q_h——7% 水的湿煤耗热量，kJ/kg；

$\qquad$ q^f——湿煤耗热量，kJ/kg；

$\qquad$ 29.31——焦炉煤气加热时每增减 1% 水分时耗热量的变化，kJ/kg；

$\qquad$ 33.49——贫煤气加热时每增减 1% 水分时耗热量的变化，kJ/kg；

$\qquad$ W——实际煤水分含量，%；

$\qquad$ 7——标准煤水分含量，%。

2. 影响炼焦耗热量的因素

用炼焦耗热量作为焦炉热工评价指标，虽然没有热效率那样全面，而且随着炉体老化耗热量还发生变化，但耗热量能基本反映焦炉的能耗情况且计算方法简单，所以仍将它作为焦炉热工的考核指标。影响炼焦耗热量的因素很多，主要有以下几方面。

（1）焦饼中心温度

从炭化室推出的赤热焦炭所带走的热量一般占焦炉热量支出的 40% 左右，它的大小主要取决于焦饼中心温度的高低和均匀程度。若以焦饼最终平均温度为 1000℃ 计，则焦饼温度每增加 50℃，焦炭带走的热量增加 5% 左右，则炼焦耗热量约增加 6%。因此，应当在保证焦炭质量和顺利推焦的前提下使焦饼中心温度维持在最低值。要降低焦饼中心温度，就要降低标准温度，而降低标准温度的前提是炉温必须均匀、稳定，推焦正点等，否则降低温度后，会使部分焦炭成熟不好从而降低焦炭质量并容易造成推焦困难。

（2）炉顶空间温度

荒煤气带走的热量也是较多的。在生产条件相同的条件下，炉顶空间温度主要取决于焦炉的加热水平和焦饼高向加热的均匀程度。当结焦时间、装入煤料一定时，荒煤气出口温度每降低 10℃，耗热量降低 20kJ/kg 左右。故在保证焦饼高向加热均匀和保证化学产品质量要求的前提下，应降低焦饼上部温度，降低炉顶空间温度。减少荒煤气在炉顶空间的停留时间，也可减少荒煤气从炭化室带走的热量。

（3）空气系数

加热煤气与空气合适的比例，对降低耗热量有较大意义。空气系数过小，煤气燃烧不完全，部分可燃气体损失，耗热量增大；空气系数过大，废气带走的热量增多，导致耗热量增加。

若废气中含有 1% 一氧化碳时，则相当于 3%～4% 的焦炉煤气或 6%～7% 的高炉煤气未经燃烧，耗热量增加 5%～6%。

空气系数每增加 0.1，在使用高炉煤气加热时，耗热量将增加 30.40kJ/kg；在使用焦炉煤气加热时，耗热量将增加 20～25kJ/kg。

空气系数不仅影响着耗热量，同时对焦炉高向加热和产品质量均有直接关系，所以控制合适的空气系数并调节均匀很重要。

（4）废气温度

降低从小烟道排出的废气温度，减少废气带走的热量，可以提高焦炉热效率和降低炼焦耗热量。在结焦条件一定的情况下，废气出口温度降低 25℃，可使耗热量降低 25～35kJ/kg。

废气温度的高低与火道温度、蓄热室格子砖的蓄热面积、气体在蓄热室内的分布情况及交换周期等有关。交换周期越长，格子砖换热效率越低；交换周期过短，则交换频繁对操作不利，并增加了交换时的煤气损失，因此交换周期一般采用 20min 或 30min。

废气温度不能无限制地降低，因为废气中的酸性物质（特别是焦炉煤气燃烧产生的废气）主要是 SO_2 或 SO_3，在温度较低的情况下，可能形成硫酸或亚硫酸，从而腐蚀焦炉的小烟道、烟道和烟囱砌体及有关设备，引起内衬脱落或倒塌现象。此外，废气具有一定的温度，使烟囱产生吸力，维持焦炉生产，其本身就是低热量的有效利用。所以，小烟道出口处废气温度应不低于 250℃。

（5）配合煤水分

配合煤与含水 7% 的湿煤相比，配煤水分每变化 1%，耗热量相应变化 29～33kJ/kg。当配入水分较高的煤泥或下大雨使配煤水分急剧上升时，炼焦耗热量会增加较多。

配合煤水分的变化，不仅对耗热量影响很大，而且还影响焦炉加热制度的稳定和焦炉炉体的寿命。水分的波动也会引起配合煤堆密度的变化进而影响焦炉的生产能力。同时，当水分波动频繁时，调火工作跟不上，易造成焦炭过火或生焦，还可能引起焦饼难推。故稳定配合煤的水分是焦炉正常操作生产的主要条件之一。

（6）周转时间

一般焦炉的设计周转时间，耗热量是最低的。周转时间每改变 1h，耗热量将增加 1%～1.5%。

（7）计量仪表和设备的完整与准确

由于供给每个燃烧室的热量是一致的，这就要求每孔炭化室的装煤量控制在一定范围内。不少焦炉未设置称量入炉煤的地磅，这样最多装煤量与最少装煤量之间耗热量相差较大。此外，煤气流量表的误差对炼焦耗热量影响就更直观了。

（8）炉体状态

若炉体不严，从蓄热室封墙漏入空气，或蓄热室单主墙窜漏，炭化室墙串漏，煤气旋塞或砣不严，都会造成加热煤气的损失，增加耗热量，因此必须加强对炉体和煤气设备的维护。

另外，炉体表面绝热好坏，不但影响散热的大小，还将影响操作环境。

（9）加热煤气种类

用高炉煤气加热的耗热量要比用焦炉煤气加热时高 10%～20%。尽管烧高炉煤气时的小烟道温度比烧焦炉煤气时低，但烧高炉煤气时所产生的废气量大，废气带走的热量多，同时因炉体和设备不严密而造成的漏失量也多，以及蓄热室封墙不严密漏入空气与煤气燃烧以及煤气不完全燃烧等都增加了炼焦耗热量。

从炼焦耗热量上看，用焦炉煤气加热时的耗热量要比用贫煤气加热时少，因为焦炉煤气是优质的气体燃料，所以对复热式焦炉来说，如条件允许，应尽可能地烧贫煤气。这对能源的合理利用，环境保护以及社会、经济综合效益等都有好处。

第十章 焦炉的加热制度

为使焦炉生产达到稳定、高产、优质、低耗、长寿的目的，要求各炭化室的焦饼在规定的结焦时间内沿长向和高向均匀成熟。为保证焦炭的均匀成熟，同时最大限度地提高焦炭和化学产品的收率，提高焦炉的热效率，必须制定并严格执行焦炉加热制度。

焦炉加热制度是调火工作中所要控制的温度制度和压力制度，是加热调节中的一些全炉性的指标，如结焦时间、标准温度、煤气流量、标准蓄顶吸力、烟道吸力、孔板直径、进风口开度、翻板开度、空气系数、集气管压力等。

一般结焦时间改变，各项指标均要作相应改变，因此对于不同的结焦时间，应有相应的加热制度。如表 10-1 所示 JN60-82 型焦炉的基本加热制度实例。

表 10-1 JN60-82 型焦炉加热制度实例

（结焦时间 18h，炭化室宽 450mm）

加热煤气种类	标准温度/℃		煤气流量/(m³/h)	煤气压力/Pa	烟道吸力/Pa		孔板直径/mm
	机	焦			机	焦	
焦炉煤气	1300	1350	12500	1250	176	176	43

加热煤气种类	风门开度/mm		烟道温度/℃		蓄顶吸力/Pa							
					机侧				焦侧			
	机侧	焦侧	机侧	焦侧	上煤	上空	下煤	下空	上煤	上空	下煤	下空
焦炉煤气	65/70	65/70	237	258	44～49	44～49	64～68	64～68	42～49	42～49	64～68	64～68

第一节 温 度 制 度

温度制度指直行温度、标准温度、横排温度、炉头温度、焦饼中心温度、冷却温度、蓄热室顶部温度、小烟道温度、炉顶空间温度等。

在实际生产过程中，焦炉温度指标作如下技术规定。

① 燃烧室立火道任何一点在交换后 20s 时的温度不得超过 1450℃；当推焦炉数减少、降低燃烧室温度时，应保持边火道温度不低于 1100℃。当大幅度延长结焦时间时，边火道应保持 950℃以上。

② 机焦侧标准火道温度根据焦饼中心温度制定。

③ 机焦侧炉头温度与全炉平均温差应控制在 ±50℃。

④ 焦饼中心温度应为 (1000±50)℃，上下两点温差不超过 60℃。

⑤ 炉顶空间温度应为 (800±30)℃，不应超过 850℃。

⑥ 硅砖蓄热室顶部温度不应超过 1320℃，黏土砖蓄热室不应超过 1250℃。

⑦ 小烟温度不超过 450℃，分烟道温度不超过 350℃，最低不低于 250℃。

⑧ 焦炉煤气预热温度：一般保持 45℃；在冬季较寒冷时，为防止加热煤气横管中冷凝

水增多影响加热,可将回炉煤气温度提高至 55℃。

⑨ 相邻两火道温差不超过±20℃。

一、标准温度与直行温度

1. 标准温度的确定

焦炉燃烧室的火道数量较多,为了均匀加热和便于检查、控制,每个燃烧室的机、焦侧各选择一个火道作为测温火道,其温度分别代表机、焦两侧温度,这两个火道称为测温火道或标准火道,生产中测量的测温火道温度称为直行温度。

标准火道一般选机、焦侧中部火道,选择时应考虑单、双数火道均能测到,但要避开装煤车轨道和纵拉条。

标准温度是指机、焦侧测温火道平均温度的控制值,是在规定结焦时间内保证焦饼成熟的主要温度指标。

在确定焦炉的标准温度时,可以用有关公式进行计算,但因为运算比较复杂而且与实际有较大的出入,所以一般参考已生产的同类型焦炉的生产实践来确定,最后根据实际测量的焦饼中心温度进行校正。各种类型焦炉的标准温度见表 10-2。

表 10-2　各种类型焦炉的标准温度

炉型	炭化室平均宽度/mm	结焦时间/h	标准温度/℃		锥度/mm	测温火道号数	加热煤气种类
			机侧	焦侧			
JNX60-87(蓄热室分格)	450	18	1295	1355	60	8,25	焦炉煤气
JNX70-2	450	19	1250	1300	50	8,27	焦炉煤气
JN60-83	450	18	1295	1355	60	8,25	焦炉煤气
5.5m 大容积	450	18	1290	1355	70	8,25	焦炉煤气
JN43-80	450	18	1300	1350	50	7,22	焦炉煤气
58 型(450mm)	450	18	1300	1350	50	7,22	焦炉煤气
58 型(407mm)	407	16	1290	1340	50	7,22	焦炉煤气

标准温度随结焦时间的变化而改变。在生产中,每改变一次结焦时间,应相应地改变一次标准温度。根据生产实践经验得出,大型焦炉的结焦时间改变时,标准温度的变化见表10-3。

表 10-3　标准温度与结焦时间的关系

结焦时间/h	<14	14~18	18~21	21~25	>25
结焦时间每改变 1h,标准温度的变化量/℃	>40	25~30	20~25	10~15	基本不变

结焦时间与焦炉设计结焦时间接近时,每改变 1h,标准温度变化 25~30℃;结焦时间越延长,标准温度变化越少,一般结焦时间超过 25h,标准温度基本不再降低;当结焦时间过短即强化生产时,温度显著提高,每缩短 1h 需要提高 40℃以上,由于标准温度过高,焦炉各立火道容易出现高温事故,烧坏炉体,并且炭化室、上升管内石墨生长过快,焦饼成熟不均,焦炭碎,易造成困难推焦。一般认为炉宽450mm 的焦炉结焦时间不应低于 16h;炉宽 407mm 的焦炉结焦时间不低于 14h。

① 标准温度除与炉型有关外,还与配煤水分、加热煤气种类等有关。

当配煤水分(高于 6%时)每增加 1%时,标准温度应增加 5~7℃。在同一结焦时间内火道温度每改变 10℃，焦饼中心温度相应改变 25～30℃。

在任何结焦时间下，标准温度的确立应使焦炉各立火道温度不应超过极限温度。《焦炉技术管理规程》规定，对于硅砖燃烧室任何立火道测温点在换向后 20s 的温度最高不得超过 1450℃，最低不得低于 1100℃。因为燃烧室的最高温度点在距立火道底 1～1.3m 处，且比立火道底温度高 100～150℃，同时考虑到炉温波动、测量仪器仪表的误差等因素，因此立火道底部温度应控制在比硅砖荷重软化温度（1650℃）低 150～200℃，即不超过 1450℃才是安全的。为保证炉头温度不低于 1100℃，在结焦时间较长的情况下，标准温度一般不应低于 1200℃（机侧），在炉头温度不低于 1100℃ 的条件下，标准温度可适当降低。规定立火道温度不低于 1100℃ 的目的是防止装煤后炉墙墙面温度降至 700℃ 以下，引起砌体体积发生剧变而开裂。

对于黏土砖焦炉，虽然其耐火度与硅砖差不多，但因荷重软化温度比硅砖低得多，而且当炉温较高时炭化室墙面易产生卷边、翘角等现象而损坏炉体，因此，在生产实践中直行平均温度不宜超过 1100℃。

② 燃烧室温度在结焦周期内和交换间隔时间内，总是有规律地变化着。

在结焦周期内，其他条件不变，燃烧室温度随着相邻两个炭化室所处结焦过程不同而有所差别。火道温度始终随着装煤、结焦、出焦而由高到低、由低到高地变化着。其最高温度与最低温度的差值及其出现的时间间隔与焦炉炉型、结焦时间、入炉煤水分、推焦顺序、检修时间的长短等因素有关。结焦时间越长，燃烧室温度随装煤和推焦的变化越平缓，但波动幅度变大，直行温度均匀性和稳定性将会变坏。考虑到结焦过程对火道温度的影响，应以各火道的昼夜平均温度计算的均匀系数来考核直行温度的均匀性。

在交换间隔时间内，下降气流火道温度在交换初期迅速下降，然后逐渐减慢。这是因为原上升气流的火道温度在交换前达到最高温度，此时立火道与炭化室墙面的温差最大，传热很快，另外，在交换初期从上升侧过来的废气温度较低，因此这时下降气流的温度下降较快。随着废气温度的逐渐升高和向炭化室传热速度减慢，燃烧室温度下降速度逐渐减小。影响下降气流火道温度下降值的因素有结焦时间、空气系数、除炭空气量、配合煤水分以及相邻炭化室所处结焦过程等。因此，当焦炉的结焦时间、加热制度以及季节改变时应重新测量火道温度的下降值。

2. 直行温度的测量与评定

(1) 直行温度的测量

直行温度的测量是焦炉每班必须进行的主要工作，是为了检查焦炉沿长向各燃烧室温度分布的均匀性和全炉昼夜温度的稳定性，必须按规定的时间、顺序和速度测量。测量要求。

① 测量位置在下降气流立火道底部烧嘴和鼻梁砖之间的三角区处；

② 换向后 5min（因为在 5min 之内温度变化太快）开始测量，每次测量由交换机室端的焦侧开始，机侧返回；

③ 测量时间、顺序固定不变，测量速度均匀，一般每分钟测量 6～7 个火道，不超过 10 个火道；

④ 在连续两个交换周期内测完；

⑤ 每隔 4h 按规定时间、顺序测量一次。

⑥ 每次测量应将实测结果按测温时间分段加上冷却温度校正，分别校正到换向后 20s 时的温度。

⑦ 要求所使用的光学高温计或红外测温仪必须准确无误，因此高温计或红外测温仪进

行定期校正。

（2）直行温度的评定

将一昼夜所测得的各燃烧室机、焦侧的温度分别计算平均值，求出各机、焦侧测温火道与昼夜平均温度的差值。如果中间火道该差值大于 20℃ 即为不合格火道，边炉大于 30℃ 为不合格火道。

直行温度的均匀性和稳定性，采用均匀系数和安定系数来考核。

均匀系数 $K_{均}$ 表示焦炉沿纵长方向各燃烧室昼夜平均温度的均匀性。由于火道温度始终随着相邻炭化室的装煤、结焦、出焦而变化，所以用其昼夜平均温度计算均匀系数 $K_{均}$ 来表明全炉各炭化室加热的均匀性。

$$K_{均} = \frac{(M - A_{机}) + (M - A_{焦})}{2M}$$

式中　M——焦炉燃烧室个数（修理炉和缓冲炉除外）；
$A_{机}$，$A_{焦}$——机、焦侧测温火道温度与该侧平均温度相差超过 $\pm 20℃$（边炉 $\pm 30℃$）的个数。

安定系数 $K_{安}$ 表示焦炉直行温度的稳定性。直行温度不但要求均匀，而且要求直行温度的平均值应稳定，整个焦炉炉温的稳定性用 $K_{安}$ 表示：

$$K_{安} = \frac{2N - (A'_{机} + A'_{焦})}{2N}$$

式中　N——昼夜直行温度的测定次数；
$A'_{机}$，$A'_{焦}$——机、焦侧平均温度与所规定的标准温度偏差超过 $\pm 7℃$ 的次数。

3. 直行温度稳定性的调节

日常生产中，全炉温度用机、焦侧直行平均温度来代表，因此直行温度稳定性的调节即是全炉总供热的调节，为使火道温度满足全炉各炭化室加热均匀的要求，应经常测定并及时调节，使直行温度符合规定的标准温度。

当结焦时间一定时，常因装煤量、配煤水分、煤气热值、煤气温度和压力等因素的变化以及出炉、测温操作及调节不当，使直行温度的稳定性变坏，因此需要及时而正确地调节全炉煤气流量和空气量。对影响炉温稳定性的因素，分述如下。

（1）装煤量和入炉煤水分

装煤量力求稳定。若装煤量低于规定值 1% 以上时要在半小时内进行二次装煤，否则将破坏直行温度的均匀性和稳定性，同时使焦炭的质量和产量受到影响。

入炉煤水分稳定与否，对直行温度的均匀性和稳定性影响很大。配煤水分每变化 1%，炉温变化 5~7℃。自然界中雨水以及进厂煤直接进配煤槽会使入炉煤水分产生波动，所以应采取相应的措施稳定入炉煤水分，并及时调整炉温，保证焦饼均匀成熟。

（2）煤气的热值

加热煤气的热值因煤气的组成、温度和湿度的变化而变化。焦炉煤气的组成主要因配煤组成和焦炉操作而变。由于煤气热值的变化，焦炉供热量发生变化，则直行温度产生波动。当缺乏严格的配煤质量要求或炭化室压力波动，甚至经常在炭化室负压下操作时，焦炉煤气的组成波动很大，用这样的回炉煤气加热，直行温度的稳定性很难维持。在结焦周期内发生的煤气组成也不相同，对全炉来说，煤料处于不同的结焦时间，发生的煤气热值也不相同。在正常生产的情况下，一般在焦炉检修时间的末期，煤气热值最低。所以用自身回炉煤气加热的焦炉，直行温度也会因上述原因有些正常波动，调节时应予以考虑。

煤气温度对热值有较大的影响。煤气温度高，因饱和水蒸气含量大，因此热值变低。另外，因一定量煤气的体积与绝对温度成正比，所以当用仪表控制流量时，煤气温度的变化，还将影响实际进入炉内煤气量的变化。煤气温度高，则煤气进入量相对减少。

煤气温度除受煤气预热器影响外，因回炉煤气管系较长且暴露于大气，故大气温度对煤气温度也有影响。正常天气时，一天内气温变化是有规律的。当其他因素稳定时，炉温变化规律和大气变化规律相符，即：白班气温高，煤气温度也高，煤气密度小，湿度增加，实际温度下的湿煤气热值降低，炉温趋于下降，夜班时则炉温趋于上升。一般的经验是当煤气温度变化10℃时，直行温度可变化5～10℃。

当遇有寒流、高温和大雨时，加热煤气温度将有很大变化，应根据情况和经验，采取相应的措施，争取调节的主动权，使各种因素对直行温度的影响减到最低。

（3）空气系数

煤气在立火道内燃烧时，必须供入适当的空气。如果空气量过少，则煤气燃烧不完全，煤气的燃烧热不能全部利用，会浪费煤气或降低立火道的温度，特别是燃烧不完全的煤气跑到蓄热室后，遇着漏入的空气便会燃烧，使蓄热室产生高温；如果空气量太大，则燃烧的火焰短，不利于高向加热的均匀，而且会降低立火道的温度。所以，经常测定空气系数 α 值，对及时指导调火工作是非常有帮助的。使用焦炉煤气，空气系数 α 值在1.2左右可以使煤气完全燃烧，并可以防止高温事故。如果 α 值不大的话，即使遇到立火道煤气失去控制（例如烧嘴破裂、灯头歪倒等）而又未及时发现的话，火道温度不会急剧升高而发生高温事故，因为煤气量虽然大量增加，但由于空气量相对不足，所以燃烧不完全。如果 α 值在1.4～1.5，过量的空气则会使炉温迅速升高，超过危险温度而产生高温事故，损坏炉体。因此，α 值不宜太大，实践证明，使用焦炉煤气，空气系数 α 值控制在1.2～1.25比较好。

煤气燃烧的好坏对于调火工作来说是比较重要的。煤气燃烧的好坏，除了可以用空气系数 α 值来判别外，通常较多的是用肉眼来观察火焰，判断煤气和空气的配合是否恰当，有无"短路"，烧嘴有无破裂，喷嘴有无掉落和砖煤气道有无漏气等情况。根据经验，烧焦炉煤气时，在正常结焦的情况下，火焰在白天看稻黄色，火嘴远离循环孔，火焰呈细长火炬状，略有白色；夜间观察时则发白亮，火嘴靠近循环孔，火焰与废气混合充满火道。当空气多煤气少时，火焰发白，短而不稳，在白天观察时也是白亮刺眼；当空气少煤气多时，火焰发暗、冒烟；当空气和煤气都少的话，与同号火道相比，其火焰较小；如果空气和煤气都多，与同号火道相比，其火焰较大。为了准确判断火焰，除了观察上升气流的火焰外，还要观察下降气流底部砖的颜色，以判断温度的高低。炉砖的颜色与温度范围的关系见表10-4。

表10-4　炉砖的颜色与温度范围的关系

炉砖颜色	夜晚可看出黑红色	夜晚可看出暗红色	深樱红色	樱红色	浅樱红色	暗橙色	亮橙色	橙白色	耀眼白色
温度/℃	约600	约700	800	900	1000	1100	1200	1300	1400

观察火焰的时候，还要同时注意看火孔的压力。如果是+5Pa左右时，可感到热气流稍往上冒，但不喷脸。如果喷脸或稍打开看火孔盖时有气流声响，说明正压过大。如果是负压，可看到火道内的火焰不稳定。负压大时，看火孔周围的煤粉被抽到火道内。观察火焰时还应注意，看火孔正、负压过大时，打开看火孔盖后在较大程度上改变了火道内的气流状况，因而改变了燃烧火焰的原来面貌，使观察不准确。例如当正压过大时，打开看火孔盖后，从看火孔流出的气体较多，增加了火道内的吸力，使空气系数增加；当负压过大时则相

反。因此在检查燃烧情况时需考虑这个因素在内。

根据观察及时调节空气量和煤气量，一般总是同时进行调节。如煤气量增减较小时，用调节烟道吸力的方法来调节空气量。当煤气量增减较大时，烟道吸力要配合空气口开度来调节空气系数的大小。

此外，空气系数还和大气温度及风向有关。

（4）检修时间和出炉操作

由于燃烧室的温度随炭化室煤料处于结焦期的不同而变化，所以在检修时间开始时，因各炭化室均已装煤，处于结焦前期炉数较多，故直行温度趋于下降，降低的幅度与检修时间长短有关，检修时间越长，下降量越多。如检修时间 2h，炉温下降为 5～8℃。结焦时间较长时，检修时间也长，炉温波动大，为减少对直行温度稳定性的影响，检修时间最长一般不超过 3h，应将较长的检修时间分段进行。

检修时间对炉温的影响是有规律的，不是供热问题，所以不应作任何调节。

出炉操作不均衡，不按计划正点出焦，将造成结焦时间波动。如果提前或错后装煤，还将影响下一循环的计划结焦时间，使直行温度的稳定性被破坏，无法控制，所以应严格出炉操作制度。

（5）直行温度稳定性调节的注意事项

① 在测量直行温度时，要避免因测温时间的不均匀性所带来的误差，要求测温时间准确，速度均匀，避免直行温度产生较大误差。

② 要有一个适当的加热制度，并要经常保持。应了解和掌握引起炉温波动的因素，准确地采取调节措施。对使炉温产生有规律变化的影响因素，应给予注意，不宜盲目调节供热，但应采取措施使其影响控制在最小的范围内。

③ 要注意炉温变化趋势，保持加热制度稳定，调节不能过于频繁，幅度不能过大。

实测直行平均温度的高低是调节的基础，但应注意上班温度情况及调节的效果，注意炉温变化趋势。由于煤气燃烧传热和炉墙蓄热的能力不完全相同，在增减煤气流量后炉温的反映速度是不一样的。烧焦炉煤气时，当炉温处于稳定状态下，增减煤气流量后，一般要经过 3～5h 才能反映出来。当炉温正处于上升或下降趋势时，要改变炉温上升或下降的趋势，时间就要更长一些，所以处理炉温时，要根据用量情况、炉温变化趋势，准确调节，避免调节幅度过大或过于频繁而引起直行温度更大的波动。

④ 要根据实际结焦时间的长短及时调节炉温。由于某些原因，可能造成同一班次各炉计划的结焦时间不统一，应根据计划的结焦时间长短提前增减煤气流量，以保证直行温度的稳定。若影响了推焦或装煤，要如实填写推焦和装煤时间，如果按正点推焦时间和装煤时间填写，会使下一循环计划结焦时间发生变化而影响炉温的波动，使直行稳定遭到破坏。

当结焦时间变化较大，持续时间较长时，必须重新规定标准温度。

⑤ 除测量炉温外，要经常检查出炉焦饼的成熟情况，要经常检查燃烧室火焰的燃烧情况，使供应的煤气能在合理的空气系数下燃烧，增减的煤气量与分烟道吸力的调节相适应，变化较大时，应与进风口开度配合调整，尽量做到准确调节，保持直行温度的稳定性，使焦饼在预定的结焦时间内均匀成熟。

应当指出，根据计算所确定加热制度的各项数值是近似的，实际上各项因素的变化比较复杂，因此必须根据实际情况加以校正。

4. 直行温度均匀性的调节

直行温度均匀性的调节是在保证直行温度稳定性的前提下调节的。焦炉在总供热稳定的基础上，要求对每个燃烧室（边炉除外）供给相同的热量，才能保证各燃烧室的温度达到均匀一致。

（1）各燃烧室煤气量均匀性的调节

供给各燃烧室的煤气量相同（边炉燃烧室除外），才能保证直行温度均匀。各燃烧室煤气量大小的控制主要靠安装在煤气支管上的分配孔板来调节，各燃烧室煤气量的均匀分配，是靠孔板直径沿焦炉长向适当的排列来实现的。

分配孔板一般安装在交换旋塞前，煤气量的均匀分配与管道中的阻力有关。管道中的阻力主要在交换旋塞、煤气支管（包括下喷式焦炉的横管）、砖煤气道、火嘴（侧入式焦炉）或喷嘴（下喷式焦炉）等阻力组成，只有当这些阻力均匀一致时，孔板排列才能使煤气分配量相同。在生产中，实际上影响煤气量主要是由于交换旋塞的开度不正、旋塞堵塞、孔板安装不正或不清洁、砖煤气道串漏或结石墨以及燃烧室烧嘴的堵塞或脱落等，从而造成了直行温度均匀性变差。因此调节直行温度均匀性时，不要轻易更换孔板，应该先查看以上影响因素，并消除这些影响因素。

下喷式焦炉可根据安装的孔板直径，通过测量横管压力，找出管道中不正常阻力部位。例如，当某个燃烧室温度低，煤气量不足时可有下述几种情况，见表10-5。

根据测量结果，消除堵塞或加热设备上的缺陷后，一般炉温能上来。只有这些影响因素短时间内不能消除时，才更换孔板以解决煤气量的不足。为便于掌握情况及调节准确，正常情况下不用调节旋塞的开度变化调节各燃烧室的煤气量。一般大型焦炉孔板直径每改变 1mm，直行温度变化 15～20℃。另外，分析直行温度时，一定要对照横排温度，因为有时横排

表 10-5　煤气量不足的情况分析

横管压力	孔板直径	不正常阻力的部位
大	大或正常	横管后
小	大或正常	横管或横管前
正常	大	横管前

曲线仅测温火道或包括测温火道的少数几个火道温度过高或过低，应处理这几个个别火道的温度，不能轻易更换孔板。

（2）各燃烧室空气量均匀性的调节

直行温度均匀性的调节，在各燃烧室煤气量均匀的基础上，还应使各燃烧室的空气量均匀一致。进入各燃烧室的空气量用蓄顶吸力来控制，其调节的主要手段是废气盘进风口和废气盘调节翻板的开度。

① 废气盘进风口和调节翻板开度的排列。

废气盘进风口开度，除边炉外全炉应一致。根据边燃烧室煤气量为中部的 70％～75％，进风量也应相符，所以边燃烧室废气盘进风口开度为中部的 35％～40％，端部的第二个蓄热室进风口开度为中部的 85％～90％。

为使进风口开度和蓄顶吸力一致，废气盘调节翻板的开度应按照距烟囱远近而定。由于两侧分烟道随气流方向各点阻力与动压力逐渐增加，故靠近烟囱吸力总是大于始端吸力，所以废气盘调节翻板开度应随着离烟囱越近越小。为了使翻板有足够的调节余地，在焦炉开工时就应将中部的废气盘调节翻板开度，配置在开关的中部位置。

通过两端边蓄热室的废气量约为中部蓄热室的 35％，所以边废气盘翻板开度也相应减小。

② 共产党蓄顶吸力的调节。烧焦炉煤气时，调节蓄顶吸力也就是调节空气量和废气量的均匀分配，此外还关系到横排温度的分布和压力制度，特别是看火孔压力的保持。蓄顶吸力的调节在下一节相关内容时做详细讲述。

（3）影响直行温度均匀性变化的原因及处理方法

通过焦炉长向各燃烧室煤气量和空气量均匀性的调节，基本上可保证直行温度均匀。但是在生产中，除加热系统和加热设备问题外，还有一些其他因素影响炉温的均匀性。

① 周转时间的影响。每个燃烧室的温度均随相邻炭化室所处的不同结焦时期而变化。用定时的测量全炉直行温度的方法，客观上是不能使直行温度一致的。而且周转时间越长，推焦越不均衡，温差越大，直行温度均匀性越差，这不是由于供热不均引起的。因此在调节燃烧室温度时，应掌握这个规律，为避免调节上的混乱，不能只看一、两次的测温结果，而应看 2～3 天的昼夜平均温度，实属有偏高或偏低趋势，一般和直行平均温度差超±10℃以上时，再进行调节。

② 装煤和推焦的影响。炭化室装入煤量和入炉煤水分不均匀，使炭化室吸热不一致，引起燃烧室温度不均，特别是个别炭化室装煤太少或水分过大时，影响较大。

推焦不均或周转时间不稳定，各炭化室结焦时间就不一致，将使直行温度均匀性降低。特别是发生乱筅时，造成结焦时间变化较大，使直行温度过高或过低。直行温度调节时，应注意上述情况，可根据具体情况不调或临时调节，避免调节上的混乱。

③ 炉体情况。焦炉煤气加热时，当蓄热室串漏、格子砖堵塞、斜道区裂缝或堵塞都会使空气量供应不足，从而使火道内煤气相对过剩而燃烧不完全导致炉温下降。

当炭化室和燃烧室串漏较重时，部分荒煤气在燃烧室内燃烧会使局部温度升高；若串漏严重，则燃烧室可燃气体过量，火道内不能完全燃烧并有冒烟现象，严重时造成炉温下降，对炉温的均匀性影响很坏。因此，为调好直行温度必须了解炉体的缺陷情况，并尽可能加以消除，即使不能消除，也要心中有数，才能调好炉温。

（4）直行温度均匀性调节注意事项

在调节直行温度的时候，由于影响因素较多，因此必须根据主观和客观原因，认真分析、处理，需要注意以下几点。

① 要检查整个燃烧室的温度，确定是整个燃烧室还是仅仅测温火道或其附近几个火道有问题。

② 要检查单、双号火道的温度，确定是哪一个横管或蓄热室有问题。

③ 要检查相邻号燃烧室，因为本号与邻号空气是由同一个蓄热室供给的，往往互相有影响。

④ 要检查燃烧情况，确定是煤气量还是空气量供给有问题。

根据检查出的问题，采取正确的方法进行处理，首先应尽可能消除加热设备和炉体的缺陷，以免调节和控制手段混乱，使调节处于被动局面。但有些原因不易发现，有的不易消除，例如砖煤气道串漏，管道内挂焦油，炭化室串漏等，必要时个别燃烧室也可用改变孔板直径、进风口开度或改变蓄顶吸力的办法来调节，使其温度尽量达到要求。

二、焦饼中心温度

1. 焦饼中心温度的确定

焦饼中心温度是焦炭成熟的指标，也是标准温度制定的依据。一般生产中焦饼中心温度达到（1000±50）℃时焦饼已成熟，焦饼的上、下温差越大，焦炭质量越差，一般焦饼上下温差不超过100℃。焦饼温度的均匀性是考核焦炉结构与加热制度完善程度的重要方面，因此，焦饼各点温度应尽量一致。

2. 焦饼中心温度的测量

焦饼中心温度是从机、焦两侧装煤孔沿炭化室中心垂直插入不同长度的钢管测量的。钢管直径一般为 50～60mm，长度有三种：从炉顶面至距炭化室底 600mm，从炉顶面至距焦线下 600mm 以及这两点的中间。所用钢管要直，表面要求光滑，钢管缩口处焊成密实尖端，不能漏气。

测量时选择加热正常的炉号，打开上升管盖，在装煤孔处测量煤线，然后换上特制带孔的装煤孔盖，将准备好的钢管插入其中，要求所有的钢管都垂直地位于炭化室中心线上，发现插偏的应重新插管。

如需了解结焦过程的温度变化，可在装煤后从钢管中插入热电偶，每隔 1h 测量一次温度，到 850℃ 以上时，再改用高温计测量。

通常，推焦前 4h 开始测量，每小时测量一次，到推焦前 2h，改为每半小时测量一次，推焦前 30min 测量最后一次。最后一次测量的机、焦侧中部两点温度的平均值即为焦饼中心温度，计算出机、焦侧焦饼上下温差值。

在最后一次测量焦饼中心温度的同时测量与被测炭化室相邻的两燃烧室的横排温度，并记录当时的加热制度。拔出焦饼管后测量焦线，焦炭推出后测炭化室墙面温度。

在正常生产条件下，焦饼中心温度每季度测量一次。当更换加热煤气，改变结焦时间，配煤比变动较大，需要调整标准火道温度及机、焦侧温差时，应测量焦饼中心温度。测量焦饼中心温度可用热电偶、光学高温计和红外测温仪。

有些厂利用机、焦两侧各插入一根钢管，用细铁丝吊入不锈钢片，靠移动不锈钢片位置来测各点的焦饼中心温度。也可以用红外测温仪在推焦时测焦饼表面温度来推算焦饼中心温度。国外还有在推焦杆上安装红外测温仪，在推焦过程中，测炭化室墙的温度后，换算出焦饼中心温度。

捣固焦炉不测焦饼中心温度，因为不能在煤饼中插管，改为测量不同点的炉墙温度，换算出焦饼中心温度。

3. 炭化室墙面温度的测量

炭化室墙面温度一般与焦饼中心温度同时测量，间接观察燃烧室上下温度分布情况。推焦后关好机、焦侧炉门，打开上升管盖，立即用光学高温计（或红外测温仪）测量和焦饼中心温度相同位置的炭化室墙面温度。测量时，除测温的装煤孔打开外，其他炉盖应盖好。测量的顺序是：先测焦侧然后测中间，最后测机侧，每次从上向下，上、中、下三点应成垂直线，并应注意不要测在炉墙的石墨上和不准向炭化室内扔尾焦及其他发烟物。焦炭推出后，炭化室墙面温度渐趋均匀，故此法不能完全反映结焦时的温度实况。也可以在推焦杆一定位置的两侧开孔，装上测温元件进行测量。

三、横排温度

1. 横排温度的确定

同一燃烧室横向的各火道温度，称为横排温度。测量横排温度是为了检查沿燃烧室长向温度分布的合理性。

炭化室宽度由机侧到焦侧逐渐增加，装煤量也逐渐增加，为保证焦饼沿炭化室长向同时成熟，每个燃烧室各火道温度应当由机侧向焦侧逐渐增高。要求从机侧第 2 火道至焦侧第 2 火道的温度应均匀上升。

因炭化室锥度不同，机、焦侧温度差也不同。生产时，为使焦饼沿炭化室长向均匀成熟和炉头不出现生焦，以机、焦侧测温火道的温度差来控制横排温度，并用横排温度检查燃烧室从机侧到焦侧的温度分布情况。

表 10-6 是在生产实践中总结的机、焦侧温度差与炭化室锥度间的关系。

表 10-6 炭化室锥度与机、焦侧温度差间的关系

炭化室锥度/mm	机、焦侧标准温度差/℃	炭化室锥度/mm	机、焦侧标准温度差/℃
20	15～20	50	40～50
30	25～30	60	50～60
40	30～40	70	55～65

很显然，标准火道的选择，装、平煤的方法，机、焦侧火焰高度等因素对机、焦侧温度差均有影响。焦炉合适的机、焦侧温度差需要测量焦饼中心温度来进行校正。

2. 横排温度的测量方法

为了避免交换后温度下降对测温的影响，规定在换向后 5min 开始测量，并按一定的顺序和一定的速度测量。一般单号燃烧室从机侧测向焦侧，双号燃烧室从焦侧测向机侧。每次测 4～6 排，6～9min 测完。测温速度要均匀，每分钟大约测量 10 个火道。

由于同一燃烧室相邻火道测量的时间相差极短，而且只需了解燃烧室各火道温度的相对均匀性，因此不必考虑校正值。

3. 横排温度的评定

为评定横排温度的好坏，将所测温度绘成横排温度曲线（绘制时，以火道号按顺序为横坐标，以温度为纵坐标进行），并以机、焦侧标准温度差为斜率在其间引直线，该直线称为标准线（其位置应在横排曲线的中间部位）。偏离标准线 20℃ 以上的火道数为最少，将此线延长到横排温度系数考核范围，可绘出 10 排平均温度曲线或全炉横排平均温度曲线。边燃烧室、缓冲燃烧室及半缓冲燃烧室不计入 10 排或全炉横排温度考核范围。对单个燃烧室而言，实测火道温度与标准线之差超过 20℃ 以上者为不合格火道。对 10 排平均温度曲线，实测火道温度与标准线之差超过 10℃ 以上者为不合格火道。对全炉平均温度曲线，实测火道温度与标准线之差超过 7℃ 以上者为不合格火道。

燃烧室的横排温度均匀性用横排系数 $K_横$ 来考核。

$$K_横 = (M - N)/M$$

式中　M——考核火道数，个；

　　　N——不合格火道数，个。

每个燃烧室横排温度曲线是调节各燃烧室横排温度的依据。10 排平均温度和全炉平均温度横排曲线可用来分析斜道调节砖及煤气喷嘴（或烧嘴）的排列是否合理，蓄顶吸力是否合适。

全炉横排温度的测量，每季度应不少于一次。焦炉煤气加热时，测量次数应酌情增加。

4. 横排温度的调节

横排温度的调节，除向燃烧室各火道供给合适的煤气量和空气量外，还有很多其他原因影响横排温度的分布。

新开工的焦炉按设计的喷嘴和斜道口开度排列，一般不能得到较好的横排曲线。这主要是由于刚开工的焦炉到处串漏造成的，必须经过全炉几遍的喷抹和灌浆，逐步消除串漏。如采用提高集气管压力，从炭化室往燃烧室漏荒煤气，使荒煤气在墙缝中裂解成石墨，从而起到密封作用；对于砖煤气道的串漏，采用在地下室砖煤气道喷浆的办法进行堵漏；对于蓄热室封墙不严的应重新抹补。在消除大量的炉体串漏，有一个相对稳定的加热制度后，才能进行横排温度的调节。

横排温度的调节分初调和细调两步进行。

（1）横排温度的初调

焦炉在投产后的短期内，结焦时间还未正常、炭化室漏气的情况仍在继续，加热制度处于不稳定状态，此时按轻重缓急对横排温度进行初步调节，其工作内容主要是调整加热设备、调均蓄顶吸力，处理个别高温点和低温点，避免烧坏炉体，进一步稳定加热制度，保持正常的焦炭成熟条件。

① 出现高温点的原因，一般是喷嘴（或烧嘴）不严、掉落、直径偏大或是炭化室墙局部串漏造成的，处理方法是根据具体情况采取相应的措施。如喷嘴偏大应当更换小喷嘴；荒煤气串漏时，在未解决前应该对炭化室的串漏加强监督，也可酌情临时换小喷嘴，待炭化室挂结石墨后，再恢复正常。

② 出现低温点的原因，一般是喷嘴孔径偏小或堵塞，砖煤气道漏气或堵塞、空气量不足等原因造成的。可相应采取更换大孔径喷嘴、透掉石墨、往砖煤气道喷浆、透斜道等办法解决。

③ 双联火道出现锯齿形横排曲线，可能是单、双号煤气调节旋塞开关不正或堵塞造成的，通过测量横管压力，找出原因，然后处理；也可能是两个交换行程不一致造成的，应及时调节拉条行程；两次测温时间不同，出现锯齿形曲线，校正测温时间。如果是相邻加热系统的吸力和阻力不一致造成的，应调节蓄顶吸力。

④ 炉头温度偏低的原因较多，故应加强检查和管理。当蓄热室封墙、斜道正面、小烟道双叉口等处不严使冷空气吸入或炉头墙缝荒煤气漏入时，破坏炉头火道的正常供热，这时主要采取炉体严密措施解决；当斜道堵塞或斜道口开度不够以及格子砖堵塞时，应及时透通或加大斜道口开度；上升气流蓄顶吸力对炉头温度影响较大，如吸力增加则炉头温度下降，因此应确定合适的加热制度，保证炉头火道空气量供给；当焦炉周转时间较长时，应加强炉体严密和缩短敞开时间，尽量减少炉头散热；为使炉头温度不致降至极限温度以下，应保持标准温度不能过低，如果炉头温度过低时可适当增大炉头喷嘴。侧入式焦炉可在水平砖煤气道内加挡砖等增加炉头供热措施.

⑤ 机、焦侧温度差不合要求，如果是某个燃烧室一侧温度有问题，应测量横管压力和蓄顶吸力，按调节直行温度方法解决；如果是全炉性的问题，多半是喷嘴或调节砖配置不当，应根据情况，作全炉性调节；下喷式焦炉地下室煤气主管内煤气温度受大气温度或风向影响，使始端和末端有差别，因为煤气温度不同，造成两侧温差变化，应注意这种情况，必要时可随季节的变化，适当改变喷嘴排列。

（2）横排温度的细调

细调的目的是使燃烧室在焦饼均匀成熟和合理的加热制度条件下，以最少的煤气和空气量，达到符合要求的机焦侧温差和理想的横排温度系数。细调主要是核对各调节装置的配置情况，测定横排温度和立火道及废气盘的空气过剩系数，检查燃烧情况，调整蓄热室顶吸力，必要时可调整喷嘴和斜道口调节砖的排列，最终达到燃烧室长向煤气和空气按要求均匀分布，提高横排系数。细调工作一般选择相邻的5～10个燃烧室为一个调试区进行，从试调中找出合适的加热制度，校对喷嘴和调节砖的排列，摸清调温规律，把全炉调温中遇到的问题，拿到试调区进行观察，从中找出解决办法。把试调中摸出的规律性的东西，拿到全炉去推广。这样做工作量较少，便于管理，总结经验快，有利于指导全炉调温工作的进行。

（3）横排温度调节的注意事项

① 稳定加热制度和准确配置调节装置。

一般来说横排温度稳定与否，与加热制度的稳定程度有一定关系。在横排温度的试调期规定的周转时间，配煤质量、加热煤气种类、标准温度、集气管压力、上升气流的蓄顶吸力和空气系数均应保持稳定，从而使横排温度的分布，处于一个稳定状态。

调节装置的配置如孔板、喷嘴、进风口开度、斜道口调节砖应尽可能符合设计要求，完善而准确，并留有详细记录。在具备上述条件后，应测定试调区的横排温度。并分别在废气盘处（即小烟道出口处）或看火孔取样做废气分析、检查各燃烧室和各火道煤气的燃烧情况，调整各蓄顶吸力，保持各燃烧室空气量接近一致。

② 调节燃烧系统的吸力分布。在既定的调节砖排列的基础上保持沿燃烧室长向空气量分布均匀。

燃烧系统吸力分布的调节：当看火孔呈正压，燃烧室全排空气系数大，则需减小与其对应的上升进风口的开度，视情况决定是否减小下降废气盘的小翻板开度。当看火孔呈负压，燃烧室空气系数小，增大进风口开度，视情况稍增大下降气流吸力即下降小翻板开度。

在上述的调节过程中，应当特别注意上升气流蓄顶吸力在调节前后的变化。当看火孔压力调到规定标准，沿燃烧室长向里外火道空气量分布合适的情况下，上升气流蓄热室顶部的吸力就是以后加热制度应保持的数值。这时的上升与下降气流的蓄顶吸力差，就是以后在相同操作条件下应保持的吸力差，从而保持炉温的稳定。

在上述吸力的测量与调节的过程中，作火道煤气燃烧情况的检查时，应在看火孔取样作废气分析及观察火焰，以此作为调节的依据。

③ 喷嘴和调节砖排列的校正。

在燃烧系统压力分布的调节基本稳定以后，燃烧室的空气系数可基本达到均匀。但如果横排温度仍然不够好，说明喷嘴或调节砖排列存在一定问题，一般先调整喷嘴的排列，每更换一次以后，应测量横排温度和空气系数，在温度变化反应完全稳定以后，再进行下一次的调整。

在对喷嘴和调节砖的调整过程中，要注意观察和分析存在的问题，如果是个别问题，应进行个别处理；如果是全炉性的，要坚持按先试验后向全炉推广的方法来进行调节，严防把喷嘴和调节砖搞混乱影响后来的调节工作。喷嘴和调节砖改变后均应留有改变后的详细记录。

对于下喷式焦炉，用焦炉煤气加热时，每个火道的煤气量可用装在立管上的喷嘴来控制，几种焦炉的喷嘴排列如表 10-7 所示。

对于中小型两分式焦炉，有时出现机、焦侧倒温差现象，这是由于机、焦侧火道数相同，上升侧的煤气燃烧后由于火道温度较低，使其产生的热量大部分带到了下降侧，使机、焦侧温度同时增加。当焦侧温度上升时，燃烧产生的废气量多于机侧温度上升时产生的废气量，机侧蓄热室温度高，从机侧预热上升的空气温度也高，所以提高了机侧温度。解决倒温现象的办法是加大机侧的空气量，降低空气预热温度，降低机侧的燃烧温度，从而产生大量的废气量，使带到焦侧的热量增多，最终可提高焦侧的温度。

④ 煤气温度对横排温度的影响。煤气温度对横排温度的影响表现在由于季节的改变，当地下室的气温变化较大时，影响到焦炉煤气横管始端与末端的煤气温度，使横管始端与末端煤气密度发生改变。故在不同的季节在喷嘴排列一定的条件下，机焦侧的温度差是不一致的。所以在横排温度的调节过程中随季节的不同应注意到这种影响。

⑤ 全炉火道定期巡回检查。在横排温度和空气系数调节均匀以后，可以用测温火道的燃烧情况来代表一个燃烧室，每天至少检查一次。在烧焦炉煤气时，尤其是在煤气净化不好的时候，支管喷嘴等容易堵塞，应当对全炉火道进行定期巡回检查，加强监督及时调节，以保证横排温度经常处于良好状态。

表 10-7 几种焦炉的喷嘴排列表

<table>
<tr><td rowspan="6">大型
焦炉</td><td>火道号</td><td>1</td><td>2</td><td>3</td><td>4</td><td>5</td><td>6</td><td>7</td><td>8</td><td>9</td><td>10</td><td>11</td></tr>
<tr><td>喷嘴直径/mm</td><td>13.2</td><td>12</td><td>11.1</td><td>11</td><td>11.1</td><td>11.1</td><td>11.2</td><td>11.2</td><td>11.3</td><td>11.3</td><td>11.4</td></tr>
<tr><td>火道号</td><td>12</td><td>13</td><td>14</td><td>15</td><td>16</td><td>17</td><td>18</td><td>19</td><td>20</td><td>21</td><td>22</td></tr>
<tr><td>喷嘴直径/mm</td><td>11.4</td><td>11.5</td><td>11.5</td><td>11.6</td><td>11.6</td><td>11.6</td><td>11.7</td><td>11.8</td><td>11.8</td><td>11.9</td><td>12</td></tr>
<tr><td>火道号</td><td>23</td><td>24</td><td>25</td><td>26</td><td>27</td><td>28</td><td>29</td><td>30</td><td>31</td><td>32</td><td></td></tr>
<tr><td>喷嘴直径/mm</td><td>12.1</td><td>12.2</td><td>12.3</td><td>12.4</td><td>12.5</td><td>12.6</td><td>12.7</td><td>12.8</td><td>13.2</td><td>14.2</td><td></td></tr>
<tr><td rowspan="6">58-Ⅱ型
焦炉</td><td>火道号</td><td>1</td><td>2</td><td>3</td><td>4</td><td>5</td><td>6</td><td>7</td><td>8</td><td>9</td><td>10</td><td>11</td></tr>
<tr><td>喷嘴直径/mm</td><td>11.8</td><td>10.4</td><td>9.2</td><td>9.2</td><td>9.3</td><td>9.3</td><td>9.4</td><td>9.4</td><td>9.5</td><td>9.5</td><td>9.5</td></tr>
<tr><td>火道号</td><td>12</td><td>13</td><td>14</td><td>15</td><td>16</td><td>17</td><td>18</td><td>19</td><td>20</td><td>21</td><td>22</td></tr>
<tr><td>喷嘴直径/mm</td><td>9.6</td><td>9.6</td><td>9.7</td><td>9.7</td><td>9.7</td><td>9.8</td><td>9.8</td><td>9.8</td><td>9.9</td><td>9.9</td><td>10</td></tr>
<tr><td>火道号</td><td>23</td><td>24</td><td>25</td><td>26</td><td>27</td><td>28</td><td></td><td></td><td></td><td></td><td></td></tr>
<tr><td>喷嘴直径/mm</td><td>10</td><td>10.1</td><td>10.1</td><td>10.2</td><td>10.7</td><td>12</td><td></td><td></td><td></td><td></td><td></td></tr>
<tr><td rowspan="4">二分
下喷</td><td>火道号</td><td>1</td><td>2</td><td>3</td><td>4</td><td>5</td><td>6</td><td>7</td><td>8</td><td>9</td><td>10</td><td>11</td></tr>
<tr><td>喷嘴直径/mm</td><td>11.8</td><td>10.8</td><td>9.3</td><td>9.4</td><td>9.5</td><td>9.6</td><td>9.6</td><td>9.6</td><td>9.7</td><td>9.8</td><td>9.9</td></tr>
<tr><td>火道号</td><td>12</td><td>13</td><td>14</td><td>15</td><td>16</td><td>17</td><td>18</td><td>19</td><td>20</td><td>21</td><td>22</td></tr>
<tr><td>喷嘴直径/mm</td><td>9.8</td><td>9.8</td><td>9.9</td><td>9.9</td><td>10</td><td>10.1</td><td>10.2</td><td>10.3</td><td>10.4</td><td>10.6</td><td>11.8</td></tr>
</table>

四、炉顶空间温度

测量炉顶空间温度是为了检查炭化室顶部空间煤气温度情况，了解加热制度及装煤操作对炉顶排出荒煤气温度的影响。

炉顶空间温度是指炭化室顶部空间在结焦时间 2/3 时的荒煤气温度。炉顶空间温度应控制在（800±30)℃，最高不超过 850℃。炉顶空间温度与炉体结构、装煤、平煤、调火操作以及配煤比等因素有关，炉顶空间温度的高低对炼焦化学产品的产率和质量以及炉顶结石墨的速度有直接的关系。炉顶空间温度过高，降低化学产率和质量，上升管内石墨生长较快；温度过低既不利于化学产品的生成，也影响炭化室上部焦饼的生成。

在正常结焦时间下，炉顶空间温度用热电偶在结焦周期 2/3 时进行测量。将热电偶插在靠近集气管侧的装煤孔（特制带孔的装煤孔盖）或炉顶预留孔中的炭化室中心线上，插入深度在炭化室过顶砖以下，比煤（焦）线高 100mm 处，热电偶插入 15min 后方可读数，并记录好煤（焦）线深度。由此测得的值由于炉墙对热电偶的热辐射较实际炉顶空间温度要高。

炉顶空间温度，每月测量一次。

五、炉头温度

炉头温度指机、焦侧的第一个火道温度。测量的目的是及时掌握炉头温度的变化，并检测其均匀性。由于炉头火道散热多，温度较低且波动大，为防止炉头焦饼不熟，以及装煤后炉头降温过多，使砌砖开裂变形，需定期测量炉头温度。炉头温度的平均值与该侧的标准温度差值应小于 150℃。当推焦炉数减少，降低燃烧室温度时，应保持炉头温度最低不低于 1100℃。当大幅度延长结焦时间时，应保持 950℃以上。炉头温度不能过低，但也不能过高。炉头温度过高，会造成炉头焦过火，摘取炉门后焦炭大量塌落，给推焦造成困难。

炉头温度和直行温度测量相似，只是所测结果不作冷却校正。测量完毕，分别计算机、焦侧炉头平均温度（边燃烧室除外）。为评定炉头温度的好坏，还应算出炉头温度均匀系数。因为边火道受外界影响较大，所以在计算炉头火道均匀系数时，以每个炉头温度与上述平均温度相差大于±50℃为不合格，且边燃烧室不计系数。

炉头温度均匀系数 $K_{炉头}$：

$$K_{炉头} = (M - N) / M$$

式中　M——测温火道数（不含边燃烧室），个；

　　　N——不合格火道数，个。

炉头温度至少每半月测量一次。当结焦时间过长、过短或炉体衰老时，应增加测量次数。

六、冷却温度

为了将测出的测温火道温度换算成换向后20s的最高温度，以便比较全炉温度的均匀性及防止某个测温火道温度超过极限温度，需测出换向期间下降气流测温火道温度的下降值，即冷却温度。

当焦炉出焦采用9-2、2-1串序时，应选择8～10个加热正常并连续的燃烧室，当采用5-2串序时，选择6个连续的燃烧室的测温火道测量冷却温度。这是由于和这些燃烧室相邻的炭化室处于不同的结焦时间，测出后的平均值具有代表性。测量分机侧、焦侧进行。

测量方法是从换向后火道内火焰刚消失时，即相当于换向后20s开始，以每分钟测量一次速度进行，直到下次换向时或换向前2～3min停止。测量后，应将看火孔盖关闭，以免影响测量温度的准确性。

将测量结果按机侧（或焦侧）同一测温时间的各测温火道的温度计算平均值，其计算的每分钟平均温度与换向后20s时的平均温度之差，即为各时间的冷却温度下降量。以温度下降量和换向时间分别为纵、横坐标，分机、焦侧绘出曲线，此曲线称作冷却曲线。从曲线中可查出直行温度测量后各时间与交换后所需的冷却温度下降量。

表10-8是42孔JN43型焦炉测出的冷却温度。如换向后9min测得的焦侧8号燃烧室直行温度为1295℃，查对应时间的温度下降量为51.6℃，因此该火道温度换向后20s的校正温度为：1295℃＋51.6℃＝1346.6℃。

表 10-8　JN43 型焦炉焦侧冷却温度下降量测定记录

燃烧室		4	5	6	7	8	9	10	11	12	平均/℃	下降值/℃
	20s	1340	1370	1350	1380	1340	1345	1335	1345	1345	1350.0	
	1	1330	1360	1340	1370	1335	1330	1340	1340	1330	1341.7	8.3
	2	1320	1350	1325	1360	1325	1320	1340	1330	1320	1332.3	17.7
	3	1310	1345	1315	1350	1315	1310	1330	1320	1310	322.8	27.2
	4	1305	1340	1310	1340	1310	1305	1330	1320	1305	1318.4	31.6
	5	1300	1335	1305	1335	1305	1300	1325	1315	1300	1314.4	35.6
	6	1295	1335	1300	1335	1305	1290	1320	1310	1300	1310.0	40.0
换向开始后的时间/min	7	1290	1335	1295	1335	1300	1285	1315	1305	1295	1306.2	43.8
	8	1280	1330	1290	1330	1300	1280	1310	1300	1290	1301.7	48.3
	9	1285	1325	1285	1325	1295	1275	1305	1300	1290	1289.4	51.6
	10	1275	1320	1280	1320	1295	1275	1305	1295	1290	1295.0	55.0
	11	1275	1320	1275	1320	1285	1270	1300	1285	1285	1290.6	59.4
	12	1275	1320	1275	1320	1285	1265	1300	1280	1280	1289.5	65.5
	13	1270	1315	1275	1315	1285	1265	1300	1280	1280	1287.3	62.7
	14	1270	1315	1270	1315	1285	1260	1295	1280	1280	1285.6	64.4
	15	1265	1310	1270	1310	1285	1260	1290	1275	1275	1282.3	67.7
	16	1245	1290	1245	1290	1285	1235	1270	1250	1265	1261.7	88.3

　　冷却温度必须在焦炉正常操作和加热制度稳定的条件下测量，在测量时不能改变煤气流量、烟道吸力、进风口开度及提前或延迟推焦等。

　　冷却温度与煤气的组成、换向周期、火道温度、结焦时间、空气系数等因素有关，生产中当结焦时间或加热制度变化较大时，应重测冷却温度；当结焦时间稳定时，冷却温度每年至少测量两次。

七、蓄热室顶部温度

　　测量蓄热室顶部温度的目的是为防止蓄热室温度过高将格子砖烧熔或高炉灰熔结，检查蓄热室顶部温度是否正常，及时发现有无局部高温、串漏、下火等情况。对于硅砖蓄热室，其顶部温度应控制在 1320℃ 以下；对于黏土砖蓄热室，其顶部温度应控制在 1250℃ 以下。

　　蓄热室温度在正常情况下与焦炉炉型、结焦时间、空气系数和除炭空气量等因素有关。双联火道焦炉蓄热室顶部温度为立火道温度的 87%～90%，大约差 150℃。两分式焦炉因废气路程较长，废气温度较低，一般为立火道温度的 82%～85%，大约差 200℃。

　　测量蓄热室顶部温度从交换机端开始，在两个交换时间内测完一侧或两侧。为了测出较高的温度，交换后立即开始测量。当用焦炉煤气加热时，测上升气流蓄热室；当用高炉煤气加热时，测下降气流蓄热室。测温点选在蓄热室顶部中心隔墙处或最高温度处，测温处有测温孔。测量后分别计算机、焦侧蓄热室顶部平均温度（边蓄热室除外）。

　　蓄热室顶部温度每月至少测量一次。

　　定期测量蓄热室顶部温度还可了解焦炉的蓄热及预热等况，可发现炉体结构是否完整、有无短路。若蓄热室温度不正常，应查找原因。

　　发生蓄热室高温事故的原因如下。

　　① 当炭化室墙窜漏，在燃烧室不能完全燃烧的荒煤气被抽到蓄热室内燃烧；

　　② 立火道内煤气燃烧不完全带到蓄热室燃烧；

　　③ 砖煤气道煤气漏入蓄热室内燃烧；

　　④ 废气循环发生短路；

　　⑤ 结焦时间过短或过长、炉体衰老，蓄热室高温事故发生的频率较高。

　　因此，在生产过程中应加强对蓄热室温度和炉体窜漏情况的检查和处理，避免出现蓄热室高温事故。

八、小烟道温度

　　小烟道温度即废气排出温度，它取决于蓄热室格子砖形式、蓄热面积、炉体状态和调火操作等。

　　JNX60-87 型焦炉由于蓄热室分格，消除了因小烟道压力分布不均而导致的气体在蓄热室内呈对角线流动的现象，提高了格子砖的换热效率，使小烟道里外温度分布均匀，可降低废气排出温度 30～50℃。

　　当其他条件相同时，小烟道温度随着结焦时间缩短而提高。为了避免焦炉基础顶板和交换开闭器过热，应合理控制小烟道温度。焦炉煤气加热时，小烟道温度不应超过 450℃；高炉煤气加热时小烟道温度不应超过 400℃，分烟道温度不得超过 350℃。同时，为了保持烟囱应有的吸力，小烟道温度不应低于 250℃。小烟道温度太高可能是炉体不严造成漏气、格子砖积灰、烧熔或蓄热室产生"下火"所致。

　　小烟道温度一般在下降气流时测量，测量部位在煤气、空气蓄热室的废气盘两叉处。正常情况下，每季度测量一次。在改变标准温度时，应增加测定次数。测温方法是将玻璃温度计在交换前放入废气盘测温孔内，深度约 200mm，换向后 10min 看结果。

第二节 压力制度

制定正确的压力制度能起到保护炉体、增加炉体寿命、稳定焦炉正常加热和保证整个结焦时间内生产安全的作用。焦化企业制定用各部位不同的压力指标来协调整个焦炉的正常运行，把这些压力指标称为焦炉的压力制度。

压力制度指炭化室底部压力、看火孔压力、蓄热室顶部压力、小烟道吸力及蓄热室阻力。

一、确定压力制度的基本原则

焦炉的炭化室和燃烧室仅一墙之隔，由于炭化室墙砖缝的存在，当集气管压力过小时，在结焦前半期，气体由炭化室漏入燃烧系统内，在结焦末期燃烧系统的废气漏入炭化室内。当炭化室出现负压时，空气可能由外部吸入炭化室，在这种情况下，当结焦初期荒煤气通过灼热的炉墙分解产生沉积炭，逐渐沉积在砖缝中，将砖缝和裂缝堵塞，在结焦末期燃烧系统中废气（其中含部分剩余氧气）通过砖缝进入炭化室，将砖缝中的沉积炭烧掉，因此在整个结焦周期中，炭化室墙始终是不严密的。由于空气漏入炭化室，使得部分焦炭燃烧，这不但增加了焦炭灰分，而且焦炭燃烧后产生的灰分在高温下对炉墙砖有侵蚀作用，造成炉体损坏。另外，漏入炭化室的冷空气会造成部分荒煤气燃烧，使化学产品产量减少、煤气发热值降低，还会使焦油中游离炭增加。此外，在炭化室严密状态不好时，结焦初期总有大量荒煤气漏入燃烧系统，从而影响焦炉正常的调火工作。如果控制炭化室内的压力始终保持荒煤气由炭化室流向燃烧室，就能避免烧掉存留在炭化室墙砖缝和裂缝中的沉积炭，而保持炉体的严密性，避免了上述恶果。但炭化室内压力也不应保持太高，过高会使荒煤气从炉门及其他不严密处漏入大气，既引起炉门冒烟着火烧坏护炉设备，又恶化操作环境。

1. 确定压力制度应遵循以下基本原则

① 炭化室底部压力在任何情况下（包括正常操作、改变结焦时间、延迟推焦、停止加热等）均应大于相邻同标高的燃烧系统压力和大气压力。

② 在同一结焦时间内，燃烧系统高度方向的压力分布应保持稳定。

2. 制定压力制度的依据

① 集气管压力要保证炭化室底部压力在结焦末期不得少于 5Pa。

② 看火孔压力保持在 0～5Pa。

③ 当回炉煤气总管压力低于 500Pa 时，必须停止煤气加热。

④ 除边蓄热室外，每个蓄顶吸力与标准蓄热室相比，上升时不应超过 ±2Pa，下降时不宜超过 ±3Pa。

⑤ 在任何操作下（正常操作、改变结焦时间、停止加热、停止推焦等）结焦末期炭化室底部压力应大于空气蓄热室顶部的压力和大气压力。

二、集气管压力

集气管内各点压力是各不相同的。长度为 70m 左右的集气管，从端部到中部（即吸气管附近）两者相差约 80Pa，边炭化室底部压力比吸气管下的炭化室底部压力大，其压差近似集气管中的压差，即吸气管正下方的炭化室底部压力（结焦末期）在全炉各炭化室中为最小。

为了保证在整个结焦时间内，炭化室各部位的压力稍大于燃烧系统的压力（有助于结石墨密封炉墙和炉底）及外界的大气压力（避免空气被吸入炭化室烧掉焦炭和化学产品，并防止砌体出现熔洞渣蚀），规定以炭化室底部压力在结焦末期不小于 5Pa 为原则来确定集气管压力。炭化室底部压力由集气管压力控制。

在未测炭化室底部压力前，集气管的压力可用下式近似计算：

$$p_集 = 5 + 12H$$

式中　　$p_集$——集气管压力，Pa；

　　　　H——从炭化室底部到集气管测压点的高度，m；

　　　　12——当荒煤气平均温度 800℃时，每米高度产生的热浮力，Pa。

集气管的压力初步确定后，再根据吸气管正下方炭化室底部压力在推焦前半小时是否达到 5Pa 而进行调整。调整时应考虑集气管压力的波动值，必须保证集气管压力最低时吸气管正下方炭化室底部压力在结焦末期不低于 5Pa。

若集气管压力降低，炭化室将出现负压操作，由于冷空气吸入炭化室，使荒煤气不完全燃烧而产生大量的游离炭，容易堵塞上升管、集气管、吸气管以及回收车间的煤气设备和煤气管道，并使煤气质量变差，从而影响焦炉的正常操作和炉温稳定，长期负压操作还将严重损坏炉体，因此必须严格控制集气管压力。

对于双集气管的焦炉，两个集气管的压力应保持相等以防煤气倒流。

新开工的焦炉，炭化室墙体不可能非常严密，集气管压力应比正常生产时高 30～50Pa，便于开工初期荒煤气通过砖缝漏入燃烧系统，荒煤气热解生成了沉积炭填塞砖缝，尽快被沉积炭密封，保证炉墙的严密性。生产一段时间后后，经检查炭化室墙无明显串漏，可以将集气管压力恢复到生产压力，这样可保持炭化室产生的荒煤气不与燃烧系统相互串漏。

集气管的压力在冬季和夏季（主要指我国北方两季温差大的地区）应保持不同的数值，两季差值 10～20Pa。该数值与冬季和夏季的温差、炭化室底部到集气管中心线的距离有关。在冬天集气管压力应大些，夏天可小些。

目前我国大中型焦炉的集气管已做到自动记录并能自动调节。

三、炭化室底部压力的测量

测量的目的是检查和确定集气管压力。

测定吸气管下方的炭化室底部压力在结焦末期是否大于 5Pa。测量方法是装煤后，将长1.2m，直径 12mm 的铁管通过炉门测压孔插入炭化室内，插入前，将插入炭化室一端的铁管用石棉绳塞住。测量时，管端应处于离炭化室墙 20mm，离炉底 300mm 的位置，不能打开上升管盖，蒸汽应关严，然后用金属钎子将测压铁管通透，直到冒出黄烟为止，测压铁管外端用胶管与测压表相连。

当集气管压力稳定于规定的范围时，集气管压力与炭化室底部压力上下同时读数，共读三次，求其平均值。变动集气管压力，再与炭化室底部压力同时读数，不得少于三次，其中需有一次是使炭化室底部压力为负值时的读数，最后一次于推焦前 30min 测量。

若测量结焦周期内炭化室底部压力的变化情况，当炭化室装煤后与集气管接通时，开始时用不小于 40×10^5 Pa 的 U 形压力表进行测量，每隔 1h 测量一次，当炭化室内压力减小后改用斜形微压计测量，直到推焦前炭化室与集气管切断时为止。测量时，集气管压力始终稳定在规定的压力值。

当炭化室压力小于 5Pa 时，应将集气管压力提高，使炭化室底部压力保持在 5Pa，记录此时的集气管压力值，该压力值即为这一结焦时间下应保持的集气管压力，一般规定为每季度测量一次。

考虑到大气温度对浮力的影响，冬天集气管压力比夏天大一些。要定期检查集气管压力是否合适，也要定期测量吸气管下方的炭化室底部在结焦末期的压力。

四、看火孔压力

在各周转时间内看火孔压力均应保持在0~±5Pa范围内。这样就可以保证在整个结焦过程中任何时间、任何一点加热系统的压力都不小于相同高度的炭化室压力。在实际生产操作中，以看火孔压力为准来确定燃烧系统其他各点压力是比较方便的。

如果看火孔压力过大，焦炉炉顶散热多，上部横拉条温度升高，同时不便于观察火焰和测量温度，给调火工作带来困难；当看火孔压力过小即负压过大时，大量冷空气将被吸入燃烧系统，造成火焰燃烧不正常。

确定看火孔压力时，应考虑以下因素。

1. 边火道温度

因为边火道温度与压力制度有一定的关系，特别是在焦炉用贫煤气加热时影响较大。当边火道温度在1100℃以下时，可控制看火孔压力稍高些（≥10Pa），这样蓄顶吸力也有所降低，可减少由封墙吸入的冷空气，使边火道温度提高（主要指JN60型焦炉）。

2. 炉顶横拉条的温度

如果横拉条平均温度在350~400℃时，可降低看火孔压力，使看火孔保持负压（0~−5Pa），以降低拉条温度。

对于双联火道的焦炉，同一燃烧室的各同向气流看火孔压力是接近的，只要控制下降气流看火孔压力为零即可。而对于两分式焦炉，由于水平烟道内压力分布不同，看火孔压力在边火道较大，中间火道压力较小，此现象在上升侧更明显，一般保持在下降侧测温火道看火孔压力为零，这样可以保证大部分火道看火孔压力为正压。

用斜形微压计测量上升气流，在换向后5min开始测量，将测量胶管的一端与斜形微压计的正端相连，另一端与金属测压管相连，插入看火孔的深度约150mm，逐个测量其测温代表火道。测量由一侧一端开始，由另一侧测回，连续两个换向测完，并计算平均值。测量应在不出炉或检修时进行，且注意防止装煤孔盖与看火孔盖烫坏胶皮管。

看火孔压力一般每月测量一次。

五、蓄热室顶部吸力

蓄热室顶部吸力（以下简称蓄顶吸力）的大小影响着各燃烧室系统的气体流量，即影响着空气流量、废气流量的均匀分配以及横排温度的分布，各蓄顶吸力的一致性还影响到了焦炉直行温度的均匀性。因此，蓄顶吸力是控制加热均匀的重要手段。

1. 蓄顶吸力的确定

蓄顶吸力与看火孔压力是相关的。当结焦时间和空气系数一定时，上升气流蓄热室顶部的吸力与看火孔压力的关系式如下：

$$p_{蓄} = p_{看} - H(\rho_{空} - \rho)g + \Delta p$$

式中　g——重力加速度，m/s^2；

　　$p_{看}$——看火孔压力，Pa；

　　$p_{蓄}$——蓄热室顶部压力，Pa；

　　Δp——蓄热室顶至看火孔的气体阻力，Pa；

　　H——蓄热室顶至看火孔的距离，m；

　　ρ——蓄热室顶至看火孔平均温度下炉内气体密度，kg/m^3；

　　$\rho_{空}$——环境温度下空气的密度，kg/m^3。

从上式可以看出，蓄热室顶部至看火孔之间的距离越大，燃烧室和斜道阻力越小，则上升气流蓄热室顶部的吸力就越大。一般情况下大型焦炉蓄热室顶部的吸力大于 30Pa，中、小型焦炉不低于 20Pa。还可以看出，看火孔压力一定，结焦时间延长（即供给焦炉的气量减少）时，燃烧室和斜道的阻力必然减小，上升气流蓄热室顶部的吸力必然增加。为了避免上述情况发生，在实际操作中宁可使看火孔正压增加，也不改变蓄热室顶部的吸力。

　　2. 蓄热室顶吸力的测量

　　测量蓄热室顶吸力是为了检查焦炉加热系统内煤气、空气和废气量的分配是否合适，使蓄热室顶吸力符合加热制度的规定和要求。测调蓄热室顶吸力是热工调节人员必须进行的重要工作之一。

　　在整个换向周期内，蓄热室温度逐渐升高，蓄热室顶吸力逐渐降低，故在不同时间内测得的蓄热室顶吸力没有可比性，只有采用测相对值的方法，即选择某一加热系统的蓄热室为标准蓄热室，其他各同向气流的蓄热室吸力和标准蓄热室吸力相比得到其差值（即相对值），由于各蓄热室吸力在换向期间的变化大致相同，所以测得的相对值才有可比性。因此，在测调蓄热室顶吸力前，应首先确定标准蓄热室。

　　(1) 标准蓄热室选择的依据

　　① 炉体状况良好。即与标准蓄热室直接连通的燃烧系统不串漏、不堵塞，格子砖阻力正常。

　　② 煤气加热设备正常。无卡砣，进风口盖板严密，一组单双号蓄热室的空气、煤气调节装置有足够的调节余量，废气盘翻板开度、砣杆提起高度、孔板大小、进风口开度等状态基本相近，调节灵活。

　　③ 应在炉组的 1/3 或 2/3 处选择，该位置受外界影响小，便于测量。不应在吸气管正下方，因该处炭化室压力波动大，有可能造成蓄热室顶吸力不稳定。

　　④ 燃烧室的横排温度均匀，并与全炉的直行温度的平均值相差不大。

　　(2) 蓄热室顶吸力的测量

　　标准蓄热室顶部吸力的测量是用斜形微压计的负端测量其绝对吸力值。在日常检查和测量时，每次测量距换向后的时间应相同（一般在换向周期的一半时间）。在相邻的两个交换时间内，分别测完机、焦两侧上升与下降气流的吸力。

　　标准蓄热室顶吸力对全焦炉应有充分的代表性且应每日进行检查，其吸力应比较稳定，所选择的标准蓄热室经常保持不变。

　　在所选择的标准蓄热室顶吸力测量、调节合格后，才能测量和调节其他的蓄热室顶吸力。测量前，将斜形微压计放在标准蓄热室附近处，并调节好零点，检查斜形微压计和导管，保证严密和畅通。

　　首先检查和测量两个标准蓄热室吸力合格后，于换向后 3min 开始测量，将斜形微压计负端接标准蓄热室的测压孔，微压计正端接所测蓄热室的测压孔，依次逐个测量各蓄热室与标准蓄热室的吸力差值；测压管插入深度最好在第一和第二斜道孔之间位置处，两根测压管插入深度应相同，测压孔四周要严密。测量胶管不能折叠，打开测压孔不许超过三个。测量完毕后，应立即把测压孔盖好。当微压计液面低于零点记"－"值，表示吸力大于标准值。高于零点记"＋"值，表示吸力小于标准值。注意在测量中期应检查一次零点。测量时除记录标准蓄热室顶吸力及各蓄热室与标准点的吸力差外，还应记录当时的加热制度及调节情况。

　　(3) 测调蓄热室顶吸力时应注意的几个问题

　　① 首先稳定标准蓄热室的吸力，要求标准蓄热室所对应的炭化室不出炉、不装煤。在

检修期间测量最理想。

② 测调吸力应检查煤气、废气交换设备运转情况是否正常。例如，行程到位是否正常，调节旋塞是否开正、关严，进风门和砣杆提起高度是否一致，自动调节装置是否正常等。

③ 要求结焦时间正常，加热制度稳定。

④ 吸力要根据直行温度昼夜温差和吸力变化，参照废气盘翻板开度和进风口开度来调节。

⑤ 不能单凭一次测量就去调节，否则会造成吸力更加混乱；在测调吸力时，禁止边测边调。

⑥ 测出的各蓄热室相对吸力普遍比标准蓄热室偏正或偏负，不能认为各蓄热室相对值有问题，不宜变动全炉的吸力，应检查分析影响标准蓄热室吸力的原因并调标准蓄热室的吸力。

如果标准蓄热室的吸力是合理的，所测吸力上升气流时与标准蓄热室不超过±2Pa，下降气流时不超过±3Pa（边炉除外），即为正常操作，此时可在原来蓄热室吸力的基础上，变动分烟道吸力，这样可避免调节大量的废气盘翻板位置。若蓄热室顶吸力有一部分偏离标准蓄顶吸力，有较多的翻板需要调节，要注意开翻板的数量和关翻板的数量应接近，否则引起局部系数变化较大，但烟道吸力不变，就会引起空气系数改变，此时就必须变动烟道吸力。

⑦ 出炉计划打乱，吸力不正常时不测调吸力；

⑧ 刮风下雨时不测调吸力；

⑨ 加热煤气压力不稳定和分烟道吸力不稳定时不测调吸力；

全炉蓄热室顶吸力每季测量 1～2 次。

3. 蓄热室顶吸力的调节

（1）蓄热室顶吸力的主要调节方法

吸力测量与调节的方法不正确都会带来一些异常现象，而且使各燃烧室内的空气系数相差较大、吸力不稳定，并经常发生重复调节。

吸力测完后要做相应的分析，然后再进行调节。首先应分析吸力不符合（焦炉技术管理规程）要求的蓄热室，看其上升、下降气流间压差是否正常再进行调节，然后分析压力正常的炉号，对其中上升值偏大（或偏小）而下降值偏小（或偏大）的上升、下降压差不正常的炉号进行调节。

个别号蓄热室吸力出现偏差，不均匀，应及时查找原因，然后正确处理个别号。表 10-9 提出了个别蓄热室吸力调节的处理方法，供参考。

表 10-9　个别蓄热室吸力调节的处理方法

序号	蓄热室顶吸力与标准蓄热室比较		空气系数与正常比较	昼夜温度与标准温度比较	原因	处理方法
	上升煤气	下降空气、煤气				
1	正	正	小	偏低	煤气多	减煤气量
2	正	正	小	偏低	空气少	开下降小翻板
3	负	负	大	偏高	空气多	减小风门开度
4	负	负	大	偏低	煤气少	增加煤气量
5	正	负	大	偏高	空气、煤气都多	减煤气、关翻板
6	正	负	小	偏低	煤气多，空气少	减煤气、开翻板
7	负	正	小	偏低	煤气、空气都少	加煤气、开翻板

进行调节时要检查与它们有关的燃烧室的温度近几天来有无变化或变化的趋势，结合上升气流煤气、空气蓄热室压差分析，即要查明问题是出在煤气还是空气，然后再针对问题进行调节，在调节吸力前应当消除加热设备上的缺陷。用高炉煤气加热时，调节吸力较用焦炉煤气加热时复杂，这主要是由于高炉煤气也通过蓄热室预热，改变一个蓄热室的煤气量和改变空气量一样，将影响两个燃烧室的燃烧和温度，而气体量在这两个燃烧室的分配又受相邻两个燃烧系统上升和下降气流吸力差的影响（主要是下降气流）。另外，煤气和空气蓄热室的吸力又互相影响，这样调节一个蓄热室的吸力往往会引起一连串的变化，因此调节时应当全面照顾。

根据全炉对空气量要求，当标准蓄顶吸力经过检查并调节合格后，就可调节各蓄热室的顶部吸力。当进风口开度、废气砣杆高度、废气砣严密程度一致条件下，进风量是由废气盘翻板开度来调节的。

蓄热室顶部上升和下降气流的吸力差，代表着通过的气体量，在各燃烧室斜道口调节砖排列一致的条件下，各蓄热室顶上升和下降气流吸力差相等，则进入各燃室空气量相等。在实际操作中是分别将上升和下降气流蓄热室顶吸力调节均匀。在正常情况各蓄热室顶吸力（边蓄热室除外）与标准蓄热室相比，上升气流时应不超过±2Pa，下气流时应不超过±3Pa。

蓄热室顶吸力的调节方法与炉型、气体流动途径有关。只有弄清各蓄热室的连接关系，才能正确地进行。在用焦炉煤气加热时，某个蓄热室上升气流的吸力是用相邻蓄热室下降气流的吸力来调节。因为一个蓄热室上升的空气供给两个燃烧室，而废气则从另外的相邻两个蓄热室排出，所以调节一个蓄热室吸力将影响相邻两个甚至四个蓄热室的吸力。因此在调节的时候，应首先测量全部蓄热室的上升和下降气流吸力，并分析空气系数或检查燃情况，然后根据吸力、炉温、空气系数、看火孔压力和设备情况综合分析后，采取合理的调节措施。

（2）影响蓄热室顶吸力的因素

影响蓄热室顶吸力的因素很多，常见的有：进风口开度小或盖不严，废气砣提起高度不够或落不严，废气盘接头或蓄热室封墙漏气，炭化室墙串漏及蓄热室格子砖或斜道堵塞等。在测调吸力时，应首先检查、消除不正常因素。当加热制度不正常、刮大风、加热煤气压力和烟道吸力不稳定以及出炉计划打乱时，不能测调吸力。

① 混合比的影响。高炉煤气中混入焦炉煤气后，使高炉煤气量较少，上升气体吸力增加，下降气流吸力也略有增加。

② 风向和风力大小的影响。风向和风力大小的影响与炉组的位置有关，一般迎风侧与标准蓄热室比较要正一些，被风侧要负一些。大风时吸力波动较大，造成看火孔负压，尤其是在测温时，大量的冷空气抽入立火道内，使炉温下降。因此在刮大风时不易测温。根据看火孔压力和蓄热室顶部吸力波动情况，可以适当暂时减小一些烟道吸力，风停止后，再调回原吸力。

③ 炉体不严密的影响。由于小烟道、蓄热室、蓄热室封墙、斜道、炭化室等处漏气以及双叉部接头处不严，造成气体串漏，这些都会破坏正常的吸力制度。炉体的泄漏使空气系数和蓄热室顶吸力出现不均匀现象。这就要加强炉体的日常维护，查找出影响因素，制定有效的处理办法。

焦炉炉龄较长或炉体存在缺陷不易解决的时候，为保证空气量的供给，保持炉温均匀，调节装置和蓄热室吸力就不易求得一致，这时就要做更细致的工作，进行细致的调查研究，对阻力增大和串漏较严重的炉号应规定特殊的吸力制度。对不正常的炉室、设备和调节装置有详细的记录，并且加强检查和监督。

④ 打开清扫孔后对吸力的影响。如打开空气小烟道清扫孔时，下降气流因空气进入小烟道使蓄热室吸力变小，从燃烧室抽出的废气量减少了，这就要加大烟道吸力，相对提高蓄热室顶吸力。如果废气盘进风口开度不足，无法调整时，可以打开小烟道清扫孔，改变下降气流废气量，同时还可改善地下室的操作环境，但是此种办法使废气系统的阻力增加，因此一般不采用此方法调节吸力。

总之，影响蓄热室顶吸力的因素很多，在调节时要分析造成吸力波动的原因，采取不同的调节手段，从而达到蓄顶吸力均匀、炉温稳定的目的。

六、蓄热室阻力的测量

蓄热室顶部和底部之间的压力差代表着蓄热室格子砖阻力的大小。测量蓄热室阻力就是为了检查格子砖因长期操作被堵塞的程度，以便及时消除堵塞，因此，应定期测定、检查格子砖的堵塞情况。

测量时，在测压孔用斜形微压计测量上升或下降气流在每个蓄热室的小烟道与蓄热室顶部之间的压力差。在气流交换 3min 后，从炉端的蓄热室开始逐个测量，将微压计正端与蓄热室顶部测压孔相连，其负端与小烟道的测压孔相连，将读出的压差值加以记录，并记录测压时的加热制度，要求分别计算煤气和空气在蓄热室上升和下降气流的压力值的平均值。

上升气流蓄热室上下压力差是蓄热室浮力与阻力之差，所以蓄热室内阻力越大，其测得的压差越小；下降气流蓄热室上下压力差是蓄热室浮力与阻力之和，所以蓄热室内阻力越大，其测得的压差越大。蓄热室上升气流与下降气流产生的浮力近似相等，所以异向气流上下压力差的差值近似为蓄热室的阻力之和，据此可知蓄热室阻力的大小。

蓄热室阻力每季度测量一次。

七、全炉压力（五点压力）分布

五点压力是指炉顶看火孔压力，上升气流时煤气、空气蓄热室顶部和废气盘压力，下降气流时煤气、空气蓄热室顶部和废气盘压力。测量的目的是为了检查焦炉燃烧系统实际压力分布和各部阻力状况。

五点压力的测量根据调火工作的需要测量，应选择燃烧室温度正常，相邻炭化室处于结焦中期左右，燃烧系统各部位调节装置完善，炉体严密的燃烧系统内进行测量。

测量时应同时使用 3 台斜形微压计，并事先校对准确。炉顶 1 台微压计测量看火孔的压力（测量位置是与所测蓄热室相连的燃烧室的测温火道），蓄热室走廊 2 台微压计分别测上升与下降气流蓄顶吸力。

交换后 5min，3 台微压计同时读数，每隔 1min 读报 1 次，共读 3 次。接着测煤气蓄热室与空气蓄热室顶部的压差，蓄热室顶部和小烟道测压孔处的压差以及异向气流间看火孔的压差，换向后再按上法进行。

测完后，换算出各点压力，绘制五点压力分布曲线，并记录当时的加热制度。

测量时应注意：禁止变动加热制度，各台表读数一定要同时进行，炉顶用的斜形微压计应随时对好零点。

八、横管压力

当横管压力变化较大时，表示供热煤气量发生变化，所以测量横管压力可作为调整直行温度的参考。

用 U 形压力计直接在横管测压处测量，当测量全部横管压力时，考虑到煤气压力波动所产生的误差，可在中部选一个炉温较正常的横管为标准，测量其他各横管与"标准横管"

的压差，然后再换算为各排横管的压力。

九、分烟道吸力

分烟道吸力的波动会直接影响蓄顶吸力。在交换初期至交换末期，因受蓄热室废气温度变化的影响，蓄热室顶吸力总是由大到小地变化，为保持蓄热室顶吸力不变，应控制分烟道吸力大小尽量保持蓄热室顶吸力的稳定。

第三节　焦炉加热调节

焦炉调温主要目的是生产质量良好的焦炭及化学产品，降低耗热量，延长炉体寿命。

焦炉调温随着加热煤气种类和炉体结构上的不同在具体操作指标和方法上存在一定差异，但基本要求与原理是相同的。

一、全炉煤气量的供给

焦炉全炉煤气量的供给是焦炉最主要的热量的来源，是焦炉加热制度首先要决定的参数之一。

1. 煤气消耗量的确定

新开工的焦炉，可用与该焦炉炉体结构和操作条件相似的焦炉的实际耗热量数据，估算煤气流量，再按焦饼中心温度和焦饼成熟情况进行调整。

也可按下列公式计算，在生产中由于配煤水分、装煤量、煤气温度和热值等因素变化，需要适时的予以调整。

$$q_V = \frac{q_s N}{Q_{DW} \tau} B \times 1000$$

式中　q_V——标准状态下煤气流量，m^3/h；

　　　q_s——湿煤耗热量，kJ/kg；

　　　N——焦炉炭化室孔数；

　　　Q_{DW}——煤气低位发热量，kJ/m^3；

　　　τ——周转时间，h；

　　　B——平均每孔装湿煤量，t。

加热煤气流量多用孔板流量计进行计量。实际煤气流量与煤气的实际温度、湿度及压力有关。流量孔板和流量表刻度盘读数是按一定的温度、压力来设计的，当煤气的实际温度、压力和设计所选用的参数相一致时，流量表读数就是标准状态下的流量。当煤气的实际温度、压力和设计的参数不同时，需将读出的标准流量换算为实际工作状态下的流量，换算公式如下：

$$q_{V0} = q_{V1} K_p K_T$$

$$K_p = \sqrt{\frac{p'}{p_0}}$$

$$K_T = \sqrt{\frac{(\rho_0 + f)(0.804 + f)T}{(\rho_0' + f')(0.804 + f')T'}}$$

式中　q_{V0}——加热煤气的标准流量，m^3/h；

　　　q_{V1}——工作状态下流量表显示流量，m^3/h；

　　　K_p——压力校正系数；

　　　K_T——温度校正系数；

p_0——设计孔板时所选用煤气绝对压力，Pa；

p'——工作状态下煤气绝对压力，Pa；

ρ_0——孔板设计所选用标准状态下的煤气密度，kg/m³；

ρ_0'——标准状态下实际加热的煤气密度，kg/m³；

T——设计孔板时所选用煤气绝对温度，K；

T'——工作状态下煤气绝对温度，K；

f——设计孔板时所选用 T 温度下煤气中水蒸气含量，kg/m³；

f'——工作状态下煤气中水蒸气含量，kg/m³。

2. 机焦侧煤气的分配

当加热煤气是从机、焦侧用两根管道分别供给时，即需要确定机、焦侧煤气流量的分配。

由于焦侧的装煤量比机侧多，故焦侧火道温度高于机侧，排出废气带走的热量和散热也多，焦侧焦饼带走的热量也多。因此焦侧耗热量大于机侧，根据计算和经验，焦侧耗热量为机侧的 1.05 倍左右，即：

$$\frac{q_{焦}}{q_{机}}=1.05$$

由于机焦侧炭化室煤线高度相同、机焦侧火道数相同，因此在结焦时间和装平煤操作正常的情况下，往往使用下式计算：

$$\frac{q_{V焦}}{q_{V机}}=\frac{S_{焦}}{S_{机}}\times 1.05$$

式中　$q_{V焦}$，$q_{V机}$——焦侧、机侧煤气的流量，m³/h；

$S_{焦}$，$S_{机}$——焦侧、机侧炭化室平均宽度，mm。

例如，一座炭化室平均宽度为 407mm，锥度 50mm 的焦炉总流量 10000m³/h，机焦侧的煤气如何分配？

$$焦侧炭化室平均宽度\ S_{焦}=\frac{407+432}{2}=419.5\text{mm}$$

$$机侧炭化室平均宽度\ S_{机}=\frac{407+382}{2}=394.5\text{mm}$$

$$焦、机侧流量比\frac{q_{V焦}}{q_{V机}}=1.05\times\frac{419.5}{394.5}=1.118$$

即：
$$q_{V焦}=1.118\times q_{V机}$$

已知：
$$q_{V焦}+q_{V机}=10000$$

则：
$$q_{V机}=\frac{10000}{1+1.118}=4720\text{m}^3/\text{h}$$

$$q_{V焦}=10000-4720=5280\text{m}^3/\text{h}$$

应当指出，在实际操作中，对机、焦两侧加热的影响因素很多，例如装煤的均匀性、耗热量的变化、炉体状况不同及流量表的准确性，因此应当根据两侧的温度和焦饼成熟的实际情况来调整流量。

3. 煤气主管压力、孔板直径与流量的关系

（1）煤气主管压力的选择

焦炉加热所用煤气是靠煤气主管的压力来输送的。进入燃烧室的煤气是用安装在分管上的孔板来控制的，那么煤气主管至炉内两点间的压力差就等于孔板阻力与入炉煤气管（分

管、横管、支管、立管等）阻力之和。而炉内压力相对较小，可不予考虑，煤气主管压力等于孔板阻力加入炉煤气管阻力。

煤气主管压力应符合规定，一般应维持在 700～1500Pa 范围内，其理由如下。

① 压力太高时，虽能提高调节流量的灵敏性和准确性，但增加煤气的漏失量，特别易从交换旋塞往外漏煤气，对调火操作不利。

② 压力太低时，除调节流量灵敏性差外，还有可能造成管道负压，发生回火爆炸的危险。

因此，要保证生产安全，规定煤气总管压力不得低于 500Pa。当煤气压力不足或突然低压时，应立即查明原因或停止加热。如煤气来源有问题，不及时处理，管道有可能迅速降至负压造成回火爆炸。

如果煤气流量改变过多，主管压力变化范围超出允许值时，为保证生产安全或避免煤气漏失，则应当选择孔径合适的孔板直径使煤气主管压力符合要求。

（2）孔板直径的选择

焦炉最初设计安装的孔板断面不应大于分管断面的 70%。太大时，其阻力系数太小，调节流量灵敏度性差；太小时，要求孔板精确度高，否则尺寸有很小的差别也会引起煤气量较多的出入，并还将提高主管压力。孔板尺寸的选择还应考虑煤气主管可能提供的压力，以及使主管开闭器或调节翻板具有必要的备用量。

生产中，一般在结焦时间变化较大时应更换孔板，以保证煤气主管压力在规定范围内；选择孔板直径，还应考虑到全炉各燃烧系统均可能加大或减小孔板断面，给调节煤气量的分布留有余地。

孔板直径与煤气主管压力、流量的关系如下：

① 当流量不变时，孔板越小，则主管压力越大；

② 当主管压力不变时，孔板越小，则流量越小。

在实际操作中，无论是下喷式或侧入式焦炉，由于管道阻力常常有变化，所以在调节的时候，以控制流量为主、压力为辅是比较直接和方便的。

但有些焦炉是以调节机自动保持主管压力的。当以压力调节流量时就应注意：

① 在相同压力下，当管道和孔板断面，旋塞开度等变化时，阻力系数改变，流量不同；

② 在主管压力变化较大的情况下，改变相同的压力值，不代表改变相同的流量。

全炉孔板直径的分布，取决于主管两端的压力差。主管内沿煤气流动方向，因阻力使静压力降低，又因动压力的减少而使静压力相对增高，当主管较长时可采用变径，适当降低后段的静压，使阻力和动压的作用互相抵消，沿主管的静压力分布不会差别很大。当孔板的阻力足够大时，则全炉孔板直径（边炉除外）可基本保持一致。

二、全炉空气量的供给

焦炉加热所需要的空气是依靠烟囱吸力，从废气盘进风口抽入的，燃烧后产生的废气分别经机、焦侧分烟道从烟囱排出。因此机、焦侧的空气量要用机、焦侧废气盘进风口和分烟道吸力来控制。进风口面积和吸力的大小，根据空气系统和看火孔压力的要求来确定，并随结焦时间的长短或煤气流量的多少而改变。

1.分烟道吸力的确定

分烟道吸力等于从进风口到分烟道翻板前整个燃烧系统的阻力与上升及下降气流浮力差之和，用公式表示：

$$\alpha_{\text{分}} = \sum \Delta p + \sum h_{\text{下}} - \sum h_{\text{上}}$$

式中　$\alpha_{分}$——分烟道吸力，Pa；

　　　$\sum\Delta p$——进风口至分烟道翻板前阻力和，Pa；

　　　$\sum h_{下}$——跨越孔至分烟道翻板前阻力和，Pa；

　　　$\sum h_{上}$——进风口至跨越孔浮力和，Pa。

（1）煤气量改变较小时，分烟道吸力的调节

在炉内调节装置和进风口开度均不变的条件下，即加热系统的阻力系数不变时，其阻力$\sum\Delta p$和流量q_V的平方成正比，即：

$$\frac{\sum\Delta p'}{\sum\Delta p}=\left(\frac{q'_V}{q_V}\right)^2$$

当上升与下降气流的浮力差较小时，可近似地认为

$$\frac{\alpha'_{分}}{\alpha_{分}}=\left(\frac{q'_V}{q_V}\right)^2$$

即当煤气量改变较小时，分烟道吸力可按上式估算。

（2）改变空气系数时，分烟道吸力的调节

当空气系数a改变时，每立方米煤气所需要的空气量及所产生的废气量均有变化，空气量的变化与空气系数的变化成正比，而空气量变化的百分数与废气量变化的百分数是接近的，废气密度变化较小，因此可以近似地认为，分烟道吸力与空气系数的平方成正比，即

$$\frac{\alpha'_{分}}{\alpha_{分}}=\left(\frac{\alpha'}{\alpha}\right)^2$$

2. 用进风口开度和分烟道吸力配合调节空气量

当结焦时间发生变化、加热煤气种类改变或大气温度变化较大时，加热系统的气体流量和压力分布发生较大变化，为保证必要的空气系数和看火孔压力，仅改变烟道吸力是难以实现的，必须改变进风口开度与分烟道吸力相配合进行调节。

（1）改变结焦时间或加热煤气种类（即流量变化较大）

在结焦时间改变或其他原因使煤气流量有较大幅度的变化时，为了保持看火孔压力在$-5\sim+5Pa$范围内，并使空气系数保持不变，改变流量除需改变分烟道吸力外，还应同时改变进风口开度。如果不改变分烟道吸力而仅改变进风口开度，实际上是不会使空气量成正比地改变的。

（2）大气温度变化较大

当大气温度变化较大时，调整进风门开度和烟道吸力使进入炉内的实际空气量不变，并使炉内的上升与下降气流段阻力不变，以保证空气系数不变。

进风门开度和分烟道吸力的确定，应根据浮力的变化和进风门阻力的变化，并应使看火孔压力保持不变。

第四节　废气分析

废气分析是通过对焦炉加热煤气燃烧产生的废气中CO_2、O_2、CO含量的测定，来计算废气中的空气系数，从而达到对燃烧情况的检查目的。分析的结果定量地反映了煤气与空气的配合情况。

废气分析的取样地点：立火道取样在上升气流跨越孔中心附近；小烟道取样在下降气流

小烟道出口处中心附近。取样操作在换向后 5min 开始，取样工具为双连球及球胆。取样时应先将取样设备中的空气排出，并用废气充分清洗球胆。取样管用石英管，但由于石英管易碎，所以也可用不锈钢管代替。

废气分析的仪器，目前多采用奥式分析仪，它由带刻度的 100mL 计量管，三个 U 形吸收瓶及水位瓶所组成。计量管与吸收瓶用细玻璃管相连，每个吸收瓶上端装有直通旋塞，分别可与计量管相通或切断，水位瓶与计量管用胶皮软管相连。以升降水位瓶使废气吸入或排出计量管。

吸收瓶中分别装入吸收液。按分析次序在第一瓶内装氢氧化钾或氢氧化钠溶液，用以吸收 CO_2 气。其溶液配比按 KOH 和 H_2O 的质量比为 1：2 配制。第 2 瓶内装焦性没食子酸的碱溶液以吸收 O_2。其溶液配比为将 5g 焦性没食子酸，溶于 15mL 水中，再与 32mL 水溶入 48g KOH 的碱溶液混合。为避免吸收空气中的氧，此两种溶液可在吸收瓶内混合。第三瓶内装氯化亚铜的盐酸溶液，用以吸收 CO。此溶液配制为将 35g 氯化亚铜加 65g 铜片，然后注入 200mL20％的盐酸，经过振荡放置一昼夜后用 120mL 水稀释。

分析时，先检查仪器是否严密，接着在计量管内准确地量取 100mL 废气。然后打开第一吸收瓶（吸收 CO_2）上的旋塞，反复升降水位瓶使废气压入和抽出气瓶，直至废气中 CO_2 被吸收完全（两次读出剩余废气体积不变）。其废气体积减少部分即为 CO_2 在废气中所占体积百分数。以同样的操作步骤接着吸收 O_2 和 CO。

因为焦性没食子酸碱溶液除能吸收 O_2 外，还能吸收 CO_2，氯化亚铜溶液除能吸收 CO 外，还能吸收 O_2，所以顺序不能颠倒。前一种吸收不完全不但影响本身含量，而且还影响其他气体组成测量的准确性。三种气体（CO_2、O_2、CO）吸收完毕所剩余的废气体积，可视为氮气的百分体积。

除此废气分析的方法外，目前还有快速自动分析仪如磁氧分析仪和气相色谱等废气分析仪器。

空气系数可按如下公式计算

$$\alpha = 1 + K \frac{\varphi(O_2) - 0.5\varphi(CO)}{\varphi(CO_2) + \varphi(CO)}$$

式中　　　　　　　　　K——1m^3 煤气理论燃烧所产生的 CO_2 体积与需氧量之比；

$\varphi(CO_2)$，$\varphi(O_2)$，$\varphi(CO)$——废气分析所得的各成分所占的体积组成。

第五节　温度压力测量的常用仪器

一、U 形压力计

U 形压力计是测量压力与压力差的最简单仪器。在 U 形压力计中可以装水、水银或酒精，所测压力等于液面高位差与液体密度的乘积。

$$p = h\rho g$$

式中　p——压力，Pa；

h——液面位差，m；

ρ——液体密度，kg/m^3；

g——重力加速度，m/s^2。

U 形压力计的优点是构造简单，使用方便，但测量误差大，每次测量均需读取两个液面的位置。

二、斜形微压计

斜形微压计用来测量几十或几百帕（斯卡）微压或微负压的。它主要由宽广容器与带刻度的玻璃斜管组成。由于宽广容器的截面比玻璃管的截面大得多（一级为 40～50 倍），为了提高其测量精度，应选用密度较小的封闭液体，并且在长期使用中不易改变其身的密度，常用的是乙醇。

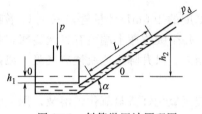

图 10-1　斜管微压计原理图

图 10-1、图 10-2 为斜管微压简图及 KST 型斜管微压构造。

斜管微压计所测量的压力由下式确定：

$$p = l \rho g \sin\alpha$$

很明显，在同一仪器刻度和同一液体密度下，斜形微压计的灵敏度与斜管的倾角有关，夹角越小，其测量精度越高，压力计越灵敏。但是当角度小于 15°后，就很难确定正确的读数。常用斜形微压计有倾斜角固定和可变动的两种。

KST 型斜管微压计在使用前，首先应调整水平，然后驱尽液体中的气泡，并调整液面至零点，方可测量。

测量正压时，将测压管与容器端（正端）相连；测量负压（吸力）时，将测压管与斜管上端（负端）相连；测量压差时，则把较高的压力端与容器相连，较低的压力端与斜管上端相连。

斜管微压计在焦炉热工调节上，广泛地用于烟道吸力、蓄热室吸力、蓄热室阻力、五点压力、集气管压力及炭化室底部压力等的测量。

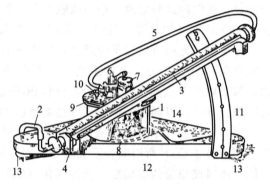

图 10-2　KST 型斜管微压计

1—容器；2—橡皮管；3—测量管及标尺；4—支架；
5—橡皮管；6—多路阀；7—零点调整螺丝；
8—调零活塞；9，10—管子接头；11—弧形支架；
12—底板；13—水平调节螺丝；14—水平仪

三、热电偶

热电偶测温的原理是基于两种不同成分的导体（金属），两端接合成回路时，由于其两端温度不同，则在回路中产生热电势，它的大小与温度有关。热电偶由两根不同材质的导线组成，一端互相焊接，形成工作端（热端），另一端与显示仪表相连接（冷端）。

各种热电偶的外形虽不相同，但主要是由热电极、绝缘套管、保护管和接线盒所组成。常用热电偶有以下三种。

① 铂铑-铂：长期受热时最高能测温度为 1300℃，短时间能测 1600℃，但成本高，电势小。

② 镍铬-镍铝（镍硅）：长期受热时最高能测温度为 900℃，短期能测 1250℃，其电势大，机械强度好，但质硬脆、易氧化。

③ 镍铬-考铜。长期受热时最高能测温度为 600℃，短期能测 800℃，其优缺点与镍铬-镍铝相同。

热电偶测温时，常与显示仪表同时使用，显示仪表常为电位差计或数字式温度显示仪。使用数字式温度显示仪时，应注意与热电偶型号一致。

热电偶的总电势随着冷端温度升高而减小，因此在测量时需要对热电偶的冷端温度进行校正。

四、光学高温计

光学高温计是非接触测量的高温仪表，当被测量的温度高于热电偶所能测量的范围以及热电偶不适宜或不可能安装时，用光学高温计进行测量就显得更为方便。它是焦炉调火不可缺少的测量工具。

光学高温计主要由目镜、物镜、灯泡、电阻和电源等部分所组成。调节目镜的位置，使测量人员能清晰地看到灯丝。调节物镜的位置能使被测物体清晰地成像在灯丝平面上。光学高温计是以物体表面亮度与仪表的灯丝亮度作比较，所以当被测物体的温度在 750℃ 以上时方可进行。由于是手动测量，且用目测，这就要求测量人员不但要了解光学高温计性能，而且要掌握其正确测量方法，才能使温度测量准确，而且可以延长其使用寿命。

常用的 WGG2 型光学高温计结构如图 10-3 所示。

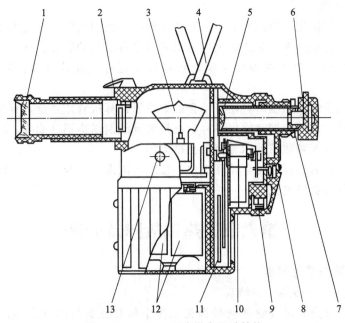

图 10-3　WGG2 型光学高温计结构

1—物镜；2—吸收玻璃；3—高温计灯泡；4—皮带；5—目镜；6—红色滤光片；7—目镜固定螺帽；
8—零位调整器；9—滑线电阻盘；10—测量电表；11—刻度盘；12—干电池；13—按钮开关

1. 光学高温计的使用方法

① 对灯丝电流应反复缓慢地由低到高，由高到低进行调节，要求指针移动平稳。

② 测量者与被测物体应保持一定的安全距离。一般在 0.7～5m，主要防止灼热损伤人员及仪表。但要减小空间介质中灰尘、蒸汽、烟雾气体影响测量值。

③ 应经常保持仪器干净。不用时一定要存放在仪器盒内，透镜有灰尘时，应用软布（最好是麂皮）或脱脂棉沾酒精揩拭。如光学系统内有灰尘，则不能进行测量。

④ 使用时期较长，发现仪表有跳针或转动不灵活等现象，可拆下转盘，用脱脂棉沾酒精揩拭清洁，并可涂以薄薄的一层中性凡士林。

⑤ 及时更换电池。长期不测应将电池取出，以防电池变质损坏仪器。

⑥ 为保证测量精度，要定期检定仪表的准确度。

2. 操作步骤

① 使用前应检查指针是否在"0"位，如不在"0"位，应将指针调到"0"位。

② 按正负极装入电池，并将滑动电阻盘转到最低位，指针是否达到最大值。

③ 拨动目镜部分的转动片，将红色滤光移入视场，按下撤钮开关，旋动滑线电阻盘使灯丝亮，前后调节目镜直到灯丝清楚为止，拧紧目镜定位螺母。

④ 瞄准被测物，然后调节物镜长短，使被测物体的像清晰。如被测物体温度＞1400℃时，使用高温量程，应将吸收玻璃旋钮转向该量程对应的位置。

⑤ 转动滑线电阻盘要缓慢，使灯丝顶部隐灭在被测物体的像中即可读数。

⑥ 读数取得后，还应加被测物黑度系数修正值，出厂仪表盒中附有黑度系数修正表。

⑦ 如做较精确测量时，还应加上仪器本身的修正值。

光学高温计不能连续测量和数值记录，且存在着测量者眼力及掌握测量技术水平高低的误差。

五、红外测温仪

红外测温仪使用简便、测温准确、测温速度快、可远距离测温，适用于测量各种物体的表面温度，测温量程范围大。在焦炉上可以用来测定各部位的表面温度，并有专用测定立火道温度的红外测温仪。红外测温仪可实现数据自动记存，红外测温仪的性能优于光学高温计。

红外测温仪用于焦炉测温时，还可结合焦炉炉温计算机管理系统，将现场采集的各类温度进行计算机管理，方便查询和输出各种测温报表及绘制横排温度曲线，统计如炉温的均匀性、稳定性等各种温度参数及提示温度变化趋势等。

红外测温仪使用后应存放于干燥环境中，按规定周期进行校准。使用时应擦去镜头上的灰尘，根据提示及时更换电池。

第六节　热调故障及处理

一、焦炉热调的常见问题

1. 烧嘴、灯头砖及砖煤气道堵塞

烧嘴、灯头砖以及砖煤气道堵塞是调火工作中最常见到的问题之一，特别是新开工的焦炉。

① 准备好 $\Phi 10\sim 12mm$ 长 6000mm 螺纹钢钎子，操作时戴好防尘帽和石棉手套，扎好袖口，防止烫伤。

② 打开下降气流立管丝堵，伸入钎子，站稳脚跟，上、下往复抽送多次并转动，但不要用力过猛，避免捅倒或捅坏灯头砖，或折断钎子，如钎子卡住要逐步活动，慢慢拉下来。

③ 开始换向时，钎子没有拔出来，要立即关闭加减旋塞，待拔出时，拧紧丝堵再开正旋塞。

④ 如遇有石墨堵死，捅不透时，可用死喷嘴切断煤气，拧下丝堵通入压缩空气烧一、二个交换后再捅，捅透后恢复正常。

⑤ 捅完盖严丝堵，把钎子放到指定地点，然后上炉顶检查火焰燃烧情况。

2. 交换旋塞开关不正

产生这种情况有两种原因，一是个别旋塞开关位置没有调正，及时调整不正旋塞；二是煤气交换行程改变，需要调节煤气和废气行程。

① 根据气温变化和全炉砣杆提起高度，调节行程使其与规定的行程相差不超过±3mm。

② 个别砣杆提起高度超过规定的范围时，可调节砣杆小链，调整后应保证各砣杆落下时处于严密状态；废气砣提起高度与规定相比不超过±5mm，煤气砣不超过±1mm。

③ 每天检查交换旋塞运转情况，开关位置是否正确，偏差不超过±3mm，检查搬把是否灵活，有无过紧、卡顶、脱落等现象。

3. 更换扇形轮

① 在处于操作状态时，在煤气砣杆上划上印记，然后用撬杠提起支上，卸下废气盘支架上螺丝，卸下销轴。

② 取下小链、支架，卸下扇形轮，将事先准备好方向一致的扇形轮上好。

③ 把支架上螺丝拧紧，上好销轴及砣杆小链。

④ 在一个交换内换不完，换向时，可人工将废气盘砣杆或空气盖板按要求调整处于正常状态。

⑤ 检查各轴是否灵活，砣杆提起高度使之符合事先刻划的印记。

4. 交换机链条拉断

① 切断自动交换电源。

② 当废气交换链拉断时，用吊链将拉杆拉起与原接头连接好，将链条拉至行程位置，在尽量短时间内恢复加热。

③ 链条不能用时，换新链（链条与原链相等），将螺丝紧至原来位置。

④ 废气砣大链拉断，短期内不能修复时，用吊链进行废气换向。

⑤ 修复后用人工交换，检查完闭后转为正常交换。

⑥ 注意交换方向。

5. 绳索轮不能转动，绳索轮支座断裂故障

绳索轮不能转动，主要是轮处漏水或用不干净的润滑油脂将油线槽堵死，油脂不能挤入转动部分的缘故。处理方法，即用链式起重机固定拉条后，拧开松紧器，将轴打开后，清扫脏物，用细砂布及刮刀修整不光洁的加工面，然后组装使用。

支座断裂是超负荷的压力或铸件本身的缺陷造成的。其处理方法即更换新的备品。当备品不足时可将断裂的两边钻眼夹上铁板，用螺栓紧固而成。

6. 交换拉板、钢绳拉断故障处理

① 停止加热；

② 用链式起重机把断裂处拉吻合后，采取电焊补强的方法焊接；

③ 恢复交换后送煤气；

④ 交换钢绳拉断，若在交换机侧，可将交换机换向使拉断处于松链侧，更换钢绳。

7. 煤气管道故障处理

煤气管道故障处理如下。

（1）焊接缝串漏

① 将焊缝处铲光，降低管道压力再进行补焊；

② 焊缝漏的距离较长时，另外用铁板包严后焊接。

（2）煤气管道内被焦油、萘等脏物沉积堵塞

先找出被堵地点，卸掉附近加减旋塞上法兰，接通蒸汽管缓慢通入蒸汽使脏物溶化流走。

若管内已结成硬块影响正常加热时，需采取下列措施：

① 总管堵盲板，将煤气赶净；

② 从被堵的管道附近割开一个操作孔；

③ 在操作区域附近需设有通风装置，操作人员戴好防毒面具，再用工具将脏物取出；

④ 焊上操作孔；

⑤ 抽盲板送煤气。

上述操作管道内必须在不间断送入蒸汽的条件下进行。

（3）管道局部地点变薄

应根据面积大小焊上铁板补强。

（4）横管堵塞

横管堵塞时卸掉联结旋塞及横管的弯头，并将端部法兰打开。把煤气点燃后通入横管内，并送入压缩空气，利用煤气的热量，使管内焦油、萘等脏物经烧灼后变成残渣，最后用风管吹扫干净。

如横管内灌入耐火泥时，可用手锤震击管壁，使泥和管壁脱离，再用压缩空气吹出脏物。

8. 煤气调节翻板轴断裂，翻板内螺丝松脱，造成调节失灵时的故障处理

① 制作新的调节翻板及阀体座；

② 按有计划停煤气操作，停煤气堵盲板，管道用蒸汽扫净后采用整个部件更换，在操作区域段设有通风装置，管道内应稍通蒸汽；

③ 安装完毕按恢复加热规程送煤气操作。

9. 焦炉煤气加减旋塞断裂故障

旋塞断裂在管道法兰处，这时煤气冲出会发生爆炸着火，所以更换时应按下列步骤进行：

① 降低管道煤气压力，保持在 $100\sim200Pa$。此时严禁交换机交换，用黄泥将破裂处堵住，使其灭火；

② 包扎堵严后，使交换机交换，保持正常压力，直到备品备件准备好，管道恢复低压并不准交换；

③ 损坏的旋塞法兰卸去螺丝；

④ 移掉坏旋塞，迅速将支管孔径用破布裹黄泥堵死；

⑤ 清洁法兰加工面，抹上铅油；

⑥ 移掉破布，迅速装上新的旋塞；

⑦ 拧上螺丝后恢复正常加热及交换。

10. 分烟道翻板不灵活的故障处理

翻板不灵活故障的原因：

① 滚动或止推轴承长期缺乏加油或滚珠破裂；

② 烟道底堆积脏物，卡住翻板。

处理方法：

① 轴承破碎进行更换；

② 下部脏物可采用钎子及压缩空气吹掉，也可以将上部轴承架稍提升些。

11. 交换机交换中停电

① 立即将调节翻板固定，切断交换电源，用手摇装置进行交换；

② 停电时注意煤气主管压力。

12. 更换油缸

对于液压交换机，由于油缸使用年限增长，漏油严重，必须及时更换。为不影响生产，在更换油缸期间，应采用人工交换—拉链条进行加热。具体操作如下。

① 更换油缸及工具由机修人员准备齐全。拉链条的吊链等工具由调火班人员备好，并明确人员分工。

② 用高炉煤气加热的焦炉，应先更换成焦炉煤气加热。

③ 交换时间延长到 40min 交换一次。

④ 卸下焦炉煤气、废气松拉条一侧的拉条联结器，接上已安装好的吊链，到交换时，用人工拉链条交换，直至更换油缸完毕。

以上作业程序为用高炉煤气加热的焦炉，更换高炉煤气油缸或废气油缸。如更换焦炉煤气油缸，可由电工切断交换机焦炉煤气交换电源线路即可。如用焦炉煤气加热的焦炉，更换高炉煤气油缸，亦可由电工切断高炉煤气交换电源。但不论用高炉煤气或焦炉煤气加热，更换废气油缸，都必须用人工拉链条交换。

13. 间断加热

一般是在交换机出故障、废气系统出故障情况下，废气无法交换，而且估计影响交换时间较短时，采用这一简单方法。适合于用焦炉煤气加热。

处理的步骤是：打开上升号焦炉煤气加减旋塞，加热 30min，然后关闭，停止加热 30min，然后又开上升号加热，在停止加热期间将分烟道吸力减小 $50\sim60$Pa，周而复始，直至加热恢复正常。

14. 推焦发生困难

① 须立即测量该炭化室两侧燃烧室的横排温度，查明原因。

② 检查直行温度，如温度过低即向车间主任、值班长汇报，根据实际情况适当延长结焦时间。

③ 如果某些炭化室延长结焦时间，有关燃烧室要 1h 进行一次温度测量，发现温度不正常，要及时处理（中、夜班由测温工监测）。

二、焦炉热调事故的处理

1. 立火道高温

任何立火道在换向后 20s 超过 1450℃时，为立火道高温事故，必须立即处理。处理方法如下。

① 立即测量相邻火道温度及横墙温度。

② 如全排横墙均处于高温趋势，应立即将该排加减旋塞关死，查明原因后再逐渐打开，待影响事故的因素清除后方可恢复正常操作。

③ 如个别火道高温，应更换烧嘴（或喷嘴）或拨动牛舌砖，减少煤气流量。高温产生的原因是煤气量过多，往往有下列因素造成。

• 烧嘴（喷嘴）未安装或错装了烧嘴（喷嘴）。

• 相邻火道被石墨堵塞，造成煤气分配不均。

• 吸力过大，火焰于底部燃烧。

• 斜道部分堵塞、喷射力过小，造成短路，而于下降气流燃烧。

• 由于调火操作不当，更换孔板时忘将孔板装上，造成煤气量过大。

• 炭化室煤气串漏。

2. 蓄热室高温

硅砖蓄热室顶部温度超过 1320℃（黏土砖蓄热室顶部温度超过 1250℃）时为高温事故。

根据具体情况分别采取下列办法：

①减少相应火道煤气供应量；

②加大进风面积；

③检查立火道温度和燃烧情况；

④检查砖煤气道，若有串漏及时通知热修组进行压浆处理；

⑤查找是否因吸力过大而发生短路事故。

三、地下室煤气管道着火

煤气管道着火可分为：煤气管道附近着火、小泄漏着火、煤气管道大泄漏着火，根据这三种情况，处理时应采取不同的方法。

1. 煤气管道附近着火

煤气管道附近着火，直接影响到管道设备温度升高时，如果管道压力大于 500Pa，用户可照常使用，但必须立即隔断与煤气相邻的易燃物，切断火路。如果管道没有被烧着，温度没有升高时，火苗一时难以扑灭，一方面组织扑灭，一方面用水冷却管道以防升温。但如果温度已升高，切不可泼水冷却，以免热胀冷缩，管道破裂酿成更大事故。

2. 管道小泄漏着火

一般可用黄泥堵火，或用灭火器灭火后堵漏。对于小径（Φ≤100mm）管端着火，且阀门距管端近，可直接关阀门灭火。

3. 管道大泄漏着火

当出现高压管道大泄漏着火时，通知着火管道上所有用户，一律停止使用煤气后，将煤气主管或支管阀门缓慢关 2/3。降低煤气压力后立即通入蒸汽，接临时 U 形表和看火苗大小判断压力，使压力降至 500Pa，用蒸汽灭火。严禁马上关闭阀门或水封，防止煤气管道回火爆炸。严禁管道负压。

当火势较大，可能对人员或设备造成伤害时，紧急启动《炼焦事故处置应急预案》。

四、煤气爆炸事故

1. 地下室因泄漏发生小爆炸

如果由于爆炸引起着火，处理过程中切记：

①绝对不准将煤气来源切断，以防回火爆炸。

②短时着火，可对着火处设备降温。着火时间长，设备温度高时，严禁用水降温。

2. 发生重大爆炸，造成设备断裂着火

可通大量蒸汽灭火。爆炸后易造成着火、中毒，视爆炸情况以及影响范围启动《炼焦事故处置应急预案》。但应先抢救中毒人员，再灭火，最后处理设备的顺序进行。

第十一章 焦炉的特殊操作

第一节 焦炉的停送煤气操作

焦炉在开、停工，或在生产中由于某些客观原因不能保持加热时，需要进行停煤气、送煤气工作。因煤气具有着火、爆炸和毒性较大的特点，所以在停、送和换煤气操作时，应严格按规定的方法和步骤进行，其方法和步骤又因炉型、煤气种类和当时所处的情况不同而有差别。

焦炉停、送煤气和换煤气一般应是有计划地进行。工作前，应制订方案和安全措施并做好人员分工；工作中，应统一指挥，分工负责，认真检查，避免出现混乱和差错。生产中，如遇意外情况必须立即停止加热时，为避免故障扩大，当班工作人员应及时停止向焦炉中供煤气。

一、焦炉停止加热

停止加热可分为有计划停止加热和无计划停止加热两种。

1. 遇到下例情况下停止焦炉加热

① 停电或鼓风机停止运转；

② 煤气总管压力低于 500Pa 时；

③ 交换机系统发生故障，不能正常加热时；

④ 烟道闸板折断而影响烟道吸力时；

⑤ 当煤气爆炸或管道破裂等发生，焦炉无法继续加热。

2. 停止加热时应遵守的原则

① 煤气管道保持正压，使空气不能进入煤气管道；

② 炭化室、燃烧室压力接近正常；

③ 停止加热时，停止出炉；

④ 尽力保持炉温，使炉温下降少且下降均匀；

⑤ 停止加热时，废气 1h 交换一次。

3. 停止加热步骤

（1）无计划停煤气

如突然停电或煤气压力骤然下降到 500Pa 以下时。

① 交换机工立即用交换机将交换旋塞交换到完全关闭的位置（焦炉煤气）或煤气砣落严的位置（高炉煤气），停电时用手动装置并切断自动交换电源。绝对禁止换向到中间位置（即把空气盖板和废气砣交换到全部开启的中间位置）。

② 立即关闭煤气截门和关闭加减旋塞，煤气调节翻板固定在全开位置，保持煤气管道正压，若负压则通入蒸汽保持正压。

③ 关闭机、焦侧烟道吸力翻板，降低吸力。

④ 停止加热 2h 以上者，进风口加挡小铁板，风门开口只留 5mm 的缝隙，使炉内进入

少量空气并处于流通状态。

⑤ 操作完毕进行检查、确认，达到准确无误。

⑥ 在停止加热期间，废气 1h 交换一次，保持炉温均匀下降，进行正常的炉温测量并做好记录。

⑦ 停止加热时，焦炉立即停止推焦，并将已打开的炉盖和上升管密封。

（2）有计划停煤气

① 调火班长提前 10min 与调度及有关方面取得联系；

② 逐个关闭加减旋塞煤气压力保持 1000～1500Pa；

③ 所有加减旋塞完全关闭后，关死煤气截门，关闭交换旋塞；

④ 换向工再次检查确认加减旋塞的关闭情况；

⑤ 通知鼓风机停煤气并汇报车间主任；

⑥ 煤气主管通入蒸汽并打开末端放散管放散；

⑦ 关闭机、焦侧烟道翻板，降低分烟道吸力；

⑧ 用铁板盖空气进风口，只留 5mm 的缝隙，使炉内进入少量空气并处于流通状态；

⑨ 停煤气后，废气交换和测温正常进行；

⑩ 停止加热期间，焦炉停止推焦。

二、送煤气操作

1. 往地下室煤气管道送煤气

① 接到恢复加热的通知后，要做到统一指挥，分工明确。

② 送煤气前应检查管道各部位是否处于完好状态。如加减旋塞、贫煤气阀是否处在关闭位置，水封槽内是否注满水，管道内积水要放净，煤气管道调节翻板要固定在全开位置；当煤气管道进行清扫或传动装置进行过修理，要再次检查确认。

③ 煤气总管压力达到 2500～3000Pa 以上，并确保煤气来源足够的情况下，才可往管道内送煤气。

④ 在使用焦炉煤气时，可先往煤气管道中通入蒸汽，至放散管冒出蒸汽。用高炉煤气时，也可通入少量蒸汽。打开煤气主管阀门（一般为 1/2）向管道内送煤气，并打开末端放散 10～20min 直至冒出蒸汽，当煤气进入主管道后停止通蒸汽。

⑤ 专人注意煤气压力，当煤气主管压力达到 1500Pa 数分钟，在管道末端用爆发试验筒取样作爆发试验，直至合格（煤气质量的检查也可用化学分析方法）方可往炉内送煤气。

2. 往焦炉内送煤气

当煤气总管压力达到 2500～3000Pa 以上，且在煤气管道末端取样做爆发试验合格的情况下，方可往炉内送煤气。

① 将进风口开度和烟道吸力恢复到正常状态。

② 交换系统处于正常状态，上好煤气砣小轴（高炉煤气），用手动交换，打开交换旋塞，废气盘空气盖板和废气砣应处正常位置。

③ 送煤气时，视煤气压力情况逐个打开加减旋塞（可先开 1/2，然后再完全打开）。

④ 送煤气过程中，当煤气总管压力低于 1000Pa 时，应停止向炉内送煤气；随着煤气送入燃烧室，煤气主管压力不得降到 500Pa 以下，并逐渐关闭末端煤气放散管，最后完全关闭。

⑤ 送煤气后，全面检查一次加热系统设备，并检查立火道燃烧情况。若火道温度低于着火点时，应先投入引火物。

⑥ 根据具体情况，调节烟道吸力、煤气流量和压力。最后，恢复吸力、压力、煤气流量的自动调节机构。

⑦ 用混合煤气时，恢复使用；用焦炉煤气时，恢复预热器。

三、停送煤气时的注意事项

① 送煤气时发现管道压力迅速下降，应立即停送煤气，必要时把已送的重新关闭，检查原因，待处理好后再送；主管压力低于500Pa时，按停止加热处理。

② 送煤气时，如发现漏气着火时，应处理后再送。

③ 严禁两炉或更多炉同时送煤气。

④ 相邻焦炉禁止同时进行交换；绝对禁止交换废气时停在中间位置。

⑤ 严禁邻近焦炉推焦或焦炉四周动火。

⑥ 地下室、烟道走廊禁止放易燃易爆物；

⑦ 放散时应通知炉顶及下风侧人员离开。

第二节　焦炉更换煤气操作

一、更换煤气前应具备的条件

① 做好更换煤气的准备工作。检查管道各部件是否处于完好状态，加减旋塞，贫煤气阀及所有的仪表开关均需处于关闭状态。水封槽内放满水，打开放散管，使煤气管道的调节翻板处于全开状态并加以固定。

② 煤气尚未送入地下室管道时，应按送煤气操作将煤气送入地下室煤气管道，如管道有盲板时，应抽出。当抽盲板时，应停止推焦；抽盲板后，将煤气主管的开闭器开到1/3时，放散煤气约20～30min，连续三次作爆发试验均合格后关闭放散管。

③ 欲更换煤气的供应应充足，煤气总管压力在2500Pa以上；当总管压力低于1000Pa时，应停止换煤气操作。

④ 欲更换煤气在管道末端取样做爆发试验合格后，方允许更换。

⑤ 更换煤气时的注意事项与送煤气相同。

二、焦炉煤气更换高炉煤气的操作

① 停止焦炉煤气预热器和除炭孔；

② 交换后将下降气流煤气废气盘上空气盖板的链子（或小轴）卸掉，下面垫好薄石棉板，然后拧紧螺丝；

③ 将下降气流煤气砣小轴（小链）上好；

④ 将烟道吸力加大到使用高炉煤气时的吸力；

⑤ 检查上述工作完成后，用手动进行换向；

⑥ 将上升气流空气废气盘进风口改为使用高炉煤气时的开度；

⑦ 从管道末端开始，逐个关闭焦炉煤气旋塞，逐个打开高炉煤气加减旋塞或贫煤气阀（应先开1/2）往炉内送入高炉煤气。

⑧ 将进风口改为使用高炉煤气时的开度，加减旋塞开正。

⑨ 送入高炉煤气后，应检查所有立火道燃烧情况。

⑩ 高炉煤气系统调节机及有关仪表正常运转；确定高炉煤气加热制度。

三、高炉煤气更换为焦炉煤气的操作

① 关闭混合煤气开闭器；

② 交换后从管道末端开始，关闭下降气流的高炉煤气加减旋塞或贫煤气阀；

③ 卸下下降气流煤气废气盘煤气砣小轴，进风口盖板的螺丝松开并连接好，拿下石棉板。

④ 检查上述工作完成后，用手动换向。

⑤ 换向后逐个打开焦炉煤气加减旋塞（先开 1/2～1/3）往炉内送入焦炉煤气。

⑥ 将废气盘进风口改为使用焦炉煤气的开度；烟道吸力减至使用焦炉煤气时的吸力；焦炉煤气旋塞开正.

⑦ 焦炉煤气更换后，应检查所有立火道的燃烧情况。

⑧ 焦炉煤气系统各调节机及仪表正常运转，确定加热制度。

⑨ 运转预热器和除炭孔。

⑩ 高炉煤气长期停用时要堵上盲板，并吹扫出管道内的残余煤气。

第三节 带煤气钻眼

由于生产过程中，管道上需安装支管、接仪表等，必须带煤气钻眼。显然钻开眼后，煤气必然会泄漏，这样将有可能引起中毒、着火事故。为确保安全，必须掌握操作技能和步骤。

一、钻眼前的准备

准备工作包括安全预防准备及工具和人员组织。

① 安全预防。操作前准备好灭火器材，包括泡沫灭火器、黄泥（操作前用水合成不稀不硬且用新布包好）。每名操作者一台防毒面具。如果在高空作业必须搭跑跳斜梯，严禁戴安全带。并向厂申请危险操作证。

② 工具材料。准备好钻机（钻头直径和所钻孔直径相符），接电源导线。准备好能通水的水管，准备好风机，并确定方向。

准备好要安装的开闭器及接头，并与开闭器接好，关闭，焊接在要钻眼的部位。

③ 人员组织。指挥一人，站岗一人，联络一人。操作工根据操作难度定，但操作地点人员应尽量少。

以上工作必须每项落实。

二、钻眼操作

当一切准备工作完毕后，操作人员戴上防毒面具。接好电源，开启风机并对准钻眼点，也可加风管对准钻眼点开风，将原焊接好的开闭器打开，钻头探入，一人按钻机，也可用杠杆压钻机，通电源，同时将水导入钻眼处以防高温。

钻通后（凭感觉钻头已探下）取出钻头。由堵眼人用黄泥团立即堵上，同时用另一只手关闭开闭器。

三、钻眼操作注意事项

① 钻眼时，一定要导水入钻孔并连续放水，以免高温着火。

② 钻眼时，30m 内无火源；

③ 钻眼操作人员一定要戴防毒面具；

④ 保证煤气管道处于正压状态；

⑤ 交换时，严禁在焦炉地下室加热煤气管道钻眼；

⑥ 钻眼时，用力要均匀；

⑦ 钻完眼后，用肥皂水进行试漏。

第四节　带煤气抽堵盲板

带煤气抽堵盲板，是焦炉生产中不可缺少的一项工作。调火工，煤气工都必须掌握这项安全操作技能。抽堵盲板主要是指在焦炉烘炉开工、大中修停送煤气、出现泄漏、着火等事故的紧急抽堵盲板。

为保证安全，不影响生产，当煤气管道直径在 200mm 以上时，均由专业人员承担此项任务。

一、抽堵盲板安全要求

① 带煤气抽堵盲板，大部分是高空作业，必须按要求搭好木架跑跳斜梯，严禁戴安全带；

② 要求使用铜制工具进行操作；

③ 40m 内严禁一切火源，如电焊、吊车、机车、汽车和出炉等；

④ 要求各方位道口有专人监护，以免闲人误入；

⑤ 下风侧 40m 内严禁人员停留；

⑥ 在室内作业，必须有足够的通风条件；

⑦ 抽堵盲板，要求法兰两边有良好的接地线；

⑧ 准备好防毒面具、黄泥，湿草袋、水龙带、泡沫灭火器、消防石棉布等。

⑨ 管道支架距盲板较远时，必须搭临时支架，以免管道下沉。

⑩ 法兰上螺栓涂上机油，法兰两面支撑板与千斤顶接触面要涂上黄干油或机油。

二、准备工作

抽堵盲板操作必须做好充分的准备，只有各项条件都具备后，才能操作（紧急情况例外）。

首先在盲板近处焊斜鱼子 1～3 对（长 350mm，高 200mm，间距 450mm），如图 11-1 所示。制作盲板时，应钻眼 Φ3mm，眼距盲板边 5mm，眼间距 30mm。顺盲板周围摆好高压石棉绳，用细铁丝扎好。

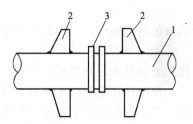

图 11-1　抽堵盲板管道焊斜鱼子
1—管道；2—斜鱼子；3—法兰

盲板必须制作 3mm 厚的铁板，用高压石棉棉垫铺在垫圈两面，然后用绒麻线扎好。

堵盲板必须准备好足够的新螺栓。

三、抽堵盲板操作

抽与堵是两种相反的操作，方法近似。

当一切安全、工具器材条件具备后，可以开始工作。操作人员准备好防毒面具，并作最后一次安全检查。操作步骤可分为：卸螺丝、抽出盲板、上铁板，上螺丝四步。

① 卸螺丝：用扳手按对角顺序卸下，卸至剩最后一颗螺丝时，操作人员戴上防毒面具。

② 抽出盲板：卸完螺丝后，顶上千斤顶，让法兰分开，抽出盲板，宽度略大于铁板，用刮刀清除残存的石棉绳。

③ 插铁板：接第二步立即插入铁板，调准位置，按对角上螺栓后放回千斤顶。

④ 紧螺丝：千斤顶放回后，开始拧紧螺丝，要求对角拧。

堵盲板操作方法相同，把第②步和第③步反过即可。

四、操作要点及注意事项

1. 操作要点

① 法兰缝加斜牙时，上面要涂油，用手把牢，只能用铜锤敲入。

② 插、抽盲板（铁板）时，尽可能减少摩擦力。

③ 当法兰穿不进螺丝时，不准用锤敲打螺栓，以免螺丝扣与法兰孔摩擦。

④ 若带铅衬的法兰，铅衬不能刮起，以免影响抽盲板时间。

⑤ 注意法兰螺丝腐蚀情况，做好更换准备，将腐蚀螺丝换成新螺丝。

2. 注意事项

① 参加操作人员一律不准带火柴。

② 抽堵焦炉煤气盲板时，不准穿带铁钉的鞋。

③ 不准用工具敲打管道和其他金属物。

④ 身体不好，睡眠不足的人员不准参加本项操作。

⑤ 抽盲板轮换休息时，必须到上风侧空气新鲜的地方。

⑥ 工作中螺丝等物不准往下扔。

⑦ 千斤顶要用绳固定好。

第五节　焦炉强化生产

焦炉结焦时间在短于设计结焦时间下进行生产称为强化生产。

一般焦炉强化生产分为两种情况。

第一种情况：结焦时间约比设计结焦时间缩短 1h 以内。在此阶段，基本上是利用焦炉设备的备用能力，不必或稍许采用补充措施就可以保持生产。

第二种情况：结焦时间比设计结焦时间缩短 1h 以上。在此阶段，往往必须增加一些措施，才能维持正常生产。

焦炉强化生产与正常结焦时间下的生产相比，需要更高的炉温以及更频繁的设备操作进行生产，因此必须增加管理和维护工作的频度，才能保证操作顺利，防止事故的发生。实践表明，在炉体状况允许的前提下，充分调动人员的积极性，坚持科学态度，保持较高的设备完好率，加强三班操作和热工管理，加强热修维护和铁件管理，充分注意入炉煤的质量和焦炭运输环节的情况下，焦炉在短期强化生产是可能的。

焦炉强化生产除带来上述操作上的问题之外，还应注意到由于结焦时间的缩短而带来焦炭质量的恶化。所以 1992 年颁发的《焦炉技术管理规程》规定：焦炉强化生产时"缩短周转时间也不得超过 1h"。一般是在非常情况下才能采用强化生产，如解决短期间内的焦炭不足，解决烘炉期间的煤气平衡等。实践经验证明，焦炉强化生产后往往容易出现空气供入不足，蓄热室出现下火严重，升温困难，焦饼成熟不均匀伴有生焦，炭化室墙面石墨增长较快，容易出现难推焦，上升管出现堵塞荒煤气排出不畅等。所以，必须采取严格的管理制度和温压制度。尤其是对集气管压力监督及注意推焦电流变化，使强化生产能顺利进行，焦炉设备免受破坏。

一、结焦时间

焦炉的结焦时间应根据炉体、设备状况以及生产管理水平等具体条件而定，没有再强化生产的余地时则不能盲目强化。对大中型焦炉来说，炉宽 450mm 的焦炉最短不能短于 17h，炉宽 407mm 的焦炉最短不能短于 15h，即在设计结焦时间的基础上最多只能再缩短 1h。

二、温度管理

强化生产时，重要的管理措施是制定合理的温度制度。由于在控制与调节方面往往出现困难，炉温的合理分布出现恶化，因此必须增加炉温的检查频度，防止出现高温事故或出现某些火道加热不足。

炭化室宽 450mm 和 407mm 的大型焦炉进行强化生产时，标准温度可参照表 11-1。

表 11-1　强化生产时标准温度

炭化室宽/mm	结焦时间/h	标准温度/℃	
		机侧	焦侧
450	17	1300～1320	1350～1370
407	15	1290～1300	1340～1360

《焦炉技术管理规程》规定，硅砖焦炉在换向后 20s 时，立火道测温点的温度最高不能超过 1450℃；硅砖蓄热室顶部的温度不得超过 1320℃；黏土砖蓄热室顶部温度不得超过 1250℃。

当焦炉遇有延迟推焦或因燃烧不完全或炉体串漏而下火时，要特别加强监督工作，并及时处理出现的高低温问题。高温或低温故障都能引起推焦困难，尤其应杜绝高温事故，防止因高温而烧垮焦炉。当出现高温号时，采取调整加减旋塞，减少相应号供热煤气的办法降低温度。当情况严重时，首先切断煤气，制止高温情况继续发展。处理高温事故后，往往又易出现低温事故，所以温度监督是至关重要的，保持正常的炉温是顺利强化生产的关键。

在强化生产时，由于标准温度达 1350～1370℃，这样使实际炉温在高峰值时容易接近 1450℃。在这样的温度下，会使焦炉的损坏加剧。因为在此高温下，加速 SiO_2 转化为气态 SiO_2 的化学反应，在超过 1470℃ 的情况下，促成硅砖中的 α-鳞石英向 α-方石英转化。由于焦炉的立火道数量很多，燃烧的均匀性如果受到破坏，温度进一步升高，达 1620℃ 超过了硅火泥和硅砖的荷重软化温度时，焦炉砌体将遭到不可挽回的破坏。所以强化生产必须在严格的科学管理下进行，即使如此，也是短期应急办法，不应该长期强化操作。

三、压力制度

1. 烟道吸力

结焦时间缩短后，单位时间供热增加，燃烧系统的阻力也相应增加，所以要增加烟道吸力。如果缩短结焦时间 1h，在焦炉煤气加热的情况下，吸力应增加 10～20Pa；用高炉煤气加热时，应增加 20～30Pa。但在初调之后，还应进一步确定准确的吸力值，即视燃烧情况及废气分析情况而确定。

当遇有烟道吸力不足的，一般从两方面采取措施。

① 减少整个燃烧系统的阻力。如将风门、废气小翻板、总分烟道翻板尽量开大以减少附加阻力；使用高炉煤气时可增加掺混焦炉煤气的比例，甚至改用焦炉煤气加热，清扫蓄热室及有关部位，必要时减小调节砖厚度等。

② 增加烟囱的吸力。一般使用抽风机强制抽风，也可采用在焦侧增加副风门的方法。

2. 集气管压力监督

强化生产后，单位时间内荒煤气发生量增加，上升管、桥管及集气管阻力增加，炭化室内部的平均压力也相应增加。必须及时调节、稳定集气管压力，防止因集气管压力失调而造成大量冒烟或着火现象。

四、炼焦耗热量及煤气流量

结焦时间缩短后,废气带走的热量和焦饼带走的热量增加。因此,炼焦耗热量比正常生产时增加。

结焦时间缩短后,每缩短 1h,炼焦耗热量增加 42~84kJ/kg。

强化生产时,煤气供应量增加,其方法如下。

① 更换孔板。

② 清扫煤气管道内沉积物,以减少阻力。当用高炉煤气加热时,更换孔板后煤气量仍不够,需检查煤气废气砣是否落严;蓄热室墙及小烟道有无裂缝,如有裂缝应及时抹补。

五、加强三班操作

1. 加强上升管清扫工作

由于炉温的提高,上升管、桥管等处石墨增长快而且坚硬,容易出现堵塞情况,使荒煤气排出的阻力进一步增加,炭化室内部压力升高。上升管、桥管不及时清扫会出现炉门冒烟增加甚至出现着火,而当炉体不严时下火现象增加,因此,强化生产应比正常生产情况下,增加清扫次数。

如果采取降低集气管压力的办法,空气将吸入炭化室使部分焦炭燃烧,这样不仅增加了焦炭灰分,而且会因煤气、焦油的不完全燃烧形成大量游离炭使集气系统更易堵塞,造成恶性循环。因而当强化生产时,应组织力量清扫上升管、桥管等处,保持荒煤气排出畅通。

2. 加强推焦装煤操作

强化生产后,推焦装煤次数增加,应严格按计划操作,加强炉门炉框的清扫工作,保持炉门的严密性。装煤要满,不得出现缺角现象,避免因此而引起高温事故。平煤要达到畅通,防止堵塞而引起煤气排出不畅或引起难推焦。

炉温提高后,炉墙石墨增加很快,焦块较碎,使平均推焦电流增加,炉墙所受挤压负荷增加,这对炉墙具有破坏作用。如果有炭化室墙面状况不良或炉温不均等情况时,容易出现推焦困难。所以,必须严格监督推焦电流的变化,避免强制推焦。

① 当推焦电流高于 300A 时,表示该号炭化室发生推焦困难。要求有关人员进行检查,消除障碍后再推焦。

② 当推焦电流接近 300A 时,预示着该号炭化室将产生推焦困难,这样的炭化室要进行详细检查,并采取相应措施。

③ 平均推焦电流比正常生产高 50A 左右时,预示着将产生大量的推焦困难。

如果这是由于炉墙挂结石墨的原因而造成的,就应消除石墨。

3. 消除石墨的方法

在强化生产阶段,由于炉温提高,炉墙石墨生成迅速,这样往往造成推焦困难。所以,当炉墙石墨增厚影响推焦时,就应及时清除。消除石墨的方法应采用压缩空气吹烧、刮刀清除、烧空炉、开盖烧除法和人工清除石墨等方法。

炉顶部分的石墨用刮刀清除:即在推焦杆头上部装置刮刀,在出焦过程中将炉顶部石墨刮除。在用此方法时,每次刮除的石墨不能太厚,刮刀应安在推焦杆头上两角,将炭化室顶石墨刮出两道槽,然后刮中部石墨,否则易将炉顶砖拱起,刮刀应定期更换。

开盖烧除法:推焦前 30min,打开中间炉盖和上升管盖,但速度较慢,可在一定时间内多烧几次。对于双集气管,可打开第二或第三眼炉盖,同时打开机侧或焦侧上升管盖烧除石墨。

当平均推焦电流比正常值高 30A 以下时,采用烧空炉除石墨方法有效。当平均推焦电流比正常值高 30～50A 时，单用烧空炉的方法效果较小，应先用烧空炉的方法削弱石墨与炉墙的黏结力，然后由装煤口或焦炉机焦两侧用钎子将石墨铲除。

烧空炉除石墨的方法，是在推完焦后对上两侧炉门并打开上升管盖，使空气从中部或远离上升管侧的装煤口经炉内向上升管流通灼烧炉墙石墨。推迟一炉或两炉的操作时间再装煤。根据石墨生成速度，采用烧单炉、烧双炉甚至三炉等几种方法。烧单炉的时间约为10～15min，烧双炉约 25min，视需要来酌定。烧石墨的周期，根据石墨生长程度而定，例如每月烧 5 天或 10 天等，一直到平均推焦电流达到正常为止。

第六节　延长结焦时间

由于外部原因焦炉不能维持正常生产时，一般采用延长结焦时间的方法，降低生产能力，维持生产。

一般大型焦炉结焦时间比设计结焦时间长 1～2h 以上时，进行低负荷生产，称为延长结焦时间状态下生产。在此阶段，生产工艺的主要特点，焦炭成熟后仍在炭化室中停留一段时间，然后出焦。结焦时间愈长，焦炭成熟后在炭化室中停留的时间愈长。

在一个周转时间内，20～22h 前，是成熟过程，而 20～22h 以后，是保温的过程。因此，在工艺管理上就带来一些不同于正常结焦时间阶段特点。

延长结焦时间的焦炉平均温度一般保持在 1200℃左右，以便保证装煤后炉头砖最低温度在硅砖晶型转化点以上。避免炉头砖受到激烈的温度变化冲击而损坏。实践表明，大型焦炉结焦时间在 120h 以内，用焦炉自身的煤气供热尚可自给自足。如果是由外界供热，结焦时间延长的幅度不受此限制。

一、延长结焦时间，焦炉管理应遵循的原则

① 延长结焦时间，应执行炼焦生产技术规程；

② 延长结焦时间，应保持焦化系统正常的低负荷运转；

③ 延长结焦时间，应制定相应方案组织实施；

④ 延长结焦时间，应尽量减少对焦炉炉体的破坏损失。

二、最长结焦时间

所谓最长结焦时间是指焦炉本身可以达到最长的结焦时间。这里有两种情况。

第一、如果加热煤气由外界供给（高炉煤气、发生炉煤气），则结焦时间的延长幅度可以认为不受限制。

第二、如果用本焦炉发生的煤气供热，则最长结焦时间受到煤气发生量的限制。

按计算，大型焦炉的生产能力低至设计能力的 10% 时，可以满足上述条件。但是，由于炭化室石墨已烧掉，荒煤气的漏失量增加。从安全考虑，生产能力以不低于 30% 为宜。最长结焦时间，大型焦炉约为 100h，中型焦炉约为 80h，小型焦炉约为 50h。

从国内情况看，个别大型焦炉低负荷生产时，曾达到设计能力 15%；一般情况在 25% 以上，结焦时间少于 70h。

在延长结焦时间的过程中，应有组织地进行，但焦炉的生产负荷不能无限制的降低。一般来讲，焦炉生产负荷降低在 30% 以内，焦炉的生产是比较稳定的，对焦炉炉体的破坏较小；焦炉负荷降低超过 40%，焦炉的炉体必须采取保护措施，当焦炉减产幅度达设计产能的 70% 时，基本仅能维持系统运转，焦炉的生产负荷达到了较低的极限，此时焦炉的管理将难以管理，焦炉炉体有可能出现溶洞，串漏等情况，必须加强管理。

如管理的好，还可延长，但是结焦时间过长总是不利和不安全的，因此应提高计划管理水平，及早排除影响，争取少延长或早恢复。

三、焦炉的管理

由于焦炉降低了生产负荷，也就是说，焦炉的周转时间得以延长，这样势必要调整焦炉的热工制度，但此时，焦炉的周转时间是不正常的延长，焦炉的热工制度的调整应以焦炉的建筑材料性质和技术管理规定相结合为基准，应尽量减少对焦炉炉体的破坏损失。周转时间延长最关键是一定要防止高温事故。

1. 延长焦炉的周转时间

在有计划的延长结焦时间时，应控制延长时间的速度，以保证操作稳定，炉温均匀，减少因温度剧降对炉体的破坏。每昼夜延长时间规定如表 11-2 所示。

表 11-2 每昼夜允许的延长时间

原有结焦时间/h	<20	20～24	>24
每昼夜内允许延长时间/h	2	3	4

2. 焦炉温度制度的制定与控制

(1) 标准温度的确定

在延长结焦时间状态下生产，一般大型焦炉的标准温度不应低于 1200℃，以便保证高温成焦的条件，保证在装煤后炉墙温度不致降到硅砖晶形转化点以下。这时的结焦时间即为 20～22h，结焦时间再延长时，标准温度也应基本不变。只有当炉头温度能够得到保证的条件下，方可适当降低，但不得低于 1150℃。焦炉边火道的温度应控制在 1100℃ 以上，个别不低于 1050℃，焦炉整体温度要尽可能保持全炉稳定，严格控制均匀性和安定性；焦炉温度的测调周期给予适当的调整。

(2) 火道温度的控制

结焦时间延长后，由于炭化室硅砖积蓄的热量减少和供热强度降低，以及结焦时间后期保温的影响造成直行温度波动幅度较大，其波动幅度随结焦时间的延长而增大。

火道温度过高，容易产生焦炭过熟推二次焦；过低，容易造成炉头温度偏低，尤其是大容积焦炉。因此，如何按标准温度控制火道温度是很关键的。

① 结焦时间缓慢过渡。为保证炉温降温、升温速度，延长结焦时间必须缓慢延长。一般有计划延长，每昼夜结焦时间延长速度不得超过 4h，缩短时不得超过每昼夜 3h 为宜。

② 延长结焦时间降温可采取预先减量和关笾号两种方法。

预先减量：一般是在缓冲期（结焦时间为 25h）前 1h，开始全炉减量降温，同时减吸力。

关笾降温：在结焦时间延长超过 25h 后，随装炉号进行关笾，本号（与炭化室同号）关 2/3，邻号（与炭化室号相邻的两个号）关 1/3。这样有利于保持煤气管道压力，必须确认关号准确。一个大循环后可以全炉关至 2/3。

③ 用高炉煤气加热的焦炉，最好倒换成焦炉煤气加热。

(3) 横排温度与炉头温度调节

随着结焦时间的延长，大型焦炉结焦时间在 20～24h，横排曲线开始变形；30h 左右，炉头温度急剧下降。横排曲线变成"馒头"形状。这种情况的产生是由于下述原因造成的。

随着结焦时间的延长，炉体表面单位时间散失热量虽然下降不大，但其占总供热量的百分数却相应增加。

炉头火道的热量和其余火道相比，正常生产时，一般要多供应 30%～40% 的热量，以满足炉头火道因散热损失而增加的热负荷，延长结焦时间后，焦炉总供热量大大减少，但散失的热量减少不多。在这种情况下，炉头火道负担的散热比例就不断增加，而促使炉头温度不断降低。另外，由于炉头火道墙裂纹增加，由炭化室漏入的煤气过多而燃烧不完全，从而加剧了炉头温度的降低程度。

上述情况表示，横墙曲线变形的程度，主要取决于炉头温度降低的幅度。因此，调整横排曲线的主要方法是增加炉头的供热量，以满足炉头火道不断增加的散热损失。一般情况下，炉头温度不低于 1050℃。

① 增加炉头火道煤气量和空气量的方法。用焦炉煤气加热时，增加煤气量的方法根据炉型的不同而异。

下喷式焦炉，结焦时间在 20～24h，可以采用增大炉头喷嘴直径的方法提高炉头温度。如清扫砖煤气道，增大孔板直径。但当结焦时间继续延长时，应当改小中部喷嘴的直径，按实际情况将中部喷嘴面积减少至合适的程度。当中部喷嘴面积减至原面积 10%～30%（直径 3～6mm）时，效果较好。如果是处在结焦时间变动频繁和很快能恢复生产时，一般采用在中部火道喷嘴中插铁丝的方法。

侧入式焦炉提高炉头温度的方法中，比较有效的是在横砖煤气加中砖孔板，放在 1～3，25～27，2～4，26～28 火道砖间，砖孔板直径约为横砖煤气道直径的 30%。

用高炉煤气加热时，为提高炉头温度，可采取在小烟道中加挡砖的方法。但是，这种方法对下降气流有不好的影响，而且比较费事。所以，一般采用降低蓄热室上升气流吸力的方法。上升气流蓄热室吸力过大或过小，会引起横排气量分配的改变。上升气流吸力大，则分配到 9～20 火道的气量多，吸力小，则分配到 1～6 和 28～32 火道的气量多。因此，为增加炉头的煤气量，可将吸力比正常小 5～10Pa，相应的看火孔压力升高。但是，这种方法对炉头温度的保持是有限的。用在炉头单独导入焦炉煤气的方法，效果比较好。

空气过剩系数不小于 1.3，甚至可达 2.0 以上。保持较大的空气过剩系数的目的在于使进入边火道的煤气燃烧完全，也有利于改变小烟道温度降低趋势。

② 喷补漏气的砌体。采取同样的提高炉头温度措施后，如炉头温度仍然低，多数是由于炉头砌体漏气的原因。保护板底坎的斜道正面砌体部分和炭化室炉头墙上部裂缝是漏气的主要部位。一般采取重砌底角砖和喷抹炉头墙的方法解决。蓄热室封墙和废气盘双叉部联结口处也是漏入蓄热室空气的主要部位，应加强密封工作。

（4）煤气管压力的控制

如果是用本焦炉生产的煤气加热的焦炉，由于结焦时间延长，会出现煤气压力降低的现象。此时，可采用换小孔板的方法，保持压力在 500～1500Pa 范围。可以准备 2～3 套孔板，孔板截面积视结焦时间延长程度而定。一般可采用为原截面积 30%～40% 的孔板。

当结焦时间很长而煤气压力很低时，可采取关笺号方法处理（前而已叙述），即向成焦阶段的炉室号供应足够的煤气，保温阶段的炉室号少供煤气。但应当做好识别标志和监督记录，掌握住动态，避免造成高，低温事故。

3.焦炉压力制度的制定与控制

（1）燃烧系统压力

① 严格控制燃烧系统压力，保持标准火道的看火压力为 5～10Pa；

② 保持空气过剩系数 α 值在 1.3～1.5。

（2）集气管压力和温度的控制

延长结焦时间产生的煤气量少和出炉间隔较长，集气管压力控制应比平时高 0~20Pa，要及时控制炭化室内压力，尤其在结焦末期注重控制。为此，可采取如下措施。

① 对于双集气管焦炉，装煤后可关闭装煤号炭化室一侧翻板。但两侧必须相间关闭，即一侧关单号，另一侧关双号。

② 用关小手动开闭器和电动开闭器控制。

③ 延长结焦时间前 2h，可将集气管压力加大。

④ 同一风机炉组，另一座炉的电动开闭器、手动开闭器可适当加大。

⑤ 延长结焦时间超过 24h 时，用鼓风机系统大循环管可以有效保持集气管压力，并在装煤前后及时调节大循环管的循环煤气量，以保持集气管压力稳定。同时，集气管与鼓风机间应加强联系。

⑥ 同炉组另一座炉停用高压氨水。

集气管温度保持在 80~100℃，甚至可高 10℃。当温度降低时，可减少氨水喷洒量，关闭集气管上氨水喷嘴。另外也可通入蒸汽临时提温保压。

4. 护炉铁件管理

在焦炉延长周转时间时，护炉铁件的管理至关重要，重点做好下面两方面工作。

（1）制定护炉铁件管理措施，增加测量频次

护炉铁件的测调频次增加，焦炉温度每变化 100℃进行一次测量和调节。

（2）保持护炉铁件完好，控制合理吨位

控制合理吨位既能保证护炉铁件完好，又能保证炉体的严密性和刚性。焦炉弹簧吨位在温度变化较大时要调节。

5. 焦炉操作管理

由于焦炉周转时间延长，焦炉生产负荷的降低，焦炉出炉数将大幅度地减少。为此要做好以下工作。

① 每炉操作时间不宜过长，以免炉门和炉盖敞开时间过长而损坏炉体严密。

② 延长焦炉的炉与炉之间的出炉间隔，尽量保持出炉的均匀性，使煤气发生均匀，便于集气管压力的保持。

③ 各炭化室在结焦后期容易出现负压，调节压力为正压，减少焦炭的自燃；双集气管焦炉在结焦时间的 2/3 时隔签号关闭一侧上升管翻板，防止结焦末期，因集气管压力差引起煤气倒流。

④ 各炉门、加煤口密封。

⑤ 适当减少氨水喷洒量，保持集气管温度不低于 80~100℃，同时加强清扫。

⑥ 焦饼过火容易引起推二次焦。因此，配合煤必须收缩性较好，挥发分高一些。

6. 焦炉炉体维护管理

在焦炉周转时间延长的过程中，焦炉炉顶、斜道区砖缝、蓄热室封墙等部位易出现裂缝，应注意严密。

采取措施加强炉头墙部位的喷抹，减少熔融，串漏。

四、结焦时间的恢复

延长结焦时间状态下生产的焦炉，在恢复正常生产时，应有计划缩短结焦时间。

（1）缩结焦时间的幅度

缩结焦时间的幅度见表 11-3。

表 11-3 缩短结焦时间的幅度

结焦时间/h	>24	20~24	18~20	<18
每昼夜内允许缩短时间/h	3	2	1	0.5

（2）增加煤气量和空气量

根据预定的结焦时间，按工艺要求增加煤气量和空气量，一般应每 4h 改变一次，每次不应超过原用煤气量的 5%。

（3）检查焦饼成熟情况

缩短结焦时间过程中，应有计划地安排测量焦饼中心温度和经常检查焦饼成熟情况。当测量的直行温度已达到规定的标准温度时，才准许按预计的结焦时间进行推焦。

（4）护炉铁件

在延长结焦时间时所采取的调节措施，应逐渐恢复原状，如弹簧吨位的调节等。

第七节 焦炉焖炉保温操作

焦炉焖炉保温是焦炉操作中一种非常特殊的操作。特别是在焦炉的炉体大修和荒煤气导出系统大修等情况下，所需工期时间较长时，必须采用焦炉焖炉保温措施，并且随着工期的延长，焦炉的焖炉保温难度也越大。

一、焦炉焖炉保温的方法选择

目前焦炉焖炉保温的主要方法为"带焦保温"与"空炉保温"。在工作中，采用哪种方法应视现场情况而定。当保温时间仅几天、十几天，炉门较严密时，可采用"带焦保温"，这样炭化室墙缝石墨不易烧掉，有利于炉墙严密；如果停产时间过长，焦炭容易在炭化室内烧掉，并在炉墙上结渣，损坏炉体并造成困难推焦，这时采用"空炉保温"较好。随着周转时间的延长，焦炉的保温难度加大，生产操作所采取的一切措施，包括温度制度、压力制度、炉体密封、护炉铁件的管理等都要以保证焦炉砌体的完整性为原则。两种焖炉方法各有利弊，一般在焦炉短时间焖炉保温时宜采用"带焦保温"，计划较长时间保温时宜采用"空炉保温"。焦炉长期保温后，当重新投产时，必须对每个炭化室进行热修补炉。

1. 带焦保温的优、缺点

（1）优点

① 由于焦炉炭化室内有焦炭，整座焦炉蓄热量大，焦炉温度稳定易于控制；

② 炉墙石墨烧失少，有利于炉体严密；

③ 恢复推焦操作不困难；

④ 荒煤气导出系统好维护，恢复生产时，恢复迅速等。

（2）缺点

① 焦炉荒煤气系统需运转，需用煤气保压；

② 在初保温且炭化室内煤料处于结焦末期时，要对荒煤气导出系统与炭化室采取隔离措施，使炭化室处于独立的系统；

③ 需有足够的外来煤气供焦炉加热。

2. 空炉保温的优、缺点

（1）优点

一是焦炉操作简单，便于管理；二是可长时间保温。

（2）缺点

炉墙石墨烧失严重，特别是当空气从炉门及炉头不严密处漏入炭化室时，这种现象非常严重，为此要加强炉体的严密工作。

二、焖炉保温的原则

① 焦炉保温首选采用延长周转时间的办法，低负荷运转，其次是焖炉保温，再次是停产护炉。

② 焖炉保温要以保护焦炉砌体和铁件为原则，制定严格的温度制度和压力制度。

③ 焖炉保温期间，荒煤气导出系统和炉体隔绝，可以利用这个时机处理正常生产时无法完成的工作。

三、焖炉保温操作

焖炉保温操作有四个内容：切断吸气管堵盲板、炉温管理、严密炉体和铁件管理等。分别叙述如下。

1. 荒煤气系统的管理

荒煤气系统的管理有三项内容。

（1）吸气管堵盲板

对焖炉保温的焦炉，出于安全考虑，一般采取在"л"形管上堵盲板，使荒煤气系统与鼓风机切断。

带焦保温时，通常在最后一炉装煤后，随着结焦的进程，煤气发生量不断减少，而达一定时间后（约 2/3 炭化室的焦炭已熟），虽采取一些措施（关小闸阀，开大循环管，蒸汽冲压）仍无法维持集气管的压力时，就是堵吸气管盲板的最晚时间，通常都是在最晚时间以前堵盲板。此后发生的荒煤气放散到大气中去。最后一炉装煤 1～2 天后，焦炭就会成熟，将上升管翻板关闭用铁丝锁住，并用蒸汽将集气管中的残余煤气进行吹扫。为避免氨水倒流，在保温期间要定期活动翻板。

空炉保温时，要推空所有炉室的焦炭，当推相邻一侧或两侧已是空炉的炉室时，要特别注意待焦炭熟透并与炉墙离缝后才推焦，以免推坏炉墙。当推空一定数量的炉室，集气管压力难于维持前堵盲板。

堵盲板时，一般要停鼓风机，并维持集气管正压（20～30Pa），以防止吸入空气而引起爆炸。

空炉保温时，推空所有炭化室的焦炭，应以推焦号两侧炉室都有焦炭或都已推空为原则，进行编排推空计划。在全炉降温的同时，应保证推焦炉号内焦炭熟透，以免推坏炉墙。

全炉推空的方法根据情况，有下列两种。

① 在原来推焦串序基础上推空。例如原是 9-2 串序推焦时，当结焦时间适当延长后，即可采用 18-2 推焦串序。当全炉推空一半后，对两边已推空的炉号，即可按结焦时间长短，逐个推出。这样可用较快的速度将全炉推空。

② 全炉延长结焦时间，当达到焦炭均已成熟后，采用 2-1 推焦串序推空。这样做全炉推空需用时间较长，而且炉温不均。

（2）减小氨水的喷洒量

保温期间维持最低限度的氨水喷洒量，达到集气管中的焦油液不凝固就行。因此，通常将集气管上的氨水喷洒全部关闭。并大量减少上升管翻板处的氨水喷洒量，达到满流密封的程度即可，有时也可以采取定期喷洒的办法。

为了保证氨水闭路循环，在吸气管盲板处应设置氨水交通管，以便排出氨水。

（3）集气管压力的管理

随着结焦时间的延长，继续开大鼓风机大循环管的煤气循环量，维持集气管的正常压力。而在吸气管堵盲板后的保温期间，集气管压力变得很低，一般采用蒸汽冲压的方法保持正压即可。采用蒸汽冲压后，集气管压力可达 30～50Pa，此时炭化室底部压力为 -20～30Pa。也曾试用过煤气冲压的方法，但是，由于炭化室墙上的裂纹增多和石墨已烧掉的原因，倒冲的煤气大量窜入燃烧室中产生不完全燃烧，或造成局部高温。所以，在新焦炉和其严密状态良好时，可考虑试用，但应加强监督，以免产生爆炸和烧坏炉体。

2. 炉温管理

在保温期间仍需供给煤气加热，以便保持炉体的温度。标准温度可略低于延长结焦时的温度，一般维持 1050～1100℃。因不再装煤，炉头温度也可降低，但不应降至硅砖晶型转化点（即 870℃）以下，一般炉头温度不应低于 950℃。

横排温度的控制方法和延长结焦时间阶段的控制方法基本相同。不同点在于要更多的供应炉头火道加热煤气，以便提高炉头温度。

下喷式焦炉为提高炉头温度，可将中部喷嘴（或小孔板）减小至原面积 10% 左右，并根据情况补加铁丝。

侧入式横砖煤气道焦炉，在砖孔板的位置改用石棉绳泥球堵塞，中间留有 10mm 的孔径，作为向内部火道输送煤气用。

大型焦炉保温所需煤气量为正常结焦时间的 15%～20%。

3. 炉体严密工作

在停产保温阶段，焦炉的温度比正常生产阶段低得多。由于炉温降低而使炉体收缩，因而在炉体的表面和内部产生裂缝。这部分裂缝对炉体是有危害的。一方面冷空气通过这些裂缝窜入炉内使硅砖砌体产生龟裂和剥蚀，从而削弱了炉体的严密性和强度；另一方面，当重新投产时，荒煤气从这些裂缝窜入立火道中会造成局部高温，甚至烧熔砌体。因此，在焖炉保温期间，要对炉体表面裂缝不断进行密闭工作，防止冷空气进入炉内。这些部位有：炉框和炉门刀边处，可采用喷浆的方法严密；上升管盖和根部及桥管的接头处、装煤口盖及砖座间、小炉头部位、斜道正面以及蓄热室封墙等部位，可用黏土火泥进行密封，并要经常进行维护。应当注意的是，在密封装煤口盖时，不要将整个盖全部封住，以免炉盖烧熔侵蚀砌体。另外，在重新生产时，要对每个炭化室进行热修，通常是采取喷浆和抹补的方法消除裂缝。

4. 护炉铁件管理

为保护炉体，应加强炉铁件的管理，保温期间上部大弹簧吨位应比正常大 0.5～1.0t。

由于保温时炉顶温度升高（如某企业带焦保温时炉顶空间温度曾达 1200℃），为避免烧坏横拉条，应将装煤口和上升管根部处的拉条沟扒开，使拉条充分散热。

四、带焦保温操作注意事项

1. 焦炉各部位的密封

焦炉各部位在保温前需认真进行检查，炉顶表面吹风、灌浆填塞缝隙；炉肩保护板上部密封，炉框与炉墙缝隙或炉头直缝处抹补严密；斜道正面与蓄热室封墙严密和大小炉门刀边的密封等。

2. 加热制度的确定

焦炉在保温前，先将焦炉的周转时间延长到 32h 以上，这样便于焦炉保温操作。焦炉带焦保温时焦炉标准温度的确定是以保证焦炉炉头温度不低于 900℃ 为标准，这样焦炉的标准温度可保持在 1050~1100℃范围内。

3. 压力制度的确定

看火眼压力可保持 0~15Pa，后期可保持 10Pa 左右；保持空气系数为 1.5 以内。

4. 护炉铁件的测调

在护炉铁件的测调过程中，在开始延长周转时间，降低炉温的过程中，应注意调整各大弹簧的压力，使之保持规定的压力，在保温期应注意弹簧吨位的变化。

5. 严密炉墙

生产恢复时应注意先进行焦炉炉墙的喷抹，严密炉墙。

五、空炉保温操作注意事项

1. 炉体检查与密封

(1) 炉体的全面检查

对焦炉进行全面检查和测量，包括炉体伸长量、炉柱曲度、大小弹簧负荷、炭化室墙面、炉门密封状况等。

(2) 推空前的密封

根据检查结果，推空炉前采取以下密封措施：

① 整个炉顶表面进行较为彻底的吹风、灌浆；

② 拆除旧的小炉头，吹扫干净，灌浆，精整；

③ 蓄热室封墙全部刷浆 1 次，更换部分影响密封的测温、测压孔，检查小烟道与废气开闭器连接处是否严密；

④ 修复或更换机、焦侧密封不严的炉门。

(3) 推空后的密封

将盲板置于上升管中，隔断炉体与煤气导出系统的联系，为检修集气管创造条件。每个炭化室推焦后，即对该炉号炉门和装煤孔盖进行密封。装煤孔、看火孔座用散硅酸铝纤维绳与黏土泥浆密封。炉门刀边部位先喷浆处理，后增补泥料。小炉门部位在推空的同时，用轻质砖和黏土泥砌严，及时调整拉条弹簧吨位。

2. 空炉保温的管理

(1) 加热制度和压力制度

空炉保温时焦炉的温度保持在 850~950℃。保温过程中加强炉头温度的管理，保证炉头火道内煤气燃烧，必要时采用间断加热的方式控制温度；看火孔压力保持在 0~15Pa，后期可控制在 10Pa 左右；空气系数保持在 1.5 以内。

(2) 操作管理

及时调整机、焦侧分烟道吸力及废气盘进风口开度，调火工人每天测 1 次直行，每两周测 1 次横排。机、焦侧炉头温度每天检测 1 次。每周选取装煤孔、上升管侧位置测量拉条温度，若拉条温度偏高可将盖砖揭掉进行部分散热。测量弹簧吨位，大弹簧压力加大到 150~160kN；及时调整钢柱曲度，前 1 个月每周测调 1 次，之后每半月测调 1 次。对炉顶表面、上升管根部、装煤孔盖及座、小炉头、斜道正面及蓄热室封墙等部位勾缝灌浆；小烟道承插部位用硅酸铝纤维绳黏土灰填塞；全面整修机、焦侧炉门，确保焦炉炉体完好；煤塔中余煤全部放空，煤塔设备做好长期维护保养，安排专用车辆循环使用。

停炉期间，调整控制风机转速，保证集气管压力在 100~120Pa，按煤气负荷调整化产系统生产，并制定低负荷生产情况下的应急预案。

保温后的维护：保温过程中分别测量炉头、横墙和墙面温度，并通过废气分析测算空气系数。

第八节 焦炉停产操作

焦炉停产意味着整个焦化系统装置全面停产，是一项复杂的系统工程，涉及焦炉的推空、荒煤气系统的断开、煤气管线与装置的置换清扫、焦炉有组织的降温和水、电、汽、风的断开等工作。若被迫停止焦炉生产时，应以尽可能的保护焦炉为目标制定方案。注意以下三点。

一、确定降温计划

焦炉的降温采用自然冷却的方法，所以不易控制降温速度。在降温前，要制定降温计划，降温计划的制定根据硅砖材质的特点，降温应缓慢进行，在降温的整个过程尽量保持温度缓降。

二、护炉铁件的测量与管理

① 炉长的测量：在焦炉推空前进行原始数据测量，每隔100℃测量一次，到常温为止。

② 炉高与炉幅测量：在600℃、300℃、200℃、100℃和常温时各进行一次。

③ 大弹簧的测量与管理：弹簧保持较高的压力，在300℃以上时每隔100℃测调一次；100～300℃之间每隔50℃测调一次，常温时再测调一次。同时测量纵拉条弹簧组的压力。

④ 各滑动点的滑动情况应随时观察记录。

三、停炉企业应制定详细地实施方案和成立组织指挥部

焦炉采用哪种方案，都关系到焦炉炉体的状况，在这特殊时期应慎重选择，对于不具备这方面技术能力的企业建议如下：

① 应聘请专业的技术人员给予指导，尽量较少停炉对炉体的损害；

② 应制定可靠的实施方案组织实施；

③ 目前状态下，焦炉首选采用延长周转时间的办法，低负荷运转，其次是空炉保温，再次是停产护炉。

第十二章　焦炉炉体维护

焦炉是一个构造复杂的工业炉，也是焦化厂的主体设备，投资大、建设周期长。实践证明，科学管理、加强焦炉的维护，对保证焦炉稳产、高产，延长焦炉的使用寿命有很大的意义。

第一节　焦炉损坏的原因

焦炉损坏的原因很多，它与设计、砌筑、烘炉和开工投产后的使用、维护及修理等各个环节有密切关系。

焦炉的衰老损坏分正常自然衰老损坏和非正常衰老损坏两种情况。正常的衰老就是焦炉正常生产使用条件下的自然衰老过程，是不可避免的。即使新建焦炉投产3～5年后，也会在炭化室靠近炉头的墙面上，出现程度不同的剥蚀、麻面甚至长短不一、宽度不同的垂直裂纹和细小裂缝。而非正常衰老，则是事故性的，一般是可以避免的。正常损坏并得到合理维护的焦炉，其使用寿命可达25～30年以上；而遭到各种非正常损坏或者虽然属于正常损坏但得不到合理维护的焦炉，往往达不到设计使用年限，甚至只有十几年或几年的使用寿命。因此，加强焦炉的生产技术管理与及时热修维护是延长焦炉使用寿命的重要手段和途径。

一、非正常损坏的原因

1. 焦炉砌筑与烘炉

① 筑炉材质（硅砖、硅火泥）不符合标准要求。特别是理化性能太差时，在设计规定的正常生产条件下使用，也易损坏，使焦炉提前衰老。

② 焦炉的砌筑质量太差。炉体的几何尺寸多方面超出公差要求、砌砖灰缝不饱满，在投产后荒煤气或加热用的净煤气串漏严重，极易形成局部高温。特别是在无法修补的斜道区及不容易检查的蓄热室内部，一旦造成损坏就很难弥补。

③ 烘炉质量不佳。由于升温管理不好，致使炭化室墙面拉开较大的水平裂缝、蓄热室墙面与斜道拉开裂缝、炭化室头部出现垂直裂缝、盖顶砖与炉底砖断裂等现象，造成不应有的先天性损坏。甚至在炭化室墙面烘炉小灶灯头附近产生高温熔洞。

④ 烘炉期间铁件管理不到位。由于铁件管理不好，造成炉体的无序膨胀，使炉体产生不应有的破损。

2. 焦炉操作管理

① 压力制度不正常，造成炭化室、燃烧系统之间气体串漏，破坏炉体的严密性，甚至造成个别部位出现高温、烧熔。再有集气管压力偏低，结焦末期炭化室负压，吸入空气烧坏炉墙与铁件。

② 生产操作不合理，炉门和上升管盖打开过多和时间过长，使炉头温度下降过多。

③ 结焦时间频繁变动、加热煤气频繁更换、煤气压力波动太大，造成炉温急剧升降。太高太低，超过高低极限温度，炉墙（尤其炉端火道）容易开裂。

④ 装煤不满，炉顶空间温度高生成石墨，甚至上升管堵塞。

⑤ 入炉煤水分波动大、膨胀压力过大或收缩过小，导致炭化室墙变形、鼓肚或凹陷甚

至机焦侧墙面波浪形弯曲等严重损坏。

⑥ 炉温不均匀，经常出现生焦或过火焦；结焦时间过长、过短或不按计划出焦；生产管理混乱，造成多次野蛮推焦困难，使炉墙变形。

⑦ 机械伤害、变形推焦杆刮蹭炉墙；托煤板刮蹭炉墙。

⑧ 氨水倒灌炭化室。

3. 护炉铁件管理

护炉铁件管理不善或炉门、炉框冒烟着火烧坏护炉铁件，使焦炉砌体失去应有的保护。这样，在生产机械负荷与温度周期变化的冲击下，炉体会很快变形甚至倒塌。

炉柱曲度过大，弹簧吨位不够，保护板变形、断裂。纵横拉条被烧细或烧断。

4. 炉体维护

焦炉维护不好，发现炉体局部损坏后不及时修补，形成恶性循环，加速了炉体的损坏。

上述焦炉的非正常损坏现象，属生产管理与技术管理问题，只要加强各方面的管理，一般是不会出现上述情况的。

二、正常损坏的原因

1. 温度变化的影响

在生产过程中，由于反复开关炉门、装煤、出焦引起的温度变化产生热冲击，对炉墙产生影响。特别是在炉头部位，投产 3～5 年就开始发生剥蚀或裂纹。随着生产时间的推移，损坏程度不断增加，并向炉内延伸；炉头及装煤口部位，因受外界冷气流的影响大，剥蚀、裂缝等损坏也相对较快，往往在这里造成砖的碎裂和墙面松散变形等损坏；炉头部位盖顶砖，也常由于温度激变造成断裂，在顶部砌体重力的作用下而下沉。

2. 机械力的作用

炭化室墙面出现裂缝或变形之后，摘装炉门及推焦所产生的机械应力，促进了炉墙裂缝的扩大和墙面变形的加剧，特别是在推焦困难时，影响更为严重。为减小炉墙所承受的机械力，必须尽可能地消除引起推焦困难的一切因素。

3. 物理化学作用

硅砖主要成分二氧化硅（SiO_2）是酸性氧化物，它在常温下抗腐蚀性较强，在高温下不抗碱性化合物的渣蚀，可与煤料中的金属氧化物（Na_2O、FeO）发生作用，故在温度冲击与装煤出焦等机械力的作用下，逐渐从硅砖本体脱落，如此反复作用不断腐蚀砖面。

焦炉砌体的长度仍在逐年增长，这是因为炭化室墙面上，受机械应力和温度变化热冲击而逐渐产生裂纹，在装煤时因砌体的冷却收缩变大，在装煤几小时后，砌体温度逐渐升高，同时产生相应的膨胀，但由于原来的裂纹（裂缝）已被沉积炭所填充，裂缝不能完全闭合，只有向外扩张，使炉体伸长。如此周而复始，则使裂缝的宽度越来越大（由裂纹变成裂缝，由小缝变成大缝），裂缝的数量也越来越多，从而使炉长每年不断增长。由此可见：炉体的伸长，在烘炉及投产初期的几年里，主要是硅砖砌体晶形转化所引起（因为这时炉墙还没有普遍产生裂缝）；在投产几年后直到焦炉停产大修，这很长的时间里主要是砌体裂缝数量的不断增加，裂缝的宽度不断加大（被热解炭所填充）所造成。

实践经验证明：对炉长为 14m 以上的大型焦炉而言，当炉体的总伸长量（包括烘炉与生产期间的伸长量）达到 450～500mm 时，焦炉就难以维持生产，需要拆除重砌（大修）。非晶形转化而引起的炉体膨胀，与焦炉的生产管理和技术管理密切相关，管理较好的大型焦炉，年伸长量在 3～4mm，管理较差的焦炉，年伸长量就会大大增加，从而加速其衰老损坏，使用寿命缩短。因此，焦炉生产过程中的炉体年伸长量是衡量焦炉日常管理好坏的一个综合指标。

第二节　焦炉砌体的日常检查、维护

一、对热修泥料的基本要求

① 黏结性，喷补时能黏附于炉砖上。

② 有一定的可塑性，对炉砖无侵蚀作用，在高温条件下能形成坚实不脆的物质。

③ 有相当高的耐火度，高温时不致被烧熔软化。

④ 干燥烧结时与炉砖有比较接近的膨胀率和收缩率。

⑤ 在操作条件下能抵抗机械磨损，化学侵蚀和冷热应力。

二、日常维护的泥料配制

① 焦炉所用耐火材料及其物理化学性能和耐火泥料的粒度均应符合技术标准，应有出厂合格证和必要的化验报告，不合格的泥料未经批准不得使用。

② 泥料应按热修部位和已定的配比进行配制，误差不超过 5％，随配随用，配料应准确，混合要均匀。

③ 调合泥料用的水和工具应当清洁，泥浆池、桶应加盖，碎焦或杂物不能进入泥浆内。

④ 泥料中需加水玻璃时应在使用前加入，加放量按碱度计算；泥料中加入磷酸时在前一、二天配制好；掺有水泥的混料应及时使用，以防凝固。

⑤ 泥料过粗有块，应在配制前过筛，凡灌浆用泥料不能过稠。

焦炉各部位热修料配制见表 12-1。

表 12-1　焦炉各部位热修料配制

部　位		耐火材料配比			
		生黏土/％	熟黏土/％	水玻璃/％	磷酸/％
蓄热室部位	喷补砖煤气道	20	80	5～8	
	砌蓄热室封墙	20	80	5～8	
	喷补小烟道	20	80	5	
	小烟道与废气盘连接	20	80	5	
	换蓄热室看火孔	20	80	5	
炉顶部分	炉顶灌浆	20	80	10～15	
	换装煤口砖及铁圈	20	80	15～20	
	换看火孔砖与铁圈	20	80	15～20	
	上升管底座抹补	20	80	15～20	
	桥管承插口接头	20	60＋20 精矿粉	5～8	
	砌小炉头	20	80	5～10	
	抹烘炉孔	下部石棉粉垫沟，上部抹水泥砂浆			
	抹烘炉孔	20	80		
炉台部分	喷补炭化室墙及炉头	20	80	喷浆用密度：1260kg/m³；	
	喷补炭化室炉底砖	20	80	抹补用密度：1400kg/m³	
	炉门框灌浆	20	80	用密度 1260kg/m³ 的磷酸配制	
	炉肩及框灌浆			用密度 1400kg/m³ 的磷酸配制	

注：水玻璃、磷酸均为外加入量。水玻璃指硅酸钠（Na_2SiO_3，含量为 14％）。

三、焦炉各部位的检查

1. 炭化室的检查

炉墙有无变形、融洞、孔穴、裂缝、凸凹、漏气、灼蚀、烧熔情况，炭化室底部和顶部、炉门框、炉头砖、炉门坎之间严密情况。烘炉孔塞子砖严密情况，炉墙石墨增长情况，并记录各部位尺寸，详细记录处理结果和意见。

2. 燃烧室的检查

立火道的调节砖，砌体有无烧熔，斜道是否清洁，砖煤气道有无串漏。

3. 蓄热室的检查

蓄热室封墙是否严密，内部是否串漏，蓄热室顶部和格子砖有无烧坏、变形。

焦炉各部位的检查见表 12-2。

表 12-2　焦炉各部位检查

序号	项　目	检查周期	备注
1	看火孔砖及铁圈	三个月	
2	装煤孔砖及铁圈	三个月	
3	炉头砖	三个月	
4	炭化室顶、底及墙面	三个月	
5	斜道、小烟道、砖煤气道	三个月	
6	蓄热室封墙及顶部	一个月	
7	废气盘底座与小烟道连接处	一个月	
8	看火孔、上升管底座、承插口	一个月	
9	炉顶表面的严密情况	一个月	
10	蓄热室封墙严密性、内部煤气串漏情况、蓄热室顶部及格子砖状况	半年一次	
11	炉门框及肩缝	半年检查抹补一次	
12	焦炉各部位砌体全面检查	一年	

四、焦炉维护的主要措施

① 三班操作要做好炉门、炉框的清扫工作，杜绝炭化室装煤不满和负压操作；避免打开炉门过久；打开上升管过早；摘、对炉门时，强烈碰撞炉体；应防止氨水或雨水进入炉内。

② 严格执行推焦计划，加强炉温管理，搞好机械设备的维护与检修工作，及时清除炉墙上过厚的石墨，防止焦饼难推。要加强对推焦电流的统计和分析，规定推焦电流的最大值。发生焦饼难推时，必须查明原因，采取措施，严禁强行推焦而损坏炉体。

③ 根据焦炉的具体状况，确定恰当的结焦时间，并力求稳定。因为结焦时间频繁变动，会使炉温和炉体膨胀随之变动，炉体容易破损。不适当的缩短结焦时间，容易引起高温、焦生和难推等事故；结焦时间过长而处理不好时，容易造成串漏或引起炉墙结渣、烧熔和砖缝加宽等。炉龄较长，炉况不佳的焦炉要适当延长结焦时间。一般情况下，焦炉是不允许强化或过分延长结焦时间的。

④ 严格贯彻铁件管理制度，定期检查，及时分析。必须保证铁件对炉体的保护性压力，确定合理的钢柱曲度，监护好拉条，使其保持完整状态。当炉柱曲度大于 50mm 时应更换炉柱。

⑤ 抓好热修日常维护工作。健全检查、维修制度，保证炉体各部位的严密。调火要做到炉温均匀稳定，保证焦炭按时均匀成熟。

⑥ 加强炼焦配煤管理工作，未经试验的配煤方案不得采用，煤种变化时要经过配煤试验。要防止变质煤入炉，配煤操作要力求准确，配合煤质量必须稳定。

⑦ 要建立健全原始记录和表报统计、分析制度，随时掌握炉体动向，及时、准确地解决存在的问题。

上述措施可归纳为三句话：三班操作是基础，铁件管理是关键，日常维修是保证。

五、焦炉各部位的日常维护操作

1. 炉顶部分

（1）更换装煤口砖

① 在结焦末期进行，更换前先关闭上升管翻板，打开上升管盖和要更换的装煤口盖，拿掉旧铁圈和砖。注意不要将旧铁圈和砖掉入炉内。

② 将炉口处清理干净，用泥浆抹平，将炉口砖摆好抹上灰浆放入铁圈，铁圈与炉口砖靠紧找平，并使之稍低于炉顶表面。

③ 砌完后灌浆，使砖缝饱满，盖好炉盖，恢复正常。

（2）更换看火孔砖

① 拨铁圈及旧看火孔砖，清扫砖座，将底座铺泥浆，砌上看火孔砖。

② 将看火孔圈缠上石棉绳镶入看火孔砖内。

③ 砌完后灌浆，灌浆时应打开看火孔盖检查，不要让泥浆流入立火道内，灌完后，盖上看火孔盖。

（3）密封上升管底座

将上升管根部废旧石棉绳、泥料清理干净，并用水湿润，塞入浸透水玻璃的石棉绳，塞平压紧，至不冒烟为止，在石棉绳上抹泥浆。

（4）抹补干燥孔

检查和抹补时要与炉顶操作工联系好，在两侧炉门对好后进行，每次只打开一个装煤口盖，灰浆脱落及时抹补，更换塞子砖时要预热。

（5）炉顶表面灌浆

① 将表面砖缝内的煤粉用铁钩和压缩空气清扫干净。

② 用间歇式灌浆法达到灰浆饱满。靠近看火孔灌缝时，要打开看火孔盖检查，防止泥浆流入立火道内。

（6）拉条沟修理

① 在更换横拉条时，松动拉条沟内的填料。

② 拉条抽出后，将沟内清扫干净，用压缩空气吹净，砖缝灌浆。

③ 拉条装入后，填入断热粉，盖好盖板砖。

（7）炉顶表面局部翻修

① 拆除炭化室顶部表面砖，装煤口砖清扫干净再清除看火孔砖，看火孔内放入铁制接灰盒，禁止杂物掉入立火道内。

② 将炉顶表面清扫干净，取出接灰盒，先砌看火孔砖，灌浆，再砌装煤口砖及表面砖，放入铁圈、灌浆、盖炉盖。

③ 砌看火孔砖和装煤口砖要拉线、要求表面平整，炉口砖不得高于炉顶表面。

④ 表面要进行两次勾缝

（8）更换上升管

① 在推焦前 2~3h 进行，关闭阀体翻板，打开上升管盖，吊装前再盖上，打开焦侧装煤口盖，立临时小烟囱。

② 拆除桥管接头处的填料，吊起桥管。拆除旧的上升管及底座。

③ 将底座内清扫干净，安装新上升管及底座，落下桥管，密封好各处接头。拆除临时小烟囱，盖好装煤孔盖，恢复正常生产。

（9）密封桥管接头

发现冒烟不严密者，用石棉绳将其塞紧密封，然后抹泥，严重者应将原填塞石棉绳、泥料取出，重新填塞抹泥。

（10）斜道及立火道底部清扫

斜道及立火道底部沉积物过多时，用细铁钎清理打碎，用特制工具使用压缩空气将其杂物吹出，进入立火道内的压缩空气压力不得超过 0.2MPa。

2. 炉台部分

（1）炭化室炉墙的喷补要点

周期性的维护喷抹，可定期在出炉后按笺号进行。但当炉墙出现凹面、裂缝、剥蚀和穿洞等较为严重的损坏时，应列出计划，对这类炉孔逐个解决。其操作要点如下。

① 在该炉号结焦中后期，摘下炉门，扒出炉头焦炭，使损坏面全部露出。用钩钎或铲子彻底清除墙面上的石墨和残存喷抹泥料。再用压缩空气吹净，使泥料易于挂结，并要防止压缩空气中有冷凝水使墙面急冷产生新裂缝。

② 吹净后再按喷-抹-喷的顺序操作。头层喷浆泥料应薄一些，且成麻面，以提高泥浆的黏结力。抹料一定要压实平滑，不能高于墙面，然后再均匀喷一层泥浆。洼面深度较大或剥蚀较重的应分两次喷抹。

③ 补洞的泥料要调成可塑状，每堆一铲应稍停一会儿。

④ 喷浆时，应注意控制合适的喷射压力，和墙面的距离及角度。压力过小、距离过近时，泥浆容易飞溅。一般喷浆压力应为 0.2~0.3MPa，喷嘴距墙 150~250mm。往裂缝喷浆时采用侧吹平铲，即泥浆以 30°角吹入缝中，不等泥浆干固就铲除墙面上的泥料，以防墙面结疤突起。

⑤ 小于 10mm 裂缝以喷补为主，大于 10mm 的裂缝应以抹补为主，喷抹结合，抹泥时一定要压入缝内。

喷抹后的炉室应烘烤一段时间，待补泥料温度接近墙面温度，烧结牢固，方可装炉。砖炉气道喷补时压力不大于 0.05~0.08MPa，以防灰浆喷入立火道，喷补前后均要彻底清理。

焦炉经常性维修中，工作量最大、最关键的部位是炭化室墙面的喷抹，喷抹的好坏除了和泥料的配比（生、熟料，粒度的粗、细，胶黏剂种类等）以及所用设备有关外，喷抹操作对质量影响也很大。

（2）修补炉底砖

① 焦炭推出后，将修补处清理干净。

② 将泥料倒入凹陷处，然后抹平，必要时可放小块砖抹平。

③ 炉底破坏严重时，要拆除重砌，新砖不能高于旧砖，与炉墙之间必须留膨胀缝。

（3）更换炉门衬砖

根据炉门衬砖的损坏情况，局部或全部拆除旧砖，进行重砌，灰缝不宜过大。

（4）修补炭化室熔洞及直缝

① 可采取喷补或磷酸泥抹补，在修补前将焦炭扒出，露出裂缝及熔洞。

② 采取砖补时，砖块要预热，尺寸要比熔洞裂缝小 5～8mm。

③ 先将熔洞或裂缝处清理干净，放好支架，将砖抹补上泥料，用托板送至熔洞，用抹子迅速把砖块推入熔洞或裂缝里，并进行喷浆。

④ 高出墙面的泥料应抹平，修补完后关闭炉门，经 20min 空炉加热后再装煤。

3. 蓄热室部分

（1）修补蓄热室封墙

① 蓄热室封墙上的小缝，可直接进行表面勾缝。

② 封墙损坏严重时以及外墙凸出 30mm 以上者，应拆除重砌。

（2）更换蓄热室测温孔

取下旧测温孔，将砖周围清理干净，将新测温孔缠好石棉绳，沾上泥浆按好找正，四周用泥浆密封好。

（3）蓄热室的清扫和修理

焦炉经过长期操作后，格子砖会被逐步堵塞。蓄热室的阻力逐步增大，特别是采用高炉煤气加热时，高炉煤气带入的高炉灰沉积在格子砖上。此外，蓄热室预热空气时，空气中也会混入环境中的煤粉焦粉等灰尘，这些粉尘经风门进入蓄热室；打开看火孔时，炉顶的煤尘焦粉等杂物也会掉入立火道内，并通过斜道落在格子砖上。

焦炉长期操作后，会出现格子砖被烧熔现象。因为当焦炉蓄热室墙有裂缝时，空气由蓄热室短路，漏入下降气流，造成加热用空气不足，使煤气不能完全燃烧；若再有荒煤气串漏到燃烧室或蓄热室，则两股煤气在下降气流的蓄热室内与串漏的空气混合而燃烧，造成格子砖烧熔。当烧高炉煤气时，蓄热室墙如有裂缝，煤气也会漏入空气蓄热室而燃烧，串漏现象在蓄热室下部尤甚。因为该处砌体的操作条件处于最不利的温度变化范围，压差也最大，小烟道着火，废气盘下火，就是由此引起的。废气盘下火严重时，还会烧坏废气盘，影响正常加热。

格子砖的堵塞和烧熔均会破坏正常的加热制度，为此，当格子砖被浮灰所堵时，应即时采用压缩空气吹风清扫；当格子砖烧熔或蓄热室串漏严重时，则必须更换格子砖，并同时喷浆或抹补蓄热室墙上的裂缝。更换格子砖一般在不停止加热条件下在上升气流时进行；换向转为下降气流时，应将扒开的蓄热室用石棉挂帘遮盖。焦炉用高炉煤气加热时，应将相关的燃烧室改用焦炉煤气加热。为防止炉砖开裂，蓄热室顶部温度低于 700～800℃ 以下时，应暂停修理。

蓄热室封墙要定期勾缝和刷浆。严重损坏时，应拆除重砌，以减少和防止冷空气吸入，造成炉头低温以及高炉煤气加热时上升的煤气在蓄热室中燃烧。

（4）砖煤气道的修理

砖煤气道的串漏和堵塞将严重影响焦炉加热。砖煤气道的串漏多数因筑炉时泥浆不满；烘炉时炉温波动引起开裂；以及生产中换向爆鸣等原因造成。当长期串漏不进行处理时，非但火道温度提不上去，还可能在砖煤气道内由于煤气与中途串漏进去的空气接触引起燃烧，使泥料和砖烧瘤堵塞住煤气道。砖煤气道还因除炭不好，被焦炉煤气在高温下裂解形成的石墨所堵。

砖煤气道的串漏多数在炉头 2～3 火道温度变化急剧处出现。用减少砖煤气道与有关区间的压差，可以消除漏失煤气，故焦炉使用时间长后，可用换大烧嘴断面的办法，降低砖煤气道压力，减少它与相邻蓄热室区间的压力差，但这往往使边火道供热不足。修补砖煤气道前，必须查明串漏部位，这可在不关煤气时，卸下砖煤气道端头管堵，用加色玻璃观察，串漏处常因它处串来的煤气燃烧产生火焰，一般串漏用小铲抹补或喷补。喷浆压力应予控制，不致喷入火道或堵塞烧嘴。串漏严重时也可用灌浆方法，修补后要做好清理工作。

下喷式砖煤气道产生裂缝或灰缝拉开时，还会发生煤气由砖煤气道漏入蓄热室及小烟道，造成废气盘下火，烧熔格子砖，烧坏蓄热室墙和火道低温等恶果。立砖煤气道不严可用细粒粉料灌浆消除，灌浆压力一般不高于 0.04～0.05MPa，以防灰浆冲入火道。应根据不同的串漏位置，采用不同的压力。让浆柱在串漏部位上下徘徊，将裂缝灌严密。灌浆用泥料颗粒不应太粗，否则浆稀了易沉淀，造成堵塞；浆稠了压力不好掌握，且灌不进裂缝。

立砖煤气道被石墨堵塞时，可用钢钎捅透；堵塞较严重时，可先打开立管下丝堵，烧一、二个交换后再捅。有些厂的经验指出，当砖煤气道因泥料和砖被烧瘤而堵塞时，可用铁管吹氧燃烧把堵塞物烧熔。但吹氧前必须严密旋塞以防漏出煤气与氧气混合造成火灾和爆炸，还应控制氧气压力，不致使硅砖烧熔。

第三节 焦炉砌体的大中修

为了减少焦炉剧冷剧热，减轻焦炉修理过程中的炉砖损坏，以利于保护炉体，有利于生产，焦炉应本着以经常性的喷抹为主、翻修为辅，热修为主、冷修为辅的原则组织修理工作。焦炉修理虽有喷抹、翻修或热修、冷修之分，但它们间有共同的特点，均是以冷料修补热砌体。因此，热修工作必须注意处理好炉体和泥料在热胀冷缩过程中可能出现的各种问题。

总之，根据焦炉生产的特点，为使焦炉炉体不受损坏，确保生产的连续性，焦炉砌体维修的原则是：能维护的不挖补，能挖补的不翻修，能热修的不冷修。

一、检修依据

1. 大修依据

出现下列情况之一者，应停炉大修：

① 炭化室炉头有四个火道以上的墙面严重损坏数占一侧总数 60％以上，无法维持安全生产时；

② 全炉绝大多数燃烧室的立火道墙产生大面积严重变形。在相当长的结焦时间下，仍不能顺利推焦，又不适宜进行局部翻修时；

③ 炉体伸长总量，二线超过 400mm，蓄热室墙，斜道区普遍串漏，耗热量较正常高 30％，焦炉热工制度无法控制，不能维持安全生产的；

④ 很多炭化室的斜道区和蓄热室发生大面积烧塌，使炉体出现严重不均匀下沉，无法维护正常生产时；

⑤ 全炉燃烧室的火道温度和火焰长短普遍出现无法调节，严重影响焦炭质量。用局部翻修及中修的方法又无法消除缺陷或很不经济时，需进行大修。

2. 中修依据

① 全炉燃烧室立火道墙面损坏的数量比较多时，采用中修（一次修完全部缺陷）；

② 损坏 1～2 火道的炭化室炉头，有一侧占全炉的 60％以上，用一般方法无法恢复正常生产，需停产中修；

③ 全炉绝大部分炉头 1～4 火道的墙面进行多次挖补修理后，仍经常出现倒塌与困难推焦的应该进行一次全炉中修；

④ 部分炭化室的整个墙面变形损坏严重，用一般热修方法无法恢复正常生产，需停产中修；

⑤ 焦炉的护炉铁件有 60% 以上损坏严重，对炉体失去保护作用，跑烟冒火严重，正常生产难以维持，需停产中修。

二、检修内容

1. 大修内容

① 焦炉砌体全部拆除重砌；

② 护炉铁件：炉门、炉框、钢柱、保护板全部拆除更新；

③ 排气系统：上升管、桥管、阀体、集气管、氨水管道全部更新；

④ 焦炉加热煤气设备：煤气管道、变形开闭器、交换传动装置全部拆除更新；废气设备：烟道闸板（翻板）全部拆除更新；焦炉基础：抵抗墙、炉间台、炉端台、总烟道、分烟道、烟囱等处理；

⑤ 影响生产发展的设备、设施进行必要的技术改造。

2. 中修内容

① 部分焦炉砌体的拆除重砌；

② 矫正、调直、加固更新部分护铁件；

③ 检修、更换部分荒煤气导出系统管件；

④ 加热设备的修补与更新；

⑤ 交换机、推焦车、拦焦车、熄焦车、装煤车及其轨道的检修。除尘系统设备的检修与更新。

三、焦炉燃烧室修理

当炉墙表面严重破损、变形或倒塌，而不能用喷补方法恢复生产时，视破损面积的大小，分别采用挖补炉墙、翻修炉头或多炉室多火道局部冷修等方法进行修理。

当炉头裂缝，剥蚀等损坏面不超过 1～2 个火道时，可采用挖补的方法，即把炭化室墙面的损坏部位拆除，用新砖重砌，但不拆火道隔墙砖。当燃烧室两面墙破损变形，修理面达 2～3 个火道，隔墙裂开或变形时，一般采用翻修炉头的方法，并视燃烧室炭化室盖顶砖损坏，脱落断裂与否，或吊顶翻修，或揭顶翻修。当焦炉损坏面达到相邻 2～3 个以上的燃烧室，火道数达到 4～5 个以上时，一般均采用揭顶局部冷修的方法。以上不同损坏面的燃烧室修理，虽工程量不同，但修理方法和注意事项基本相同。

1. 修理工作进程

（1）准备工作

包括耐火材料与修理区相邻部位的保护用设施的准备。当多炉室多火道修理时，为使其他炉室正常生产，还应加固修理区的煤车轨道。焦炉用高炉煤气加热时，修理区的燃烧室应做好换用焦炉煤气加热的准备。

（2）翻修炉室降温

降温前翻修炉室要推空，两侧焖炉号推空后再装煤，有关号停止或减少供热。翻修号的上升管堵盲板，大弹簧预紧固，翻修炉室，焖炉号及缓冲炉室按要求控制降温，降温过程中注意铁件管理。挖补炉墙时仅将修理燃烧室降温至 1100～1150℃，修理号火道及其内 1～2 个火道则停止加热。

（3）邻修区相邻部位的保温

拆除前在推空炉室送入活挡墙和由装煤孔往空炉放入成捆硅藻土砖，并干砌内挡墙以减少邻区对修理区的散热，与此同时拆除炉顶砖。然后拆除炭化室过顶砖并往邻墙面安放事先准备好的隔热板，以防止邻墙降温过剧和降低修理区温度。挖补炉墙时，不必推空炉室，可在装煤后 2～3h，扒除炉头焦炭和煤料，并砌封墙隔热。

（4）翻修区拆除

翻修墙面的拆除应由上至下进行，接头砖的拆除要一块一块地尽可能多剔出茬口，以有利于新旧砖的接茬咬缝。拆除前为防止砖块、杂物落入斜道口和灯头砖，应预先打碎修理墙底层部分砖，清出杂物并遮盖斜道口和灯头砖，蓄热室格子砖顶也应加盖铁板。拆除过程中应在纵横方向及时支撑保留砌体，以减少和防止砌体变形或火道隔墙砖被拉断。

（5）修理区砌筑

砌筑前定好中心线和墙面基准线，立缝均匀分布，与旧砖接茬处随旧砖，炉头炭化室面随保护板，不留膨胀缝，但灰缝应比冷态筑炉时大些，以便吸收膨胀量，接茬处用小公差砖。翻修火道较多时，炉头正面至保护板内缘应留膨胀缝，筑完后拆除支撑保温板，并清扫砌体，取出防尘板。

（6）烘炉

当修理炉室多时，应砌炉灶烘炉，也可依靠保留区的热量烘炉。烘炉的升温速度因翻修区的大小而异。一般挖补炉墙时，升温速度不予控制。翻修炉头时升温速度每昼夜一般不超过 200～250℃。多炉室多火道修理时，要控制升温速度，升温至 700℃ 后可以点火用煤气加热。

（7）投产

多炉室多火道的修理在炉温升至 800℃ 后砌筑小炉头和炉顶表面，拆除挡墙和余下支撑，吊装炉门，温度升至 1100～1200℃ 后开始装煤投产，再推焖炉号焦炭，并喷补其炉墙，最后逐步调至正常结焦时间。

2. 燃烧室修理中应特别重视的几个问题

修理燃烧室同样是以冷砖冷料修理热的砖体，因此必须处理好热胀冷缩的关系。为此，应特别重视以下几个问题。

（1）新旧砌体的结合

新旧砌体的结合是修理中的关键，稍一不慎将导致修理号寿命不长。邻区因受急冷急热而损坏，严重影响焦炉寿命，因此，必须认真对待修理过程中的每一个细节。

（2）邻区保护是关键

主要从缓冲炉的炉温分布、邻区保温、保留砌体的支撑和降温、升温速度的控制等方面加以考虑。修理面较大时，一般在空炉号两侧各设一个焖炉号，焖炉号外侧各设 2～3 个缓冲炉，其结焦时间按相邻燃烧室温差不大于 100℃ 的降温区控制。邻修面的温度不低于 300℃，相邻燃烧室和保留火道测温点应大于 700℃，并用保温板遮严。保温板拆除后保留燃烧室墙面温度会降低，因此，燃烧室砌完后应待与保留燃烧室相邻区接头的燃烧室温度达 300℃ 时，才拆除保温板，进行炭化室封顶。空炉的保留部分应设多层挡墙保温，升降温速度因翻修面的大小而异。对多炉室多火道的修理，降温时 700℃ 以上降温速度每昼夜不超过 200℃，700℃ 以下不超过 100℃ 为宜。升温速度通常在 300℃ 前和 500～700℃ 之间，每昼夜不超过 50～100℃；300～500℃ 间，每昼夜按 100℃ 升温，相邻火道温差不超过 ±50℃ 为宜。及时正确地支撑是保护邻区的重要环节，应予重视。

（3）修理砌体长宽、高向的处理和新旧砖接茬

由于旧砌体均处于热态，且旧焦炉炭化室长向均比设计尺寸伸长。机焦侧炭化室宽和保

护板垂直度均会发生变形，因此，修理的新砌体必须考虑本身的膨胀及与旧砌体、保护板接茬和吻合。为此，要求新砌体升温后，应尽量保证洞宽，不出现反斜，墙面不出现反错台及变形，燃烧室隔墙和炉墙砖不压斜道口和灯头砖，保证牛舌砖调节灵活；炉头、炉肩与保护板吻合；茬口不被剪断，新旧砌体炉顶一样平。实践证明，为达到上述要求，新砌体在长向应按旧燃烧室的中心引线，底层按旧砖位置，在斜道已有间距尺寸的基础上，以不压斜道口及灯头砖为原则来砌筑。砌立缝要均匀加大，炉头砌体正面至保护板内缘留膨胀缝，膨胀缝大小按硅砖线胀尺寸及翻修砌体长度确定，一般每 300mm 的膨胀量按 8～10mm 计。宽向既要考虑与旧墙面吻合，又要使新墙延伸后与保护板位置吻合，墙面平直度要保证，垂直度要适应保护板的斜度。高向接茬处选用小公差砖，新墙面比旧墙矮些，卧缝少打灰浆，以适应新旧砖的不同膨胀差，延伸至炉头时，燃烧室的标高，新砌体应比旧砌体矮 20mm 左右，炉顶表面新砌体比旧砌体低 40mm 左右，以便升温后胀成一样平。

四、焦炉冷炉修理

焦炉因局部损坏严重，用热修方法不能彻底改变炉体状况时，把焦炉从生产状态冷到常温即焦炉冷炉后再行修理称之冷修。冷修包括冷炉、筑炉和烘炉全过程。冷炉后的筑炉关键在于新旧砌体的接茬。要根据新旧砖不同的线膨胀率，照顾旧墙与保护板的原始状况，以炭化墙面烘炉后禁止反斜和出现反错台、保持炉肩的平直度、减少保护板与炉肩间隙（保护板外移过多的，在冷炉后应加压复位，减少间隙），以及保证炉体烘炉时在受压下膨胀等为原则组织砌砖，不再详述。烘炉则与新砌焦炉正常烘炉相同，故这里仅就冷炉有关问题加以讨论。

冷炉修理，操作条件好，便于组织施工，能对炉体作全面检查、修补，还可对护炉、煤气设备作系统检查、校正和更换，但工程量大，需全炉停产，控制不好将增加炉体损坏。因此，冷修工作必须加强领导，做好充分准备，集中人力、物力，争速度、抢时间，保质保量。

焦炉冷炉可采用自然冷却和加压冷却两种方法。前者在停止加热后，将炉体各处密封，使炉砖热量逐渐散失，并靠原有炉体铁件加压，使炉体降温并均匀收缩；后者则是炉体在额外负荷下冷却。实践表明，加压冷却耗费钢材、操作复杂，冷炉效果较好，可据条件采用。以下仅对自然冷炉作简要介绍。

1. 冷炉准备

冷炉前应制定冷炉降温方案，其内容包括停炉步骤、降温计划。降温计划根据一般硅砖焦炉的烘炉曲线结合自然冷却的特点制订，应力求全炉降温速度一致，上下温差保持均衡，保证炉体在一定负荷下，均衡、安全收缩，以达到最大的收缩量和最小的裂纹。为此，冷炉要做好以下准备工作。

① 对炉体进行全面检查，做好炭化室热态记录，作为鉴定冷炉效果的依据。

② 全炉护炉铁件需全面检查，更换、修理必要部件。

③ 护炉铁件、煤气设备、操作台等和炉体衔接妨碍收缩的地方应切断，各滑动点要保证滑动并做出标记。

④ 做好炉高、炉长、炉幅、弹簧负荷、炉柱曲度、抵抗墙和上升管垂直度及各项温度、压力的原始数据测量。

⑤ 做好推空炉和堵吸气管盲板等有关停炉的准备工作。

2. 停炉步骤

（1）延长结焦时间

为使全炉能均匀地在同一时间开始降温，应适当延长结焦时间，以便降低炉温和集中推焦。一般在推空前3～5天将结焦时间延至24h，炉温降至1200℃左右，但为使炉头温度不致因散热过多降温过快，应力求提高炉头温度，以不低于1000℃为好。

（2）堵吸气管盲板

与焖炉保温时的操作方法相同，不再重述。

（3）推空炉

停止装煤后，按推空顺序逐步减少煤气用量，以保证全炉焦炭按时成熟又防止高温。为使推空后炉温均匀，应尽量缩短操作时间。每推一炉关好小炉门，关氨水喷洒，堵上升管盲板，密封炉盖。

（4）空炉保温

全炉推空后，应保温以处理荒煤气导出设备，集气管系统剩余煤气应赶净，焦油清扫干净，与吸气管切断，同时拆除小炉头，炉门框灌浆，各部位密封，并进一步调节全炉直行温度均匀。

（5）停止加热

关闭全部煤气旋塞、进风门和烟道闸板，落下废气砣，封死除炭孔，堵加热煤气管道盲板，用蒸汽赶净管道中残余煤气。

3. 降温调节

焦炉停止加热后，烟道仍有吸力，因此400～500℃以上靠自然冷却控制降温。此时降温速度的控制手段主要是密封。密封部位包括炉门刀边、蓄热室封墙、小炉头、炉盖、废气盘连接口等处，密封不好散热太大，降温过快。随着炉温与烟道吸力的下降，靠自然冷却的降温速度落后于计划时，应采取提废气砣、打开部分炉盖和看火孔盖等方法进行强制降温，并调节上下温差。实践表明，废气砣提起高度应按看火孔正压来调节，提砣使上下温差减少，打炉盖和看火孔盖使上下温差加大，上下温差比照烘炉时的要求控制。整个降温时间约25～30天，500℃以上降温速度可快些，约每天50℃；500℃以下炉体收缩较快，应放慢降温速度，一般500～300℃每天下降30～40℃；300℃以下每天下降15～20℃。降温期间应及时对护炉铁件进行测调，确保炉体在一定负荷下均匀受压收缩。

冷至常温后，应对炉体全面检查，最后确定修理部位。冷炉质量以达到最大的收缩量和最小的裂缝为好。冷炉质量的好坏除应做好停炉前的各项工作以外，主要取决于降温速度与上下温差的控制和铁件管理。

第四节　焦炉维修新技术—陶瓷焊补

一、陶瓷焊补技术简介

陶瓷焊补技术（澳大利亚专利技术）是目前国际上应用广泛且先进的焦炉修补技术。陶瓷焊补是一种干法热喷补技术，避免了湿法或半干法喷补对炉体产生的负面影响。

陶瓷焊补可用于修补熔洞、穿通、裂缝、裂纹、麻面、炉头坍塌、炉框不严等情况。对于熔洞、穿通面积较大的部位，可用先更换或放置零膨胀砖再焊补的工艺处理。

陶瓷焊补是一种全新的焦炉热态维修新技术，现主要应用在焦炉内部的耐火砖熔损，就像电焊一样使焊补体同母体耐材牢牢焊接住，对焦炉内部熔损耐火砖结构也起到了补强的作用，有效的延长了焦炉的使用寿命，而且可以在焦炉不停产的高温状态下对焦炉进行维修，大大降低了企业生产成本。

二、陶瓷焊补工作原理

陶瓷焊补的工作原理是先将耐火材料颗粒、燃料颗粒及辅助添加剂等通过一定的工艺混合，喷补机高速喷出的氧气流和压缩空气推动下的焊料流在焊枪尖端混合喷至待修面，在炉墙温度不低于700℃的环境中，喷出的焊料与氧发生剧烈的反应产生高温，形成类似陶瓷样的物质黏结在炉墙缺损处，将耐火成分与待修面"焊"在一起，起到修补、密封作用。这种陶瓷样物质与硅砖膨胀率相匹配，并具有高强度和抗酸性的特点，陶瓷焊补后耐磨性高并且寿命长。

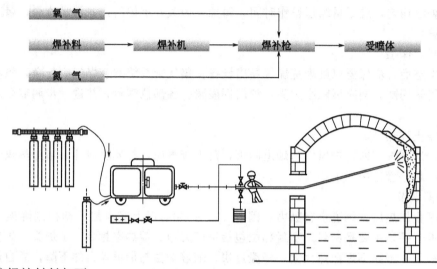

焦炉焊补材料如下。

1. S材料－焦炉氧化硅

S材料具有高强度和耐酸侵蚀，耐用持久。

典型用途：所有的焦炉硅砖，95％的维修所使用的材料。

2. SDV材料－玻璃硅

SDV材料属于低温（低于1100℃），抗热震材料。

典型用途：黏土或氧化硅炉框接缝，该区域温度不超过1100℃。

3. CL-SD材料-"超级性能"耐火黏土

CL-SD材料：60％氧化铝（莫来石-红柱石），具有优异的抗热震性能。

典型用途：炉框、蓄热室、炉顶拱碹。

三、陶瓷焊补操作与控制

焊补施工技术对焊补质量影响较大，必须针对具体情况采取相应的焊补操作。

1. 补炉时间的选定

对于小面积损伤，如砖面剥蚀、局部掉砖、裂纹等均可利用焦炉工作的短暂间歇时间加以修补，一般维修时间在半小时以内；对于大面积损伤面的焊补有时需要3～6h，这就应结合焦炉的生产制定相应的计划，使生产与补炉相互兼顾。

2. 焊补基本操作顺序

清理墙面上结有的大块附着物，将其铲除干净；将隔热防护板挂于炉门框上，以取代炉门，并将焊枪支架安装在合适位置；用风锤清除待焊补部位的积炭、灰渣、墙砖变质脆弱层；开始焊补作业，焊补同时用抹子将正处于软化状态的修补面压平抹实；撤掉隔热防护板及焊枪支架，结束焊补作业。

3. 焊补施工的质量控制

（1）焊补前的砖面清理

焦炉运行一段时间后，由于多种原因会在耐火墙砖的表面形成 2～3mm 厚、强度较低的变质脆弱层，进行焊补作业前如不清理干净，焊补后就会出现焊补层随炉墙变质脆弱层一起剥落的现象。此外，有些炉墙及砖缝的表面存在着结炭和灰渣，它们的存在不仅使焊补发生困难，也会使勉强焊补上去的焊补层很快脱落。因此，在焊补之前，必须认真清除，清除面要略大于损伤面。清除深度不宜过大，只要露出未变质层的砖面即可。

（2）墙面预热

在开始焊补前，墙面保持一定的温度，只有很好的掌握这一火候，才能使焊补体与炉墙砖有机结合，达到最佳焊接状态。

（3）给料速度

焊补给料速度要求燃料及氧气供给量要相应增加，给料速度须视焊补的不同阶段和焊补部位损坏程度而定。一般来说，为使焊补体与墙砖很好的结合，在焊补的初期易采用 5～6kg/h 的低给料速度以形成良好基层。对于深度损坏点，基层形成后，再逐渐加大给料速度。对于表面裂缝、龟裂以及浅表性损坏面，给料速度始终不能太大。给料速度的调节必须随同火焰的调节缓慢进行，给料速度的突然变化易造成给料脉动甚至管道堵塞。由于物料熔化程度的差异，不均匀的给料，会使焊补体中致密度不同的层次交替出现，形成理化性能不均匀的焊补层，这样的焊补层在高温作用下，由于各层次膨胀性能的差异，产生的温度应力较大，必然降低焊补体的耐用性，因此，给料速度的精细操作十分重要。

（4）焊枪头到焊补面的距离及角度

陶瓷焊补系统焊补料粒子在离开喷头约 100mm 后逐渐开始熔化，在 150～300mm 距离内达到完全熔化状态，此后随着火焰温度的下降，逐渐开始固化。

（5）焊枪头移动速度

喷头有适当的移动速度，炉墙损伤状态不同，移动速度也不同，当进行表面精细修补时，枪头移动速度一般在 2～4m/min。对于深的凹坑，为了集中填充焊补料，喷头只能在很小的范围内移动，这时以保证喷涂层不向下流淌为宜。

四、陶瓷焊补技术的应用

山西焦化股份有限公司（简称山西焦化公司）拥有 JN60 型大容积焦炉两座。2003 年 4 月，拦焦车导焦栅上一块断裂的栅条被推焦杆的小滑靴勾回炭化室，造成 2 号焦炉的 79 号炭化室从焦侧到机侧 21 处机械划伤，当时对划伤部位的修复采用的是传统的抹补、挖补法。2004 年 11 月，发现修补过的部分火道有蹿火现象，经多次抹补处理仍不见好转。鉴于焦炉仅有 4 年炉龄，为了延长焦炉使用寿命，保障正常生产，决定采用陶瓷焊补技术对 79 号炭化室进行密封修补。

1. 焊补前的现状勘查

详细勘查确定了各损伤部位的面积、位置及距机、焦两侧的距离。勘查结果如下。

① 损伤部位位于炉墙第 2、3、4 层砖，较低，在推、拦焦车平台上就可以焊补。

② 因穿通挖补过的火道共 9 个：西墙 3、4、17、25、26、31、32 火道；东墙 1、2 火道。这些火道主要是新旧砖接茬处串漏。

③ 因划伤麻面抹补过的火道有 12 个，西墙 6、7、8、9、11、19、20、27、28 火道；东墙 5、30、32 火道。这些火道在刚装上煤时有发黑现象，原因是划伤使墙变薄温度下降较快造成的。

2. 陶瓷焊补方案的确定

陶瓷焊补的范围是：抹补过的火道，挖补火道的新旧砖接茬处。

焊补的工作程序为：较深的 19、20 火道（最远距机侧 9910mm）用长焊枪从机侧焊补（因为机侧推焦车平台较开阔，适宜长焊枪操作），然后用短焊枪焊补边火道，最后焊补焦侧火道。

热工方案为：在 79 号炉两侧各设一个缓冲炉，保证炉墙温度不低于 700℃，根据需要随时调节。

3. 焊补材料和工具的准备

S 型陶焊机 1 台；专利产品陶瓷焊料约 300kg；用于长距离焊补、清扫、打磨、观察的水冷焊枪 1 支；用于近距离焊补的不锈钢短焊枪 1 支；红外线测温仪，用于监测炉墙温度不低于 700℃；98％的氧气 120 瓶，用做原料气或清扫气；保温材料硅酸铝纤维毡和必要的水、电、气。

4. 陶瓷焊补工作程序

压缩空气接入陶焊机，陶焊机出料口接至焊枪入料口，15 瓶氧气全部并联接入焊枪，冷却上水接入焊枪并注意安排好冷却下水的排放。再连接好摄像机和显示屏电线。同时，把硅酸铝纤维粘贴在炉框上，用于炭化室保温，并留出焊枪的工作入口。

三角支撑架推入炭化室，支好焊枪。利用长焊枪上的摄像头和显示屏，对位于炭化室内部的损伤火道进行详细勘察；然后，用清扫枪对"病灶"进行清扫、打磨；焊补时，边焊补，边通过显示屏观察效果，完成一处，往外移一处。靠外侧的边火道用短焊枪焊补，焊补质量凭目测判定，这时的工作需格外认真仔细。焦侧焊补与机侧边火道相似。本次陶瓷焊补仅用 12h，比传统方法节约时间 46h，减少了产量损失。

5. 升温装煤

焊补完成后，关好炉门，升温 20～30min 便可装煤，3h 后缓冲炉推焦、装煤。若间隔时间短，会造成局部炉温过低，对炉体有害。随后，逐步完成病炉、缓冲炉的归笈工作。与传统降温修补完成后至少需升温 12h 相比，陶瓷焊补只需升温 20～30min，大大缩短了停产时间。

6. 陶瓷焊补的效果

山西焦化公司 2 号焦炉 79 号炭化室陶瓷焊补至今，已使用约两年，期间虽有各种原因引起的炉温波动，但炉墙仍完好如初。焊补后两周之内虽有过虚火串漏至燃烧室，但之后再没发现过。说明焊补初期略有"瑕疵"，但两周的石墨密封足以弥补，焊补质量令人满意。

五、陶瓷焊补的技术优势

① 高温操作，避免了大幅度降温、升温对炉体的损坏，在很短的时间内就能恢复生产。

② 实现了不停炉热修补，修补后可立即投入生产，有效提高焦炉的生产效率；

③ 修补质量高，燃烧形成的局部高温使修补物和衬里破损部位熔化，从而将修补物导入修补处耐火材料晶体晶格中，产生了在整个耐火材料上延伸的连续结构，使受损的耐火材料表面得到修复，加之焊补料与基材耐火材料材质接近，焊补后焊补料与母材耐火材料熔为一体，寿命甚至超过原母材耐火材料的寿命；

④ 延长耐火层整体寿命，避免了由于有意冷却整体耐火层或将整体耐火层再加热到工作温度期间产生温度应力对耐材结构产生的破坏；

⑤ 降低耐火材料消耗，与其他修补方式相比，进行陶瓷焊补作业时几乎没有材料浪费，有效提高了单位耐材效率；

⑥ 修补作业时间很短，修补效率高，便于用户安排修补作业时间；

⑦ 节约能源，由于不停炉修补，不需要冷炉再重新点火的过程，因此节约大量能源；

⑧ 修补过程没有废物产生，不会发生环境污染，对环境安全有利；

⑨ 应用范围广泛，应用陶瓷焊补几乎可修补所有热态工作下的工业焦炉并容易实现在线修补。

第十三章 炼焦生产安全

在焦炉生产中，接触高温、粉尘、毒物、噪声的岗位多，大型运转机械、加热煤气管线等设施形成复杂的环境。爆炸、急性中毒、各种人身和设备事故屡有发生，职业病也呈发展趋势，给职工生命和企业财产带来很大的威胁。

焦化生产为钢铁工业和化学工业提供重要的原料和燃料，为城市煤气提供气源。焦化工业和社会发展对焦炉安全生产提出了更高的要求，而且安全工作必将促进生产的进一步发展。

第一节 炼焦车间的安全技术

炼焦车间是焦化厂的重要部分，车间应严格执行国家标准《焦化安全规程》，并在焦化厂安全体系的领导下建立健全炼焦车间的安全体系，这样才能保证炼焦车间的正常生产和人身、设备的安全。

炼焦车间安全体系应包括安全责任制、安全组织机构、安全教育制度、安全检查制度，岗位安全操作规程、设备安全规程、应急预案、安全消防设施、污染监测防护设施，应急抢救及通风机制等。

炼焦车间安全体系的日常工作应放在车间一般安全技术规则和煤气安全技术规则的落实。

一、炼焦车间一般安全技术规则

① 各种机械和机构的所有运转部位应有防护罩。

② 移动设备应装有自动信号和快速制动闸；行程有限制的各个机构应装有行程控制器和极限切断器。

③ 在炉顶和操作平台上，设立炼焦操作人员用的吹风装置或空调、风扇。

④ 焦炉的所有平台应装有安全栏杆；焦炉机械轨道的末端应设有安全挡。

⑤ 焦炉煤气管道的末端，应设有软金属制的防爆板和安全网，并应引出操作走廊之外；高炉煤气管道的末端应设置通到外面的安全阀。

⑥ 焦炉开工、停送煤气、更换加热煤气、热修等都应制定并严格执行详细的施工方案及安全细则。

⑦ 烟道翻板应装有限制器，以免完全关死。

⑧ 必须预备在氨水停止供应的情况下，能保证集气管喷洒用的应急供水管道。

⑨ 必要时为了吹扫煤气管道和集气管，需将蒸汽接入管道。蒸汽线路应保持完好，并有正常汽源。

二、煤气使用安全规则

炼焦车间在安全方面的特殊性是煤气的使用安全问题。这是由于煤气易燃易爆有毒，因此必须要有严格的操作制度才能保证其使用的安全。

1. 煤气防爆

煤气的操作压力应不低于 500Pa，目的是防止发生供气量突然降低或管网压力波动，造成供气管道负压形成爆炸性混合气体而发生爆炸。

各种煤气与空气混合物的爆炸极限见表 13-1。

表 13-1　各种煤气与空气混合物的爆炸极限

可燃气体	H_2	CO	CH_4	C_2H_6	C_6H_6	焦炉煤气	高炉煤气	发生炉煤气
爆炸极限/%	9.5～65.2	15.6～70.9	6.3～11.9	4.0～14.0	1.41～6.75	6.0～30.0	46.0～68.0	20.7～73.7

为防止煤气低压引起爆炸，加热煤气管道应设低压报警系统。低压报警后采取停止加热等措施防止事故发生；但操作压力过高也不可取，这样易发生泄漏，特别是采用贫煤气加热时，泄漏的 CO 能造成人的慢性或急性中毒，焦炉煤气的操作压力最好控制在 1500Pa 以下，贫煤气控制在 1000Pa 以下。

为防止管道爆炸造成设备严重损坏和人身伤亡，加热用煤气管道必须设有防爆装置。

由于煤气的易燃性，有泄漏发生或带煤气作业时应避免火种出现，如敲击火花、电火花、明火等。在地下室等煤气区域动火作业时须经批准且办理动火证，并检查证明安全时方能动火。

管道停煤气后再重新向管道送煤气时，必须经化验或经爆发实验合格后才能恢复煤气输送，供焦炉加热。

2. 防止煤气中毒

各种煤气都是窒息性的或含有有毒成分的，如高炉煤气、发生炉煤气含有大量的 CO 有毒气体，所以禁止用口鼻吸入各种气体；带煤气作业时必须佩戴防毒面具或空气呼吸器。

采用贫煤气加热时，煤气区域可能有 CO 泄漏，所以应装设 CO 报警系统。空气中 CO 控制标准为＜30mg/m³，操作环境的 CO 要符合卫生标准，否则将引起中毒，所以应设立通风换气系统。有时需进入煤气设备内检修时，必须提前办理作业票，并采取相应的防范措施，严禁单人单独作业且人员进入前一定要取样分析 CO 含量，根据含量控制进入操作时间，并对 CO 含量进行不断的监测。其标准如表 13-2 所示。

表 13-2　CO 含量与可在设备内的操作时间

CO 含量/(mg/m³)	设备内的操作时间
＜30	可长时间操作
30～50	操作时间＜1h
50～100	操作时间＜0.5h
100～200	操作时间＜15～20min（每次操作的间隔 2h 以上）
＞200	不准入内操作

焦炉的地下室由于煤气泄漏，使有毒气体、窒息性气体的含量较高，应设置通风换气设备。在进入地下室操作时，先进行通风换气，保证操作环境空气的新鲜。

对贫煤气加热所用的煤气设备必须特别小心的检查。因为贫煤气经煤气管道、煤气配件及焦炉砌体的不严密处漏出，易使操作人员中毒。在空气中如有 0.20%（2000ppm）的 CO，人就会失去知觉；如有 0.40%（4000ppm）的 CO，人就会立刻死亡。

用贫煤气加热时，煤气蓄热室任何部位的吸力必须大于 5Pa，防止产生正压使贫煤气泄漏。

CO 是一种无色、无臭、无味的气体。它具有非常强的毒性，当通过肺进入血液后，与血红蛋白结合而生成碳氧血红蛋白，使血液的输氧作用发生障碍，以致造成急性缺氧症。一且发生中毒事故，抢救要点如下。

① 将中毒者救出危险区，转移到空气新鲜的地方。只要中毒者仍在呼吸，一接触新鲜空气，人体生物化学性的修复作用就立即开始。

② 如果中毒轻微，出现头痛、恶心、呕吐症状的，可直接由医务部门急救。

③ 如果中毒较重，出现失去知觉，口吐白沫等症状的，应尽量避免搬动、颠簸以及使中毒者消耗体力的动作。应立即通知煤气防护站和医务部门到现场急救。并采取以下措施：

- 使之平躺，把腿垫高，利用血液回流。
- 松开衣领腰带，使之呼吸通畅；掏出口内的假牙、食物等，以防阻塞呼吸。
- 适当保暖，以防受凉。
- 使中毒者吸氧气。

④ 对于停止呼吸的，立即进行口对口的人工呼吸。抢救者要避免吸入中毒者呼出的气体。

⑤ 中毒者未恢复知觉前，应避免搬动、颠簸，不要送医院。如果送高压氧舱抢救，途中应采取有效地急救措施，并有医务人员护送陪伴。

⑥ 应避免使用刺激性药物，禁止注射亚甲蓝（美蓝、甲烯蓝）。

3. 煤气设施的安全操作与检修

① 煤气设备发生故障和停止使用时间较长而保压又有困难时，应切断煤气来源，并将内部煤气吹净。

② 吹扫和置换煤气设施内部的煤气，应用蒸汽、氮气为置换介质。吹扫或引气过程中，严禁在煤气设施上拴拉电焊线，煤气设施周围 40m 内严禁火源。

③ 煤气设施内部气体置换是否达到预定要求，应按预定目的，根据含氧量和 CO 分析或爆发试验确定。

④ 往焦炉内送煤气时，炉内燃烧系统应具有一定负压，送煤气程序必须是先给空气后给煤气，严禁先给煤气。

⑤ 送煤气时不着火或者着火后由熄灭，应立即关闭煤气阀门，查清原因后，再按规定程序重新点火。

⑥ 煤气设施停煤气检修时必须可靠地切断煤气来源并将内部煤气吹净。长期检修或停用的煤气设施，必须打开人孔、放散管等，保持设施内部的自然通风。

⑦ 进入煤气设备内工作时，安全分析取样时间不得早于动火前半小时，检修动火工作中每 2h 必须重新分析。工作中断后恢复工作前半小时，要重新分析。取样要有代表性，防止死角。当煤气密度大于空气时，取中、下部各一气样；煤气密度小于空气时，取中、上部各一气样。

⑧ 经 CO 含量分析后，允许进入煤气设备内作业时，应采取防护措施并设专人专职监护。

⑨ 在运行的煤气设备上动火，必须进行技术论证和风险评估，设备内煤气必须保持正压或煤气含氧量小于 0.8%。

⑩ 在停产的煤气设备上动火，需应遵守⑦和⑨的规定外，尚需做到以下两点。

- 用可燃气体测定仪测定合格，并经取空气样分析，其氧含量接近作业环境空气中的含氧量。
- 将煤气设备内的易燃物清扫干净或通上蒸汽，确认在动火全过程中不形成爆炸性混合气体。

⑪ 进入煤气设备内部工作时，所用照明电压不得超过 12V，并要求灯和线路必须符合防爆要求。

第二节 煤气事故应急预案

一、指导思想和原则

明确职责，针对可能发生的事故，做到安全第一，预防为主；在事故应急救援中，做到有组织的应急，保护员工的安全与健康，将事故损失和对社会的危害减至最小。

1. 危险目标的确定

焦炉煤气无色、有臭鸡蛋气味，着火点 600℃，爆炸极限为 6%～30%，含有 6% 的一氧化碳，易燃易爆有毒性。高炉煤气中一氧化碳的含量为 26%～30%，毒性大、遇明火燃烧爆炸。荒煤气为炼焦车间主要化工品之一，爆炸极限为 12%～45%，遇热、明火易燃烧爆炸。另外还含有焦油气和一定量的 CO、NH_3、H_2S，具有一定的毒性。

根据炼焦车间生产、工艺使用化学危险品的种类和危险性质、危险等级以及可能发生的事故特点，确定危险目标。

焦炉地下室、焦炉炉顶集气管。

2. 潜在危险性评估

经过对车间工艺、管路、设备等环节进行研究，预测事故发生的各种状况。

(1) 焦炉煤气

① 接触后症状：吸入后中毒出现流涕、喷嚏、咽喉痛、呛咳、胸闷、呕吐、心悸、无力等症状，呼吸困难，严重时可以窒息，有时可出现昏厥，甚至死亡；眼睛接触后出现刺激症状，如流泪、畏光等。

② 现场急救措施。

• 在尽可能发生煤气中毒的地方，如感到头疼、头晕等不适，应立即离开现场，到空气新鲜的地方休息。

• 发现室内有人焦炉煤气中毒，应迅速加强通风，并立即关闭煤气阀门。

• 如发现较重患者，应快速将其移到空气新鲜处并去医院接受进一步治疗。

(2) 高炉煤气

① 接触后症状。

• 轻度中毒：中毒后出现头晕、头疼、恶心、呕吐、心悸、无力等症状，有时可出现短暂昏厥，离开有毒环境、吸入新鲜空气症状可以消失。

• 中度中毒：除上述症状加重外，皮肤、黏膜成樱桃红色，可有多汗、烦躁，并很快进入昏迷状态。

• 重度中毒：吸入高浓度高炉煤气，中毒者突然昏倒、迅速进入昏迷状态，可能出现阵发性或强自性痉挛，死亡率较高。

② 现场急救措施。

• 在有可能发生高炉煤气中毒的地方，如感到头疼、头晕等不适，应立即离开现场到空气新鲜的地方休息。

• 发现室内有人高炉煤气中毒，应迅速加强通风，并立即关闭煤气阀门。

• 发现较重患者，应快速将其移到空气新鲜处，将患者送往医院接受进一步治疗。

• 抢救者进入高炉煤气高浓度区域，必须携带空气呼吸器。

（3）荒煤气

荒煤气的主要组分为 H_2 55%～60%，CO 5%～8%，H_2S 1.2%～1.5%。

卫生标准：中国 MAC100mg/m³。

接触后症状和现场急救措施同焦炉煤气。

二、煤气重大事故现场应急处理

① 发生煤气大量泄漏、着火、爆炸、中毒等事故时，发生着火事故岗位人员应立即拨打火警电话报警，报出着火地点、着火介质、火势情况等，同时迅速汇报调度室和车间负责人，组织义务消防队员到现场灭火，并派专人引导消防车到现场灭火。

② 调度室接到煤气事故的通知后，应立即通知相关人员采取应急措施。如：设置安全标识牌、警戒线，煤气事故现场的紧急疏散等，并根据现场煤气事故的严重程度，及时通知相关部门、科室/车间并联系协调，对现场进行戒严和救护。

③ 调度长立即通知应急领导指挥部，抢救事故的所有人员都必须服从统一领导和指挥。

④ 事故现场应划出危险区域，由保卫处负责协调组织布置岗哨，阻止非抢救人员进入。进入煤气危险区域的抢救人员必须佩戴氧气或空气呼吸器，严禁用纱布口罩或其他不适合防止煤气中毒的器具。

⑤ 煤气大面积泄漏时，应立即设立警戒范围，所有人员依据"逆风（煤气）而逃"的原则，迅速疏散到安全地带，防止中毒人员扩大。

⑥ 未查明事故原因和采取必要安全措施，不得向煤气设施恢复送气。

三、煤气泄漏的应急处理

① 燃气区域内发现煤气大量泄漏后，现场值班人员应最大限度的组织自救，并视煤气主管压力情况逐渐关小进入地下室的焦炉煤气主管阀门，保证管道正压，以防回火爆炸；岗位人员应立即向调度室汇报。

② 调度室接到煤气泄漏的报警后，通知维修人员、消防救援人员迅速赶到现场，查清泄漏原因。

消防救援人员应佩戴好空气呼吸器等防护用品进入事故现场，查明有无中毒人员，以最快的速度将其送离现场；同时用水将泄漏点喷淋降温，排除、隔离现场的易燃、易爆物品。根据现场煤气泄漏的严重程度，调度室应及时通知相关部门并联系、协调对现场进行戒严和救护。

③ 调度室发出警报，所有电器设备和照明保持原有状态，一切机动车辆就地熄火，各生产人员坚守岗位。

相关部门接到调度通知后，应立即赶赴现场，迅速进行抢险，防止事故扩大。当事故得到控制，应尽快实现生产自救，组织抢修队伍，尽快实施，恢复生产。同时，共同协商处理煤气漏点的方案。在确保安全的前提下，把因煤气泄漏对环境造成的污染降到最低。

④ 少量的煤气泄漏进行修理时可以采用堵缝（用堵漏胶剂、木塞）或者打补的方法来实现；如果是为螺栓打补而钻孔，可以采用手动钻或压缩空气钻床；如果补丁需要焊接，那么在焊补前必须设法阻止漏气。

⑤ 大量煤气泄漏且修理难度较大的情况下，应预先分步详细讨论并制定缜密方案，采取停煤气处理后进行整体包焊或设计制作煤气堵漏专用夹具进行整体包扎的方法处理。

在进行上述修理操作前，必须再次对泄漏部位进行检查确认，一般采用铜制或木质工具轻敲的办法，查看泄漏点的形状和大小，检查泄漏部位（设备外壳或者管壁）是否适合于不停产焊补和粘接，检查人员应富有实践经验并必须佩戴呼吸器。

⑥ 如果堵漏工作需要停煤气方可进行，生产部门应根据煤气泄漏区域、管线、设备的损坏程度的实际情况制定详细的堵漏方案，联系协调该管线系统的停运工作并组织实施煤气处理、置换方案。

⑦ 发生煤气泄漏后，由应急预案指挥长负责指挥。由安环部门取煤气泄漏区域周围的空气样做 CO 含量分析，根据测定 CO 含量结果，进行安排。当 CO 含量超过 $50mg/m^3$（40ppm）时，需厂保卫部门一起进行人员的疏散或戒严，由厂安全部、综合管理部协助危险区内人员的撤离、布岗，疏通抢险通道。

⑧ 进入煤气泄漏区域工作按照如下标准进行（在煤气场所工作的安全许可时间）：

CO 含量不超过 $30mg/m^3$（24ppm）时，可较长时间工作。

CO 含量不超过 $50mg/m^3$（40ppm）时，连续工作时间不得超过 1h。

CO 含量不超过 $100mg/m^3$（80ppm）时，连续工作时间不得超过 0.5h。

CO 含量不超过 $200mg/m^3$（160ppm）时，连续工作时间不超过 15～20min。

工作人员每次进入煤气泄漏区域工作的时间间隔至少在 2h 以上。

⑨ 带煤气作业的要求如下。

• 带煤气作业时应采取防护措施，应有煤气防护站人员在场监护，并有本厂专人监护。按照煤气场所工作的安全标准，靠近煤气泄漏部位或进行带煤气操作的人员必须佩戴呼吸器（如氧气、空气呼吸器）或采取其他有效的防护措施，负责监护的人员不得随意离开现场。

• 煤气泄漏现场应划出危险区域，布置岗哨进行警戒，距煤气泄漏现场 40m 内，禁止有火源并应采取防止着火的措施，配备足够的灭火器具、降温器材（如黄泥、湿麻袋等），有风力吹向的下风侧，应根据实际情况适当扩大禁区范围。与带煤气堵漏工作无关的人员必须离开现场 40m 外。

• 带煤气作业所采用的工具必须是不发火星的工具，如木质、铜制工具或涂有一厚层润滑油、甘油的钢制工具。

• 带煤气作业不宜在雷、雨天气、低气压、雾天进行。

• 工作场所应备有必要的联系信号、煤气压力表及风向标志等。

• 距作业点 10m 以外才可安设投光器。

• 不得在具有高温源的炉窑、建、构筑物内进行煤气作业，如需作业，必须采取可靠的安全措施。

• 精神不佳，身体不好，不懂煤气知识，技术不熟练者不得参加带煤气操作。

• 带煤气作业不准穿钉子鞋，不准携带火种、打火机等引火物品。

• 进行带煤气作业时应对现场作业地点的平台、斜梯、围栏等安全防护设施进行检查确认，预先设置好安全逃生通道。

• 凡是在室内或设备内进行的带煤气作业，必须降低或维持压力，减少煤气泄漏量，尽最大努力减少 CO 含量。室内带煤气作业应打开门窗使空气对流，所采用的排风设备必须为防爆形式，室内外严禁火源及高温。

四、煤气着火事故应急处理

① 发生煤气着火后，岗位人员应立即拨打火警电话报警，报出着火地点、着火介质、火势情况等，同时迅速汇报生产处的调度室和车间负责人，组织义务消防队员到现场灭火，并派专人引导消防车到现场灭火。

② 如果煤气着火后伤及人身，生产当班调度应迅速通知煤气防护站、医院、消防队及时赶扑现场救人。

③ 事故现场由保卫处负责配合消防队设立警戒线，由厂安全部、综合管理部协助险区内人员的撤离、布岗，疏通抢险通道。

④ 由调度长根据煤气着火的现场情况和施工抢险方案来决定是否需停煤气处理，并迅速做出相应安排。

⑤ 使用湿草（麻）袋、黄泥、专用灭火器灭火，涉及或危及电器着火，应立即切断电源。

⑥ 若煤气着火导致设备烧红，应逐步喷水降温，切忌大量喷水骤然冷却，以防设备变形，加大恢复难度，遗留后患。

⑦ 煤气设施着火时，应逐渐降低煤气压力，同时通入大量蒸汽或氮气，但设施内煤气压力最低不得低于100Pa，严禁突然关闭煤气阀门，以防回火爆炸。

⑧ 直径小于或等于100mm的煤气管道着火，可直接关闭煤气阀门，轻微着火可用湿麻袋或黄泥堵住火口灭火。

⑨ 事故发生后，煤气隔断装置、压力表或蒸汽、氮气接头应安排专人控制操作。

⑩ 未查明原因前，严禁送煤气恢复正常生产。

五、煤气爆炸事故应急处理

① 发生煤气爆炸，应立即通知调度室及相关单位，调度长立即启动应急预案。发生煤气爆炸事故后，部分设施破坏，大量煤气泄漏可能发生煤气中毒，着火事故或产生二次爆炸，这时应立即切断煤气来源，迅速将残余煤气处理干净。如因爆炸引起着火应按着火应急处理，事故区域严禁通行，以防煤气中毒，如有人员煤气中毒时按煤气中毒组织处理。

② 事故现场由应急预案指挥长担任现场总指挥。指挥机构设在便于观察和指挥的安全区域，以调度室为信息枢纽，始终保持应急抢险内、外通信联系。

③ 煤气爆炸事故发生后的第一任务是救人。发生煤气爆炸后，发现人员应迅速拨打火警119，煤气防护站，医院120前来救人。同时报告生产处调度室，并由生产处负责信息的传递。

④ 事故现场由保卫处负责配合消防队设立警戒线，由厂安全部、综合管理部协助险区内人员的撤离、布岗，疏通抢险通道。

⑤ 发生煤气爆炸事故后，一般是煤气设备被炸损坏，冒煤气或冒出的煤气产生着火，因此煤气爆炸事故发生后，可能发生煤气中毒、着火事故或者发生二次爆炸，所以发生煤气爆炸事故后应立即采取以下措施。

• 应立即切断煤气来源，同时立即通知后续工序，并迅速充入氮气、蒸汽等惰性气体把煤气处理干净。

• 对出事地点严加警戒，绝对禁止通行。

• 在爆炸地点40m内禁止火源，以防事故的蔓延和重复发生，如果在风向的下风侧，范围应适当扩大。

• 迅速查明爆炸原因，在未查明原因之前，绝不允许送煤气。

• 组织人员抢修，尽快恢复正常生产。

⑥ 根据煤气爆炸的现场情况，由相关人员商讨抢救和修复设备的方案，生产部门安排好生产协调工作，各部门共同协作，积极抢修，争取以最快速度、最大限度地消除危险因素、降低环境污染。

⑦ 发生煤气爆炸事故后，煤气隔断装置、压力表或蒸汽、氮气接头应安排专人控制操作。

六、煤气中毒事故的应急处理

① 发生煤气中毒事故区域的有关人员立即通知调度室及有关单位并进行现场急救（进入煤气区域，必须佩戴呼吸器，未有防护措施，严禁进入煤气泄漏区域、严禁用纱布口罩或其他不适合防止煤气中毒的器具）。

② 值班调度接现场报告后，立即通知厂各相关科室和人员迅速赶往事故现场，同时应立即报告生产部、安环处煤气防护站和医院，报告事发现场详细地点、行车路线，快速抢救中毒人员。

③ 调度长接到报警后，立即启动应急预案。指挥机构设在上风侧便于观察和指挥的安全区域，通信联系以调度室为信息枢纽。

④ 中毒区域岗位负责人清点本岗位人数。

⑤ 现场维修人员负责查明泄漏点及泄漏原因，并对泄漏点进行处理。

⑥ 中毒人员的抢救办法如下。

设备泄漏，引起人员轻微煤气中毒。

• 煤气岗位因设备泄漏，引发人员轻微煤气中毒，中毒者可自行或在他人帮助下先尽快离开室内到空气新鲜处，喝热浓茶，促进血液循环或在他人护送下到煤气防护站或医院吸氧，消除症状。

• 在做好轻度中毒者保护性措施后，其他值班人员应迅速全开轴流风机，排空室内泄漏煤气，然后用便携式 CO 报警仪确定煤气泄漏部位，通知本车间领导，由车间领导负责安排设备泄漏点的处理。

• 煤气容器设备内检修作业时人员轻微煤气中毒。

轻度中毒者应在他人保护下撤出煤气容器设备，到空气新鲜处，或在他人护送下到煤气防护站或医院吸氧，消除症状。

在保护轻度中毒者撤出煤气容器设备的同时，其他参与作业的人员应同时撤出作业容器。由安全监护人员监测煤气容器内 CO 含量，确定是否需要重新进行处理和是否需要佩戴氧气呼吸器重新投入作业。

作业现场发生人员中、重度煤气中毒。

• 由作业现场安全员负责配合医院或煤气防护人员将中毒人员迅速脱离作业现场，至通风干燥处，由医院或煤气防护站工作人员进行紧急救护。

• 若因大量煤气泄漏引发煤气中毒事故发生，应急小组在指挥对中毒人员抢救的同时还应迅速指挥切断煤气来源，修复泄漏设备，尽可能减少泄漏煤气对大气环境的污染。

• 中毒者已停止呼吸，应在现场立即对中毒者进行心脏体外按压和人工呼吸，同时报告煤气防护站和医院赶到现场抢救。

• 中毒者未恢复知觉前，不得用急救车送往较远医院急救，应就近送往医院。在送医院途中应采取有效的急救措施，并应有医务人员护送。

七、应急救援组织指挥机构

1. 应急指挥部的组成

由生产经理、厂长、调度长、安全部、机修车间、保卫处、党工部及综合管理部、相关车间负责人组成应急救援指挥部。生产处调度室是应急救援指挥部的常设机构。

2. 指挥中心

指挥人员名单、部门及职责。

3. 应急救援组织

煤气泄漏、中毒、着火、爆炸事故以及其他事故应急救援组织：由调度室、安全部、保卫处、机修车间、综合管理部、车间及其他相关单位人员组成。

八、事故报告和现场保护

① 事故发生后，现场人员应立即汇报生产处调度，简要汇报事故发生的地点、原因、人员伤亡情况、着火类别和火势情况，生产处调度室立即向总调（如发生人员伤亡，向安环处、医院报告；如发生煤气泄漏、人员中毒，向安环处煤气救护站报告；如发生火灾，向消防队报告）及相关领导、有关科室报告。

② 各单位接到事故报告后，立即赶赴现场组织抢救伤员和保护财产，采取措施防止事故扩大。在进行抢救工作时应注意保护事故现场，防止无关人员进入危险区域，保障整个应急处理过程的有序进行；未经主管部门允许，事故现场不得清理。因抢险救护必须移动现场物件时，要做好标记，移动前妥善保留影像资料。

③ 发生单位能够控制的事故时，积极采取必要的措施防止事故扩大。

④ 事故调查组开展调查，查明原因，总结教训，落实"四不放过"原则。

第三节　全公司停电、焦炉系统的应急预案

一、因全公司大停电可能引发的生产故障

1. 地下室加热系统

焦炉地下室加热系统不能正常换向操作而引起的火道加热不均匀（烧单眼或烧双眼），造成焦饼成熟不均及推焦困难等事故。

2. 炼焦机械

① 推焦杆进入炭化室内，推焦过程中突然停电烧坏推焦杆；

② 平煤杆进入炭化室内，正在平煤时突然停电烧坏平煤杆；

③ 装煤车正在炉口进行装煤操作时，突然停电烧坏装煤车；

④ 推焦过程中突然停电，焦炭滞留在导焦栅内，烧坏拦焦车；

⑤ 熄焦车正在接焦过程中，突然停电。

3. 集气系统故障

因停电造成上升管大量荒煤气放散（鼓风机停转）。

4. 其他

① 因停电造成的各机械运转设备、电机设备的停转、停运事故。

② 因停电造成的焦炉炉门、炉框冒烟、着火，损坏炉体，影响焦炉寿命的事故等。

二、突然停电（停水、停汽）时各岗位的应急措施

1. 停电时，集气管荒煤气系统的应急措施

① 组织上升管工等相关岗位立即打开放散管翻板进行荒煤气放散；

② 通知推焦车司机立即停止推焦操作；

③ 当集气管压力过高，可打开若干个刚装煤炭化室的上升管盖，关闭阀体翻板，直接放散荒煤气。

④ 整个停电过程中，上升管工一定要严密监视集气管温度和压力的变化情况，及时向厂调度室和领导报告集气管压力和温度的情况。

⑤ 当集气管压力恢复正常时，及时通知相关岗位人员逐一盖好上升管盖，恢复阀体翻板，关闭手动、自动放散装置。

⑥ 恢复出炉操作。

⑦ 中控室应记录从开始放散到恢复生产的时间，并及时报告调度室。

2. 停电造成停氨水时，上升管岗位的安全应急措施

① 关闭焦炉上氨水总阀门。

② 打开蒸汽阀门向集气槽内通入蒸汽。

③ 当集气槽内温度高于200℃，且短时间难以恢复氨水供应时，应缓慢打开集气管两端备用的工业水管阀门，使集气管温度维持在150～200℃。

④ 当恢复氨水供应时，应先关闭工业水阀门，缓慢打开氨水总阀门，恢复氨水系统供应。

⑤ 恢复正常后，检查氨水喷洒情况。

⑥ 检查和处理集气管与桥管以及承插口等部位的漏烟、漏水情况并报告车间。

⑦ 整个停送氨水过程，要监测集气管温度、压力变化情况。

⑧ 若备用工业水也停，应及时上报厂调度室。

3. 交换机交换过程中突然停电的应急措施

进行手动交换步骤如下。

① 切断交换机电源开关。

② 确认需要交换的方向。

③ 确认并按下该方向电磁阀按钮。

④ 反复摇动手动液压泵的操纵杆进行系统加压。

⑤ 交换完毕，松开电磁阀按钮。

⑥ 根据停电时间的长短，决定空气口是否加盖铁板和降低分烟道吸力。

⑦ 记录并通知调度室停电的时间及换向的次数和来电恢复的时间。

4. 推焦途中突然停电的应急措施

① 断开推焦车主电源（或总电源），并将主令手柄置于零位。

② 打开推焦电动机液压闸上部安全罩，松开闸杆或用撬棍将液压阀杆撬起，使闸皮处于松弛状态，并用合适高度木块垫好。

③ 将手动装置的小齿轮手柄转向啮合处，并插好固定销。

④ 启动柴油发动机，并调至中高速运行状态。

⑤ 拉紧柴油发动机离合器拉杆至第一缺口处，此时推焦杆应匀速从炉内拉出至到位为止，离合器拉杆送回原处。

⑥ 关闭柴油发动机，将上述装置恢复到初始状态等待来电。

⑦ 当进行到第四项柴油机不能启动时，请迅速用手动摇杆将推焦杆拉回。

⑧ 如果是本车控制系统故障造成的停电，可启动强推（强拉）控制系统完成推焦或退回推焦杆作业。

※ 正在推焦时突然全部停电，如有备用电源，应尽快接上，将推焦杆尽快退回；如果没有备用电源，用柴油机或手摇装置把推焦杆拉回。

5. 平煤途中突然停电的应急措施

正在平煤时突然全面停电，如有备用电源，应尽快接通，将平煤杆尽快退回；如没有备用电源，切断动力主回路电源，用手摇装置或手动葫芦把平煤杆拉回，再人工关闭小炉门。

6. 装煤途中突然停电的应急措施

① 电工确认共用保护柜电源灯灭及电压表为零。

② 煤车司机拉下总控制开关，并将各主令控制器手柄置于零位。

③（顶装煤车）机车组长通知炉盖工打开上升管盖，煤车司机关闭闸板，提起导套。提导套操作步骤如下。

• 确认液压站内需要提导套的电磁阀，按下按钮并固定。

• 再按下储能器的电磁阀，导套即可提起。

④（侧装煤车）正在装煤时突然停电，如有备用电源，应尽快接通，将装煤操作完成；如没有备用电源，切断动力主回路电源，用手摇装置或手动葫芦把托煤板拉回。

7. 推焦过程中拦焦车突然停电的应急措施

① 先确定停电时间的长短。

② 如短时间内能恢复供电，等待处理。

③ 当20min内无法恢复供电时，采取如下措施处理。

• 用手动泵缓慢退回导焦栅。

• 将导焦栅内的红焦人工推入熄焦车进行人工灭火。

• 扒除部分炭化室炉头焦，用手动泵人工将炉门关闭。

• 等待送电。

以上步骤的具体操作如下。

(1) 关炉门（有紧急电源时）

① 让控制回路断开，导焦栅置于后限。

② 当共用配电盘电源灯亮、电压表指示380A时，合上控制主回路开关，确认灯亮，控制主回路接通，确认灯亮。

③ 按油泵启动确认灯亮，按空压机启动，确认灯亮。

④ 将取门方式至于自动侧，确认灯亮。

⑤ 等待送电。

⑥ 按自动开始，确认灯亮，灯灭确认炉门关好。

⑦ 以上步骤④、⑥也可用手动操作。

(2) 关炉门（无紧急电源时）

① 让导焦栅在后限。

② 推上并锁紧高速前进电磁阀，关卸荷阀。

③ 操作手动油泵，升高油压直至达到前进端。

④ 松高速前进电磁阀锁紧装置，推上并锁紧吊下电磁阀。

⑤ 松吊下锁紧装置，推上并锁紧门闩，退回电磁阀，操作手动油泵直至退回。

⑥ 操作手动油泵直至吊下到位。

⑦ 松门闩退回装置。

⑧ 推上并锁紧提门钩下电磁阀，操作手动油泵直至门钩下。

⑨ 松提门钩下装置。

⑩ 等待送电。

(3) 导焦栅后退（有紧急电源时）

① 确认控制电源主回路断。

② 当配电盘电源灯亮、电压表指示380V时合上控制电源主回路。

③ 按控制电源主回路通，确认灯亮。

④ 按油泵启动，确认灯亮。

⑤ 按空压机启动，确认灯亮。

⑥ 置导焦方式于自动侧，确认灯亮。

⑦ 确认导焦栅可脱离后，按自动开始，确认灯亮、灯灭，确认导焦栅到后限。

（4）导焦栅后退（无紧急电源时）

① 推上并锁紧锁闭开电磁阀，手动操作油泵直至锁闭开，松开锁闭开装置。

② 推上并锁紧导焦栅后退电磁阀，操作手动油泵直至后限松开此阀。

③ 确认炉门关好后，将导焦栅置于定位置。

④ 等待送电。

注意：①推焦中停电必须与大车联系后，将导焦栅中的红焦炭扒出，不允许红焦留在导焦栅内。

②推焦前、后停电，立即将各装置退回安全位置并关上炉门。

8. 接焦过程中，熄焦车停电的应急措施

① 接焦过程中突然停电，应立即通知推焦车停止推焦，并马上组织人员就近接消防水熄灭车厢内红焦。严禁将红焦卸在空凉焦台上。

② 熄焦车头进入熄焦塔如遇停电（包括开过劲、掉道）应立即关好窗户，切断总电源，走行控制器回零，通知班长组织处理。

③ 当附近无水源时，及时联系厂调度室调消防水车进行熄灭车厢内红焦。为确保熄焦车厢不被红焦烧坏，有时也可采用将红焦卸到附近地面上的方法，然后再组织人员进行处理。

④ 在推焦途中突然停止推焦，必须得到允许，熄焦车方可离开。

⑤ 自动熄焦装置不好使时，应立即进行手动熄焦，并报告班长。

整个停电过程及时间、出现的故障和停电影响造成的损失，车间应详细记录在案，并及时上报厂部。

注：如果是熄焦车单独停电，立即组织人工推车到熄焦塔熄焦。如果熄焦系统也停电且是高位水槽供水熄焦工艺，可立即组织人工将熄焦车推到熄焦位置，人工打开手动阀，用高位水槽内的余水将焦炭熄灭。

第四节　炼焦其他安全问题

一、焦炉机械伤害

炼焦生产中，经常发生的机械伤害有：

① 车辆行进中的碰撞伤害；

② 移动中的台车、机构碰撞伤害；

③ 传动机构发生的挤压伤害；

④ 活动铰轴、连杆的挤压伤害。

二、高空坠落伤害

① 上下楼梯时，踏空造成的坠落伤害；

② 上下交叉作业，掉落物造成的伤害；

③ 高处放置不稳定物品掉落（如大风刮落）造成的伤害；

④ 高处平台应架设稳定可靠的护栏，防止发生跌落伤害。

三、滑触线触电伤害

焦炉机械车辆的供电均系裸露的滑触线供电。由于其独有的裸露特性，所以易发生触电事故，因此工作中应特别注意：

① 所有裸露的滑触线均应架设防护网；

② 持握金属长工具应远离滑触线；

③ 清理立火道和测量焦饼中心温度拔插测温管时，易发生搭接装煤车滑线的触电事故；

④ 清扫完上升管后的铁质长工具，在氨水管道外搭放时易发生触碰拦焦车滑线，引起触电伤害（焦侧有上升管时）。

四、烧烫伤害

炼焦生产属于高温作业，所以作业中应特别注意烧烫伤害。

① 开关炉门时应站在上风侧，否侧易造成烧伤；

② 清理炉门、炉框、刀边时，易被热焦油渣、热石墨烫伤；

③ 清理装煤口（除尘口）时，由于站位不对，易造成烧伤和热辐射伤害；

④ 清理上升管时，应站在上风侧且用工业风压住火，否则易造成烧伤；清理掉的热石墨渣飞出易造成烫伤；

⑤ 测温时，打盖不要过猛，且合理控制看火孔压力，否则站位不对易发生烧伤；

⑥ 地下室在进行砖煤气道清理时，易发生掉落热渣和热捅条的烫伤害；

⑦ 开关上升管盖时，易发生水封溢水的烫伤；

⑧ 在熄焦塔附近作业时，注意熄焦水喷溅和水沟盖板缺失造成的水烫伤害；

⑨ 热修工在日常进行的抹补、挖补、喷浆、陶瓷焊补等作业时，易发生烧烫伤害，故防护用品必须穿戴齐全，如面罩、石棉衣、石棉手套、披肩帽等。

第十四章　焦炉地面除尘站

焦炉地面除尘站是通过 PLC 电子自动化控制系统，使用电机、风机、集尘干管、布袋除尘器、烟气吸附装置、加湿卸灰机等一系列设备，经过复杂的工艺流程对焦炉装煤出焦时产生的烟气进行净化处理，并使废物回收再利用，达到节能减排的效果。

第一节　地面站烟尘控制技术

干式出焦除尘地面站是目前公认的烟尘治理效果最好的治理技术，也是广泛应用的一种。该技术的主要工艺过程是使出焦时产生的大量阵发性烟尘在焦炭热浮力及地面站风机的作用下被吸入设置在拦焦车上的大型吸气罩，然后通过接口翻板阀或胶带密封小车将烟尘导入集尘干管，送入冷却器并分离火花后经袋式除尘器净化后排入大气。

干式出焦地面站烟气净化系统主要由以下部分组成。

第一部分是固定在拦焦车上并随拦焦车一起移动的大型吸气罩，吸气罩的一侧由拦焦车支撑，另一侧由走行轮支撑在第三条轨道上。

第二部分是将烟尘从拦焦车吸气罩导入集尘干管进入地面站的转换导通设备。导通设备分两种形式，一种是密封胶带提升小车形式，一种是固定接口翻板阀对接形式。

一、密封胶带提升小车形式

由拦焦车牵引的胶带提升小车行驶在胶带覆盖的集尘管道上，并通过与导焦车上主吸气罩相连。导焦车走到哪里，与其同步行驶的胶带提升小车就把哪里管道上的一部分胶带抬起来，敞开的管道开口部位由一个气体转送密封装置，把吸气罩收集的烟气送入集尘管道。这个密封装置是胶带提升小车的一个气体连接小车，安有 4 个支撑轮和四个侧向导轮，这些轮子保证胶带提升小车能在集尘干管上走行以及与集尘管胶带开口部有良好的密封。该小车通过连杆铰连接在胶带提升小车支架上，与拦焦车吸气罩上的导风管之间采用软连接，消除集尘管与拦焦车运行的不平行度。胶带提升小车上的四个胶带提升的换向辊筒，分别安装在小车支架的上下左右。支架与拦焦车的框架连接在一起。辊筒设有调偏装置，可以防止因辊筒的偏斜而使胶带不能正确地覆盖住集尘干管上部的开口部位。另外在胶带小车上还设有皮带防跑偏装置。

胶带提升小车上的弯形管与大型吸气罩的连接管道上设有控制阀门，其作用是让两台拦焦车互为备用，不工作的拦焦车上的阀门关闭，保证工作车的除尘风量。集尘罩重50～60t。胶带提升小车自重约 8t。与密封胶带提升小车配套的集尘干管设在沿焦炉纵向焦侧的支架或绗架上，支架同时承担第 3 条轨道的荷载。集尘干管可以作成 U 形或大半圆形。

胶带集尘干管的开口处设有网格栅板。栅板主要作用是起支撑管内负压形成胶带向管内凹陷的压力。并起到烟气与胶带隔离的效果。密封胶带宽 1000mm，采用耐热、耐老化的橡胶材料，内设织物硬度较低，有利于密封。

二、固定接口阀对接导通烟气形式

这是我国在宝钢一期工程中从日本引进的技术，在日本被普遍采用，在我国也被绝大多数焦化厂选用。该对接导通方式在拦焦车吸气罩的结构上与胶带密封提升小车方式的拦焦车吸气罩大同小异，最大区别在于拦焦车所携带的大型吸气罩与接口翻板阀是截然分开的。在移动部分的大型吸气罩上部设置两个可伸缩的活动对接口，与固定接口阀的接口位置对应。它的对接操作由设在拦焦车上的液压装置控制和驱动。在焦炉出焦时，首先将两个可伸缩接口上部的两个液压缸推出，打开与之对应的两个固定接口翻板阀的自重关闭式密封翻板，然后再推出两个可伸缩接口侧面的 4 个液压缸，将可伸缩的活动接口与固定翻板阀对应的固定接口严密对接，这时烟气进入地面站的通道已经形成，随后开始出焦，烟气将通过大型吸气罩的捕集在地面站风机的吸力作用下，顺畅地通过可伸缩的活动对接口、固定翻板阀对接口烟气干管进入地面站净化。

固定接口阀操作简单，密封性好，坚固耐用。可根据实际情况设计成圆形和矩形两种。

无论是密封胶带提升小车形式还是固定接口翻板阀对接形式均能很好地完成将出焦烟尘从拦焦车吸气罩导入除尘地面站的使命。但针对具体情况在使用上又有差异。前者的优点是密封胶带提升小车随拦焦车同步走动，不需要特殊对接，拦焦车在任何位置，吸气罩都是与地面站接通的，对二次对位推焦的焦炉，在摘炉门的短时间内其捕集率有一定的优势，缺点是小车走行频繁，加之烟气温度高，胶带老化快，使用寿命短，一般 1～2 年便需更换一次，另外，小车的传动部件多，维修工作量大，并受气候变化影响（如大风、大雨、大雪），运行中常见的问题是皮带经常跑偏，漏风量偏大。后者的优点是使用寿命长，运行稳定，维修工作量极小，缺点是后者投资约高于前者 3%～5%。

第三部分是除尘地面站，一般包括冷却灭火器、袋式除尘器、调速型通风机组、消声设备、烟囱等烟气主流程部分，还有排贮灰设备，如卸灰阀、刮板机、提升机、贮灰罐、粉尘加湿机等。

在地面站设备中冷却灭火器和袋式除尘器的功能和结构对降温、灭火、防火防爆及延长滤袋的使用寿命、降低投资和运行费用起着关键性的作用。

第二节　烟尘的治理

焦炉在装煤和出焦过程中，在装煤孔和出焦处产生大量的高温阵发性烟尘，烟气中主要污染物有粉尘、苯可溶物、苯并芘等，其中苯并芘是强致癌物质，严重污染环境，危害工人和居民的身体健康。焦炉地面除尘站是主要控制烟尘飞扬扩散，解除有害物质对人类危害的重要设备。焦炉地面除尘站分为装煤除尘和出焦除尘两个部分。

一、捣固炼焦过程中烟尘的治理

炉门安装在焦炉的机焦两侧炭化室炉门框上，起着与外界空气隔绝的密封作用。炼焦过程中烟尘的产生主要来源于炉门的密封不严。但是，国内 4.3m 捣固焦炉炉门全部采用的是普通刚性炉门敲打刀边。普通刚性炉门门闩为横栓紧丝杆门拴，刀边为敲打刀边，因结构限制，密封面和刀边不能自动适应炉门框的不断变形来实现炉门密封。另外与普通刚性炉门配套的推焦车、拦焦车为"多点对位"。由于焦炉炉门门闩为丝杆式的，焦炉生产过程中各炉门刀边结挂的焦油量不同，黏结力不同，又因各炉长度方向上的膨胀量也不同，故各炉门门闩的拧螺丝机构的拧紧力矩不同，因而无法提取拧紧或拧松的控制信号，故摘门机无法采用PLC 自动控制。与其配套的摘门机无论是电动或液动的都只能手动操作，机车操作水平的高低，准确控制炉门摘挂的位置，炉门、炉门框干净与否，都直接影响炉门的密封性能，所以在炼焦过程中仍有荒煤气外逸，污染环境。

二、捣固焦炉装煤过程中的烟尘治理

众所周知，装煤期间污染物的排放是由机侧炉门装入煤饼，常温的煤饼受到高温后产生大量的水汽和荒煤气夹带着煤尘经过炭化室墙与煤饼之间的间隙从机侧炉门冒出，对环境的污染比顶装焦炉更为严重和恶劣。这也是捣固焦炉研究初期阻碍其发展的一个重要因素。

1. 装煤消烟除尘的措施

我国捣固焦炉装煤机侧没有成熟的除尘技术和有效的措施，目前采用的方法有两种。

一种是在炉顶配有消烟除尘车，它是采用燃烧法治理装煤时大量荒煤气外逸的环保设备，它的功能是装煤时抽吸装煤过程中从炉顶导烟孔逸出的烟尘，进入燃烧室燃烧、洗涤、冷却后排放至大气中。国内现有的消烟除尘车有两种。一种是单吸口、单燃烧室；另一种是双吸口、双燃烧室，其结构有一定的区别，但系统工作原理基本相同。在煤饼推送过程中，消烟除尘车在炉顶通过活动导套（打开炉盖为人工）与焦炉炭化室顶部导烟孔接通，吸起装煤时产生的烟尘和荒煤气。烟尘和荒煤气进入消烟除尘车的具有自动点火器的燃烧室。与从燃烧室空气口进入的空气混合燃烧，温度达 1300℃ 左右。燃烧后的高温废气被吸入旋流板洗涤塔内，被水洗涤后温度降到 80～90℃，含尘量降到 150mg/m³，然后废气被风机抽走，通过烟囱排入大气。但是消烟除尘车除尘效果并不好。排放标准难以达到国家要求的排放标准。在整个装煤过程中，特别是当煤饼被推进炭化室约一半以后，炉门和导烟孔均有大量的黄烟冒出，除尘效果极差，外排烟气中常要冒黑烟达 1～2min，原因主要是点火器不能及时点燃荒煤气，另外一个原因是燃烧不完全，此种方法既浪费能源又污染环境，不易继续使用。

另一种方法是消烟除尘车与地面除尘站相结合的消烟除尘系统。

消烟除尘车上仅有燃烧室和烟气导管，无洗涤器和风机，而在焦侧炉顶设置与地面除尘站连通的烟气抽吸总管。对应每个炭化室中心线都布置一个带盖的抽吸孔，每个孔与固定管道相连，而固定管道与地面除尘站接通。在装煤饼前，先打开炉顶抽烟孔盖，消烟除尘车的导套下降，对准炉顶导烟孔，同时消烟除尘车上的液压推杆打开炉顶抽吸总管上相应的抽吸孔盖，消烟除尘车上伸缩管便与抽吸口接通，这样，装煤饼时产生的烟尘与荒煤气便借助地面除尘站风机的抽吸力从炉顶抽烟孔抽出，在燃烧室完全燃烧后通过炉顶抽吸总管进入地面除尘站，经袋式除尘器除尘后，经过风机由烟囱高空排放。由于采用固定吸尘管道与地面除尘站相连，起到了一定的除尘效果。但此方法有两个不足之处，一是风机的能力设计要适中，吸力小，烟尘吸不走，除尘效果不好。吸力大，大量的冷空气由机侧炉门进入炭化室对炉头砖的寿命有影响；二是因增加炉顶抽吸总管和地面除尘站，需要增大投资和占地面积，生产运行成本也会随之增加。

2. 装煤烟尘的治理

（1）炭化室装煤产生的烟尘来自以下几方面

① 装入炭化室的煤料置换出大量的空气，空气与入炉的细煤粒不完全燃烧，形成黑烟。

② 装炉煤和高温墙接触、升温，产生大量水蒸气和粗煤气。

③ 随上升水蒸气和煤气同时扬弃的细煤粉，以及平煤时带出的细煤粒。

④ 因炉顶空间瞬时堵塞而喷出的煤气。

（2）装煤烟尘治理方法

装煤烟尘治理主要有两种方法，一种是机械除尘法，另一种是喷射消烟除尘法。

① 装煤机械除尘法。目前国内外的装煤机械除尘净化有以下几种类型，现分述如下。

• 德国埃森厂的装煤烟尘控制是在装煤车上设置燃烧洗涤除尘净化系统。

在具备自动启、闭炉盖的装煤车上，采用密封良好的下煤漏嘴，并在其上设自动升降套筒，从此处吸烟尘。烟尘经车上的抽吸—燃烧—水洗涤净化系统排至大气，但其排出尾气尘含量较高（约 $2.6mg/m^3$），尚不能满足我国排放标准。为此，我国自行设计改进的洗涤设施采用两级洗涤，后一级采用高效可调矩形喉管文氏洗涤器，洗涤后可使尾气尘含量小于 $150mg/m^3$，符合我国外排标准。

• 车上燃烧，地面站洗涤净化系统。该系统已在宝钢焦化一、二期上应用。将抽吸的烟气在车上燃烧、预洗涤后再送地面站洗涤净化。装煤烟尘含量 $2\sim10g/m^3$，经车上燃烧预洗涤后减至 $0.5\sim3g/m^3$，再经地面站最终净化，外排气体尘含量 $10\sim20mg/m^3$，其控制率＞95％。缺点是能耗大，产生污水。

• 车上燃烧，地面站干式除尘净化系统。装煤过程烟气在车上燃烧，200℃尾气不经洗涤直接导入地面站，冷却后再经袋式除尘器外排。为防止烟气中残留焦油物堵塞滤袋，袋式除尘器采用预涂层措施，其控制率可达95％。此系统已在本钢1、2号焦炉上采用，袋式除尘器后烟道排放尾气中的 BaP 为 $0.128\sim0.1861mg/m^3$；BSO 为 $0.47\sim0.841mg/m^3$，可达到我国环保要求。

• 装煤车不设燃烧设施，烟气混入空气经冷却后进入地面站，再经袋式除尘后排放。该系统也采取预涂层措施，控制率不亚于上述系统。

• 装煤车不设燃烧装置，烟气通过两级文氏管洗涤冷却后排放。由于不设燃烧装置，设备简化。鉴于 BaP 常温下蒸汽浓度小，故对 BaP 的去除有效，但对苯的去除有限。

② 喷射消烟除尘法。

早在 20 世纪 60 年代，前苏联就已使用蒸汽喷射进行消烟除尘，但因蒸汽引入增加了酚水的排出，使能耗量加大，目前都已改为高压氨水消烟除尘。80 年代我国在推行双集气管、顺序装煤、保持合适的吸力（上升管底部保持在 $160\sim200Pa$ 负压）、精心操作等条件下，使高压氨水喷射消烟控制率达到 60％，效果较好。不过，有时由于操作时吸力过大，使煤尘带入量增加，造成下段工序堵塞严重、焦油中游离炭含量过高。再者，由于重力装煤，大量煤料瞬间注入炭化室，且套筒密封性不佳，使烟尘控制效果不理想。影响该技术的另一个因素是操作管理难度加大，如高压氨水三通阀。即使如此，目前仍有德国、俄罗斯等坚持采用这一技术，烟尘控制率可达到 80％。该技术要点如下。

• 采用螺旋给料机装煤，使煤料均匀装入炭化室。

• 采用四个装煤孔装煤，下料均匀。

• 装煤车带有气密性套筒和球面装煤孔座，两者紧密接触，减少空气漏入。

• 保持合适的吸力，不致影响后序工艺操作。

• 平煤小炉门有密封套，并减少平煤次数。

采取以上措施使装煤冒烟时间每炉控制在 11s 之内，应用该技术将跨越管设于装煤车上，可省去人工开炉盖及移动跨越管的操作并将烟气在返回工艺系统时回收，省去了排放烟尘末端治理的复杂操作，粗苯及焦油的回收量也稍有增加。鉴于机械装煤烟尘治理耗资较多，短期内全面推广使用还存在一定困难，尤其对于一大批现有中小型焦化厂，采用这一改进型高压氨水消烟装煤技术不失为可行之策。

③ 装煤除尘的有效途径。

控制焦炉装煤除尘最有效的措施是配以地面除尘站的装煤法和密闭式可控装煤法，其除尘效率均可达 99.5％。地面除尘站占地面积大、能耗高、投资多。密闭式可控装煤法适用于老焦炉的改造，它可利用现有的煤气排送和废气处理系统。由于装煤操作是在密闭、快速和可控条件下进行的，因此可以将装煤时的气体产生量降低到现有设备可处理的水平。

第三节　地面除尘站的维护

一、焦炉除尘地面站的点检与维护

① 检查除尘器本体外壳有无磨穿现象，有无异常鼓包或凹陷现象；

② 检查各防爆口有无漏风现象；

③ 检查各仓阀门是否处于正确位置；

④ 检查各仓脉冲阀是否正常喷吹；

⑤ 检查各仓振动器是否正常工作；

⑥ 检查仓顶盖板有无漏风现象；

⑦ 检查除尘器压差是否正常；

⑧ 检查各仓上下排灰阀是否正常工作，气路系统有无漏风，气缸动作是否到位，极限信号有无异常；

⑨ 检查各仓料位是否正常，料位仪有无异常；

⑩ 检查除尘器前后烟气温度是否正常；

⑪ 检查烟气管道的非常阀、冷风阀是否按正常启闭，关闭时是否到位、有无漏风现象；

⑫ 检查压缩空气管有无泄漏现象，压力是否正常。

二、焦炉除尘地面站的常见故障及处理

除尘地面站常见故障一般是除尘效果不好，可从以下几方面检查处理：

① 检查风机是否处于正常高速状态，若不在高速，需检查高速信号是否正常；

② 检查风机入口阀门是否全开；

③ 检查集尘烟气管道有无破损或漏风；

④ 检查布袋除尘器压差是否正常；

⑤ 检查布袋除尘器灰仓是否堵料；

⑥ 检查布袋除尘器灰仓上下排灰阀是否关闭；

⑦ 检查风机高速时冷风阀是否关闭良好；

⑧ 检查风机高速时非常阀是否关闭良好；

⑨ 检查布袋除尘是否器各仓烟气阀门是否全开；

⑩ 检查布袋是否结料，是否需要更换布袋；

⑪ 检查焦炉车辆降尘操作是否规范；

⑫ 检查焦炉烟气多管阀是否打开；

⑬ 检查焦炉烟气管道平衡阀是否正常。

附　录

附录1　焦炉用硅砖的技术标准
（YB/T 5013—2005）

1　范围

本标准规定了焦炉用硅砖的分类、技术要求、试验方法、质量评定程序、标志、包装、运输、储存及质量证明书。

本标准适用于焦炉用硅砖，也可用于碳素煅烧炉用硅砖。

2　规范性引用文件

下列文件中的条款通过本标准的引用而成为本标准的条款。凡是注日期的引用文件。其随后所有的修改单（不包括勘误的内容）或修订版均不适用于本标准。然而，鼓励根据本标准达成协议的各方研究是否可使用这些文件的最新版本。凡是不注日期的引用文件，其最新版本适用于本标准。

GB/T 2997　　　致密定形耐火制品体积密度、显气孔率和真气孔率试验方法

GB/T 5071　　　耐火材料真密度试验方法

GB/T 5072.1　　致密定形耐火制品常温耐压强度试验方法无衬垫仲裁试验

GB/T 5988　　　致密定形耐火制品加热永久线变化试验方法

GB/T 6901　　　硅质耐火材料化学分析方法

GB/T 7320.1　　耐火材料热膨胀试验方法　顶杆法

GB/T 7321　　　定形耐火制品试样制备方法

GB/T 10324　　耐火制品的分型定义

GB/T 10325　　定型耐火制品抽样验收规则

GB/T 10326　　定型耐火制品尺寸、外观及断面的检查方法

GB/T 16546　　定形耐火制品包装、标志、运输和储存

YB/T 172　　　硅砖定量相分析 X 射线衍射法

YB/T 370　　　耐火制品荷重软化温度试验方法（非示差—升温法）

3　分类和标记

3.1　砖的标记为 JG。

3.2　砖的分型应符合 GB/T 10324 的规定。

4　技术要求

4.1　硅砖的理化指标应符合附表1的规定

4.2　砖的尺寸允许偏差应符合附表2的规定。

4.3　砖的扭曲应符合附表3的规定。

4.4　砖的熔洞应符合附表4的规定。

4.5　砖的铁斑应符合附表5的规定。

附表 1　砖的理化指标

项目	规定值		复验时单值允许偏差
	炉底、炉壁	其他	
$w(SiO_2)/\%$	≥94.5		—
$w(Al_2O_3)/\%$	≤1.5		—
$w(Fe_2O_3)/\%$	≤1.5		—
$w(CaO)/\%$	≤2.5		—
显气孔率/%	≤22	≤24	+1
常温耐压强度/MPa	≥40	≥35	10%
0.2MPa 的荷重软化温度$(T_{0.5})/℃$	≥1650		−10
真密度/g·cm^{-3}	≤2.33	≤2.34	+0.01
残余石英/%	≤1.0		—
加热永久线变化(1450℃×2h)/%	0～0.2		—
热膨胀率(1000℃)/%	≤1.28	≤1.30	+0.03

如有必要时,可提供室温～1200℃的热膨胀曲线。

附表 2　砖的尺寸允许偏差　　　　　　　　　　　　(mm)

尺　寸	规　定　值
≤150	+1,−2
151～350	+2,−3
351～550	+3,−4
＞550	±5
炉壁砖、蓄热室(各 3～5 个砖号)的一个主要尺寸	+1,−2
斜烟道出口调节砖的一个主要尺寸	±1

附表 3　砖的扭曲　　　　　　　　　　　　(mm)

对角线长度	炭化面	气流面	其他面
≤320	≤0.5	≤1.0	≤1.5
＞320	≤1.0	≤1.0	≤长度的 0.5%(最大 4)

附表 4　砖的熔洞

砖面	熔洞直径/mm	深度/mm	平均每 100cm^2 砖面上允许的熔洞数[①]
炭化面	≤4	≤3	3
其他面	≤8	≤5	4

① 应按每个砖面实际面积进行折算。

附表 5　砖的铁斑

砖面	孔直径/mm	平均每 100cm^2 砖面上的允许数[①]
炭化面	≤6	1
其他面	≤10	2

① 应按每个砖面实际面积进行折算。

4.6 砖的缺棱、缺角长度及个数应符合附表6的规定。

4.7 砖的裂纹和断面层裂应符合附表7的规定。

附表6 砖的缺棱、缺角长度及个数

项 目	规 定 值	
	炭化面	其他面^①
缺棱长度	$e \leqslant 15mm$ $f \leqslant 6mm$ $g \leqslant 10mm$	$e+f+g \leqslant 65mm$
缺角长度	$a \leqslant 10mm$ $b \leqslant 8mm$ $c \leqslant 15mm$	$a+b+c \leqslant 65mm$
缺棱、缺角个数	$\leqslant 2$	$\leqslant 3$

① 单重大于15kg的砖缺角、缺棱长度除炭化面外，其他面允许三边之和不大于70mm。

附表7 裂纹和断面层裂的要求 （mm）

裂纹或层裂宽度	裂纹长度		断面层裂长度
	炭化面	其他面	
$\leqslant 0.10$	不限制		不限制
$>0.10 \sim 0.25$	$\leqslant 60$	$\leqslant 65$	$\leqslant 60$
$>0.25 \sim 0.50$	不准有	$\leqslant 65$,不多于2条	$\leqslant 30$
>0.50	不准有		不准有

注：1. 裂纹长度不允许大于该裂纹所在面与裂纹平行边全长的1/2。

2. 裂纹只允许跨过一条棱，但边宽小于50mm的面允许跨过两条棱，跨棱裂纹长度不合并计算。

3. 跨顶砖工作面不允许有横向裂纹。

4. 不准有延伸至砖表面的断面层裂。

附录2 黏土质耐火砖的技术标准
（YB/T 5016—1993）

本标准适用于无专门标准规定的黏土质耐火砖。

1 分类、形状及尺寸

1.1 砖按物理指标分为 N-1、N-2a、N-2b、N-3a、N-3b、N-4、N-5、N-6 八种牌号。

1.2 砖的形状及尺寸应符合 GB 2992—82《通用耐火砖形状尺寸》的规定。如标准中没有需方要求的砖型，则按需方图纸生产。

1.3 砖的分型应符合 YB 844—75《耐火制品的分型和定义》的规定。

2 技术要求

2.1 砖的物理指标应符合附表1的规定。

2.2 砖的尺寸允许偏差和外形应符合附表2的规定。

2.3 焦炉砖尺寸允许偏差应符合附表3的规定。

2.4 砖的断面层裂

（1）层裂宽度不大于0.25mm时，长度不限制。

（2）层裂宽度为0.26～0.50mm时，长度不大于40mm。

（3）层裂宽度>0.5mm时，不准有。

附表 1

项目		指标							
		N-1	N-2a	N-2b	N-3a	N-3b	N-4	N-5	N-6
耐火度,锥号 CN		176	174	174	172	172	170	166	158
$2kgf/cm^2$ 荷重软化开始温度/℃		≥1400	≥1350		≥1320		≥1300		
重烧线变化/%	1400℃,2h	+0.1 −0.4	+0.1 −0.5	+0.2 −0.5					
	1350℃,2h				+0.2 −0.5	+0.2 −0.5	+0.2 −0.5	+0.2 −0.5	
显气孔率/%		≤22	≤24	≤26	≤24	≤26	≤24	≤26	≤28
常温耐压强度/$kgf \cdot cm^{-2}$		≥300	≥250	≥200	≥200	≥150	≥200	≥150	≥150
热震稳定性次数		N-2b,N-3b 必须进行此项检验,将实测数据在质量证明书中注明							

附表 2

项 目			单位	指标
尺寸允许偏差	尺寸≤100		mm	±2
	尺寸 101~150			±2.5
	尺寸 151~300mm		%	±2
	尺寸 301~400		mm	±6
扭曲	长度≤230			2
	长度 231~300			2.5
	长度 301~400			3
缺棱、缺角深度		不大于	mm	7
熔洞直径				7
渣蚀厚度≤1				在砖的一个面上允许有
裂纹长度	宽度≤0.25			不限制
	宽度 0.26~0.50			60
	宽度>0.50			不准有

附表 3

项 目		单位	指 标
尺寸允许偏差	尺寸≤150	mm	+1 −3
	尺寸 151~300		+2 −4
	尺寸>300mm	%	±1

2.5 单重大于 15kg 和小于 1.5kg 或难以机械成型的砖,其技术要求由供需双方协议确定。

2.6 特殊的技术要求,由供需双方协议确定。

附录3 硅火泥技术要求

项 目	指标	
	中温硅火泥	低温硅火泥
耐火度,耐火锥号(WZ)	167	158
冷态抗折黏结强度 110℃干燥后 1400℃×3h烧后	≥1.0MPa ≥3.0MPa	≥1.0MPa ≥3.0MPa
黏结时间	1～2min	1～2min
粒度组成： ≥1mm ≤0.074mm	≤3% ≥50%	≤3% ≥50%
SiO_2	≥92%	≥85%
0.2MPa荷重软化开始温度	≥1500℃	≥1420℃

附录4 黏土火泥技术要求

项 目		指 标
耐火度		≥1690℃
Al_2O_3		≥38%
冷态抗折黏结强度	110℃干燥后	≥1.0MPa
	1200℃×3h烧后	≥3.0MPa
线变化率	1200℃×3h烧后	+1% −3%
黏结时间		1～3min
粒度组成	≤1.0mm	100%
	>0.5mm	2%
	≤0.074mm	50%

参　考　文　献

[1]　于振东，郑文华. 现代焦炉生产技术手册. 北京：冶金工业出版社，2010.

[2]　姚昭章. 炼焦学. 北京：冶金工业出版社，1995.

[3]　鞍山焦耐院热工站. 炼焦生产. 沈阳：辽宁科技出版社，1996.

[4]　江苏省冶金干部培训中心. 炼焦工艺学. 内部资料.

[5]　冶金部工人视听教材编辑部. 炼焦. 北京：冶金工业出版社，1989.

[6]　王晓琴. 炼焦工艺. 第2版. 北京：化学工业出版社，2011.

　　随着科学技术发展，工业自动化控制技术在生产中广泛应用。PLC是自动化系统的重要组成部分，电气控制与PLC应用技术是高职高专电气自动化专业和机电一体化专业的必修课程之一。

　　本书主要讲解电气控制和PLC控制技术。电气控制部分主要介绍常用低压电器、基本电气控制电路、典型机床电气控制电路等。PLC部分以目前市场占有率较大的西门子S7-200系列小型PLC为主讲对象，从认识软、硬件开始，由浅入深，讲解典型的继电器控制电路的改造、程序设计方法、程序结构等。结合PLC系统周边设备，安排了变频器的PLC控制、步进电机控制及PLC的网络通信的实现等项目。

　　本书内容编排结合高职学生特点，采取任务驱动方式，使学生能够在学中做、做中学。"必备知识"部分以够用为原则，突出任务需要的必备知识点；"任务实施"和"任务评价"部分通过表格、知识索引等方式，引导学生主动收集信息，学习和尝试操作，逐步完成任务目标；"总结巩固"部分用来巩固知识、技能的重点和难点；"拓展训练"部分用于增加任务难度，使学生达到对知识的灵活应用，培养学生自学能力和可持续发展能力。

　　本书可作为高职高专电气自动化、机电一体化等专业的教材，也可作为工程技术人员的参考书。

　　本书由苏州健雄职业技术学院潘云忠、北京工业职业技术学院赵秀芬主编，刘琳霞任副主编，徐弈辰参编。其中项目一至项目三由赵秀芬编写；项目四至项目六由潘云忠编写；项目七由徐弈辰编写；项目八、九由刘琳霞编写。

　　由于编者水平所限，不足之处在所难免，敬请读者批评指正！

编　者

2018. 5

目 录

项目一

常见低压电器

电器是指根据外部信号（电信号或非电信号）的要求，采用手动或自动方式接通、断开电路，实现对电路或非电对象的切换、控制、保护、检测、变换和调节的电工设备的总称。

电气设备按照工作电压可分为低压电器和高压电器。低压电器是指工作电压在交流1000V 或直流 1200V 以下的电器。高压电器是指工作电压在交流 1000V 或直流 1200V 以上的电器。本项目所介绍的电器均属低压电器。

任务一 认识主令电器

【学习目标】

1. 掌握常见主令电器的结构、工作原理；
2. 掌握常见主令电器的主要技术参数及其应用；
3. 能识别常见主令电器及其电气符号；
4. 能正确选择和使用常见主令电器。

一、必备知识

主令电器是用来接通和分断控制电路，发出控制命令的电器。常用的主令电器有按钮、行程开关、接近开关、万能转换开关等，下面简要介绍按钮和行程开关。

1. 按钮

按钮（外形见图 1-1）是一种可以自动复位的主令电器。按钮结构如图 1-2 所示。在操作前接通的触点称为常闭触点（NC），常闭触点的两个接线端用数字 1、2 表示；断开的触点称为常开触点（NO），常开触点的两个接线端用数字 3、4 表示。当按下按钮帽时，动触点动作，使得常闭触点先断开，常开触点后闭合；当松开按钮帽时，在复位弹簧的作用下触点恢复到初始状态（未操作状态）。

图 1-1　按钮外形图

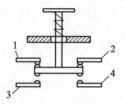

图 1-2　按钮结构图

（1）按钮分类

按照操作方式来分，按钮有按钮式、旋钮式、拉钮式、按-拉钮式等（其他的分类方式可参考 JB/T 3907—2008）。

（2）按钮帽颜色含义

按钮帽的颜色有绿色、红色、黄色、蓝色、白色、灰色和黑色等，不同按钮帽颜色代表的含义如表 1-1 所示。

表 1-1　按钮帽颜色含义

按钮帽颜色	含义	说明	应用举例
红色	紧急	危险或紧急情况操作	急停 紧急功能的启动
黄色	异常	异常情况时操作	干预制止异常情况 干预重新启动中断了的自动循环
绿色	正常	启动正常情况时操作	正常情况下的启动
蓝色	强制性的	要求强制动作的情况下操作	复位功能
白色			启动/接通（优先） 停止/断开
灰色	未赋予特定含义	除急停以外的一般功能的启动①	启动/接通（优先） 停止/断开
黑色			启动/接通 停止/断开（优先）

① 如果使用代码的辅助手段（如通过形状、位置、标记）来识别按钮的功用，则白色、灰色或黑色同一种颜色可用于各种不同的功能（例：白色用于启动/接通和停止/断开功能）。

（3）按钮电气符号

自复位和带自锁功能按钮电气符号如图 1-3 所示。

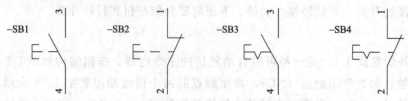

图 1-3　自复位和带自锁功能按钮电气符号图

2. 行程开关

行程开关也称为限位开关或位置开关，是一种常用的小电流主令电器，它利用生产机械与运动部件的碰撞，使行程开关的触头动作，接通或分断控制电路，达到相应的控制目的。

（1）行程开关分类

行程开关按照结构形式可以分为直动式行程开关、滚轮式行程开关（见图1-4）、微动式行程开关（见图1-5）和组合式行程开关。

图1-4　滚轮式行程开关

图1-5　微动式行程开关

（2）行程开关电气符号

行程开关电气符号如图1-6所示。

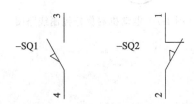

图1-6　行程开关电气符号图

二、任务实施

① 查找资料完成表1-2。

表1-2　主令控制器型号表

序号	名称	型号	备注（触点或操作形式）
1	按钮	LAY711BN12	1NO+1NC
2		LAY5BD21	
3		LAY5BS544	
4		LAY5BW31B1L	
5		LXJM18104	
6		LX-028	
7		LW26GS6304-2	

② 根据表1-1，指出图1-7中SB1与SB2按钮应优选哪种颜色（SB1为停止按钮，SB2

为启动按钮）。

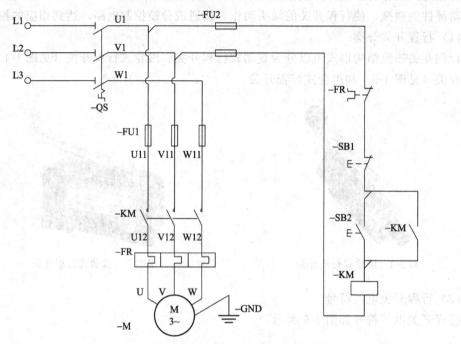

图 1-7　电动机启保停控制线路图

SB1 按钮颜色为：

SB2 按钮颜色为：

三、任务评价（见表1-3）

表 1-3 认识主令电器评价表

| 小组：_____ 姓名：_____ | | | 指导教师：_____ 日期：_____ | | | | |

评价项目	评价标准	评价依据	评价方式			权重	得分小计
			学生自评30%	小组互评30%	教师评分40%		
职业素养	1. 积极参与小组工作，按时完成工作页，全勤 2. 能参与小组工作，完成工作页，出勤90%上 3. 能参与小组工作，出勤80%以上 4. 能参与工作，出勤80%以下 5. 未反映参与工作 6. 工作岗位5S完成情况	1. 出勤 2. 工作态度 3. 劳动纪律 4. 团队协作精神				0.5	
专业技能	1. 按钮的类型及其分类 2. 按钮帽颜色含义 3. 行程开关的作用及接线 4. 启动功能按钮与停止功能按钮硬件接线差异	1. 描述按钮工作原理 2. 行程开关触头动作与触点的关系 3. 工作页完成情况				0.5	
合计							

四、总结巩固

列出在本任务中学到的知识。

五、拓展训练

如果在图 1-7 所示电路的 SB1 位置旁增加一个急停按钮 SB3，查询标准 GB 5226.1—2008，根据标准中描述的内容说明 SB1、SB2、SB3 按钮帽的颜色，并详细说明其依据。

任务二　认识熔断器

【学习目标】

1. 掌握常见熔断器的结构、工作原理；
2. 能识别常见熔断器及其电气符号；
3. 能正确选择和使用常见熔断器。

一、必备知识

熔断器能在电路中电流值超过规定值一段时间后，通过自身产生的热量使熔体熔化，从而使电路断开，保护电气设备的安全。电路中电流变大主要是由过载和短路造成，因此熔断器是一种主要用于过载和短路保护的电器。熔断器广泛应用于低压配电系统、控制系统以及用电设备中，是应用最普遍的保护器之一。

1. 低压熔断器结构及分类

低压熔断器一般由熔断器底座（支架）、载熔件和熔断体三部分组成。低压熔断器的类型很多，有填料封闭管式（RT）（见图1-8）、螺旋式（RL）（见图1-9）以及无填料密封管式（RM）等。

图1-8　填料封闭管式熔断器外形图　　　　图1-9　螺旋式熔断器外形图

2. 熔断器的选择

选择熔断器，主要是对熔断体额定电流（I_N）的选择，其选择依据如下。

① 对于照明电路或没有电流冲击的电阻性负载，所选熔断体的额定电流应大于或等于电路的工作电流；

② 一台电动机的熔断体额定电流 I_N＝电动机的启动电流/2.5；如果电动机频繁启动，I_N＝电动机的启动电流/2；

③ 保护多台电动机时，如各台电动机不同时启动，则

I_N＝（1.5～2.5）×（容量最大的电动机的额定电流＋其余电动机的额定电流之和）

3. 熔断器电气符号

熔断器电气符号如图1-10所示。

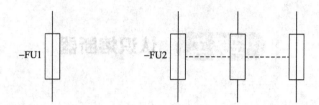

图 1-10　熔断器电气符号图

二、任务实施

① 请指出图 1-7 中 FU1 和 FU2 的额定电流是否相同，说明原因。

② 查阅资料，试说明电动机的启动电流、额定电流与运行电流三者的含义。

三、任务评价（见表1-4）

表 1-4　认识熔断器评价表

小组：_____　　　　　　　　　　指导教师：_____
姓名：_____　　　　　　　　　　日　期：_____

评价项目	评价标准	评价依据	评价方式			权重	得分小计
			学生自评30%	小组互评30%	教师评分40%		
职业素养	1. 积极参与小组工作，按时完成工作页，全勤 2. 能参与小组工作，完成工作页，出勤90%上 3. 能参与小组工作，出勤80%以上 4. 能参与工作，出勤80%以下 5. 未反映参与工作 6. 工作岗位5S完成情况	1. 出勤 2. 工作态度 3. 劳动纪律 4. 团队协作精神				0.5	
专业技能	1. 熔断器的分类及其作用 2. 熔断器的选择依据 3. 熔断器的电气图形和文字符号	1. 熔断器的选择依据 2. 回答问题的准确性 3. 工作页完成情况				0.5	
合计							

四、总结巩固

列出在本任务中学到的知识。

五、拓展训练

如果在图 1-7 所示的电路中，电动机不频繁启动，P_1（输入功率）为 8.6kW，线电压 380V，$\cos\phi$ 为 0.85，请对 FU1 的额定电流进行计算，并选择型号，详细说明过程。

任务三 认识断路器

【学习目标】

1. 掌握常见断路器的结构、工作原理;
2. 能识别常见断路器及其电气符号;
3. 能正确选择和使用常见断路器。

一、必备知识

低压断路器又称为自动空气开关,其作用是不仅可以用于不频繁地接通或断开电路,而且在电路发生过载、短路、失压或欠压等故障时能自动切断电路,当故障排除后,无需更换零件,可快速再次接通电路。从功能上来说,低压断路器相当于刀开关、熔断器、热继电器和欠压继电器的组合,集控制与多种保护于一体,并且具有操作安全、使用方便、工作可靠、分段能力强等特点,主要用于低压配电线路中。

1. 低压断路器的结构及分类

图 1-11 为低压断路器的结构示意图,主要由弹簧 1、主触点 2、传动杆 3、锁扣 4、过电流脱扣器 5、过载脱扣器 6、欠压脱扣器 7、分励脱扣器 8 等部分组成。低压断路器分类主要有以下几种。

① 按极数分:单极(见图 1-12)、双极和三极(见图 1-13);

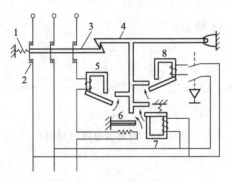

图 1-11 低压断路器结构图

图 1-12 单极断路器外形图

图 1-13 三极断路器外形图

② 按保护形式分：电磁脱扣器式、热脱扣器式、复合脱扣器式和无脱扣器式；

③ 按分断时间分：一般式和快速式；

④ 按结构形式分：塑壳式、框架式和模块式。

2. 低压断路器的工作原理

断路器是靠手动或电动操作机构合闸的，合闸后触点闭合。断路器处于闭合状态时，3 个主触点通过传动杆和锁扣保持闭合，如果电路发生故障，自动脱扣机构在相应脱扣器的推动下动作，使得锁扣脱开，主触点在弹簧的作用下迅速断开，断路器将电路断开。

3. 低压断路器的选择

低压断路器的选择应从以下几个方面考虑。

① 额定电流、额定电压应大于或等于线路、设备的正常工作电压和工作电流。

② 热脱扣器式的整定电流应与负载的额定电流一致。

③ 欠压脱扣器式的额定电压等于线路的额定电压。

④ 过电流脱扣器的额定电流（I_N）大于或等于线路的最大负载电流。对于单台电动机

$$I_N \geqslant k \times 电动机的启动电流 (k = 1.5 \sim 1.7)$$

对于多台不同时启动电动机

$$I_N \geqslant k \times (容量最大的电动机的启动电流 + 其余电动机的额定电流之和)(k = 1.5 \sim 1.7)$$

4. 低压断路器的脱扣特性

① B 脱扣特性：B 脱扣特性的断路器瞬时脱扣电流：$3I_N < I \leqslant 5I_N$。

② C 脱扣特性：C 脱扣特性的断路器瞬时脱扣电流：$5I_N < I \leqslant 10I_N$。

5. 断路器电气符号

断路器电气符号如图 1-14 所示。

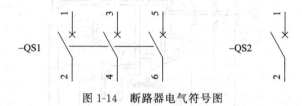

图 1-14　断路器电气符号图

二、任务实施

① 查找资料，绘制出具有热过载脱扣器的断路器的电气符号。

② 请说明断路器和隔离开关的区别。

三、任务评价（见表1-5）

表1-5　认识断路器评价表

小组：＿＿＿＿＿＿　　　　　　　　　指导教师：＿＿＿＿＿＿＿

姓名：＿＿＿＿＿＿　　　　　　　　　日期：＿＿＿＿＿＿＿＿＿

评价项目	评价标准	评价依据	评价方式			权重	得分小计
			学生自评30%	小组互评30%	教师评分40%		
职业素养	1. 积极参与小组工作，按时完成工作页，全勤 2. 能参与小组工作，完成工作页，出勤90%上 3. 能参与小组工作，出勤80%以上 4. 能参与工作，出勤80%以下 5. 未反映参与工作 6. 工作岗位5S完成情况	1. 出勤 2. 工作态度 3. 劳动纪律 4. 团队协作精神				0.5	
专业技能	1. 断路器的分类及作用 2. 断路器选型依据 3. 断路器脱扣特性的含义 4. 断路器的图形和文字符号	1. 任务实施中准确性和规范性 2. 回答问题的准确性 3. 工作页完成情况				0.5	
合计							

四、总结巩固

列出在本任务中学到的知识。

五、拓展训练

如果在图 1-7 所示的电路中电动机不频繁启动，P_1（输入功率）为 8.6kW，线电压为 380V，$\cos\phi$ 为 0.85，请说明断路器的额定电流如何选取，并选择断路器型号，详细说明过程。

任务四　认识接触器

【学习目标】

1. 掌握常见接触器的结构、工作原理；
2. 掌握常见接触器的主要技术参数及其应用；
3. 能识别常见接触器及其电气符号；
4. 能正确选择和使用常见接触器。

一、必备知识

接触器是用来频繁地接通和分断交直流主回路和大容量控制电路的低压控制电器，其主要控制对象是电动机，能实现远距离控制，配合继电器可以实现定时操作、联锁控制及各种定量控制和失压及欠电压保护。

1. 接触器的结构及分类

如图 1-15 所示，交流接触器主要由电磁机构、触点系统、灭弧装置及其他部分组成。接触器按流过其主触点的电流的性质分为交流接触器（见图 1-16）和直流接触器（见图 1-17）。

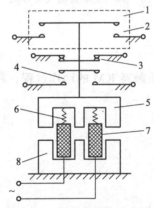

图 1-15　接触器结构示意图

1—灭弧罩；2—主触点；3—常闭辅助触点；4—常开辅助触点；
5—动铁芯；6—复位弹簧；7—线圈；8—固定铁芯

图 1-16　交流接触器

图 1-17　直流接触器

2. 接触器选择依据

① 接触器主触点的额定电压应大于或等于被控电路的额定电压；

② 接触器主触点的额定电流应大于或等于 1.3 倍的电动机的额定电流；

③ 接触器吸引线圈额定电压选择，当线路简单、使用电器较少时，可选用 220V 或 380V；当线路复杂、使用电器较多以及处于不太安全的场所时，可选用 36V 或 110V；

④ 接触器的触点数量、种类应满足控制线路要求；

⑤ 操作频率的选择，当通断电流较大及通断频率超过规定数值时，应选用额定电流大一级的接触器型号，否则会使触头严重发热，甚至熔焊在一起，造成电动机等负载缺相运行。

3. 接触器电气符号

接触器电气符号如图 1-18 所示。

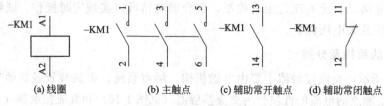

(a) 线圈　　　　(b) 主触点　　　(c) 辅助常开触点　　(d) 辅助常闭触点

图 1-18　接触器电气符号图

二、任务实施

① 试分析图 1-7 所示电路中接触器 KM 的动作过程，将详细过程写在下面。

② 图 1-7 中接触器 KM 在电路起何种保护作用？KM 的辅助常开触点又起什么作用？

三、任务评价（见表1-6）

表1-6 认识接触器评价表

小组：_____
姓名：_____

指导教师：_____
日期：_____

评价项目	评价标准	评价依据	评价方式 学生自评 30%	小组互评 30%	教师评分 40%	权重	得分小计
职业素养	1. 积极参与小组工作，按时完成工作页，全勤 2. 能参与小组工作，完成工作页，出勤90%上 3. 能参与小组工作，出勤80%以上 4. 能参与工作，出勤80%以下 5. 未反映参与工作 6. 工作岗位5S完成情况	1. 出勤 2. 工作态度 3. 劳动纪律 4. 团队协作精神				0.5	
专业技能	1. 接触器的作用和分类 2. 接触器参数选择依据 3. 接触器的保护功能 4. 接触器常见故障分析	1. 接触器动作原理 2. 回答问题的准确性 3. 工作页完成情况				0.5	
合计							

四、总结巩固

列出在本任务中学到的知识。

五、拓展训练

如果在图 1-7 所示的电路中，电动机不频繁启动，P_1（输入功率）为 8.6kW，线电压 380V，$\cos\phi$ 为 0.85，请说明主电路中接触器的型号如何选取，并选择型号，详细说明过程。

任务五　认识继电器

【学习目标】

1. 掌握常见继电器的结构、工作原理；
2. 掌握常见继电器的主要技术参数及其应用；
3. 能识别常见继电器及其电气符号；
4. 能正确选择和使用常见继电器。

一、必备知识

在控制电路中，继电器是一种根据电压、电流、温度、速度和时间等信号的变化控制其他电器动作，或在主电路中起保护作用的电气控制元件。由于控制电路中电流不大，因此继电器的触点一般不采用灭弧装置。

1. 继电器的结构及分类

常见电磁式继电器的结构与工作原理和接触器相类似，包含触点系统和电磁系统两大部分。

常见继电器有以下三种：

① 电磁式继电器：电压继电器、电流继电器、中间继电器；

② 时间继电器：通电延时时间继电器、断电延时时间继电器；

③ 热继电器：双金属片式（最常见）、易熔合金式、热敏电阻式。

除以上三种外，还有速度继电器、温度继电器、液位继电器、压力继电器等信号继电器。

（1）电压继电器

电压继电器是根据线圈两端电压的大小使电路实现接通或断开的继电器。分为过电压继电器和欠电压继电器。

过电压继电器工作原理：当线圈为额定电压时，线圈不吸合，衔铁不动作；当电流高于整定值时，线圈吸合，衔铁动作。

欠电压继电器工作原理：当线圈为额定电压时，线圈吸合，衔铁动作；当电压低于一定电压（0.1～0.35 倍额定电压）时，继电器释放。

（2）电流继电器

电流继电器是根据电路中电流的大小使电路实现接通或断开的继电器。分为过电流继电器和欠电流继电器。

过电流继电器工作原理：当流经线圈为额定电流时，线圈不吸合，衔铁不动作；当电压高于额定电压时，线圈吸合，衔铁动作。

欠电流继电器工作原理：当线圈为额定电压时，线圈吸合，衔铁动作；当电路中电流低继电器的释放电流时，继电器释放。

（3）中间继电器

中间继电器实质上是一种电压继电器。其特点是触点数目较多，电流容量可增大，起到中间放大（触点数目和电流容量）的作用。

（4）时间继电器

时间继电器是从线圈得到信号（通电或断电）开始，经过一段时间的延迟才产生动作的继电器，分为通电延时时间继电器和断电延时时间继电器。

通电延时时间继电器工作原理：线圈通电后，触点延迟一段时间动作；线圈断电后，触点立即复位动作。

断电延时时间继电器工作原理：线圈通电后，触点立即动作；线圈断电后，触点延迟一段时间后复位。

（5）热继电器

热继电器在电路中起过载保护作用，当电路长时间过载，温升超过了许可值时，热继电器会动作断开电机的控制电路。

2. 继电器电气符号

常见继电器电气符号如图 1-19 所示。

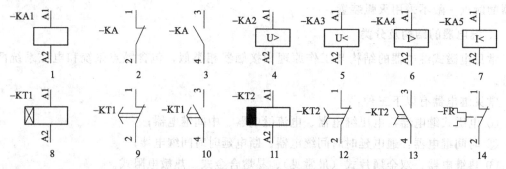

图 1-19 常见继电器电气符号图

1—中间继电器线圈；2—辅助常闭触点；3—辅助常开触点；4—过电压继电器线圈；5—欠电压继电器线圈；6—过电流继电器线圈；7—欠电流继电器线圈；8—通电延时时间继电器线圈；9—延时断开常闭触点；10—延时接通常开触点；11—断电延时时间继电器线圈；12—延时接通常闭触点；13—延时断开常开触点；14—热继电器常闭触点

二、任务实施

① 试分析图 1-7 所示电路中热继电器 FR（双金属片式）的作用，并将其保护动作过程详细描述写在下面。

② 以热继电器为例说明什么是额定电流，什么是整定电流。

三、任务评价（见表 1-7）

表 1-7 认识继电器评价表

小组：_____
姓名：_____

指导教师：_____
日期：_____

评价项目	评价标准	评价依据	评价方式			权重	得分小计
			学生自评 30%	小组互评 30%	教师评分 40%		
职业素养	1. 积极参与小组工作，按时完成工作页，全勤 2. 能参与小组工作，完成工作页，出勤 90% 上 3. 能参与小组工作，出勤 80% 以上 4. 能参与工作，出勤 80% 以下 5. 未反映参与工作 6. 工作岗位 5S 完成情况	1. 出勤 2. 工作态度 3. 劳动纪律 4. 团队协作精神				0.5	
专业技能	1. 继电器的分类及作用 2. 热继电器的保护类型 3. 继电器选型依据 4. 时间继电器动作过程分析	1. 继电器电气符号辨别 2. 回答问题的准确性 3. 工作页完成情况				0.5	
合计							

四、总结巩固

列出在本任务中学到的知识。

五、拓展训练

利用中间继电器实现电压转换，达到以下功能要求。

（1）输入控制电压为 DC24V；

（2）输出工作电压为 AC220V。

按此要求绘制电气简图。

· 项目二 ·

⇒ 常用低压电气控制线路

　　低压电气控制线路是电力拖动（用电动机带动机械运动）的一个重要组成部分，是通过导线将继电器、接触器等低压电气元件根据一定的要求和方法连接起来，并能实现某种控制功能的线路。

任务一　电气控制图的绘制与识读

【学习目标】

1. 掌握电气原理图绘制原则；
2. 掌握电气布置图绘制原则；
3. 掌握电气安装接线图绘制原则；
4. 能正确识读电气控制图。

一、必备知识

　　在电气控制系统中常用的电气图纸有电气原理图、电气布置图和电气安装接线图，图2-1所示为电动机连续运行控制电气原理图。

1. 电气原理图绘制原则

　　电气原理图俗称电路图，它采用电气图形符号和项目代号来表示电路中各个元器件之间的连接关系。电气原理图仅表明各电气元件之间的连接关系，元器件的大小和安装位置不在电气原理图中反映。

　　绘制电气原理图应遵循以下原则。

　　① 电气原理图中所有元器件符号都应为符合国家标准规定的图形和文字符号。

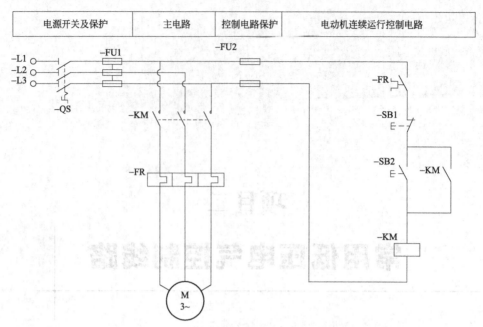

图 2-1　电动机连续运行控制电气原理图

② 电气原理图由主电路和辅助电路组成。主电路是从电源到电动机的电路，包含的电气元器件有刀开关、熔断器、接触器主触点、热继电器发热元件与电动机等。主电路用粗线绘制在图面的左侧或上方。辅助电路包含控制电路、照明电路、信号弹路及保护电路等。辅助电路包含的电气元件有继电器和接触器线圈、继电器和接触器辅助触点、按钮、变压器、熔断器、照明灯、信号灯等。辅助电路用细实线绘制在图面的右侧或下面。

③ 电气原理图中直流电源用水平线画出，一般直流电源的正极画在图面上方，负极画在图面的下面。三相交流电源线集中水平画在图面上方，相序自上而下依 L1、L2、L3 排列，中性线（N 线）和保护接地线（PE 线）排在相线之下。主电路垂直于电源线画出，控制电路与信号电路垂直在两条水平电源线之间。耗电元件（如接触器、继电器的线圈、电磁铁线圈、照明灯、信号灯等）直接与下面水平电源线相接，控制触点接在上方电源水平线与耗电元件之间。

④ 原理图中的各电气元件均不画实际的外形图，原理图中只画出其带电部件，同一电气元件上的不同带电部件是按电路中的连接关系画出，但必须按国家标准规定的图形符号画出，并且用同一文字符号标明。对于几个同类电器，在表示名称的文字符号后加上数字序号，以示区别。

⑤ 原理图中各元器件触头状态均按没有外力作用时或未通电时触头的自然状态画出。对于接触器、电磁式继电器，按电磁线圈未通电时触头状态画出；对于按钮、行程开关的触头，按不受外力作用时的状态画出；对于断路器和开关电器触头，按断开状态画出。

⑥ 电气原理图按功能布置，即同一功能的电气元件集中在一起，尽可能按动作顺序从上到下或从左到右的原则绘制。

⑦ 在电气原理图中，对于需要测试和拆接的外部引线的端子，采用"空心圆"表示；有直接电联系的导线连接点，用"实心圆"表示；无直接电联系的导线交叉点不画黑圆点，但在电气图中尽量避免线条的交叉。

⑧ 各电气元件及触点的安排要合理，既要做到所用元器件最少，耗能最少，又要保证电路运行可靠，节省连接导线以及安装、维修方便。

2. 电器布置图绘制原则

电器布置图是用来表明电气原理图中各元器件的实际安装位置，在布置图中元器件尺寸应与实际轮廓尺寸一致，并要标明定位尺寸。绘制电器布置图应遵循以下原则。

① 较重或体积较大的电气元件布置在电器布置图的下面，发热元件应布置在布置图的上方。

② 强电、弱电应分开布置，为防止外界干扰，弱电应屏蔽防护。

③ 需要经常维护、检修、调整的电气元件，安装位置要适中，不易过高或过低。

④ 电气元件的布置应考虑整齐、美观、对称。外形尺寸与结构类似的电气元件应安装在一起。

⑤ 电气元件布置不宜过密，应留有一定间距；各排电器间应有走线槽，并留有足够的间距，方便布线和维修。

⑥ 接线端子排：控制柜内电气元件与柜外电气元件的连接应经过接线端子排，在电器布置图中应绘制出接线端子排并按一定顺序标出接线号。

3. 电气安装接线图绘制原则

电气安装接线图主要用于电器的安装接线、线路检查、线路维修和故障处理，通常接线与电气原理图和电器布置图一起使用。电气安装接线图表示出项目的相对位置、项目代号、端子号、导线号、导线型号、导线截面等内容。接线图中的各个项目（如元件、器件、部件、组件、成套设备等）采用简化外形（如正方形、矩形、圆形）表示，简化外形旁应标注项目代号，并应与电气原理图中的标注一致。

电气安装接线图绘制应遵循以下原则。

① 外部单元同一电器的各部件应画在一起，其布置尽可能符合电器的实际情况。

② 各电气元件的图形符号、文字符号和回路标记均以电气原理图为准，并保持一致。

③ 不在同一配电屏上和同一控制柜上的各个电气元件的连接，必须经接线端子板进行连接。互连图中的电气互连关系用线束表示。连接导线应注明导线的规格（数量、截面积等），一般不表示实际走线途径，施工时由操作者根据实际情况选择最佳走线方式。

④ 对于控制装置的外部连接线，应在图上或用接线表表示清楚，同时还需标明电源的引入点。

4. 电气控制图的识读方法

识读电气控制图的基本步骤是先分析主电路，后分析辅助电路，识读要点如下。

① 分清电气原理图中主电路和辅助电路，交流电路和直流电路。

② 识读主电路通常从下往上看，即从电气设备（如电动机）开始，经控制元件，依次到电源，理清电源是经过哪些电气元件到达用电设备的。

③ 识读辅助电路通常从左向右看，即先看电源，再依次到各条回路，分析各回路元件的工作情况及对主电路的控制关系。理清回路的构成、各元件间的联系以及在什么条件下回路接通或断开等。

二、任务实施

① 查找资料完成图 2-1 所示电气原理图对应的电器布置图。

② 根据图 2-1，分析补全其动作过程。

接通隔离开关 QS，电源供电。

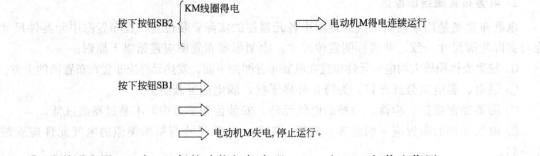

③ 试说明在图 2-1 中 FR 保护功能如何实现，SB1 和 SB2 起什么作用。

三、任务评价（见表 2-1）

表 2-1　电气控制图的绘制与识读评价表

小组：＿＿＿＿＿＿　　　　　　指导教师：＿＿＿＿＿＿
姓名：＿＿＿＿＿＿　　　　　　日　期：＿＿＿＿＿＿

评价项目	评价标准	评价依据	评价方式			权重	得分小计
			学生自评 30%	小组互评 30%	教师评分 40%		
职业素养	1. 积极参与小组工作，按时完成工作页，全勤 2. 能参与小组工作，完成工作页，出勤 90%上 3. 能参与小组工作，出勤 80%以上 4. 能参与工作，出勤 80%以下 5. 未反映参与工作 6. 工作岗位 5S 完成情况	1. 出勤 2. 工作态度 3. 劳动纪律 4. 团队协作精神				0.5	
专业技能	1. 电气图绘制步骤与原则 2. 电气图识读方法 3. 电器布置图绘制方法 4. 电气原理图动作过程分析	1. 电气图识读与绘制方法 2. 回答问题的准确性 3. 工作页完成情况				0.5	
合计							

四、总结巩固

列出在本任务中学到的知识。

五、拓展训练

如果在图 2-1 所示的电路中，将 SB1 常闭触点移至与 KM 辅助常开触点串联安装位置（见图 2-2）。试分析调整后的电路能否实现电动机连续控制，并加以详细说明。

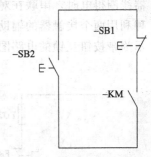

图 2-2 调整后的电路图

任务二　三相异步电动机正反转控制

【学习目标】

1. 掌握三相异步电动机正反转控制线路的分析方法；
2. 掌握互锁的含义；
3. 能进行电动机正反转电路的安装与接线。

一、必备知识

1. 自锁

依靠接触器自身辅助常开触点使其线圈保持通电的现象称为自锁（或自保），起自锁作用的辅助常开触点称为自锁触点（或自保触点），这样的控制线路称为具有自锁（或自保）的控制线路。

2. 互锁

如图 2-3 所示，利用两个接触器的辅助常闭触点 KM1 和 KM2 相互限制，即当一个接触器线圈得电时，串联在对方接触器线圈中的自身辅助常闭触点断开来限制对方线圈得电。这种利用两个接触器的辅助常闭触点互相限制对方线圈得电的方法称之为"互锁"。图 2-4 所示为带按钮互锁的电路图。

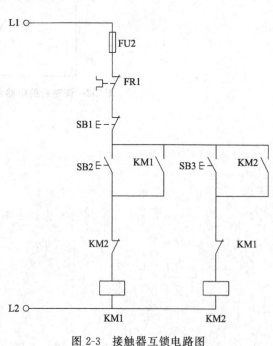

图 2-3　接触器互锁电路图

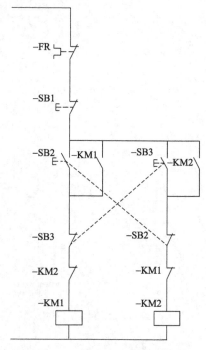

图 2-4　带按钮互锁电路图

3. 电动机的旋转方向

电动机的旋转方向，规定为从传动轴端面看到的转子旋转方向。电动机以顺时针方向旋转称为右转；逆时针方向旋转称为左旋。对于三相电动机，当电源相线 L1、L2 和 L3 分别接在电动机接线端 U1、V1 和 W1 时，则电动机为右转。任意调换两根接线端，则可改变电动机的旋转方向。

二、任务实施

① 分析电路图 2-5 能否实现对电机的正反转控制，详述控制过程。

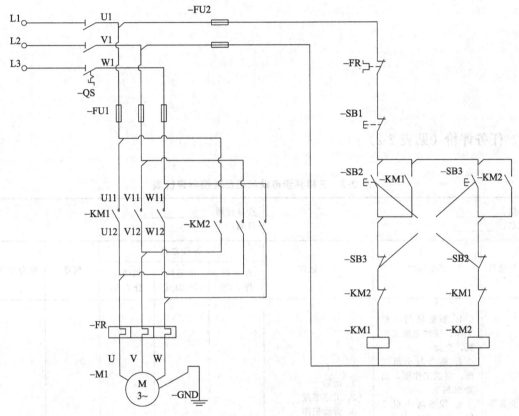

图 2-5　电动机正反转控制电路图

② 根据图 2-5 绘制对应的电器布置图。

③ 电动机正反转电路为什么不允许两个接触器同时得电？会产生什么危害？

三、任务评价（见表 2-2）

表 2-2　三相异步电动机正反转控制评价表

小组：_____　　　　　　　　指导教师：_____
姓名：_____　　　　　　　　日　期：_____

评价项目	评价标准	评价依据	评价方式			权重	得分小计
			学生自评 30%	小组互评 30%	教师评分 40%		
职业素养	1. 积极参与小组工作，按时完成工作页，全勤 2. 能参与小组工作，完成工作页，出勤 90% 上 3. 能参与小组工作，出勤 80% 以上 4. 能参与工作，出勤 80% 以下 5. 未反映参与工作 6. 工作岗位 5S 完成情况	1. 出勤 2. 工作态度 3. 劳动纪律 4. 团队协作精神				0.5	
专业技能	1. 自锁电路的作用 2. 互锁电路的作用 3. 正反转控制电路的动作过程分析 4. 正反转电路接线与调试	1. 接线操作的准确性和规范性（美观、安全、功能） 2. 回答问题的准确性 3. 工作页完成情况				0.5	
合计							

四、总结巩固

列出在本任务中学到的知识。

五、拓展训练

电动机正反转电路正确运行了一段时间后，发生了熔焊现象，请分析熔焊现象及产生原因，熔焊的发生是否会影响电动机的互锁功能？

任务三　三相异步电动机星三角降压启动控制

【学习目标】

1. 掌握三相异步电动机星三角降压启动控制线路的分析方法；
2. 掌握降压启动的意义；
3. 能进行电动机星三角降压启动电路的安装与接线。

一、必备知识

三相异步电动机的启动分为直接启动和降压启动。

1. 直接启动

直接启动是指电源电压全部加在电动机的定子绕组上，又称为全压启动。电机直接启动线路简单、经济，便于操作。

2. 降压启动

降压启动时，将电源电压适当降低后加到定子绕组上，启动完毕后再将额定电压加到定子绕组上，电动机以额定电压运行，减小启动电流对电网和电动机本身的冲击。

3. 启动电流

三相异步电动直接启动时，启动瞬间的线电流称为启动电流（堵转电流），启动电流是 4～7 倍的额定电流，因此容量较大的电动机的启动对电网会造成较大的冲击，影响其他用电设备的正常运行。小容量电动机主要采用直接启动方式，大容量电动机采用降压启动方式。

4. 电动机星三角接法

星三角接法适用于运行时定子绕组为三角形接法且三相绕组首尾 6 个接线端全部引出来的电动机，连接方法如图 2-6 所示。

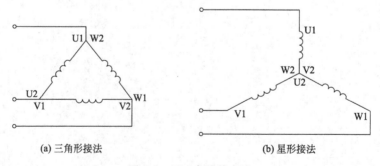

　　　　(a) 三角形接法　　　　　　　　　　　　(b) 星形接法

图 2-6　星三角连接方法

二、任务实施

① 分析电路图 2-7 中对电机进行星三角降压启动控制的原理，详述控制过程。

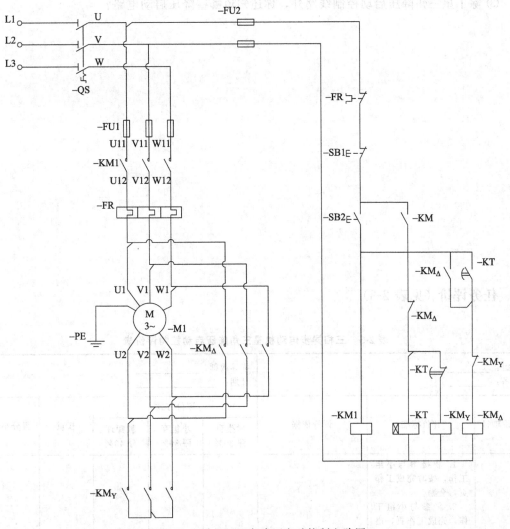

图 2-7　电动机星三角降压启动控制电路图

② 制定星三角降压启动电路安装接线计划。

③ 除了星三角降压启动控制线路外，你还知道哪些降压启动电路？

三、任务评价（见表 2-3）

表 2-3　三相异步电动机星三角降压启动控制评价表

小组：_____　　　　　　　　　　指导教师：_____
姓名：_____　　　　　　　　　　日期：_____

评价项目	评价标准	评价依据	评价方式			权重	得分小计
			学生自评 30%	小组互评 30%	教师评分 40%		
职业素养	1. 积极参与小组工作，按时完成工作页，全勤 2. 能参与小组工作，完成工作页，出勤 90%上 3. 能参与小组工作，出勤 80%以上 4. 能参与工作，出勤 80%以下 5. 未反映参与工作 6. 工作岗位 5S 完成情况	1. 出勤 2. 工作态度 3. 劳动纪律 4. 团队协作精神				0.5	
专业技能	1. 降压启动意义 2. 常见的降压启动电路 3. 星三角降压启动控制线路的动作分析 4. 星三角降压启动控制线路的安装与调试	1. 接线操作的准确性和规范性（美观、安全、功能） 2. 回答问题的准确性 3. 工作页完成情况				0.5	
合计							

四、总结巩固

列出在本任务中学到的知识。

五、拓展训练

按照图 2-7 进行星三角降压启动电路接线，如时间继电器 KT 发生故障，不能实现延时动作，试分析电路，说明此时故障现象。

任务四　三相异步电动机常见制动控制

【学习目标】

1. 掌握三相异步电动机制动控制线路的分析方法；
2. 掌握电动机制动的意义；
3. 掌握常见的制动控制电路。

一、必备知识

三相异步电动机断电后，由于惯性的原因，要经过一段时间才能停下来。为了缩短停机时间，提高精度及生产效率，保证生产安全，通常需要采用特定的方法让电动机迅速停转，这就是电动机的制动。三相异步电动机的制动方法有机械制动和电气制动两种。

1. 机械制动

机械制动是利用机械装置使电动机迅速停转。常用的机械制动装置是电磁抱闸。抱闸装置由制动电磁铁和闸瓦制动器两部分组成。制动时，制动电磁铁的线圈接通或断开电源，通过机械抱闸制动电动机，使其迅速停转。

2. 电气制动

电气制动方法有反接制动、能耗制动、发电制动和电容制动等方法。

（1）反接制动

反接制动是在制动时调整电源相序，使定子绕组产生的旋转磁场与转子旋转方向相反（即产生了反向转矩）。反接制动电路见图 2-8。

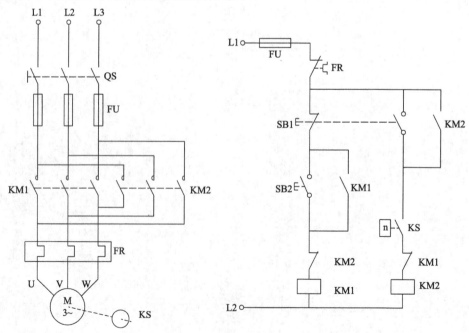

图 2-8　反接制动电路

由于反接制动电流较大，制动时可以在定子回路串接电阻，以限制制动时的电流。反接制动适用于经常正反转的机械，一般适用于小功率电动机。

（2）能耗制动

能耗制动是在制动时断开三相交流电源，并将一直流电源接入电动机定子绕组中的任意两相，以产生一个静止磁场，利用转子感应电流与静止磁场的作用，产生反向电磁力矩，使得电动机制动停转。

能耗制动时转子的动能转变成电能，全部消耗在转子回路电阻上和铁芯上，因此称之为能耗制动。能耗制动电路如图 2-9 所示。

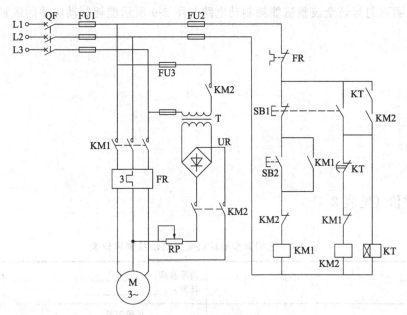

图 2-9 能耗制动电路

二、任务实施

① 指出图 2-8 反接制动电路中元件 KS 的名称及作用，并详述制动过程。

② 试说明图 2-9 中 KT 的作用。

③ 请说明双向运转全波整流能耗制动电路与图 2-9 所示能耗制动电路的区别。

三、任务评价（见表 2-4）

表 2-4 三相异步电动机常见制动控制评价表

小组：_____

姓名：_____

指导教师：_____

日期：_____

评价项目	评价标准	评价依据	评价方式			权重	得分小计
			学生自评 30%	小组互评 30%	教师评分 40%		
职业素养	1. 积极参与小组工作，按时完成工作页，全勤 2. 能参与小组工作，完成工作页，出勤 90%上 3. 能参与小组工作，出勤 80%以上 4. 能参与工作，出勤 80%以下 5. 未反映参与工作 6. 工作岗位 5S 完成情况	1. 出勤 2. 工作态度 3. 劳动纪律 4. 团队协作精神				0.5	
专业技能	1. 常见制动控制电路工作过程分析 2. 制动在电力拖动中的意义 3. 典型制动电路的安装、接线与调试	1. 接线操作的准确性和规范性（美观、安全、功能） 2. 回答问题的准确性 3. 工作页完成情况				0.5	
合计							

四、总结巩固

列出在本任务中学到的知识。

五、拓展训练

根据图 2-8，绘制出反接制动定子串电阻电路图。

项目三

典型机床电气控制线路认识

在掌握了电动机的启动、制动等基本控制线路后，要能对生产机械的电气控制进行分析。通过对本项目典型机床电气控制线路的分析，使学生掌握阅读电气原理图的方法，培养读图能力，并通过读图分析各种典型生产机床的工作原理，为电气控制线路的设计以及电气线路的调试、维护等方面打下良好的基础。

任务一　车床控制线路认识

【学习目标】

1. 掌握 C6140 车床结构和工作原理；
2. 掌握 C6140 车床电气控制线路分析方法；
3. 能分析排除 C6140 车床电气部分常见的故障。

一、必备知识

车床是一种广泛应用的金属切削机床，主要用于车削回转表面、端面、螺纹等。

1. C6140 车床的结构及工作原理

C6140 卧式车床结构如图 3-1 所示，主要由进给箱 1、挂轮箱 2、主轴变速箱 3、溜板与刀架 4、溜板箱 5、尾架 6、丝杆 7、光杆 8 和床身 9 等部分组成。

普通车床的工作原理是通过电动机将动力传递给主轴变速箱，使主轴带动工件做旋转运动，为切削提供主运动，箱上面的溜板与刀架做直线运动，为切削提供进给运动。

2. C6140 车床控制电路图

C6140 车床由三台三相电动机拖动，分别是主轴电动机 M1、冷却泵电动机 M2 和快速移动电动机 M3。图 3-2 为 C6140 车床电气原理图。

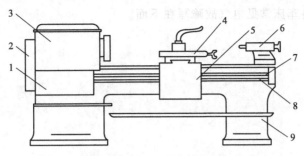

图 3-1 C6140 车床结构图

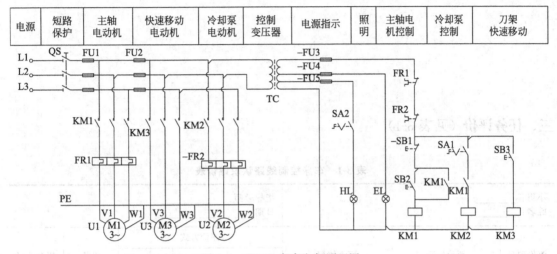

图 3-2 C6140 车床电气原理图

3. 机床电气原理图识读步骤

① 先看主电路，将主电路中每台电动机的作用及相关元器件等记住。

② 再看控制电路，将每台电动机对应的控制电路分清，按照下述顺序逐台电动机分析：启动（按下按钮）→线圈得电→触点动作→产生结果→相应电动机动作→停止。

对于不同类型的机床电路，分析时会略有不同，但总体符合上述步骤。

4. 机床电气故障查找方法

常用的故障查找法很多，这里介绍测量法。

（1）电压测量法

此法为带电测量法，通过测量不同点之间的电压来分析测量结果，从而判断故障点。

（2）电阻测量法

此法为不带电测量法，通过测量不同点之间的电阻分析测量结果，从而判断故障点。

二、任务实施

① 根据图 3-2，分析 C6140 车床控制过程，将过程记录在下面。

② 查阅资料，将车床常见电气故障写在下面。

三、任务评价（见表 3-1）

表 3-1　车床控制线路认识评价表

小组：＿＿＿＿＿＿　　　　　　　　指导教师：＿＿＿＿＿＿
姓名：＿＿＿＿＿＿　　　　　　　　日期：＿＿＿＿＿＿

评价项目	评价标准	评价依据	评价方式			权重	得分小计
			学生自评 30%	小组互评 30%	教师评分 40%		
职业素养	1. 积极参与小组工作，按时完成工作页，全勤 2. 能参与小组工作，完成工作页，出勤 90% 上 3. 能参与小组工作，出勤 80% 以上 4. 能参与工作，出勤 80% 以下 5. 未反映参与工作 6. 工作岗位 5S 完成情况	1. 出勤 2. 工作态度 3. 劳动纪律 4. 团队协作精神				0.5	
专业技能	1. 车床电路的组成 2. 车床电路工作原理分析 3. 车床电气故障分析查找方法	1. 车床电气故障分析查找的准确性 2. 回答问题的准确性 3. 工作页完成情况				0.5	
合计							

四、总结巩固

列出在本任务中学到的知识。

五、拓展训练

C6140 车床存在如下的电气故障：

① 主轴电动机 M1 不能启动，按下启动按钮 SB2 后，主轴电动机 M1 无反应，也未听到接触器吸合的声音；

② 冷却泵电动机 M2 不能启动，在主轴正常运转的情况下，拧动 SA1 时，冷却泵电动机不工作，也未听到接触器吸合的声音。

试分别分析以上故障现象可能对应的故障点。

任务二　钻床控制线路认识

【学习目标】

1. 掌握 Z3040 钻床结构和工作原理；
2. 掌握 Z3040 钻床电气控制线路分析方法；
3. 能分析排除 Z3040 钻床电气部分常见的故障。

一、必备知识

钻床是一种广泛应用的金属切削机床，主要用于孔的加工。

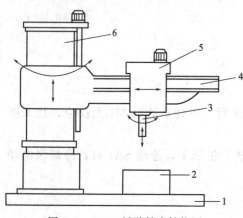

图 3-3　Z3040 摇臂钻床结构图

1. Z3040 摇臂钻床的结构及工作原理

Z3040 摇臂钻床结构如图 3-3 所示，主要由底座 1、工作台 2、主轴 3、摇臂 4、主轴箱 5、内外立柱 6 等部分组成。

钻床的工作原理是：通过主轴回转运动和主轴的进给运动来带动钻头对工件进行钻削加工。

2. Z3040 摇臂钻床床控制电路图

Z3040 钻床由四台三相电动机拖动，分别是：主轴电动机 M1、摇臂升降电动机 M2、液压泵电动机 M3 和冷却泵电动机 M4。图 3-4 为 Z3040 钻床电气原理图。

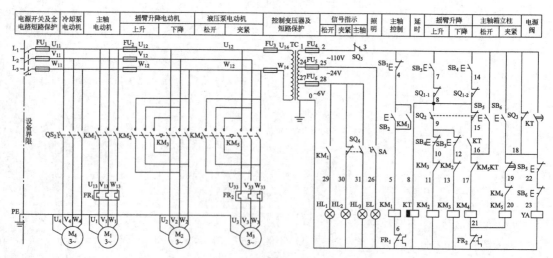

图 3-4　Z3040 钻床电气原理图

二、任务实施

① 根据图 3-4 分析 Z3040 钻床控制过程，将过程记录在下面。

② 请说明在图 3-4 所示电路图中有哪些电气保护环节。

三、任务评价（见表 3-2）

表 3-2　钻床控制线路认识评价表

小组：_____　　　　　　　　　　指导教师：_____

姓名：_____　　　　　　　　　　日期：_____

评价项目	评价标准	评价依据	评价方式			权重	得分小计
			学生自评 30%	小组互评 30%	教师评分 40%		
职业素养	1. 积极参与小组工作，按时完成工作页，全勤 2. 能参与小组工作，完成工作页，出勤 90% 上 3. 能参与小组工作，出勤 80% 以上 4. 能参与工作，出勤 80% 以下 5. 未反映参与工作 6. 工作岗位 5S 完成情况	1. 出勤 2. 工作态度 3. 劳动纪律 4. 团队协作精神				0.5	
专业技能	1. 钻床电路的组成 2. 钻床电路工作原理分析 3. 钻床电气故障分析查找方法	1. 钻床气故障分析查找的准确性 2. 回答问题的准确性 3. 工作页完成情况				0.5	
合计							

四、总结巩固

列出在本任务中学到的知识。

五、拓展训练

Z3040 钻床存在如下的电气故障：

① 主轴电动机 M_1 不能停转；

② 按下 SB_3 后摇臂不能上升。

试分别分析以上故障现象可能对应的故障原因。

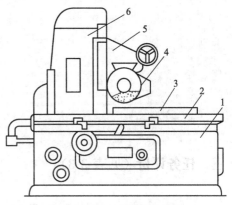
图 3-5　M7130 磨床结构图

任务三　磨床控制线路认识

【学习目标】

1. 掌握 M7130 磨床结构和工作原理；
2. 掌握 M7130 磨床电气控制线路分析方法；
3. 能分析和排除 M7130 磨床电气部分常见的故障。

一、必备知识

磨床是利用高速旋转的磨具（如砂轮）的端面或棱边对工件进行表面加工的精密机床。

1. M7130 磨床的结构

M7130 磨床结构如图 3-5 所示，主要由床身 1、工作台 2、电磁吸盘 3、砂轮架 4、滑座 5、立柱 6 等部分组成。

2. M7130 磨床控制电路图

M7130 磨床由三台三相电动机拖动，分别是砂轮电动机 M_1、冷却泵电动机 M_2 和液压泵电动机 M_3。图 3-6 为 M7130 磨床电气原理图。

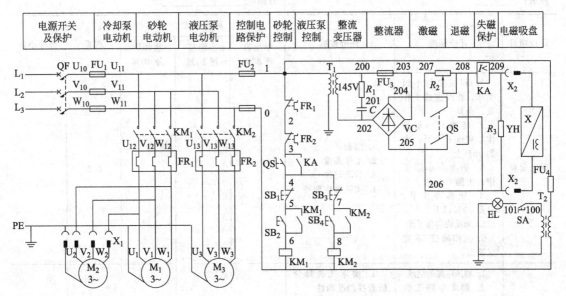

图 3-6　M7130 磨床电气原理图

二、任务实施

① 根据图 3-6 分析 M7130 磨床控制过程，将过程记录在下面。

② 查阅资料，将车床常见电气故障写在下面。

三、任务评价（见表 3-3）

表 3-3　磨床控制线路认识评价表

小组：＿＿＿＿＿＿＿

姓名：＿＿＿＿＿＿＿

指导教师：＿＿＿＿＿＿＿

日期：＿＿＿＿＿＿＿＿＿

评价项目	评价标准	评价依据	评价方式			权重	得分小计
			学生自评 30%	小组互评 30%	教师评分 40%		
职业素养	1. 积极参与小组工作，按时完成工作页，全勤　2. 能参与小组工作，完成工作页，出勤 90% 上　3. 能参与小组工作，出勤 80% 以上　4. 能参与工作，出勤 80% 以下　5. 未反映参与工作　6. 工作岗位 5S 完成情况	1. 出勤　2. 工作态度　3. 劳动纪律　4. 团队协作精神				0.5	
专业技能	1. 磨床电路的组成　2. 磨床电路工作原理分析　3. 磨床电气故障分析查找方法	1. 磨床气故障分析查找的准确性　2. 回答问题的准确性　3. 工作页完成情况				0.5	
合计							

四、总结巩固

列出在本任务中学到的知识。

五、拓展训练

M7130 磨床存在如下的电气故障：

① 电动机 M_1、M_2、M_3 都不能启动；

② 砂轮电动机 M_1 的热继电器经常动作。

试分析以上故障现象可能对应的故障原因。

任务四　铣床控制线路认识

【学习目标】

　　1. 掌握 X62W 铣床结构和工作原理；

　　2. 掌握 X62W 铣床电气控制线路分析方法；

　　3. 能分析排除 X62W 铣床电气部分常见的故障。

一、必备知识

　　铣床是一种广泛应用的金属切削机床，主要用于平面、斜面和沟槽表面的加工。

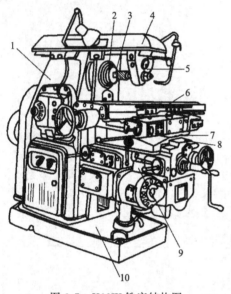

图 3-7　X62W 铣床结构图

1. X62W 铣床的结构及工作原理

　　X62W 铣床结构如图 3-7 所示，主要由床身 1、主轴 2、铣刀 3、悬梁 4、刀杆支架 5、工作台 6、回转盘 7、滑座 8、进给变速手柄与变速盘 9、底座 10 等部分组成。

　　普通车床的工作原理是：通过电动机将动力传递给主轴变速箱，使主轴带动工件做旋转运动，为切削提供主运动，箱上面的溜板与刀架作直线运动，为切削提供进给运动。

2. X62W 铣床控制电路图

　　X62W 铣床由三台三相电动机拖动，分别是主轴电动机 M_1、进给电动机 M_2 和冷却泵电动机 M_3。图 3-8 为 X62W 铣床电气原理图。

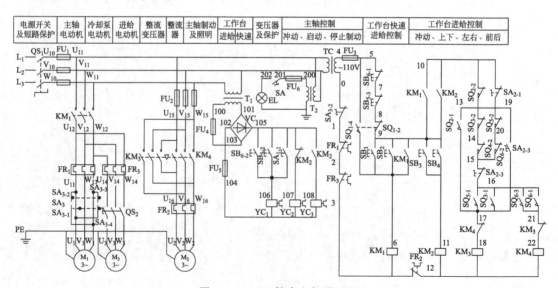

图 3-8　X62W 铣床电气原理图

二、任务实施

① 根据图 3-8 分析 X62W 铣床控制过程，将过程记录在下面。

② 请指出在 X62W 铣床电气控制回路中各个限位开关的作用。

三、任务评价（见表 3-4）

表 3-4　铣床控制线路认识评价表

小组：_____
姓名：_____

指导教师：_____
日期：_____

评价项目	评价标准	评价依据	评价方式			权重	得分小计
			学生自评 30%	小组互评 30%	教师评分 40%		
职业素养	1. 积极参与小组工作，按时完成工作页，全勤 2. 能参与小组工作，完成工作页，出勤90%上 3. 能参与小组工作，出勤80%以上 4. 能参与工作，出勤80%以下 5. 未反映参与工作 6. 工作岗位 5S 完成情况	1. 出勤 2. 工作态度 3. 劳动纪律 4. 团队协作精神				0.5	
专业技能	1. 铣床电路的组成 2. 铣床电路工作原理分析 3. 铣床电气故障分析查找方法	1. 铣床气故障分析查找的准确性 2. 回答问题的准确性 3. 工作页完成情况				0.5	
合计							

四、总结巩固

列出在本任务中学到的知识。

五、拓展训练

X62W 铣床存在电气故障，试分别进行分析。

① 熔断器 FU₃ 熔断，分析可能出现的故障现象及原因。

② 工作台不能快速移动，试分析可能对应的故障点。

项目四

S7-200 PLC基础

可编程序控制器（Programmable Logic Controller，PLC）是以微处理器为基础的通用工业控制装置。PLC的应用面广、功能强大、使用方便，已经广泛地应用在各种机械设备和生产过程的自动控制系统中。

德国西门子公司（SIEMENS）是欧洲最大的电气设备制造商，它是世界上研制、开发PLC较早的厂商之一。S7-200系列PLC是西门子公司于20世纪末推出的，与其配套的还有各种功能模块、人机界面（HMI）及网络通信设备。以S7-200系列PLC为控制器组成的控制系统，其功能越来越强大，系统的设计和操作也越来越简便。本项目以SIMATIC S7-200系列PLC为例，讲述该系列PLC的硬件结构。

任务一　S7-200 PLC 的硬件认识

【学习目标】

1. 能区分不同类型的 PLC；
2. 能查阅 PLC 技术手册，确定 PLC 参数；
3. 能绘制 PLC 外围接线图；
4. 掌握 I/O 分配表的绘制方法；
5. 能安装典型的输入/输出器件。

一、必备知识

1. CPU 模块

SIMATIC S7-200 PLC属于整体式结构（统一的模块化系统）。S7-200 CPU将微处理器、集成电源、输入电路、输出电路、通信接口等部分集成在一起，外形如图 4-1 所示。S7-200 系列 PLC 常见的类型有 CPU221、CPU222、CPU224 和 CPU226 四种。

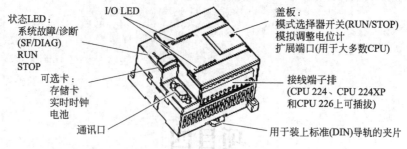

图 4-1　S7-200 系列 PLC 外形

2. 扩展模块

由于 S7-200 系列 PLC 属于微型 PLC，基本功能集合在一个整体上（即 S7-200 系列 PLC 可以完成大部分的基本控制功能），导致其部分特殊功能以及控制点数数量受到限制。为了提高 S7-200 系列 PLC 的性能，西门子公司为 S7-200 系列 PLC 提供了多种类的扩展模块（如图 4-2 所示），主要有数字量扩展模块、模拟量扩展模块、热电偶扩展模块、热电阻扩展模块、PROFIBUS-DP 扩展模块、通信模块等。

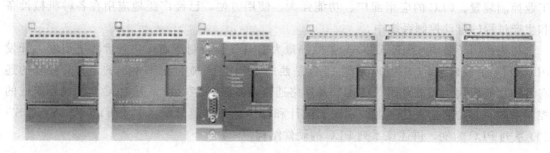

图 4-2　S7-200 系列 PLC 扩展模块

3. 外围接线

主机型号不同，S7-200 系列 PLC 的外围接线也有所区别，主要的区别在于 PLC 的工作电源和输出端电源。

在 S7-200 系列 PLC 所使用的电源电压分为两类，DC24V（表示符号：L+，M 或 nL+，nM；n=1，2，3）电源和 AC120/220V（表示符号：L1，N）电源。

输入/输出根据接线的不同可以分为漏型输入（PNP）、源型输入（NPN）、漏型输出和源型输出。图 4-3 为漏型输入接线举例。

4. I/O 分配表

I/O 分配表的作用是为了能更清楚地表达 PLC 的输入/输出点所连接的器件代号及其所能实现的功用。常见的 I/O 分配见表 4-1。

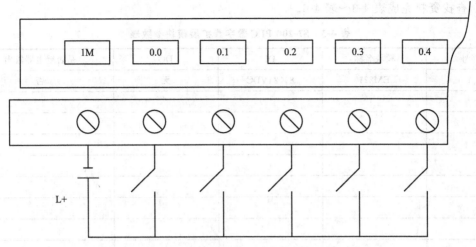

图 4-3　S7-200 系列 PLC 输入端接线举例（漏型输入）

表 4-1　PLC I/O 分配表

序号	I/O 地址	器件代号	功用
1	I0.0	SB1	启动按钮
2	I0.1	SB2	停止按钮
3	Q0.0	KM1	电机 M1
4	Q0.1	KM2	电机 M2
……			

二、任务实施

① 查找资料完成表 4-2。

表 4-2　S7-200 PLC 技术指标简表

序号	CPU 名称及描述	DI/DO	AI/AO	通信口	扩展模块数量
1	CPU221 DC/DC/DC	6/4	无	1	0 个模块

② 查找资料完成表 4-3~表 4-6。

表 4-3　S7-200 PLC 数字量扩展模块参数表

序号	模块名称	DI	DO	是否继电器输出
1	EM221	8×24VDC	无	否

表 4-4　S7-200 PLC 模拟量扩展模块参数表

序号	模块名称	AI	AO	备注
1	EM231	4	无	

表 4-5　S7-200 PLC 热电偶、热电阻扩展模块参数表

序号	模块名称	AI	AO	备注
1	EM231	4	无	

表 4-6　S7-200 PLC 其他扩展模块一览表

序号	模块名称	模块功用
1	EM241	调制解调模块

③ 在表 4-4 和表 4-5 中均出现 EM231，两者是否是一种模块？如何区分？

④ 绘制 PLC 的外围接线图。

a. 绘制 CPU222 DC/DC/DC 的外围接线图：

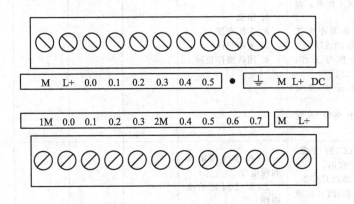

b. 绘制 CPU222 AC/DC/RLY 的外围接线图：

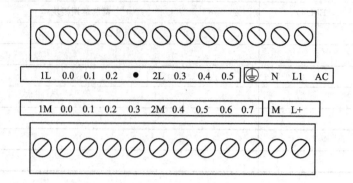

三、任务评价（见表 4-7）

表 4-7　S7-200 PLC 的硬件认识评价表

小组：_____ 姓名：_____							

| 指导教师：_____ 日期：_____ | | | | | | | |

评价项目	评价标准	评价依据	评价方式			权重	得分小计
			学生自评 30%	小组互评 30%	教师评分 40%		
职业素养	1. 积极参与小组工作，按时完成工作页，全勤 2. 能参与小组工作，完成工作页，出勤 90% 上 3. 能参与小组工作，出勤 80% 以上 4. 能参与工作，出勤 80% 以下 5. 未反映参与工作 6. 工作岗位 5S 完成情况	1. 出勤 2. 工作态度 3. 劳动纪律 4. 团队协作精神				0.5	
专业技能	1. PLC 的组成，各部分的作用 2. S7-200PLC 分类 3. S7-200PLC 扩展模块 4. 外围接线图与 I/O 分配表的绘制	1. 操作的准确性和规范性 2. 回答问题的准确性 3. 工作页完成情况				0.5	
合计							

四、总结巩固

列出在本任务中学到的知识。

五、拓展训练

参考图 4-2，绘制出 S7-200 系列 PLC 源型输入（NPN）的接线图，并说明源型输入（NPN）和漏型输入的区别。

① 源型输入接线图。

② 源型输入（NPN）和漏型输入（PNP）的区别。

任务二 **S7-200 PLC 的软件认识**

【学习目标】

1. 能安装 S7-200 PLC 编程软件；
2. 能对编程软件进行汉化；
3. 能对软件进行基本操作；
4. 能使用软件编制简单程序；
5. 能进行程序的下载与监控。

一、必备知识

1. S7-200PLC 编程软件

西门子公司的 SIMATIC S7 控制器包含从 SIMATIC S7-200 系列到 SIMATIC S7-1500 系列共 6 种，控制器种类不同，编程软件也存在着差异，表 4-8 列出了各系列 PLC 所使用的编程软件。

表 4-8 SIMATIC 控制器用编程软件一览表

序号	控制器系列	编程软件
1	SIMATIC S7-200（CN）	STEP7-Micro/WIN
2	S7-200 SMART	STEP 7-Micro/WIN SMART
3	SIMATIC S7-300	STEP7 V5.5 SP4、TIA Portal V14
4	SIMATIC S7-400	STEP7 V5.5 SP4、TIA Portal V14
5	SIMATIC S7-1200	TIA Portal V14
6	SIMATIC S7-1500	TIA Portal V14

本书中将以 S7-200 PLC 编程软件 STEP7-Micro/WIN 为主进行介绍。目前 STEP7-Micro/WIN4.0.9.25 为此软件的最新版本。

（1）软件汉化

软件安装完毕后，默认的语言为英文，见图 4-4。为了便于使用软件，需要对软件的操作界面进行汉化处理。首先单击 Tools 菜单，在菜单选项中单击 Options，弹出 Options 界面，如图 4-5 所示；其次，单击 Options 下的 General 选项后，在 Language 区域内选择 Chinese，单击 OK 并确认修改。选择不保存项目后程序会自动关闭。最后重新打开软件，显示的是中文操作界面，汉化完成，如图 4-6 所示。

（2）软件基本使用

在软件操作界面中包含以下几个区域：菜单区、工具栏、浏览条、指令树、编程区及输出区，如图 4-7 所示。

连接 PLC 需要具备的硬件条件为：安装编程软件的电脑；通信线（USB/PPI Cable）；可以通电的 CPU 模块。编程软件第一次与 PLC 连接时，需要对通信进行设置，设置步骤如下：首先，在浏览条下单击"设置 PG/PC 接口"图标，弹出设置界面（见图 4-8）；其次，在弹出界面接口选择中点选"PC/PPI cable"选项，双击后会弹出属性窗口，选择本地连接内的 USB 选项（见图 4-9），确认完成设置。

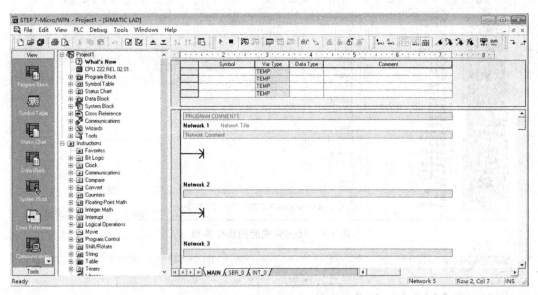

图 4-4　汉化前软件操作界面

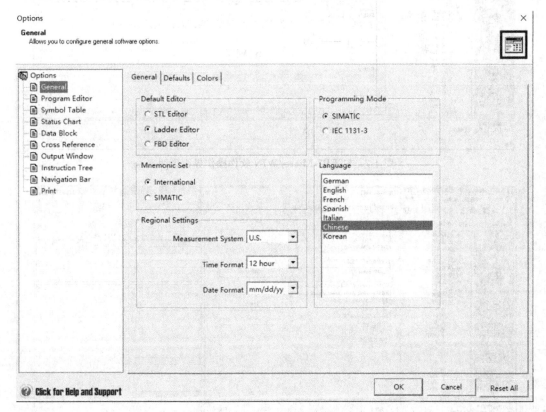

图 4-5　Options 选项弹出界面

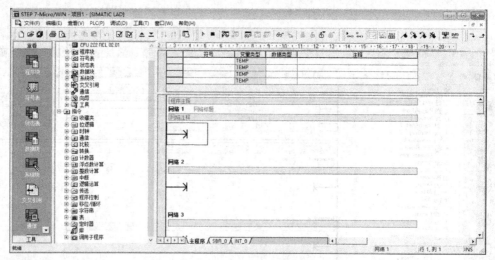

图 4-6　汉化完成后的操作界面

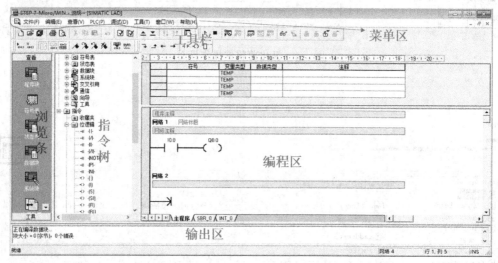

图 4-7　STEP7-Micro/WIN 软件操作界面说明

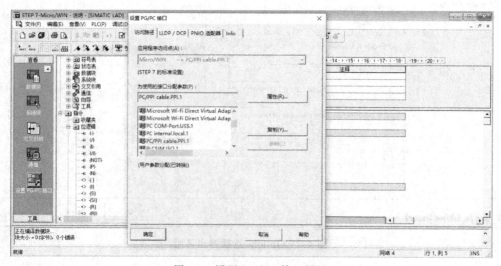

图 4-8　设置 PG/PC 接口界面

图 4-9 PC/PPI cable 属性界面

当 PG/PC 接口设置完成后，可以进行编程设备与 PLC 之间的通信连接。单击浏览条内的"通信"图标，弹出通信界面（见图 4-10）。之后，双击"刷新"图标，当搜索出所连接的 PLC 后，就可以单击"取消"，所连接 PLC 的基本信息就会显示出来（见图 4-11），通信连接建立完成。

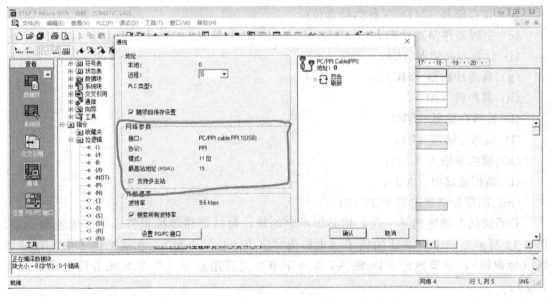

图 4-10 通信连接界面

（3）S7-200 PLC 的软元件

为了方便理解，把 CPU 内部许多位地址存储空间的软元件定义为内部继电器（软元件）。但要注意把这种软元件与传统电气控制电路中的继电器区别开来，这些软元件的最大特点就是其线圈的通断实质就是其对应存储器位的"1"和"0"，在程序中软元件的触点可以无限次使用。

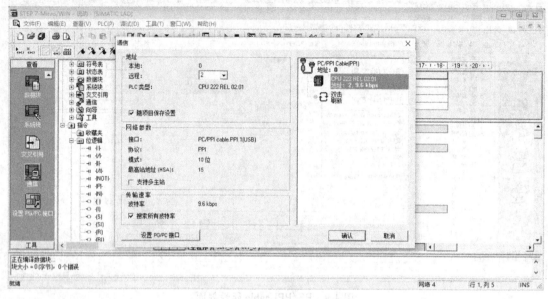

图 4-11　通信连接完成界面

S7-200 系列 PLC 中常见的软元件如下：

(a) 过程映像输入寄存器 (I)；

(b) 过程映像输出寄存器 (Q)；

(c) 变量存储器 (V)；

(d) 位存储器 (M)，又称为标志位；

(e) 定时器存储器 (T)；

(f) 计数器存储器 (C)；

(g) 高速计数器 (HC)；

(h) 累加器 (AC)；

(i) 特殊存储器 (SM)；

(j) 局部存储器 (L)；

(k) 模拟量输入 (AI)；

(l) 模拟量输出 (AQ)；

(m) 顺序控制继电器 SCR (S)。

若要访问存储区的某一位，则必须指定地址，包括存储器标识符、字节地址和位号。图 4-12 所示是一个位寻址的例子（也称为"字节.位"寻址），在这个例子中，存储器区（标识符）、字节地址（I＝输入，3 ＝字节）之后用点号（"."）来分隔位地址（第4 位）。

使用这种寻址方式，可以按照字节、字或双字来访问许多存储区（V、I、Q、M、S、L及 SM）中的数据。若要访问 CPU 中的一个字节（Byte）、字（Word）或双字（DWord）数据，则必须以类似位寻址的方式给出地址，包括存储器标识符、数据类型以及该字节、字或双字的起始字节地址序号，见图 4-13。

2. PLC 工作原理

S7-200 PLC 工作时采用循环扫描的工作方式，见图 4-14。S7-200 PLC 周而复始地执行

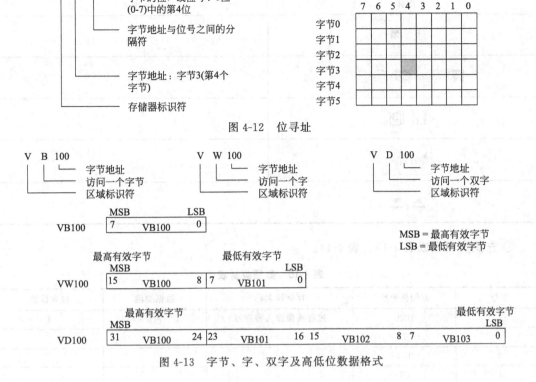

图 4-12 位寻址

图 4-13 字节、字、双字及高低位数据格式

一系列任务，任务循环执行一次称为一个扫描周期。在一个扫描周期中，S7-200 PLC 将执行下列操作：

① 读取输入：将实际输入的状态复制到过程映像输入寄存器；

② 执行程序：执行程序指令，并在不同的存储区存储数值；

③ 处理通信请求：执行通信所需的所有任务；

④ 执行 CPU 自检诊断：确保固件、程序存储器和所有扩展模块正确工作；

⑤ 写入输出：将存储在过程映像输出寄存器中的数值写入到实际输出。

用户程序的执行取决于 S7-200 是处于 STOP 模式还是 RUN 模式。在 RUN 模式中，执行用户编写的程序；在 STOP 模式中，则不执行用户编写的程序。

如忽略步骤③和④，PLC 工作方式可以理解为硬件与软件互相影响作用的过程。PLC 的每个循环扫描周期可以理解为以下的动作过程：硬件输入信号检测（硬件）→输入过程映像寄存器记录状态（软件）→执行用户编制的程序（软件）→根据程序执行结果更新相应存储区（软件）→刷新输出（硬件）→循环。

二、任务实施

① 根据编程软件完成表 4-9。

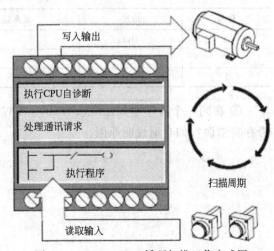

图 4-14 S7-200 PLC 循环扫描工作方式图

表 4-9 编程软件中部分图标含义表

图标	含义
 ▶ ■	

 ☑ ☒	
 ▶ ⁑	
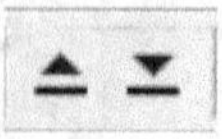 ▲ ▼	

② 查找资料完成表 4-10、表 4-11。

表 4-10 数据类型表

序号	存储器地址	存储器名称	数据类型	包含位数
1	IB20	过程映像输入寄存器	字节	8
2	QD0			
3	T37			
4	C5			
5	IW6			
6	VD8			
7	M3.6			
8	AIW6			
9	AQW4			
10	SMW6			
11	SB1			

表 4-11 高低数据表

序号	地址	最高数据位	最低数据位	备注
1	IB0			
2	MW0			
3	VD0			

③ 在同一个程序中如出现 VW100、VW101、VD0，VD1 地址，以上地址同时出现是否存在错误？如有请说明原因。

④ 将图 4-15 所示程序输入编程软件中，绘制 PLC 的外围接线图，并进行下载操作，记录操作过程与演示结果。

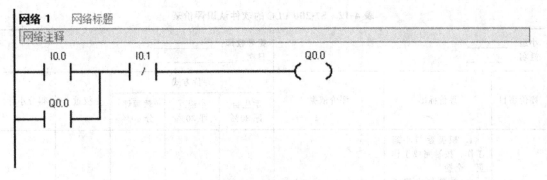

图 4-15　示例程序

绘制图 4-15 所示程序的 PLC 接线图：

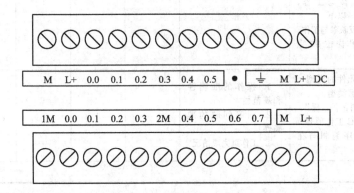

将过程与结果记录在下面：

三、任务评价（见表 4-12）

表 4-12　S7-200 PLC 的软件认识评价表

| 小组：_____ | | | | 指导教师：_____ | | | |
| 姓名：_____ | | | | 日期：_____ | | | |

评价项目	评价标准	评价依据	评价方式			权重	得分小计
			学生自评 30%	小组互评 30%	教师评分 40%		
职业素养	1. 积极参与小组工作，按时完成工作页，全勤 2. 能参与小组工作，完成工作页，出勤 90% 上 3. 能参与小组工作，出勤 80% 以上 4. 能参与工作，出勤 80% 以下 5. 未反映参与工作 6. 工作岗位 5S 完成情况	1. 出勤 2. 工作态度 3. 劳动纪律 4. 团队协作精神				0.5	
专业技能	1. 软元件的类型 2. 数据类型 3. 软件的基本操作 4. PLC 工作原理 5. 程序编制与在线调试	1. 操作的准确性和规范性 2. 回答问题的准确性 3. 工作页完成情况				0.5	
合计							

四、总结巩固

列出在本任务中学到的知识。

五、拓展训练

在实际应用中起停止功能的输入设备一般都是常闭点接入 PLC 输出，如将图 4-13 中停止按钮的常闭点接入 PLC，则程序与外围接线图将做出怎样的调整？请将程序与外围接线图重新编写和绘制。

① 绘制新的外围接线图。

② 将修改后的程序写在下面。

③ 请在编程软件中将本程序中使用到的地址编制符号表，将操作过程记录在下面。

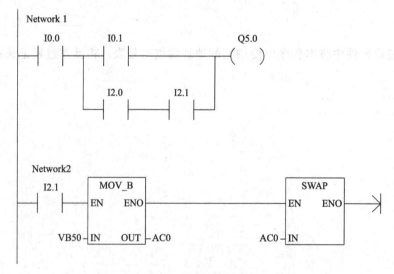

任务三　电动机连续运行的 PLC 控制

【学习目标】

1. 能独立进行 I/O 分配表的绘制；
2. 能独立绘制 PLC 外围接线图；
3. 能将电气控制图转换成 PLC 梯形图程序；
4. 能在程序中使用符号表对地址定义和描述；
5. 能熟练进行软件基本操作。

一、必备知识

1. S7-200 PLC 编辑器

S7-200 PLC 编程软件 STEP 7-Micro/WIN 中提供用于创建程序的三个编辑器：梯形图（LAD）、语句表（STL）和功能块图（FBD）。尽管有一定限制，但是用任何一种程序编辑器编写的程序都可以用另外一种程序编辑器来浏览和编辑。

（1）梯形图（LAD）编辑器

LAD 编辑器以图形方式显示程序，与电气接线图类似。一个 LAD 程序包括左侧提供能流的能量线（左母线），闭合的触点允许能流通过它们流到下一个元素，而打开的触点阻止能流的流动。逻辑控制是分段的，程序在同一时间执行一段，从左到右，从上到下。

图 4-16 给出了 LAD 程序的一个例子。不同的指令用不同的图形符号表示。

图 4-16　梯形图程序举例

（2）功能块图（FBD）编辑器

FBD 编辑器以图形方式显示程序，由通用逻辑门图形组成。在 FBD 编辑器中看不到触点和线圈，但是有等价的、以框指令形式出现的指令。图 4-17 中给出了 FBD 程序的一个例子。FBD 不使用左右能量线。

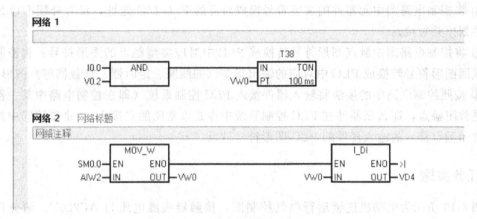

图 4-17 功能块图程序举例

程序逻辑由这些框指令之间的连接决定。一条指令的输出可以用来作为另一条指令的输入，这样可以建立所需要的控制逻辑。

（3）语句表（STL）编辑器

STL 编辑器按照文本语言的形式显示程序。STL 编辑器允许输入指令助记符来创建控制程序。

语句表也允许创建用 LAD 和 FBD 编辑器无法创建的程序，如图 4-18 所示，语句表编程方式与汇编语言的编程方式十分相像。

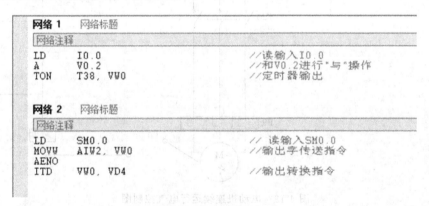

图 4-18 语句表程序举例

S7-200 从上到下按照程序的次序执行每一条指令，然后回到程序的开始重新执行。STL 使用一个逻辑堆栈来分析控制逻辑，插入 STL 指令来处理堆栈操作。

图 4-18 中，"//" 为语句表程序中的程序注释，STL 编辑器最适合有经验的程序员，STL 有时让能够解决用 LAD 或者 FBD 不容易解决的问题。

2. 电气控制图转换成 PLC 梯形图的方法

① 进行 I/O 分配，绘制 I/O 分配表。

② 在电气控制回路中规定一个电流流入的方向，作为 PLC 梯形图能流的流入侧即左母线。

③ 将电气控制图中控制电路图旋转，旋转后步骤②中所规定的电流流入侧居于图形的左侧。

④ 将控制电路图中元器件的文字符号换成对应的 PLC I/O 地址，没有分配 I/O 地址的元器件划掉并短接。

⑤ 将控制电路图中触点图形符号转换成 PLC 中对应类型触点的图形符号；将控制电路图中线圈图形符号转换成 PLC 中对应的输出指令（如线圈、定时器、计数器等）图形符号。

⑥ 按照控制电路中的接法将输入器件接入 PLC 控制系统（即在控制电路中某一器件接入的是常闭触点，那么该器件在 PLC 控制系统中也是以常闭触点接入），将步骤⑤中控制电路图常闭触点接入的输入器件的 PLC 图形符号取反。

二、任务实施

图 4-19 所示为电动机连续运行电气控制图，接触器线圈电压为 AC220V。请分析补全此图，并完成相关问题。

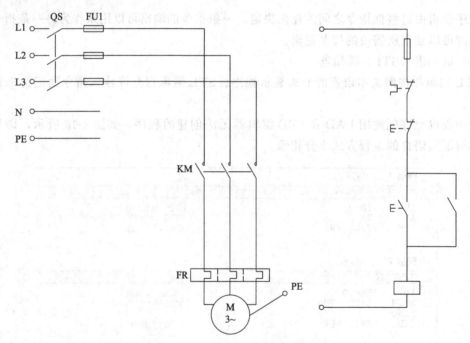

图 4-19　电动机连续运行电气控制图

① 在图 4-19 中将缺少的器件文字符号补充完整。
② 描述图 4-19 电机连续运行电气控制图的动作过程。

③ 根据图 4-19 所示的电气控制图，完成表 4-13 所示 I/O 分配表。

表 4-13　I/O 分配表

序号	符号	I/O 地址	描述

④ 转换步骤记录。

⑤ 绘制转换后的程序。

⑥ 查找资料了解 PLC 程序编写规则，并记录。根据规则将转换后的程序进行修改。

三、任务评价（见表 4-14）

表 4-14　电动机连续运行的 PLC 控制评价表

小组：_____　　　　　　　　　　　指导教师：_____
姓名：_____　　　　　　　　　　　日　期：_____

评价项目	评价标准	评价依据	评价方式			权重	得分小计
			学生自评 30%	小组互评 30%	教师评分 40%		
职业素养	1. 积极参与小组工作，按时完成工作页，全勤 2. 能参与小组工作，完成工作页，出勤 90%上 3. 能参与小组工作，出勤 80%以上 4. 能参与工作，出勤 80%以下 5. 未反映参与工作 6. 工作岗位 5S 完成情况	1. 出勤 2. 工作态度 3. 劳动纪律 4. 团队协作精神				0.5	
专业技能	1. 图形补画 2. 位指令图形符号及功能 3. 由电气控制图转换成 PLC 程序的转换方法 4. PLC 程序书写规则	1. 操作的准确性和规范性 2. 回答问题的准确性 3. 工作页完成情况				0.5	
合计							

四、总结巩固

列出在本任务中学到的知识。

五、拓展训练

在将电气控制图转换成 PLC 梯形图过程中，如将所有输入器件都以常开触点接入 PLC 控制系统中，请完成以下任务。

① 试述转换步骤如何进行调整。

② 参考图 4-19，完成梯形图程序。

③ 将输入器件不同接法进行比较，试说明其特点。

任务四　电动机正反转运行的 PLC 控制

【学习目标】

1. 能将电气控制图转换成 PLC 梯形图程序；
2. 能按照 PLC 程序编写规则对转换程序进行修改；
3. 掌握 PLC 定时器指令的应用。

一、必备知识

S7-200 PLC 提供了 3 种常用的定时器指令，分别是 TON（接通延时定时器）、TONR（有记忆接通延时定时器）、TOF（关断延时定时器）。定时器一共有 256 个，编号从 T0 到 T255，分辨率为 1ms、10ms、100ms 三种。根据分辨率的不同，单个定时器最大定时时间为 3276.7s。表 4-15 给出了定时器编号及对应的分辨率。

表 4-15　定时器编号和分辨率表

定时器类型	分辨率	最大定时时间/s	定时器编号
TONR	1ms	32.767	T0，T64
	10ms	327.67	T1～T4，T65，T68
	100ms	3276.7	T5～T31，T69～T95
TON TOF	1ms	32.767	T32，T69
	10ms	327.67	T33～T36，T97～T100
	100ms	3276.7	T37～T63，T101～T255

（1）TON（接通延时定时器）

接通延时定时器指令如表 4-16 所示。

表 4-16　接通延时定时器指令一览表

指令名称	LAD	FBD	STL
接通延时定时器	???? IN　TON ????-PT　???ms	???? <<—IN　TON ????—PT　???ms	TON　TXXX，PT

接通延时定时器的工作原理与通电延时时间继电器相似。以梯形图指令为例介绍 TON 的工作原理。当 IN 端有能流流入，定时器开始计时，当能流持续时间大于等于定时器设定时间（定时时间到），定时器位变为 ON，TON 定时器对应的触点动作，常开触点闭合、常闭触点断开。如能流继续保持，计时时间将累计，直至达到 PT 的最大值 32767；如能流断开，TON 定时器计时时间立即复位，当前值变为零，如下次有能流流入时将重新开始计时。

（2）TONR（有记忆接通延时定时器）

与 TON 定时器相似，TONR 定时器也是属于通电延时型的定时器，二者的区别在于，TON 定时器断电后所记录的时间归零，而 TONR 定时器断电后计时时间不归零，在下次通电时在上次所记录的时间的基础上进行计时，即时间可以多次累加。TONR 定时器指令如表 4-17 所示。

表 4-17　有记忆接通延时定时器指令一览表

指令名称	LAD	FBD	STL
有记忆接通延时定时器	???? IN　TONR ????-PT　???ms	???? << IN　TONR ????-PT　???ms	TONR TXXX, PT

（3）TOF（关断延时定时器）

关断延时定时器指令如表 4-18 所示。

表 4-18　关断延时定时器指令一览表

指令名称	LAD	FBD	STL
有记忆接通延时定时器	???? IN　TOF ????-PT　???ms	???? << IN　TOF ????-PT　???ms	TOF TXXX, PT

关断延时定时器的工作原理与断电延时时间继电器相似，以梯形图指令为例来介绍下 TOF 的工作原理。当 IN 端有能流流入，TOF 定时器位为 ON，定时器当前值变为 0，定时器对应触点立即动作；当 TOF 定时器 IN 端能流断开时，定时器位为 ON，定时器开始计时，已经动作了的触点维持原动作。如果能流断开时间大于等于定时时间，定时器位变成 OFF，定时器触点恢复为初始状态；如能流断开时间小于 TOF 定时器设定值，则在能流接通时，定时器当前值被清零，定时器位仍为 ON，触点保持动作。

（4）定时器的分辨率

定时器的分辨率取决于定时器的编号。

对于 1ms 分辨率的定时器来说，定时器位和当前值的更新不与扫描周期同步。对于大于 1ms 的程序扫描周期，定时器位和当前值在一次扫描内刷新多次。

对于 10ms 分辨率的定时器来说，定时器位和当前值在每个程序扫描周期的开始刷新。定时器位和当前值在整个扫描周期过程中为常数。在每个扫描周期的开始会将一个扫描累计的时间间隔加到定时器当前值上。

对于分辨率为 100ms 的定时器，在执行指令时对定时器位和当前值进行更新；因此，确保在每个扫描周期内，程序仅为 100ms 的定时器执行一次指令，以便使定时器保持正确计时。

简单地说，1ms 定时器每过 1ms 更新一次当前值；10ms 定时器每个周期开始（执行程序前）会更新一次当前值；100ms 定时器每当程序扫描到定时器指令时更新一次当前值。

二、任务实施

图 4-20 所示为电动机正反转控制电气图，请分析补全此图并完成相关问题。

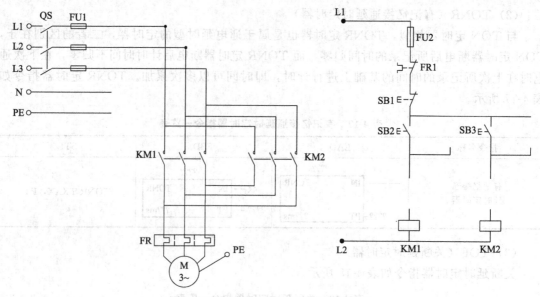

图 4-20　电动机正反转控制电气控制图

① 在图 4-20 中将缺少的内容补充完整。

② 描述图 4-20 所示电气控制图的控制原理。

③ 根据图 4-20 所示的电气控制图，完成 I/O 分配表（见表 4-19）。

表 4-19　I/O 分配表

序号	符号	I/O 地址	描述

④ 转换步骤记录。

⑤ 绘制转换后的程序，并根据程序书写规则进行调整。

⑥ 请解释自锁与互锁，并指出本电气控制图中哪一部分实现了上述功能。

三、任务评价（见表 4-20）

表 4-20　电动机正反转运行的 PLC 控制评价表

小组：_____
姓名：_____

指导教师：_____
日期：_____

评价项目	评价标准	评价依据	评价方式			权重	得分小计
			学生自评 30%	小组互评 30%	教师评分 40%		
职业素养	1. 积极参与小组工作，按时完成工作页，全勤 2. 能参与小组工作，完成工作页，出勤 90% 上 3. 能参与小组工作，出勤 80% 以上 4. 能参与工作，出勤 80% 以下 5. 未反映参与工作 6. 工作岗位 5S 完成情况	1. 出勤 2. 工作态度 3. 劳动纪律 4. 团队协作精神				0.5	
专业技能	1. 图形补画 2. 定时器分类及工作原理 3. 定时器定时时间设定及分辨率的功用 4. PLC 程序转换方法	1. 操作的准确性和规范性 2. 回答问题的准确性 3. 工作页完成情况				0.5	
合计							

四、总结巩固

列出在本任务中学到的知识。

五、拓展训练

电动机正反转切换会对电机使用寿命造成影响，如果在本任务中电机正反转切换时都添加 5s 的延时（电机正常启动时不添加延时），请完成以下问题。

① 根据修改的任务要求，说明定时功能应采用何种类型的定时器指令。

② 完成修改后的梯形图程序。

③ 请说明在本控制系统中采取了哪些保护措施。

任务五　电动机星三角降压启动的 PLC 控制

【学习目标】

1. 能正确连接三相异步电动机星三角降压启动线路；
2. 能按照 PLC 程序编写规则对转换程序进行修改；
3. 能在星三角降压启动 PLC 控制中合理使用定时器指令。

一、必备知识

电动机的启动方式有直接启动和降压启动。直接启动也叫全压启动（当变压器是电机额定容量的 3 倍以上，就可以直接启动），一般电动机容量在 7kW 以下的三相异步电动机可以全压启动。全压启动的线路简单，所用电气设备也少，缺点是启动电流很大，达额定电流的 4～7 倍。当该电动机启动时，由于电流很大，引起电流变压器输出电压下降、线路压降增大，影响同一供电线路的其他电气设备的正常工作。因此，对于大容量的电动机多采用降压启动，减少对其他电气设备的影响。所谓降压启动，就是用启动设备将电压降低后，加到电动机的定子绕组上进行启动，待电动机启动运转后，再使其电压恢复到额定电压正常运转。由于流入电动机的电流随电压的降低而减小，降压启动达到了减小启动电流的目的。但这导致电动机的启动转矩大大降低，这就要求降压启动的电动机需要在空载或轻载下进行。

三相异步电动机常用的降压启动方法一般有 3 种：定子绕组串电阻降压启动、自耦变压器降压启动、星三角换接降压启动。

二、任务实施

图 4-21 所示为电动机星三角换接降压启动控制电气图，请分析补全此图并完成相关任务。

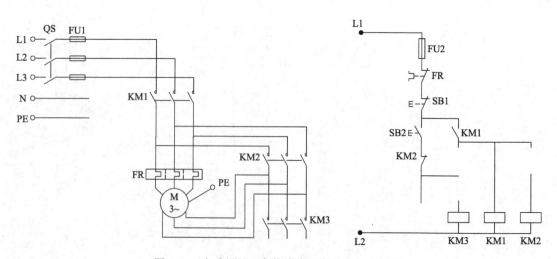

图 4-21　电动机星三角换接降压启动运行电气图

① 在图 4-21 中将缺少的内容补充完整。

② 描述图 4-20 所示电气控制图的控制原理。

③ 由图 4-21 所示的电气控制图，完成 I/O 分配表，见表 4-21。

表 4-21 I/O 分配表

序号	符号	I/O 地址	描述

④ 转换步骤记录。

⑤ 绘制转换后的程序，并根据程序书写规则进行调整。

⑥ 在图 4-21 中，如 KM2、KM3 同时得电，会出现什么故障？电气图中为避免出现此现象，做了哪些保护环节，请说明。

三、任务评价（见表 4-22）

表 4-22　电动机星三角降压启动的 PLC 控制评价表

小组：_____　　　　　　　　指导教师：_____
姓名：_____　　　　　　　　日　期：_____

评价项目	评价标准	评价依据	评价方式			权重	得分小计
			学生自评 30%	小组互评 30%	教师评分 40%		
职业素养	1. 积极参与小组工作，按时完成工作页，全勤　2. 能参与小组工作，完成工作页，出勤 90% 上　3. 能参与小组工作，出勤 80% 以上　4. 能参与工作，出勤 80% 以下　5. 未反映参与工作　6. 工作岗位 5S 完成情况	1. 出勤　2. 工作态度　3. 劳动纪律　4. 团队协作精神				0.5	
专业技能	1. 图形补画　2. "互锁" 在程序中的实现方法　3. PLC 程序转换与调试	1. 操作的准确性和规范性　2. 回答问题的准确性　3. 工作页完成情况				0.5	
合计							

四、总结巩固

列出在本任务中学到的知识。

五、拓展训练

绘制三相异步电动机定子绕组串电阻降压启动的电气控制图。

项目五

使用顺序功能图的PLC程序设计

　　用经验设计法设计梯形图时，没有固定的方法和步骤可以遵循，对于不同的控制系统，不同的程序编制人员，会有较大的差异，无通用的易于掌握的程序设计方法。在设计复杂系统的梯形图时，用大量的软元件来完成记忆、联锁和互锁等功能，由于逻辑关系复杂，这些软元件相互交织在一起，分析起来非常困难，并且很容易遗漏一些应该考虑的问题。修改某一局部电路时，可能对系统的其他部分产生意想不到的影响，因此梯形图的修改也很麻烦，花了很长的时间还得不到一个满意的结果。用经验设计法设计出的梯形图往往很难阅读，给系统的维修和改进带来了很大的困难。

　　在实际生产中加工动作是按照生产工艺规定的先后顺序进行的，也就是顺序控制。顺序控制也可以使用在 PLC 控制系统中，使用顺序控制设计法时，首先根据系统的工艺过程，画出顺序功能图 SFC（Sequential Function Chart），然后根据顺序功能绘制出梯形图程序。

　　顺序控制设计法是一种先进的设计方法，很容易被初学者接受，对于有经验的工程师，也会提高设计的效率，程序的调试、修改和阅读也很方便。

任务一　三级传送带 PLC 控制

【学习目标】

1. 掌握单序列顺序功能图组成；
2. 掌握步的划分依据；
3. 能使用以转换为中心的方法将顺序功能图转换成梯形图程序；
4. 能处理顺序功能图中的多线圈问题。

一、必备知识

1. 顺序功能图

顺序功能图是描述控制系统的控制过程、功能和特性的一种图形，也是设计 PLC 的顺序控制程序的有力工具。顺序功能图并不涉及所描述的控制功能的具体技术，它是一种通用的技术语言，可以供进一步设计和不同专业的人员之间进行技术交流之用。顺序功能图的组成如图 5-1 所示。

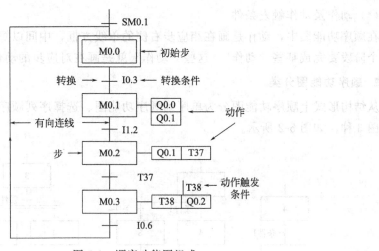

图 5-1　顺序功能图组成

（1）步

顺序控制设计法与实际生产的生产过程相类似，生产过程分为若干个阶段，这些阶段在顺序设计法中称之为"步"（Step），并用软元件（位存储器 M 或顺序控制继电器位 S）来代表。

① 初始步。与系统的初始状态对应的步成为初始步，初始状态一般是系统等待启动命令（系统通电尚未进行任何操作之前）的相对静止状态。初始步用双线方框表示，每一个顺序功能图至少有一个初始步。

② 活动步。当系统在执行某一步所在的阶段时，该步处于活动状态，称该步为"活动步"。

③ 不活动步。当前不在执行的步处于非活动状态，称该步为"不活动步"。

（2）有向连线

在绘制顺序功能图时，两个步之间的"短竖线"称之为有向连线，有向连线规定了活动步的进展路线和方向，默认的方向是从上到下或从左到右，沿着两个方向行进可以省略方向箭头。如果不是按照上述的方向，则应在有向连线上用箭头标注进展方向。

（3）转换与转换条件

转换用与有向连线垂直的短横线来表示，转换将相邻的两步分隔开。步的活动状态的转变是由转换的实现来完成的。

转换条件是使得当前步进入下一步的信号，这些信号可以是外部硬件的输入信号，如按钮、旋钮、限位开关、传感器的动作；也可以是 PLC 的内部软元件信号，如定时器、计数

器的触点；还可以是若干信号的逻辑组合

在顺序功能图中，只有某一步的前级步是活动步时，该步才有可能变为活动步。如果用没有断电保持功能的编程软元件来代表各步，在 PLC 进入 RUN 工作方式时，这些代表各步的软元件位均为 OFF，每一个步都处于不活动状态，无法进行顺序功能图中各步的转换，系统将无法工作。解决方法为利用 SM0.1 在程序执行的第一个扫描周期将初始步预置为活动步。

前面提到的"前级步"、"后续步"是基于某一个转换来说的，前后方向与有向连线的方向有关。

（4）动作及动作触发条件

在顺序功能图中，动作是画在相应步右侧的单线方框，中间以短横线相连。在生产过程中某个阶段要完成某些"动作"，这些"动作"就是画在对应步的动作。

2. 顺序功能图分类

从结构形式上顺序功能图分为单序列顺序功能图、选择序列顺序功能图和并行序列顺序功能图 3 种，如图 5-2 所示。

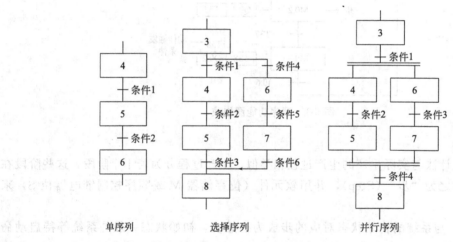

图 5-2　顺序功能图分类

（1）单序列顺序功能图

在单序列顺序功能图中，沿着有向连线的方向每一个步的后面只有一个转换，每一个转换的后面只有一个步。在单序列顺序功能图中，某一个步只有对应的一个前级步和一个对应的后续步。

（2）选择序列顺序功能图

相对于单序列顺序功能图而言，选择序列顺序功能图沿着有向连线的方向某些步的后面不只有一个转换（分支开始）。当选择结束时，多个步会转换到同一个步（合并结束）。在单序列顺序功能图中，某一个步可能有多个对应的前级步或多个对应的后续步。

（3）并行序列顺序功能图

并行序列顺序功能图用来表示系统中同时工作的几个独立部分的工作情况。如图 5-2 中的并行序列所示，当步 3 活动时，满足条件 1 时，步 4 和步 6 同时变为活动步，步 3 变为不活动步，此时表示并行分支开始。当步 5 和步 7 同时为活动步且满足转换条件 4 时，则步 8

变为活动步，步 5 和步 7 变为不活动步，此时表示并行分支结束。为强调转换的同步实现用双水平线表示并行开始与结束。单序列和选择序列顺序功能图每一时刻只有 1 个步是活动的，并行序列顺序功能图在运行时会存在多步同时活动的情况。

3. 顺序功能图中步的划分依据

在顺序功能图中步的划分依据是 PLC 输出量状态的变化。

4. 顺序功能图转换实现的基本规则

（1）转换实现的条件

在顺序功能图中转换的实现必须满足以下两个条件：

① 该转换所有前级步都是活动步；

② 对应的转换条件得到满足。

（2）转换实现应完成的操作

在顺序功能图中转换实现时应完成以下两个操作：

① 使该转换所对应的所有后续步变为活动步；

② 使该转换所对应的所有前级步变为不活动步。

（3）绘制顺序功能图时的注意事项

针对绘制顺序功能图时常见的问题，有以下需要注意的事项：

① 两个步不能直接相连，必须有一个转换将他们分隔开；

② 两个转换不能直接相连，必须有一个步将他们分隔开；

③ 每个顺序功能图中必须有初始步，不要漏画；

④ 一般来说顺序功能图都是一个封闭的循环，不要漏画；

⑤ 选择序列中某一步分支开始和结束时的画法应采用图 5-2 中选择序列的画法。

5. 根据顺序功能图转换成 PLC 梯形图程序的方法

在 S7-200 PLC 中，根据顺序功能图转换成 PLC 梯形图程序的方法主要有以下 3 种。

（1）使用启保停电路的转换方法；

（2）使用置位复位指令的转换方法；

（3）使用顺序控制继电器（SCR）指令的转换方法。

启保停电路的转换法简单易懂，上手较快，但对于某些特殊的顺序功能图（顺序功能功能图中某两步互为前级步和后续步，如图 5-3 所示），处理起来复杂；置位复位指令的转换法与启保停电路法原理类似，由于指令本身特殊型，转换后程序的网络较多；顺序控制继电器（SCR）指令是专门用于编制顺序控制程序的，每个 SCR 段程序包含开始、转换、结束三部分指令，结构清晰，使用 SCR 指令时有一些对程序控制指令的限制。

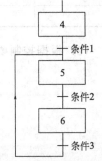

图 5-3 特殊顺序功能图

6. 多（双）线圈问题及处理方法

在梯形图中，同一地址编号的普通线圈指令在多个网络（程序段）重复使用（如重复使用就称之为双线圈）的现象，称之为多线圈（双线圈）。

对于顺序设计法中多线圈问题处理方法，一般为将多线圈所在各步的常开触点并联来驱动多线圈（需另起一个网络）。

二、任务实施

三级传送带系统（见图 5-4）由三台电动机 M1、M2、M3 驱动，系统含启动、停止按钮；

按下启动按钮后，M3 立即启动，M2 延时 2s 后启动，M1 再延时 2s 后启动，三级传送带同时运行；

系统启动完毕后，按下停止按钮后，M1 立即停止，M2 延时 2s 后停止，M3 再延时 2s 后停止运行。

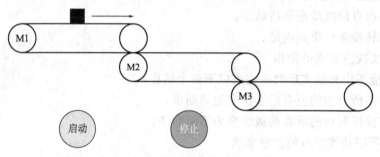

图 5-4　三级传送带控制示意图

（1）根据控制要求完成三级传送带 PLC 控制 I/O 分配表，见表 5-1。

表 5-1　I/O 分配表

序号	符号	I/O 地址	描述

（2）根据控制要求绘制三级传送带 PLC 控制外围接线图。

（3）根据控制要求绘制三级传送带 PLC 控制顺序功能图。

① 步的划分。

② 将三级传送带 PLC 控制的顺序功能图补充完整。

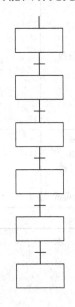

（4）查阅资料，利用置位复位指令的程序转换方法，设计出控制程序，下载并调试。将实现功能要求的程序写在下面。

三、任务评价（见表 5-2）

表 5-2　三级传送带 PLC 控制评价表

小组：＿＿＿＿＿＿　　　　　　　　　　　指导教师：＿＿＿＿＿＿＿

姓名：＿＿＿＿＿＿　　　　　　　　　　　日　期：＿＿＿＿＿＿＿

评价项目	评价标准	评价依据	评价方式			权重	得分小计
			学生自评 30％	小组互评 30％	教师评分 40％		
职业素养	1. 积极参与小组工作，按时完成工作页，全勤 2. 能参与小组工作，完成工作页，出勤 90％上 3. 能参与小组工作，出勤 80％以上 4. 能参与工作，出勤 80％以下 5. 未反映参与工作 6. 工作岗位 5S 完成情况	1. 出勤 2. 工作态度 3. 劳动纪律 4. 团队协作精神				0.5	
专业技能	1. 顺序功能图的组成分类 2. 步的划分依据 3. 顺序功能图绘制方法	1. I/O 分配表 2. 外围接线图 3. 步的划分准确 4. 工作页 5. 程序编制与调试				0.5	
合计							

四、总结巩固

列出在本任务中学到的知识。

五、拓展训练

如果在本任务中，每一级传送带都增加一个故障检测信号，在系统启动完毕后，当出现故障信号时，本级传送带及之前的所有传送带都应立即停止，后级传送带按照要求延时停止，例如，M2 出现故障，则 M2 和其之前的 M1 立即停止，M3 延时停止。

① 对新增加的器件进行 I/O 分配。

② 绘制新的顺序功能图。

③ 试说明根据新的要求需要作哪些调整。

任务二　交通灯 PLC 控制

【学习目标】

1. 能独立绘制顺序功能图；

2. 熟练掌握步的划分方法；

3. 能使用转换为中心的方法将顺序功能图转换成梯形图程序；

4. 理解 PLC 中分时控制是如何实现的。

一、必备知识

1. S7-200 PLC 分时段控制的实现方法

在 S7-200 PLC 中，使用时钟指令可以读写系统时钟（含日期和时间信息），用到的指令有四个，见图 5-5，分别是读取实时时钟（TODR）、设置实时时钟（TODW）、读取实时时钟（扩展）（TODRX）和设置实时时钟（扩展）（TODWX）。接下来分别对这四条指令进行讲解。

（1）读取实时时钟（TODR）指令

TODR 指令从硬件时钟中读当前时间和日期，并把它装载到一个 8 字节的起始地址为 T 的时间缓冲区中。

（2）设置实时时钟（TODW）指令

TODW 指令将当前时间和日期写入硬件时钟，当前时钟存储在以地址 T 开始的 8 字节缓冲区中。

（3）读取实时时钟（扩展）（TODRX）

TODRX 指令从 PLC 中读取当前时间、日期和夏令时组态，并装载到由 T 指定的地址开始的 19 字节缓冲区内。

（4）设置实时时钟（扩展）（TODWX）

TODWX 指令写当前时间、日期和夏令时组态到 PLC 中由 T 指定的地址开始的 19 字节缓冲区内。

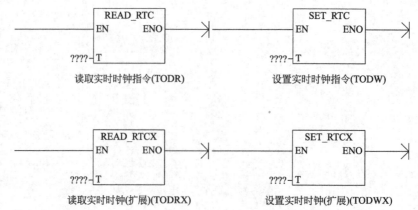

图 5-5　时钟指令

2. BCD 码

在前面提到的时钟指令中，均涉及读取或者设置时间的存储区"T"，以 T 起始的若干个连续字节，这些字节中存储的数据是 BCD 码格式。

在非扩展时钟指令中涉及 8 个字节的存储区（各字节存储器含义见表 5-3），扩展时钟读写指令中涉及 19 个字节的存储区，用于读写实时时钟的夏令时的日期和时间，相关信息可以查阅系统手册获取。

表 5-3　8 字节时间缓冲区的格式

序号	存储器编号	含义（值）	说明
1	T+0	年（00-99）	BCD 值
2	T+1	月（01-12）	BCD 值
3	T+2	日（01-31）	BCD 值
4	T+3	小时（00-23）	BCD 值
5	T+4	分钟（00-59）	BCD 值
6	T+5	秒（00-59）	BCD 值
7	T+6	保留（0）	始终为 0
8	T+7	星期几（0-7）	BCD 值；1 为星期日；7 为星期六；0 表示禁止星期表示法。

（1）BCD 码

BCD 码是一种十进制的数字编码形式，这种编码下的每个十进制数字用一串单独的二进制位来表示。常见的是用 4 位二进制数表示 1 位十进制数字，称为压缩的 BCD 码；或者 8 位表示 1 个十进制数字，称为未压缩的 BCD 码。

（2）BCD 码对照表

表 5-4 给出了用 4 位二进制数表示 1 位十进制数的对照表。

表 5-4　BCD 码对照表

序号	十进制数	BCD 码（4 位二进制数）	十六进制值
1	0	0000	16#00
2	1	0001	16#01
3	2	0010	16#02
4	3	0011	16#03
5	4	0100	16#04
6	5	0101	16#05
7	6	0110	16#06
8	7	0111	16#07
9	8	1000	16#08
10	9	1001	16#09

二、任务实施

图 5-6 所示为交通灯控制示意图，旋下启动旋钮后：

① 东西禁行，南北通行 26s，东西红灯亮 26s；南北绿灯亮 20s，闪烁 3s（0.5s 间隔），

黄灯亮 3s；

② 南北禁行，东西通行 46s，南北红灯亮 46s；东西绿灯亮 40s，闪烁 3s（0.5s 间隔）后，黄灯亮 3s。

交通灯系统将往复循环①和②的动作，关闭旋钮，所有灯立即熄灭。

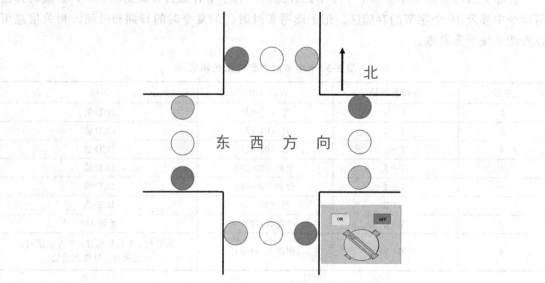

图 5-6 交通灯控制示意图

（1）根据控制要求完成交通灯 PLC 控制 I/O 分配表（见表 5-5）。

表 5-5 I/O 分配表

序号	符号	I/O 地址	描述

（2）根据控制要求绘制交通灯 PLC 控制外围接线图。

（3）根据控制要求绘制交通灯 PLC 控制顺序功能图。

（4）利用置位复位指令的程序转换方法，设计出控制程序，下载并调试。将实现功能要求的程序写在下面。

三、任务评价（见表 5-6）

表 5-6 交通灯 PLC 控制评价表

小组：_____
姓名：_____

指导教师：_____
日期：_____

评价项目	评价标准	评价依据	评价方式			权重	得分小计
			学生自评 30%	小组互评 30%	教师评分 40%		
职业素养	1. 积极参与小组工作，按时完成工作页，全勤 2. 能参与小组工作，完成工作页，出勤 90%上 3. 能参与小组工作，出勤 80%以上 4. 能参与工作，出勤 80%以下 5. 未反映参与工作 6. 工作岗位 5S 完成情况	1. 出勤 2. 工作态度 3. 劳动纪律 4. 团队协作精神				0.5	
专业技能	1. 顺序功能图的绘制 2. 程序的编制与调试 3. 项目资料的编制	1. I/O 分配表 2. 外围接线图 3. 步的划分准确 4. 工作页 5. 程序编制与调试				0.5	
合计							

四、总结巩固

列出在本任务中学到的知识。

五、拓展训练

如果本任务的控制要求作如下更改：

① 将控制旋钮换成启动按钮；

② 对交通灯进行分时控制，从 7:00 至 21:00 交通灯亮灭方式与本任务中的要求一致；从 21:00 至 7:00 双向黄灯闪亮（频率为 1Hz）。

根据新的控制要求，将顺序功能图和 PLC 程序进行修改。

任务三　液体混合 PLC 控制

【学习目标】

1. 能绘制选择序列顺序功能图；
2. 理解经验设计法在顺序设计法中的应用；
3. 能使用顺序控制法和经验法结合实现梯形图程序设计。

一、必备知识

1. 选择序列顺序功能图的编程

在图 5-2 中的选择序列顺序功能图中，各分支都存在各自的转换条件，同一时刻只有一个步是活动的。假设步 3 为活动步，如果转换条件 1 成立，则步 3 向步 4 实现转换；如果转换条件 4 成立，则步 3 向步 6 转换。也就是说步 3 根据不同转换条件（条件 1 或条件 4）会实现到不同步（步 4 或步 6）的转换。分支中一般同时只允许选择其中一个序列。

在选择序列顺序功能图编程中，会存在某一步有多个前级步的情况。存在多个前级步就会存在多个启动电路，同一个步的多个启动电路之间在程序中需并联连接。

2. 置位复位指令的程序转换法

置位复位指令的程序转换法是通过指令本身的保持功能实现的。利用置位复位指令的程序转换法进行梯形图程序编制时，每个步包含的动作需另起一网络，利用步本身的常开触点来驱动相应的动作。在利用置位复位指令的程序转换法进行编程时，每一个转换位置会对应一个程序网络。

图 5-7 所示为置位复位指令的程序转换法的实例。

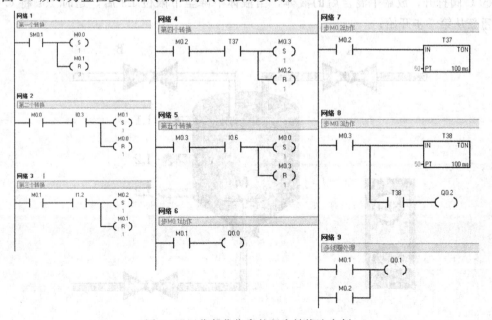

图 5-7　置位复位指令的程序转换法实例

SM0.1 至初始步（M0.0）中的第一个转换对应第一个网络；

步 M0.0 至步 M0.1 中的转换对应第二个网络；

步 M0.1 至步 M0.2 中的转换对应第三个网络；

步 M0.2 至步 M0.3 中的转换对应第四个网络；

步 M0.3 至步 M0.0 中的转换对应第五个网络；

步 M0.1 的动作对应第六个网络；

步 M0.2 的动作对应第七个网络；

步 M0.3 的动作对应第八个网络；

多线圈 Q0.1 处理对应第九个网络。

3. 顺序控制设计法与经验设计法结合来实现程序设计

利用顺序控制设计法完成控制系统设计虽然思路清晰，编程方便，但是工作量较大，就像做数学题，常规方法虽然能很快入手，但是计算往往比较复杂，如果用简便方法，就可以达到事半功倍的效果。经验设计法需要设计者有一定的实践经验，该方法对一些简单的典型的系统较为奏效。在有些设计中，单凭顺序控制设计法来实现控制程序难度较大，此时就可以考虑利用以往的经验，在程序中引入几个网络（程序段）来辅助顺序控制设计法实现程序的功能。

二、任务实施

液体混合控制示意图如图 5-8 所示。

① 按下启动按钮；

② A 阀打开放液体 A，当液体到达中限位 L2 后 A 阀关闭；

③ B 阀打开放液体 B，当液体到达上限位 L1 后 B 阀关闭；

④ 电机 M 启动，开始搅拌混合液体 20s；

⑤ C 阀打开，放罐中混合后的液体，当液体下降至下限位 L3 后，延时 15s 将 C 阀关闭，重新从第②步开始；

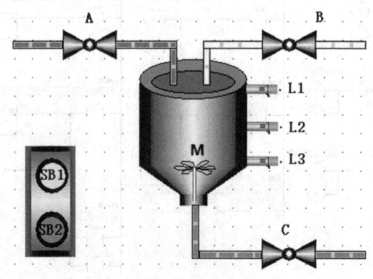

图 5-8　液体混合控制示意图

⑥ 如果在运行过程中按下停止按钮，系统将完成当前循环后停止运行（即第 5 步结束后停止运行），否则将重复循环下去。

说明：当液位达到液位传感器位置时信号为"1"，液位在传感器位置以下时信号为"0"。

根据控制要求完成液体混合 PLC 控制 I/O 分配表（见表 5-7）。

表 5-7 I/O 分配表

序号	符号	I/O 地址	描述

（1）根据控制要求绘制液体混合 PLC 控制外围接线图。

（2）根据控制要求绘制液体混合 PLC 控制顺序功能图。

（3）在本任务的顺序功能图绘制中，将难点写在下面，并说明解决方法。

三、任务评价（见表 5-8）

表 5-8　液体混合 PLC 控制评价表

小组：＿＿＿＿＿＿　　　　　　　　　　　指导教师：＿＿＿＿＿＿
姓名：＿＿＿＿＿＿　　　　　　　　　　　日期：＿＿＿＿＿＿＿

评价项目	评价标准	评价依据	评价方式			权重	得分小计
			学生自评 30%	小组互评 30%	教师评分 40%		
职业素养	1. 积极参与小组工作，按时完成工作页，全勤 2. 能参与小组工作，完成工作页，出勤 90%上 3. 能参与小组工作，出勤 80%以上 4. 能参与工作，出勤 80%以下 5. 未反映参与工作 6. 工作岗位 5S 完成情况	1. 出勤 2. 工作态度 3. 劳动纪律 4. 团队协作 精神				0.5	
专业技能	1. 选择序列顺序功能图的绘制 2. 经验法与顺序设计法的结合 3. 项目资料的编制 4. 程序的编写与调试	1. I/O 分配表 2. 外围接线图 3. 工作页 4. 程序编写与调试				0.5	
合计							

四、总结巩固

列出在本任务中学到的知识。

五、拓展训练

如果本任务的实施要采用顺序控制继电器（SCR）指令来实现，请绘制出顺序功能图。

任务四　机械手 PLC 控制

【学习目标】

　　1. 能实现多种工作模式情况下的程序编制；

　　2. 能运用子程序进行控制程序的编制；

　　3. 能利用 SCR 指令实现梯形图程序设计。

一、必备知识

1. 顺序控制继电器指令（SCR）

顺序控制继电器指令见表 5-9。

表 5-9　顺序控制继电器指令表

指令名称	LAD	STL	说明
装载 SCR	??.? SCR	LSCR SX. X	用于 SCR 段的开始
SCR 转换	??.? (SCRT)	SCRT SX. X	有条件转换，转换至目标的顺序控制继电器位
结束 SCR	(SCRE)	SCRE	用于 SCR 段的结束

　　采用顺序控制继电器指令绘制顺序功能图时，只需将之前提到的顺序功能图中代表步的 M 位换成 S（顺序控制继电器）位即可。

　　在利用顺序控制继电器指令编程时，每一步即一个 SCR 段，每一步的动作线圈（多线圈除外）可以放在 SCR 段的开始和结束之间的网络中，线圈之前用 SM0.0 常开触点驱动。

　　例如根据图 5-1 所示的顺序功能图（将代表步的 M 位换成 S 位），可利用顺序控制继电器指令的程序转换法进行梯形图的转换，见图 5-9。

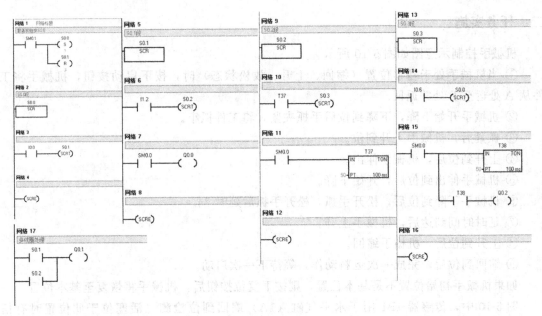

图 5-9　SCR 指令转换法法例程图

① 利用 SM0.1 将初始步 S0.0 激活，对应网络 1；

② 步 S0.0SCR 段对应网络 2-4；

③ 步 S0.1 SCR 段对应网络 5-8；

④ 步 S0.2 SCR 段对应网络 9-12；

⑤ 步 S0.3 SCR 段对应网络 13-16；

⑥ 多线圈 Q0.1 处理对应网络 17。

2. 子程序编制与调用方法

子程序常用于需要多次反复执行相同任务的地方，只需要编写一次子程序，其他程序需要该子程序的时候直接调用就可，无需重复写程序代码。

子程序调用时需要满足相应的调用条件，使用条件调用子程序可以减少扫描时间。

（1）子程序的创建方法

首先，在程序编辑器程序块中选中子程序块选项（如 SBR_0），子程序名称可以根据用户需要进行更改（如将子程序名称"SBR_0"更改成"手动程序"）。

其次，在此子程序中进行程序的编制（编制方法与主程序中的编制方法一致）。在子程序的局部变量表中可以定义局部变量，即为带参数的子程序。

最后，将编好的程序进行编译，完成子程序的创建工作。

（2）子程序的调用方法

子程序可以在主程序、其他子程序和中断程序中调用。当调用条件满足时，将执行子程序中的指令，被调用的子程序执行结束后，程序将返回调用位置继续执行。

在程序创建后，在程序编辑器内指令树最下方的"调用子程序"选项中选择已创建的子程序进行调用。子程序调用可以嵌套，即在子程序中调用其他子程序，嵌套深度可以 8 层。

二、任务实施

机械手控制示意图如图 5-10 所示。

① 当机械手处于基本位置（缩回、上升、放松状态）时，按下启动按钮，机械手将工件从 A 处运至 B 处并返回。

② 机械手开始下降，下降到位后手抓夹紧，将工件抓牢。

③ 抓紧后，机械手上升到位。

④ 上升到位后，机械手伸出。

⑤ 机械手伸出到位后，开始下降。

⑥ 机械手下降到位后，松开手抓，松开手抓后延时 2s。

⑦ 延时时间到达后，机械手上升。

⑧ 上升到位后，机械手缩回。

⑨ 缩回到位后，完成一次运料动作，等待下一次启动。

如果机械手初始位置不是基本位置，则按下复位按钮后，机械手将恢复至基本位置。

图 5-10 中，传感器 1B1 用于水平气缸（1A）缩回到位检测（活塞位于此位置时有信号），传感器 1B2 用于水平气缸伸出到位检测；传感器 2B1 为竖直气缸（2A）上升到位检测，传感器 2B2 用于竖直气缸下降到位检测，传感器 3B1 用于手抓气缸（3A）夹紧到位检测。

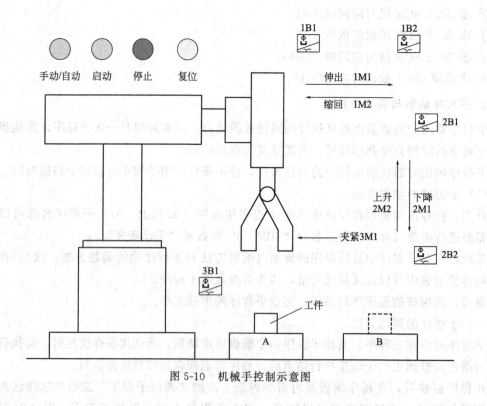

图 5-10　机械手控制示意图

根据控制要求完成机械手 PLC 控制 I/O 分配表，见表 5-10。

表 5-10　I/O 分配表

序号	符号	I/O 地址	描述
1	SB1		带灯按钮，手自动切换按钮

（1）根据控制要求绘制机械手 PLC 控制外围接线图。

（2）绘制机械手 PLC 控制顺序功能图（使用 SCR 指令）。

（3）程序转换（使用 SCR 指令）。

三、任务评价（见表 5-11）

表 5-11　机械手 PLC 控制评价表

小组：_____
姓名：_____

指导教师：_____
日期：_____

评价项目	评价标准	评价依据	评价方式			权重	得分小计
			学生自评 30%	小组互评 30%	教师评分 40%		
职业素养	1. 积极参与小组工作，按时完成工作页，全勤 2. 能参与小组工作，完成工作页，出勤 90% 上 3. 能参与小组工作，出勤 80% 以上 4. 能参与工作，出勤 80% 以下 5. 未反映参与工作 6. 工作岗位 5S 完成情况	1. 出勤 2. 工作态度 3. 劳动纪律 4. 团队协作 精神				0.5	
专业技能	1. 选择序列顺序功能图的绘制 2. 顺序控制继电器指令的原理 3. 用 SCR 指令进行程序的编制 4. 程序的监控与在线调试	1. 工作页 2. SCR 指令应用 3. 程序调试				0.5	
合计							

四、总结巩固

列出在本任务中学到的知识。

五、拓展训练

如果本任务的控制要求作如下更改：

① 旋动手动/自动选择旋钮（接通状态），运行模式指示灯常亮，此时表示系统进行单周期自动循环运行（即只要 A 位置有料，B 位置无料，在按下一次启动按钮后，就会自动多次将物料由 A 处搬运至 B 处），按下启动按钮即进行单周期循环；

② 旋动手动/自动选择旋钮（断开状态），运行模式指示灯闪亮（1HZ 频率），此时表示系统进行单步期运行，每按一次启动按钮执行一步动作。

根据新的要求完成以下任务。

（1）将新增的元器件填写在表 5-12 中。

表 5-12 新增元器件

序号	器件名称	型号	作用

（2）将手动/自动带灯按钮所实现的功能程序编写在下面。

项目六

高级指令在PLC编程中的应用

对于比较简单的逻辑控制程序设计，用之前介绍的位逻辑指令就可以实现。为了完成更复杂的控制程序设计，增强编程的灵活性，使程序设计更加优化和方便，S7-200 PLC 提供了各种高级指令。在本项目中将对以下高级指令进行介绍。

任务一　传送移位指令的应用

【学习目标】
1. 掌握传送、移位指令的类型；
2. 掌握传送、移位指令的工作原理；
3. 能根据控制要求选择适合的传送、移位指令来实现控制功能。

一、必备知识

1. 传送移位指令类型（见图 6-1）

传送指令包含字节传送指令（8 位）、字传送指令（16 位）、双字传送指令（32 位）、实数传送指令（32 位）、字节块传送指令、字块传送指令、双字块传送指令、字节交换指令、字节传送立即读指令、字节传送立即写指令；移位指令包含字节左移指令、字左移指令、双字左移指令、字节右移指令、字右移指令、双字右移指令、字节循环左移指令、字循环左移指令、双字循环左移指令、字节循环右移指令、字循环右移指令、双字循环右移指令、移位寄存器指令。

2. 传送指令

（1）字节传送指令（见图 6-2）

当 EN 端有能流输入时，指令在不改变原值的情况下将 IN 中的值传送到 OUT，正确执行后 ENO 将输出 1。字节传送指令允许操作数如表 6-1 所示。

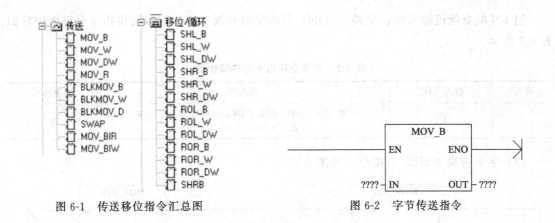

图 6-1　传送移位指令汇总图　　　　　　　　图 6-2　字节传送指令

表 6-1　字节传送指令允许操作数

序号	输入/输出	操作数	数据类型
1	IN	VB、IB、QB、MB、SB、SMB、LB、AC、常数、* VD、* LD、* AC	字节
2	OUT	VB、IB、QB、MB、SB、SMB、LB、AC、* VD、* LD、* AC	字节

（2）字节块传送指令（见图 6-3）

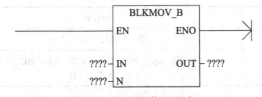

图 6-3　字节块传送指令

当 EN 端有能流输入时，指令将字节数目（N）从输入地址（IN）传送至输出地址（OUT）。N 的范围为 1 至 255。字节块传送指令允许操作数如表 6-2 所示。

表 6-2　字节块传送指令允许操作数

序号	输入/输出	操作数	数据类型
1	IN	VB、IB、QB、MB、SB、SMB、LB、* VD、* AC、* LD	字节
2	OUT	VB、IB、QB、MB、SB、SMB、LB、* VD、* AC、* LD	字节
3	N	VB、IB、QB、MB、SB、SMB、LB、AC、常数、* VD、* LD、* AC	字节

（3）字节交换指令（见图 6-4）

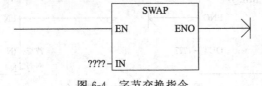

图 6-4　字节交换指令

当 EN 端有能流输入时，交换字（IN）的高字节和低字节。字节交换指令允许操作数如表 6-3 所示。

表 6-3　字节交换指令允许操作数

序号	输入/输出	操作数	数据类型
1	IN	VW、IW、QW、MW、SW、SMW、T、C、LW、AC、＊VD、＊AC、＊LD	字

（4）字节传送立即读/写指令（见图 6-5）

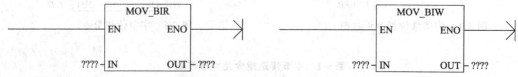

图 6-5　字节传送立即读/写指令

当 EN 端有能流输入时，字节传送立即读指令读物理输入（IN），并将结果存入内存地址（OUT），但过程映像寄存器并不刷新。字节传送立即写指令从内存地址（IN）中读取数据，写入物理输出（OUT），同时刷新相应的过程映像区。字节传送指令的允许操作数如表 6-4、表 6-5 所示。

表 6-4　字节传送立即读指令允许操作数

序号	输入/输出	操作数	数据类型
1	IN	IB、＊VD、＊LD、＊AC	字节
2	OUT	VB、IB、QB、MB、SB、SMB、LB、AC、＊VD、＊AC、＊LD	字节

表 6-5　字节传送立即写指令允许操作数

序号	输入/输出	操作数	数据类型
1	IN	VB、IB、QB、MB、SB、SMB、LB、AC、常数、＊VD、＊AC、＊LD	字节
2	OUT	QB、＊VD、＊LD、＊AC	字节

3. 移位指令

（1）左/右移位指令（以字节移位为例）

如图 6-6 所示，当 EN 端有能流输入，左移位字节和右移位字节指令将输入数值（IN）根据移位计数（N）向左或向右移动，并将结果装入输出字节（OUT）。移位指令对每个移出位补 0。如果移位数目（N）大于或等于 8，则数值最多被移位 8 次。左/右移位指令的允许操作数如表 6-6 所示。

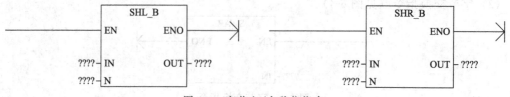

图 6-6　字节左/右移位指令

表 6-6　左/右移位指令允许操作数

序号	输入/输出	操作数	数据类型
1	IN	VB、IB、QB、MB、SB、SMB、LB、AC、常数、* VD、* LD、* AC	字节
2	OUT	VB、IB、QB、MB、SB、SMB、LB、AC、* VD、* LD、* AC	字节
3	N	VB、IB、QB、MB、SB、SMB、LB、AC、常数、* VD、* LD、* AC	字节

（2）左/右循环移位指令（以字节循环移位为例）

如图 6-7 所示，当 EN 端有能流输入时，左循环移位字节和右循环移位字节指令将输入字节数值（IN）向左或向右循环移 N 位，并将结果载入输出字节（OUT）。移位具有循环性，移位产生的空位由移出位顺序填补。如果移位数目（N）大于或等于 8，执行循环之前先对位数（N）进行模数 8 操作，从而使位数在 0 至 7 之间。如果移动位数为 0，则不执行循环操作。左/右循环移位指令的允许操作数如表 6-7 所示。

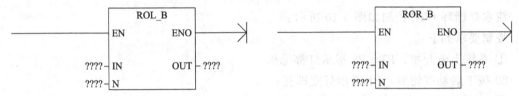

图 6-7　字节左/右循环移位指令

表 6-7　左/右循环移位指令允许操作数

序号	输入/输出	操作数	数据类型
1	IN	VB、IB、QB、MB、SB、SMB、LB、AC、常数、* VD、* LD、* AC	字节
2	OUT	VB、IB、QB、MB、SB、SMB、LB、AC、* VD、* LD、* AC	字节
3	N	VB、IB、QB、MB、SB、SMB、LB、AC、常数、* VD、* LD、* AC	字节

（3）移位寄存器指令

如图 6-8 所示，当 EN 端有能流输入时，指令将 DATA 数值移入移位寄存器，S_BIT 指定移位寄存器的最低位。N 指定移位寄存器的长度和移位方向，在"移位减"（右移位，用长度 N 的负值表示）中，输入数据移入移位寄存器的最高位中，并移出最低位（S_BIT）；在"移位加"（左移位，用长度 N 的正值表示）中，输入数据（DATA）移入移位寄存器的最高位中（由 S_BIT 指定），并移出移位寄存器的最高位。移位寄存器指令的允许操作数如表 6-8 所示。

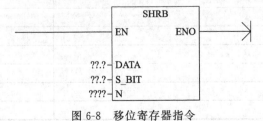

图 6-8　移位寄存器指令

表 6-8 移位寄存器指令允许操作数

序号	输入/输出	操作数	数据类型
1	DATA	I、Q、M、SM、T、C、V、S、L	布尔
2	S_BIT	I、Q、M、SM、T、C、V、S、L	布尔
3	N	VB、IB、QB、MB、SB、SMB、LB、AC、常数、*VD、*LD、*AC	字节

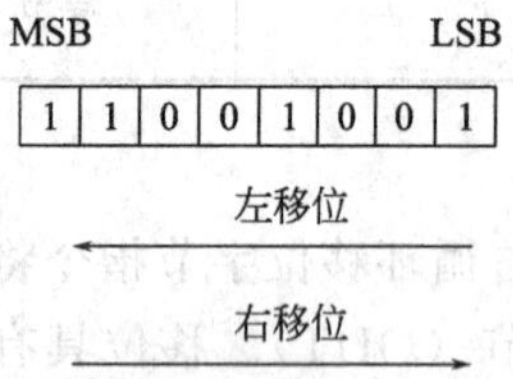

MSB   LSB

1	1	0	0	1	0	0	1

← 左移位

右移位 →

图 6-9 移位指令中左/右移位方向图

（4）移位中的"左移"和"右移"

在移位指令、循环移位指令和移位寄存器指令中，左移位和右移位代表的方向如图 6-9 所示，其中"MSB"代表最高位，"LSB"代表最低位。

二、任务实施

流水灯循环 PLC 控制如图 6-10 所示。

控制要求如下：

① 系统上电开始，P1～P8 指示灯都熄灭；

② 按下启动按钮后，P1 指示灯立即亮；

③ 2s 后，P1 指示灯熄灭，P2 指示灯亮；

④ 每过 2s，前一个指示灯熄灭，后一个指示灯亮起；

⑤ 当指示灯 P8 亮起 2s 后，P8 熄灭，P1 亮起；

⑥ 循环，直至按下停止按钮，所有指示灯熄灭。

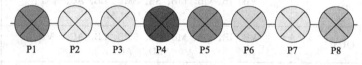

P1 P2 P3 P4 P5 P6 P7 P8

图 6-10 流水灯控制图

（1）根据控制要求完成流水灯循环 PLC 控制 I/O 分配表，见表 6-9。

表 6-9 I/O 分配表

序号	符号	I/O 地址	描述

（2）根据控制要求绘制流水灯循环 PLC 控制外围接线图。

（3）根据控制要求将程序编写在下面。

（4）如将灯由 8 盏减少至 5 盏，控制要求不变，请将调整后的程序写在下面。

（5）试述移位指令与循环移位指令的区别。

三、任务评价（见表 6-10）

表 6-10　传送移位指令的应用评价表

小组：_____　　　　　　　指导教师：_____
姓名：_____　　　　　　　日期：_____

评价项目	评价标准	评价依据	评价方式			权重	得分小计
			学生自评 30%	小组互评 30%	教师评分 40%		
职业素养	1. 积极参与小组工作，按时完成工作页，全勤 2. 能参与小组工作，完成工作页，出勤 90% 上 3. 能参与小组工作，出勤 80% 以上 4. 能参与工作，出勤 80% 以下 5. 未反映参与工作 6. 工作岗位 5S 完成情况	1. 出勤 2. 工作态度 3. 劳动纪律 4. 团队协作精神				0.5	
专业技能	1. 传送移位指令的分类及工作原理 2. 传送移位指令的应用 3. 程序编制与调试	1. 工作页 2. 程序在线调试				0.5	
合计							

四、总结巩固

列出在本任务中学到的知识。

五、拓展训练

利用移位寄存器（SHRB）指令完成 8 盏彩灯循环控制，要求按下启动按钮后，8 盏彩灯按照如下规律显示；

① 1-2-3-4-5-6-7-8-123-345-567-1357-2468-1，如此循环，间隔时间 1s；

② 按下停止按钮之前，若循环不停，则按下停止按钮后所有彩灯熄灭，停止循环。

将编制的控制程序写在下面。

任务二　数学运算指令的应用

【学习目标】

1. 掌握整数计算指令的类型；
2. 掌握浮点数计算指令的类型；
3. 掌握逻辑运算指令的类型；
4. 掌握数学运算指令的工作原理；
5. 能根据控制要求选择适合的数学运算指令来实现控制功能。

一、必备知识

在数学运算指令中涉及整数运算、浮点数运算及逻辑运算，数学运算指令涉及的数据类型及取值范围如表 6-11 所示。

表 6-11　数据类型及取值范围表

数据类型	数据位数	说明	取值范围
布尔	1 位	布尔	0 或 1
字节	8 位	不带符号字节	0 至 255
字节	8 位	带符号字节（SHRB 使用）	−128 至 +127
字	16 位	不带符号整数	0 至 65535
整数	16 位	带符号整数	−32768 至 +32767
双字	32 位	不带符号双整数	0-4294967295
双整数	32 位	带符号双整数	−2147483648 至 +2147483647
实数	32 位	32 位浮点数	+1.175495E−38 至 +3.402823E+38 −1.175495E−38 至 3.402823E+38

数学运算指令包含整数计算指令、浮点数计算指令和逻辑运算指令三类，见图 6-11。

（1）整数计算指令工作原理

整数计算指令包含整数相加指令（+I）、双整数相加指令（+D）、整数相减（−I）、双整数相减指令（−D）、整数相乘得双整数指令（MUL）、整数相乘指令（*I）、双整数相乘指令（*D）、整数相除得双整数指令（DIV）、整数相除指令（/I）、双整数相除指令（/D）、字节递增指令（INCB）、字递增指令（INCW）、双字递增指令（INCD）、字节递减指令（DECB）、字递减指令（DECW）、双字递减指令（DECD）共 16 个指令。下面以图 6-12 所示整数加法指令为例来进行讲解。

当 EN 端有能流输入时，指令将 IN1 端和 IN2 端的数据进行相加，并将结果送入到 OUT 端存储器内保存。整数加法指令允许操作数如表 6-12 所示。

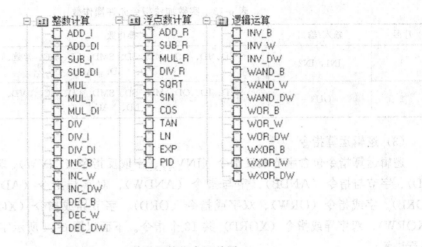

图 6-11　数学运算指令汇总图

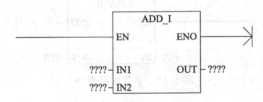

图 6-12　整数加法指令

表 6-12　整数加法指令允许操作数

序号	输入/输出	操作数	数据类型
1	IN1，IN2	VW、IW、QW、MW、SW、SMW、T、C、AC、LW、AIW、常数、*VD、*LD、*AC	整数
2	OUT	VW、IW、QW、MW、SW、SMW、T、C、LW、AC、*VD、*LD、*AC	整数

（2）浮点数计算指令

浮点数计算指令包含实数相加指令（＋R）、实数相减指令（－R）、实数相乘指令（*R）、实数相除指令（/R）、平方根指令（SQRT）、正弦计算指令（SIN）、余弦计算指令（COS）、正切计算指令（TAN）、自然对数计算指令（LN）、自然指数计算指令（EXP）、PID 计算指令（PID）共 11 个指令。下面以图 6-13 所示实数相加指令为例来进行讲解。

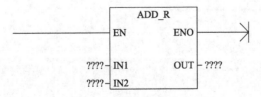

图 6-13　实数加法指令

当 EN 端有能流输入时，指令将 IN1 端和 IN2 端的数据进行相加，并将结果送入到 OUT 端存储器内保存。实数加法指令的允许操作数如表 6-13 所示。

表 6-13　实数加法指令允许操作数

序号	输入/输出	操作数	数据类型
1	IN1, IN2	VD、ID、QD、MD、SD、SMD、LD、AC、常数、*VD、*LD、*AC	实数
2	OUT	VD、ID、QD、MD、SD、SMD、LD、AC、*VD、*LD、*AC	实数

（3）逻辑运算指令

逻辑运算指令包含字节取反指令（INVB）、字取反指令（INVW）、双字取反指令（IN-VD）、字节与指令（ANDB）、字与指令（ANDW）、双字与指令（ADND）、字节或指令（ORB）、字或指令（ORW）、双字或指令（ORD）、字节异或指令（XORB）、字异或指令（XORW）、双字异或指令（XORD）共 12 个指令。下面以图 6-14 所示字节取反指令为例来进行讲解。

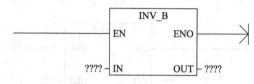

图 6-14　字节取反指令

当 EN 端有能流输入时，指令将 IN 端的输入数据按位取反（1 变成 0，0 变成 1），并将结果送入到 OUT 端存储器内保存。字节取反指令的允许操作数如表 6-14 所示。

表 6-14　字节取反指令允许操作数

序号	输入/输出	操作数	数据类型
1	IN	VB、IB、QB、MB、SB、SMB、LB、AC、常数、*VD、*AC、*LD	字节
2	OUT	VB、IB、QB、MB、SB、SMB、LB、AC、*VD、*AC、*LD	字节

二、任务实施

① 将 VW0 的数据与 VW2 的数据相加，存入 VW4 中（不超过取值范围）。

② 将相加后的结果与 VW6 进行逻辑或运算，将结果存放于 VW8 内。

将程序编写在下面。

③ 写出整数与实数的区别

三、任务评价（见表 6-15）

表 6-15 数学运算指令的应用评价表

小组：_____
姓名：_____

指导教师：_____
日期：_____

| 评价项目 | 评价标准 | 评价依据 | 评价方式 | | | 权重 | 得分小计 |
			学生自评 30%	小组互评 30%	教师评分 40%		
职业素养	1. 积极参与小组工作，按时完成工作页，全勤 2. 能参与小组工作，完成工作页，出勤 90%上 3. 能参与小组工作，出勤 80%以上 4. 能参与工作，出勤 80%以下 5. 未反映参与工作 6. 工作岗位 5S 完成情况	1. 出勤 2. 工作态度 3. 劳动纪律 4. 团队协作精神				0.5	
专业技能	1. 数学运算指令的分类及工作原理 2. 程序的编制与调试	1. 工作页 2. 程序调试				0.5	
合计							

四、总结巩固

列出在本任务中学到的知识。

五、拓展训练

量程为 100kPa 的气体压力变送器的输出信号为 4～20mA，模拟量输入对应气压为 6400～32000Pa，转换后得到的数值存储在 AIW0 中，试编写程序求以 kPa 为单位的压力值对应信号，将计算过程及程序写在下面。

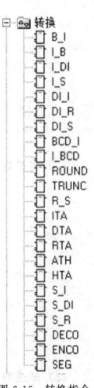

任务三 转换指令的应用

【学习目标】

1. 掌握转换指令的类型；
2. 掌握转换指令的工作原理；
3. 能根据控制要求选择适合的转换指令来实现控制功能。

一、必备知识

转换指令（图6-15）分为以下几种基本类型。

（1）数字转换

数字转换指令可将字节转为整数（BTI）、整数转为字节（ITB）、整数转为双整数（ITD）、双整数转为整数（DTI）、双整数转为实数（DTR）、BCD码转为整数（BCDI）和整数转为BCD码（IBCD）。数字转换指令将IN端输入的数据转换为指定的格式并存储到由OUT指定的输出存储区中。对于BCDI和IBCD两个转换指令，IN端输入数据的有效范围是0到9999。

（2）四舍五入和取整

四舍五入指令（ROUND）将一个实数转为一个双整数值，并将四舍五入的结果存入OUT指定的存储区中。取整指令（TRUNC）将一个实数转为一个双整数值，并将实数的整数部分作为结果存入OUT指定的存储区中，小数部分被舍掉。

（3）ASCII码转换指令

有效的ASCII码输入字符是0到9的十六进制数代码值30到39和大写字符A到F的十六进制数代码值41到46。ASCII码转十六进制数指令（ATH）将一个长度为LEN的从IN输入的ASCII码字符串转换成从OUT开始的十六进制数。十六进制数转ASCII码指令（HTA）将从输入字节IN开始的十六进制数转换成从OUT开始的ASCII码字符串。被转换的十六进制数的位数由长度LEN给出。

图6-15 转换指令

（4）字符串转换指令

将数值转换为字符串的转换指令包含整数转字符串（ITS）、双整数转字符串（DTS）和实数转字符串（RTS）指令，将整数、双整数或实数值（IN）转换成ASCII码字符串（OUT）；将字符串转换为数值的转换指令包含字符串转整数（STI）、字符串转双整数（STD）和字符串转实数（STR）指令，将ASCII码字符串（IN）转换成整数、双整数或实数值（OUT）。

（5）编码和解码指令

编码指令（ENCO）将输入字IN的最低有效位的位号写入输出字节OUT的最低有效"半字节"（4位）中。

解码（译码）指令（DECO）根据输入字节（IN）的低四位所表示的位号，置输出字（OUT）的相应位为 1。输出字的所有其他位都清零。

（6）分段

段码指令（SEG）允许产生一个点阵，用于点亮七段码显示器的各个段。

二、任务实施

已知函数 $y = 5.5x/3.7 + 88$，x 的取值范围为 $0 \sim 2000$，利用 PLC 程序计算出 y 的值（y 的最终值保留整数，四舍五入）。

（1）写出在此程序中涉及哪些转换类指令。

（2）将控制程序写在下面。

（3）试述数字转换指令在程序中的作用，并举例说明。

三、任务评价（见表 6-16）

表 6-16　转换指令的应用评价表

小组：＿＿＿＿　　　　　　指导教师：＿＿＿＿＿＿
姓名：＿＿＿＿　　　　　　日期：＿＿＿＿＿＿＿

评价项目	评价标准	评价依据	学生自评 30%	小组互评 30%	教师评分 40%	权重	得分小计
职业素养	1. 积极参与小组工作，按时完成工作页，全勤　2. 能参与小组工作，完成工作页，出勤 90%上　3. 能参与小组工作，出勤 80%以上　4. 能参与工作，出勤 80%以下　5. 未反映参与工作　6. 工作岗位 5S 完成情况	1. 出勤　2. 工作态度　3. 劳动纪律　4. 团队协作精神				0.5	
专业技能	1. 转换指令的分类及工作原理　2. 程序的编制与调试	1. 工作页　2. 软件使用				0.5	
合计							

四、总结巩固

列出在本任务中学到的知识。

五、拓展训练

计算圆的面积，要求如下：

（1）实数格式的半径数据存放于 VD0 中；

（2）取 π 为 3.14159；

（3）将面积结果去尾存放于 VW10 中。

将程序写在下面。

任务四　表指令的应用

【学习目标】

1. 掌握表指令的类型；
2. 掌握表指令的工作原理；
3. 能根据控制要求使用表指令来实现控制功能。

一、必备知识

如图 6-16 所示，表指令分为以下几种类型。

（1）填表指令 ATT（Add to Table）

填表指令如图 6-17 所示，本指令向表格（TBL）中加入数值（DATA）。表格中的第一个数值是表格的最大长度（TL），第二个数值是条目计数（EC），指定表格中的条目数。新数据被增加至表格中的最后一个条目之后。每次向表格中增加新数据后，条目计数加 1。表格最多可包含 100 个条目，不包括指定最大条目数（TL）和实际条目数（EC）的参数。参数 DATA 数据类型为"整数"，参数 TBL 数据类型为"字"。

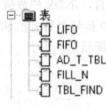

图 6-16　表指令

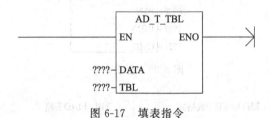

图 6-17　填表指令

（2）先入先出指令 FIFO（First In First Out）

先入先出指令如图 6-18 所示，指令通过移除表格（TBL）中的第一个条目并将数值移至 DATA 指定位置的方法，移动表格中的第一个条目数据。表格中的所有其他条目均向上移动一个位置。每次执行指令时，表格中的条目数减 1。参数 DATA 数据类型为"整数"，参数 TBL 数据类型为"字"。

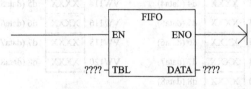

图 6-18　先入先出指令

（3）后入先出指令 LIFO（Last In First Out）

后入先出指令如图 6-19 所示，指令将表格中的最新（或最后）一个条目移至输出内存地址，方法是移除表格（TBL）中的最后一个条目，并将数值移至 DATA 指定的位置。每次执行指令时，表格中的条目数减 1。

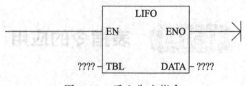

图 6-19　后入先出指令

（4）查表指令 FND

查表指令如图 6-20 所示，查表指令用于在指定表格（TBL）中搜索与某些标准相符的数据。从 INDX（0 为第 1 条数据）指定的表格条目开始，寻找与命令参数（CMD）定义的搜索标准相匹配的数据数值（PTN）。命令参数（CMD）被指定一个 1 至 4 的数值，分别代表条件＝、<>、<和>。如果找到匹配条目，则 INDX 指向表格中的匹配条目。欲查找下一个匹配条目，再次激活"表格查找"指令之前必须在 INDX 上加 1。如果未找到匹配条目，INDX 的数值等于条目计数。一个表格最多可有 100 个条目，数据项目（搜索区域）从 0 排号至最大值 99。查表指令中表格式与 ATT、LIFO、FIFO 指令表格式对比如图 6-21 所示。

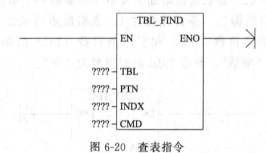

图 6-20　查表指令

ATT、LIFO、FIFO表格式				TBL_FIND表格式		
VW100	0009	TL(最大条目数)	VW102	0009	EC(条目计数)
VW102	0009	EC(条目计数)	VW104	1234	d0 (data0)
VW104	1234	d0 (data0)	VW106	2345	d1 (data1)
VW106	2345	d1 (data1)	VW108	XXXX	d2 (data2)
VW108	XXXX	d2 (data2)	VW110	XXXX	d3 (data3)
VW110	XXXX	d3 (data3)	VW112	XXXX	d4 (data4)
VW112	XXXX	d4 (data4)	VW114	XXXX	d5 (data5)
VW114	XXXX	d5 (data5)	VW116	XXXX	d6 (data6)
VW116	XXXX	d6 (data6)	VW118	XXXX	d7 (data7)
VW118	XXXX	d7 (data7)	VW120	XXXX	d8 (data8)
VW120	XXXX	d8 (data8)			

图 6-21　表存储格式对比图

（5）存储区域填充指令 FILL

存储区域填充指令如图 6-22 所示。存储区域填充（FILL）指令用包含在地址 IN 中的值写入 N 个连续字，N 的范围是 1 至 255。

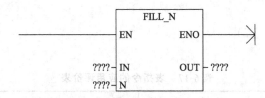

图 6-22　存储区域填充指令

二、任务实施

1. 利用表指令完成以下任务：

① 建立一个 30 条目的表格，表格数据从 VW4 开始；

② 用 I0.0 的上升沿对此表格复原（当前条目数和数据内容清零）；

③ 用 I0.1 的上升沿将 VW100 中数据添加到表格中；

④ 用 I0.2 将表格中最后一个数据移到 VW102 中；

⑤ 用 I0.3 将表格中第一个数据移到 VW104 中。

2. 分析控制要求，将本任务中涉及的表指令写在下面。

3. 将控制程序写在下面。

4. 试述表指令中表格样式的类型有哪些。

三、任务评价（见表 6-17）

表 6-17　表指令的应用评价表

小组：＿＿＿＿＿＿　　　　　　　　　　　指导教师：＿＿＿＿＿＿
姓名：＿＿＿＿＿＿　　　　　　　　　　　日　期：＿＿＿＿＿＿

评价项目	评价标准	评价依据	评价方式			权重	得分小计
			学生自评 30%	小组互评 30%	教师评分 40%		
职业素养	1. 积极参与小组工作，按时完成工作页，全勤 2. 能参与小组工作，完成工作页，出勤 90% 上 3. 能参与小组工作，出勤 80% 以上 4. 能参与工作，出勤 80% 以下 5. 未反映参与工作 6. 工作岗位 5S 完成情况	1. 出勤 2. 工作态度 3. 劳动纪律 4. 团队协作精神				0.5	
专业技能	1. 表指令的分类及工作原理 2. 表格的建立方法 3. 表指令程序的编制与监控调试	1. 工作页 2. 表指令程序的编制与监控调试				0.5	
合计							

四、总结巩固

列出在本任务中学到的知识。

五、拓展训练

某饮料自动生产线需要记录一天当中每小时生产饮料的数量，假定饮料瓶之间有一定的间隔距离，试编写一 PLC 控制程序，将一天 24 小时中每小时生产的饮料的数量分别记录在 VW10～VW56 中（假定检测饮料瓶的信号为 I0.0，每天实时生产的饮料数量会保存在 VD100 中，每天 00:00 时刻会将前一天的数据清零）。试根据要求编写 PLC 控制程序。

任务五　程序控制指令的应用

【学习目标】
1. 掌握程序控制指令的类型；
2. 掌握程序控制指令的工作原理；
3. 能根据控制要求使用程序控制指令来实现控制功能。

一、必备知识

如图 6-23 所示，程序控制令分为以下几种类型。

（1）循环指令 FOR/NEXT

循环指令执行 FOR 和 NEXT 之间的指令，如图 6-24 所示。

循环指令是可以指定次数的重复循环。每条 FOR 指令要求一个 NEXT 指令。循环指令启动时，初始值（INIT）将复制给索引值（INDX），当索引值大于结束值时，循环将中止。例如，假定 INIT 值等于 1，FINAL 值等于 10，FOR 与 NEXT 之间的指令被执行 10 次，INDX 值递增。如果起始值大于结束值，则不执行循环。每次执行 FOR 和 NEXT 之间的指令后，INDX 值递增，并将结果与结束值比较。如果 INDX 大于结束值，循环则终止。参数 INDX、INIT、FINAL 数据类型为"整数"，FOR/NEXT 循环可以嵌套最多 8 层。

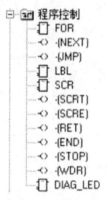

图 6-23　程序控制指令

（2）跳转指令和标签指令 JMP/LBL

跳转（JMP）指令标记出要跳转的位置（n），标签（LBL）指令标记跳转目的地（n）的位置，指令格式如图 6-25 所示。当满足跳转条件时，跳转指令将跳转到标签指令所标记的对应位置。操作数 n 的取值范围是 0～255（常数）。

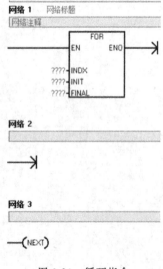

图 6-24　循环指令

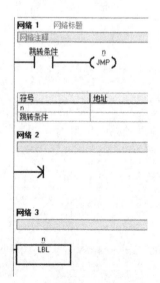

图 6-25　跳转指令和标签指令

跳转指令及其对应的标签指令必须始终位于相同的代码段中（主程序、子程序或中断例行程序）。不能从一个程序代码段跳转到不同的程序代码段中。可以在 SCR 段中使用"跳转"指令，但对应的"标签"指令必须位于相同的 SCR 段内。

（3）其他程序控制指令

程序控制指令除了之前介绍的顺序控制继电器指令、循环指令、跳转指令和标签指令外，还包括表 6-18 所列的其他一些程序控制指令。

表 6-18　其他程序控制指令一览表

序号	指令名称	LAD	功能简述
1	条件返回指令	—(RET)	从子程序有条件返回
2	条件结束指令	—(END)	程序（OB1）有条件结束
3	条件停止指令	—(STOP)	转到 STOP（停止）模式
4	看门狗复位指令	—(WDR)	指令重新触发 S7-200 CPU 的系统监视程序定时器，扩展扫描允许使用的时间，而不会出现看门狗错误
5	诊断 LED 指令	DIAG_LED / EN ENO / ????—IN	如果输入参数 IN 的数值为零，则诊断 LED 会被设置为不发光。如果输入参数 IN 的数值大于零，则诊断 LED 会被设置为发光（黄色）

二、任务实施

选择适当的程序控制指令，完成下述任务：

① 将存储在 VB0～VB9 中的 10 个连续字节中的数据相加并存储在 VW100 中；

② 若相加的结果大于 1000，则 Q0.0＝1。

分析控制要求，将控制程序写在下面。

三、任务评价（见表 6-19）

表 6-19　程序控制指令的应用评价表

小组：_____　　　　　　　　　　　　　指导教师：_____
姓名：_____　　　　　　　　　　　　　日期：_____

评价项目	评价标准	评价依据	评价方式 学生自评 30%	评价方式 小组互评 30%	评价方式 教师评分 40%	权重	得分小计
职业素养	1. 积极参与小组工作，按时完成工作页，全勤 2. 能参与小组工作，完成工作页，出勤 90% 上 3. 能参与小组工作，出勤 80% 以上 4. 能参与工作，出勤 80% 以下 5. 未反映参与工作 6. 工作岗位 5S 完成情况	1. 出勤 2. 工作态度 3. 劳动纪律 4. 团队协作精神				0.5	
专业技能	1. 程序控制指令的分类及工作原理 2. FOR/NEXT 循环指令的应用 3. 程序的编制与调试	1. 工作页 2. 程序的编制与调试				0.5	
合计							

四、总结巩固

列出在本任务中学到的知识。

五、拓展训练

　　将本任务中的控制要求做如下更改：将存放于 VB0～VB9 中的数据进行排序后存放，即最小的数据存放于 VB0 中，最大的数据存放于 VB9 中。将编制的控制程序写在下面。

任务六　中断指令的应用

【学习目标】

1. 掌握中断指令的类型；
2. 掌握中断指令的工作原理；
3. 能根据控制要使用中断指令来实现控制功能。

一、必备知识

1. 中断指令

如图 6-26 所示，中断指令分为以下几种类型。

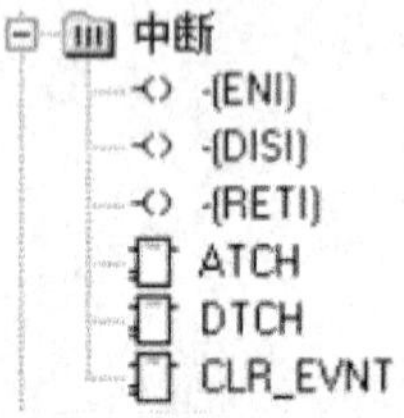

（1）中断允许指令（ENI）和中断禁止指令（DISI）

中断允许指令（ENI）全局允许所有被连接的中断事件。中断禁止指令（DISI）全局禁止处理所有中断事件。

当进入 RUN 模式时，初始状态为禁止中断。在 RUN 模式，可以通过执行全局中断允许指令（ENI）允许所有中断。执行"禁止中断"指令可禁止中断过程，但激活的中断事件仍继续排队。

（2）中断条件返回指令（CRETI）

中断条件返回指令（CRETI）用于根据前面的逻辑操作条件从中断程序中返回。

（3）中断连接指令（ATCH）和中断分离指令（DTCH）

中断连接指令（ATCH）将中断事件 EVNT 与中断程序号 INT 相关联，并使能该中断事件。中断分离指令（DTCH）将中断事件 EVNT 与中断程序之间的关联切断，并禁止该中断事件，见图 6-27。

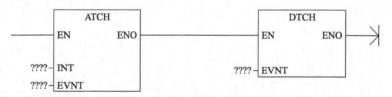

图 6-27　中断连接与中断分离指令

（4）清除中断事件指令（CEVNT）

清除中断事件指令从中断队列中清除所有 EVNT 类型的中断事件，使用此指令从中断队列中清除不需要的中断事件。如果此指令用于清除假的中断事件，在从队列中清除事件之前要首先分离事件。否则，在执行清除事件指令之后，新的事件将被增加到队列中。

2. 中断事件及中断优先级

中断事件（见表 6-20）由对应的中断程序执行，中断事件与用户程序的执行时序无关，有的中断事件不能预测何时发生。中断程序在中断事件发生时由系统调用，而不是由用户程序调用的。中断事件对应的中断程序是用户预编完成的。

图 6-26　中断指令

表 6-20　中断事件表

序号	事件		优先级别		支持的 CPU 类型				
	号码	说明	群组	组别	221	222	224	224xp	226
1	8	端口 0：接收字符	通信（最高）	0	√	√	√	√	√
2	9	端口 0：传输完成		0	√	√	√	√	√
3	23	端口 0：接收信息完成		0	√	√	√	√	√
4	24	端口 1：接收信息完成		1				√	√
5	25	端口 1：接收字符		1				√	√
6	26	端口 1：传输完成		1				√	√
7	19	PTO 0 完全中断	离散（中等）	0	√	√	√	√	√
8	20	PTO 1 完全中断		1	√	√	√	√	√
9	0	上升边缘，I0.0		2	√	√	√	√	√
10	2	上升边缘，I0.1		3	√	√	√	√	√
11	4	上升边缘，I0.2		4	√	√	√	√	√
12	6	下降边缘，I0.3		5	√	√	√	√	√
13	1	下降边缘，I0.0		6	√	√	√	√	√
14	3	下降边缘，I0.1		7	√	√	√	√	√
15	5	下降边缘，I0.2		8	√	√	√	√	√
16	7	下降边缘，I0.3		9	√	√	√	√	√
17	12	HSC0 CV=PV		10	√	√	√	√	√
18	27	HSC0 方向改变		11	√	√	√	√	√
19	28	HSC0 外部复原/Zphase		12	√	√	√	√	√
20	13	HSC1 CV=PV		13			√	√	√
21	14	HSC1 方向改变		14			√	√	√
22	15	HSC1 外部复原		15			√	√	√
23	16	HSC2 CV=PV		16			√	√	√
24	17	HSC2 方向改变		17			√	√	√
25	18	HSC2 外部复原		18			√	√	√
26	32	HSC3 CV=PV		19			√	√	√
27	29	HSC4 CV=PV		20	√	√	√	√	√
28	30	HSC1 方向改变		21	√	√	√	√	√
29	31	HSC1 外部复原/Zphase		22	√	√	√	√	√
30	33	HSC2 CV=PV		23	√	√	√	√	√
31	10	定时中断 0	定时（最低）	0	√	√	√	√	√
32	11	定时中断 1		1	√	√	√	√	√
33	21	定时器 T32 CT=PT 中断		2	√	√	√	√	√
34	22	定时器 T96 CT=PT 中断		3	√	√	√	√	√

二、任务实施

利用中断令完成以下任务：

① 利用 I0.0 上升沿中断，使指示灯 P1（Q0.1）点亮；

② 利用 I0.1 上升沿中断，使指示灯 P1（Q0.0）熄灭。

（1）分析控制要求，将控制程序写在下面。

（2）如在 I0.0 上升沿中断，程序中使用线圈指令（而非置位指令），试分析松开 I0.0 后，P1 等能否保持常亮，对结果进行分析。

三、任务评价（见表 6-21）

表 6-21　转换指令的应用评价表

小组：_____
姓名：_____

指导教师：_____
日期：_____

评价项目	评价标准	评价依据	评价方式			权重	得分小计
			学生自评 30%	小组互评 30%	教师评分 40%		
职业素养	1. 积极参与小组工作，按时完成工作页，全勤 2. 能参与小组工作，完成工作页，出勤 90% 上 3. 能参与小组工作，出勤 80% 以上 4. 能参与工作，出勤 80% 以下 5. 未反映参与工作 6. 工作岗位 5S 完成情况	1. 出勤 2. 工作态度 3. 劳动纪律 4. 团队协作精神				0.5	
专业技能	1. 中断指令分类和工作原理 2. 中断时间分类及其含义 3. 中断程序的编制与监控	1. 工作页 2. 程序监控与调试				0.5	
合计							

四、总结巩固

列出在本任务中学到的知识。

五、拓展训练

利用 T96 定时器中断控制彩灯循环，要求如下：

① 8 盏彩灯 P1～P8 分别由 Q0.0～Q0.7 控制；

② 上电开始 P1 常亮；

③ 每过 2.5s 彩灯移位（每次只亮一盏彩灯），如此循环，直至断电。

试根据要求编写 PLC 控制程序，并分析说明定时中断和定时器中断的异同。

项目七

变频器的PLC控制

变频器是利用电力半导体器件的通断作用，把电压、频率固定不变的交流电变成电压、频率都可调的交流电源。变频器由主电路和控制电路组成。主电路是给异步电动机提供可控电源的电力转换部分，分为电压型与电流型两类。主电路一般由三部分构成：将工频电源变换为直流电源的整流部分，吸收在转变中产生的电压脉动的平波回路部分，将直流功率变换为交流功率的逆变部分。控制电路是给主电路提供控制信号的回路，它包括决定频率和电压的运算电路，检测主电路数值的电压、电流检测电路，检测电动机速度的速度检测电路，将运算电路的控制信号放大的驱动电路，以及对逆变器和电动机进行保护的保护电路组成。

MM440 系列变频器是德国西门子公司广泛应用于工业场合的多功能标准变频器，它采用高性能的矢量控制技术，提供低速、高转矩输出和良好的动态特性，同时具备超强的过载能力，以满足广泛的应用场合。对于变频器的应用，首先需要熟练对变频器的面板操作，然后根据实际应用，对变频器的各种功能参数进行设置。在本项目中以西门子 MM440 变频器为例讲述变频器的 PLC 控制。

任务一　变频器的面板操作与运行

【学习目标】

1. 能根据应用对象完成变频器选型；
2. 能完成变频器的安装与拆卸；
3. 能根据功能查阅变频器技术手册；
4. 能绘制变频器外围接线图；
5. 掌握参数的基本设置方法。

一、必备知识

1. 西门子 MM440 变频器的安装与拆卸

把变频器安装到 35mm 标准导轨上（见图 7-1）：

① 用标准导轨的上闩销把变频器固定到导轨上；

② 向导轨上按压变频器，直到导轨的下闩销嵌入到位。

从导轨上拆卸变频器（见图 7-2）：

① 松开变频器的释放机构，将螺丝刀插入释放机构中；

② 向下施加压力，导轨的下闩销就会松开；

③ 将变频器从导轨上取下。

图 7-1　MM440 系列变频器安装

图 7-2　MM440 系列变频器拆卸

2. MM440 变频器结构

MM440 变频器在结构上主要分为三部分，分别为主电路面板、外部控制信号面板与基本操作面板（BOP），三部分通过卡扣实现物理连接与固定，信号则由对应的排针引脚传送。见图 7-3 和图 7-4。

图 7-3　MM440 系列变频器主电路面板

图 7-4　MM440 系列变频器外部控制信号面板

3. BOP 面板及参数设置操作

如图 7-5、图 7-6 所示，利用基本操作面板（BOP）可以更改变频器的各个参数。为了用 BOP 设置参数，首先必须将 SDP 从变频上拆卸下来，设置好后再装上 BOP。

图 7-5　MM440 系列变频器 BOP 面板

图 7-6　BOP 面板按钮图

BOP 用于显示参数、报警和故障信息。BOP 不能存储参数的信息。BOP 按钮功能说明见表 7-1。

表 7-1　基本操作面板（BOP）按钮功能说明

显示/按钮	功能	功能说明
┌0000 P(1) Hz	状态显示	LCD 显示变频器当前的设定值
Ⅰ	启动电动机	按此键启动变频器。缺省值运行时此键是被封锁的。为了使此键的操作有效，应设定 P0700＝1
0	停止电动机	OFF1：按此键，变频器将按选定的斜坡下降速率减速停车。缺省值运行时此键被封锁；为了允许此键操作，应设定 P0700＝1 OFF2：按此键两次（或一次，但时间较长）电动机将在惯性作用下自由停车。此功能总是"使能"的
⟲	改变电动机的转动方向	按此键可以改变电动机的转动方向。电动机的反向用负号（一）表示或用闪烁的小数点表示。缺省值运行时此键是被封锁的，为了使此键的操作有效，应设定 P0700＝1
jog	电动机点动	在变频器无输出的情况下按此键，将使电动机启动，并按预设定的点动频率运行。释放此键时，变频器停车。如果变频器电动机正在运行，按此键将不起作用

显示/按钮	功能	功能说明
Fn	功能	此键用于浏览辅助信息 变频器运行过程中，在显示任何一个参数时按下此键并保持 2s，将显示以下参数值： 1. 直流回路电压（用 d 表示，V） 2. 输出电流（A） 3 输出频率（Hz） 4. 输出电压（用 o 表示，V） 5. 由 P0005 选定的数值（如果 P0005 选择显示上述参数中的任何一个（3，4，5），这里将不再显示）。连续多次按下此键，将轮流显示以上参数 6. 跳转功能：在显示任何一个参数（r××××或 P××××）时短时间按下此键，将立即跳转到 r0000，如果需要的话，可以接着修改其他的参数。跳转到 r0000 后，按此键将返回原来的显示点 7. 退出：在出现故障或报警的情况下，按 Fn 键可以将操作板上显示的故障或报警信息复位
P	访问参数	按此键即可访问参数
▲	增加数值	按此键即可增加面板上显示的参数数值
▼	减少数值	按此键即可减少面板上显示的参数数值

MM440 在缺省设置时，用 BOP 控制电动机的功能是被禁止的。如果要用 BOP 进行控制，参数 P0700 应设置为 1，参数 P1000 也应设置为 1。用基本操作面板可以修改任何一个参数。修改参数的数值时，BOP 有时会显示 "busy"，表明变频器正忙于处理优先级更高的任务。下面就以设置 P1000＝1 的过程为例，来介绍通过基本操作面板修改设置参数的流程，见表 7-2。

表 7-2　基本操作面板修改设置参数流程

操作步骤	BOP 显示结果
1　按 P 键，访问参数	r0000
2　按 ▲ 键，直到显示 P1000	P1000
3　按 P 键，直到显示 in000，即 P1000 的第 0 组值	in000
4　按 P 键，显示当前值 2	2

续表

操作步骤	BOP 显示结果
5	按 ⊙ 键，达到所要求的值1	*1*
6	按 P 键，存储当前设置	P1000
7	按 Fn 键，显示 r0000	r0000
8	按 P 键，显示频率	50.00

4. 外围接线

MM440 变频器的外围接线主要涉及电源的输入与输出，通常情况下，使用 AC380V 作为电源供电，三相线分别接入对应引脚，见图 7-7，特殊情况下可以采用 AC220V 作为供电电源。

以三相异步电动机为例，变频器的输出端分别与电机的 U、V、W 端连接进行供电，当使用外部控制信号面板时，还需要将 28 号端子接地。

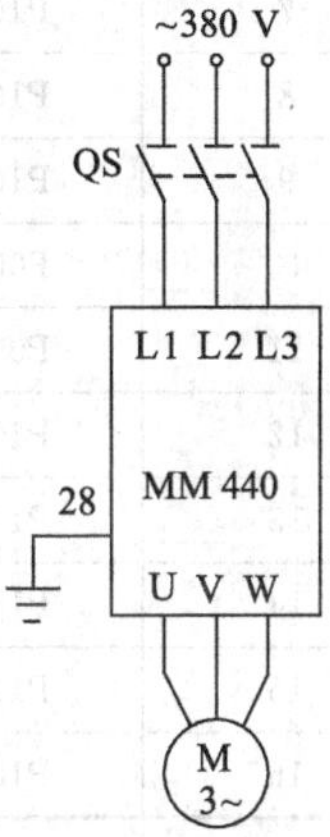

图 7-7　MM440 变频器主电路外围接线图

二、任务实施

1. 参数设置

① 设定 P0010＝30 和 P0970＝1，按下 P 键，开始复位，复位过程大约 3min，这样就可保证变频器的参数回复到工厂默认值。

② 设置电动机参数，为了使电动机与变频器相匹配，需要设置电动机参数。电动机参数设定完成后，设 P0010＝0，变频器当前处于准备状态，可正常运行。

结合实际实验使用的电机铭牌以及 MM440 说明书，查阅完成表 7-3。

表 7-3　MM440 电机技术参数表

序号	参数号	出厂值	设置值	功能说明
1	P0003	1	1	设定用户访问级为标准级
2	P0010			
3	P0100			
4	P0304			
5	P0305			
6	P0307			
7	P0310			
8	P0311			
9	P0003			

2. 设置面板基本操作控制参数

查找资料完成表 7-4。

表 7-4　面板基本操作控制参数表

序号	参数号	出厂值	设置值	功能说明
1	P0003			
2	P0010			
3	P0004			
4	P0700			
5	P0003			可跳过
6	P0004			可跳过
7	P1000			
8	P1080			
9	P1082			
10	P0003			可跳过
11	P0004			可跳过
12	P1040			
13	P1058			
14	P1059			
15	P1060			
16	P1061			

3. 变频器运行操作

① 变频器启动：变频器的前操作面板上按运行键，记录对应现象。

② 按前操作面板上的键／减少键（▲/▼），记录对应现象。

③ 按下变频器前操作面板上的点动键；松开变频器前面板上的点动键；如果按下变频器前操作面板上的换向键；重复上述的点动运行操作。记录对应现象。

④ 变频器的前操作面板上按停止键，记录对应现象。

三、任务评价（见表 7-5）

表 7-5　变频器的面板操作与运行评价表

小组：＿＿＿＿＿＿

姓名：＿＿＿＿＿＿

指导教师：＿＿＿＿＿＿

日期：＿＿＿＿＿＿＿＿

评价项目	评价标准	评价依据	评价方式			权重	得分小计
			学生自评 30%	小组互评 30%	教师评分 40%		
职业素养	1. 积极参与小组工作，按时完成工作页，全勤 2. 能参与小组工作，完成工作页，出勤 90%上 3. 能参与小组工作，出勤 80%以上 4. 能参与工作，出勤 80%以下 5. 未反映参与工作 6. 工作岗位 5S 完成情况	1. 出勤 2. 工作态度 3. 劳动纪律 4. 团队协作精神				0.5	
专业技能	1. 能正确使用工具和仪表，按照电路图正确接线 2. 能根据任务要求正确设置变频器参数 3. 操作调试过程正确	1. 操作的准确性和规范性 2. 回答问题的准确性 3. 工作页完成情况				0.5	
合计							

四、总结巩固

列出在本任务中学到的知识。

五、拓展训练

① 说明变频器的主要分类与组成部分。

② 西门子 MM440 系列变频器的功率范围一般为多少？

③ 除了最常见的 BOP 面板，还有其他的操作面板吗？

④ 目前西门子变频器还有哪些系列产品？

任务二 变频器的外部数字量指令控制

【学习目标】

1. 掌握 MM440 变频器基本参数的输入方法；
2. 掌握 MM440 变频器输入端子的操作控制方式；
3. 熟练掌握 MM440 变频器的运行操作过程。

一、必备知识

1. 西门子 MM440 控制面板的信号定义

变频器的外部信号引脚都有一个数字编号，每一个数字都赋予了独特的功能，当我们需要实现不同的控制功能时，应当学会选择正确的引脚与连接方式。MM440 系列变频器外部引脚定义如图 7-8 所示。

2. 数字输入端口功能

MM440 变频器的 6 个数字输入端口（DIN1～DIN6）即端口"5""6""7""8""16"和"17"，每一个数字输入端口功能很多，用户可根据需要进行设置。每一个数字输入功能参数值范围均为 0～99，出厂默认值均为 1。以下列出其中几个常用的参数值，各数值的具体含义见表 7-6。

表 7-6 MM440 数字输入端口功能设置表

参数值	功能说明
0	禁止数字输入
1	ON/OFF1（接通正转、停车命令 1）
2	ON/OFF1（接通反转、停车命令 1）
3	OFF2（停车命令 2），按惯性自由停车
4	OFF3（停车命令 3），按斜坡函数曲线快速降速
9	故障确认
10	正向点动
11	反向点动
12	反转
13	MOP（电动电位计）升速（增加频率）
14	MOP 降速（减少频率）
15	固定频率设定值（直接选择）
16	固定频率设定值（直接选择＋ON 命令）
17	固定频率设定值（二进制编码选择＋ON 命令）
25	直流注入制动

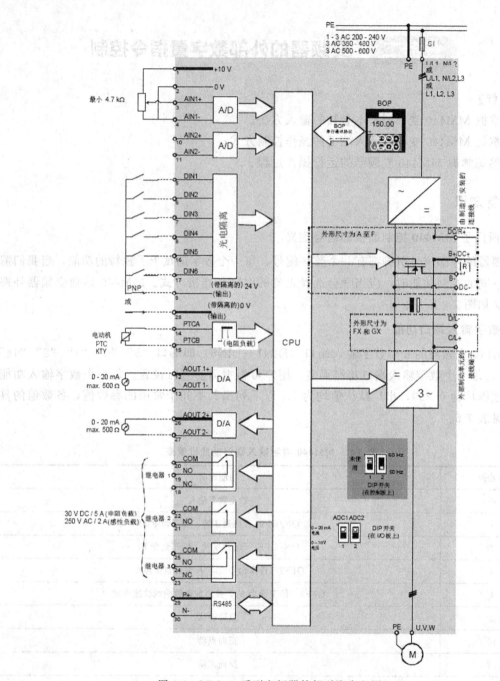

图 7-8　MM440 系列变频器外部引脚定义图

二、任务实施

用自锁按钮 SB1 和 SB2 及外部线路控制 MM440 变频器的运行，实现电动机正转和反转控制。其中端口"5"（DIN1）设为正转控制，端口"6"（DIN1）设为反转控制。

1. 外围接线

结合控制功能要求，绘制变频器的外围接线图。

2. 参数设置

结合实际实验使用的电机铭牌以及 MM440 说明书，完成表 7-7。

表 7-7　MM440 电机技术参数表

序号	参数号	出厂值	设置值	功能说明
1	P0003	1	1	设定用户访问级为标准级
2	P0010			
3	P0100			
4	P0304			
5	P0305			
6	P0307			
7	P0310			
8	P0311			
9	P0003			可跳过

在变频器通电的情况下，完成相关参数设置，完成表 7-8。

表 7-8　面板基本操作控制参数表

序号	参数号	出厂值	设置值	功能说明
1	P0003			可跳过
2	P0004			可跳过
3	P0700			
4	P0003			可跳过
5	P0004			可跳过
6	＊P0701			
7	＊P0702			
8	＊P0703			
9	＊P0704			

序号	参数号	出厂值	设置值	功能说明
10	P0003			可跳过
11	P0004			可跳过
12	P1000			
13	＊P1080			
14	＊P1082			
15	＊P1120			
16	＊P1121			
17	P0003			可跳过
18	P0004			可跳过
19	＊P1040			
20	＊P1058			
21	＊P1059			
22	＊P1060			

3. 记录变频器操作过程

① 按下自锁按钮 SB1。

② 再次按下 SB1。

③ 按下 SB2。

④ 再次按下 SB2。

三、任务评价（见表 7-9）

表 7-9　变频器的外部数字量指令控制评价表

小组：_____
姓名：_____

指导教师：_____
日期：_____

评价项目	评价标准	评价依据	评价方式			权重	得分小计
			学生自评 30%	小组互评 30%	教师评分 40%		
职业素养	1. 积极参与小组工作，按时完成工作页，全勤 2. 能参与小组工作，完成工作页，出勤 90% 上 3. 能参与小组工作，出勤 80% 以上 4. 能参与工作，出勤 80% 以下 5. 未反映参与工作 6. 工作岗位 5S 完成情况	1. 出勤 2. 工作态度 3. 劳动纪律 4. 团队协作精神				0.5	
专业技能	1. 能正确使用工具和仪表，绘制出外围接线图并按照电路图正确接线 2. 能根据任务要求正确设置变频器参数 3. 操作调试过程正确	1. 操作的准确性和规范性 2. 回答问题的准确性 3. 工作页完成情况				0.5	
合计							

四、总结巩固

列出在本任务中学到的知识。

五、拓展训练

① 改变电动机正常运行速度和正、反向点动运行速度，相应地要对哪几个参数进行修改设置？

② 当电动机处在空载、轻载或者重载状态时，实际运行速度会有变化吗？

③ 电动机运行过程中，如何直接测量电动机实际运行速度？

任务三　变频器的模拟信号操作控制

【学习目标】

1. 掌握 MM440 变频器的模拟信号控制；
2. 掌握 MM440 变频器基本参数的输入方法；
3. 熟练掌握 MM440 变频器的运行操作过程。

一、必备知识

1. 西门子 MM440 控制面板的信号定义：

MM440 变频器的"1""2"输出端为用户的给定单元提供了一个高精度的＋10V 直流稳压电源。可利用转速调节电位器串联在电路中改变输入端口 AIN1＋给定的模拟输入电压，变频器的输入量将紧跟给定量的变化，从而平滑地调节电动机转速的大小。

MM440 变频器为用户提供了两对模拟输入端口，即端口"3""4"和端口"10""11"，通过设置 P0701 的参数值，使数字输入"5"端口具有正转控制功能；通过设置 P0702 的参数值，使数字输入"6"端口具有反转控制功能；模拟输入"3""4"端口外接电位器，通过"3"端口输入大小可调的模拟电压信号，控制电动机转速的大小，即由数字输入端控制电动机转速的方向，由模拟输入端控制转速的大小。

2. DIP 开关

为了正确地接收模拟量电信号，变频器必须匹配模拟量电信号的类型，端子板上的 DIP 开关也必须设定在正确的位置。DIP 开关的设定值如下：

OFF ＝ 电压输入（10V）；

ON ＝ 电流输入（20mA）。

DIP 开关的安装位置与模拟输入的对应关系如下：

左面的 DIP 开关（DIP 1）＝ 模拟输入 1；

右面的 DIP 开关（DIP 2）＝ 模拟输入 2。

图 7-9 所示为 DIP 开关。

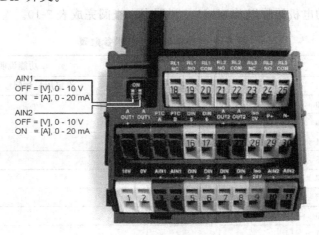

图 7-9　DIP 开关

3. 模拟量信号的分类与选择

在 PLC 技术应用领域中，模拟量信号通常分为两类：电压型模拟量信号与电流型模拟量信号。

电压型模拟量信号的信号接收范围为 0～10V，对应的传感器模拟量信号范围为 0～10V。

电流型模拟量信号的信号接收范围为 0～20mA，对应的传感器模拟量信号范围 4～20mA。

因为现场与控制室之间的距离较远，连接电线的电阻较大时，如果用电压源信号传送，由于电线电阻与接收仪表输入电阻的分压，将产生较大的误差，而用恒电流源信号传送，只要传送回路不出现分支，回路中的电流就不会随电线长短而改变，从而保证了传送的精度。电流信号抗干扰的能力相比电压信号更强，在有干扰的工况下，建议选择 4～20mA 电流信号。

二、任务实施

1. 控制功能

用自锁按钮 SB1 控制实现电动机启停，由模拟量输入端控制电动机转速的大小。

2. 外围接线

结合控制功能要求，绘制变频器的外围接线图，并完成硬件接线。

3. 参数设置

结合实际使用的电机铭牌以及 MM440 说明书，查阅完成表 7-10。

表 7-10　MM440 电机技术参数表

序号	参数号	出厂值	设置值	功能说明
1	P0003	1	1	设定用户访问级为标准级
2	P0010			
3	P0100			
4	P0304			
5	P0305			
6	P0307			
7	P0308			
8	P0310			
9	P0311			

在变频器通电的情况下，完成相关参数设置，查找资料，完成表 7-11。

表 7-11 面板基本操作控制参数表

序号	参数号	出厂值	设置值	功能说明
1				
2				
3				
4				
5				
6				
7				
8				
9				
10				
11				
12				
13				
14				
15				
16				
17				
18				

4. 变频器运行操作

将操作过程记录在下面。

三、任务评价（见表 7-12）

表 7-12　变频器的模拟信号操作控制评价表

小组：_____　　　　　　　　　　　　　　指导教师：_____
姓名：_____　　　　　　　　　　　　　　日　期：_____

评价项目	评价标准	评价依据	评价方式			权重	得分小计
			学生自评 30%	小组互评 30%	教师评分 40%		
职业素养	1. 积极参与小组工作，按时完成工作页，全勤 2. 能参与小组工作，完成工作页，出勤 90% 上 3. 能参与小组工作，出勤 80% 以上 4. 能参与工作，出勤 80% 以下 5. 未反映参与工作 6. 工作岗位 5S 完成情况	1. 出勤 2. 工作态度 3. 劳动纪律 4. 团队协作精神				0.5	
专业技能	1. 能正确使用工具和仪表，绘制出外围接线图并按照电路图正确接线 2. 能根据任务要求正确设置变频器参数 3. 操作调试过程正确	1. 操作的准确性和规范性 2. 回答问题的准确性 3. 工作页完成情况				0.5	
合计							

四、总结巩固

列出在本任务中学到的知识。

五、拓展训练

① 不通过外接电位器，使用西门子 S7-200 模拟量模块控制变频器的模拟量调速。

② 请解释为什么电流型模拟量信号范围在 4～20mA。

③ 如果采电流型模拟量信号输入变频器，应该进行哪些设置？

任务四　**变频器的 USS 通信控制**

【学习目标】

1. 掌握 MM440 变频器的 USS 通信硬件配置；
2. 掌握 MM440 变频器 USS 通信库函数调用；
3. 掌握 MM440 变频器 USS 通信调试。

一、必备知识

1. 西门子 USS 通信协议

USS（Universal Serial Interface，即通用串行通信接口）是西门子专为驱动装置开发的通信协议，多年来经历了一个不断发展完善的过程。最初 USS 用于对驱动装置进行参数化操作，即更多地面向参数设置。在驱动装置和操作面板、调试软件（如 Drive ES/STARTER）的连接中得到广泛的应用。近来 USS 因其协议简单、硬件要求低，越来越多地用于控制器（如 PLC）通信，实现一般水平的通信控制。

USS 的工作机制是：通信总是由主站发起，USS 主站不断循环轮询各个从站，从站根据收到的指令，决定是否响应以及如何响应。从站永远不会主动发送数据。

2. USS 通信端口配置

（1）S7-200 CPU 通信端口配置

规划网络时，S7-200 CPU 既可以放在整个总线型网络的一端，也可以放在网络的中间。在 S7-200 CPU 通信口上使用西门子网络插头，见图 7-10，可以利用插头上的终端和偏置电阻，如果使用带编程口的网络插头，可便于调试程序。

PROFIBUS 电缆的红色导线连接到 S7-200 CPU 通信口的 3 针，此信号应当连接到 MM 440 通信端口的 P＋；绿色导线连接到 S7-200 CPU 通信口的 8 针，此信号应当连接到 MM 440 通信端口的 N－。

图 7-10　通信口引脚图

（2）MM440 通信端口配置

MM 440 前面板上的通信端口是 RS-485 端口。与 USS 通信有关的前面板端子见表 7-13。

表 7-13　MM440 的 USS 通信相关端子

端子号	名称	功能
1	—	电源输出 10V
2	—	电源输出 0V
29	P+	RS-485 信号 ＋
30	N—	RS-485 信号 —

因 MM440 通信口是端子连接，故 PROFIBUS 电缆不需要网络插头，而是剥出线头直接压在端子上。如果还要连接下一个驱动装置，则两条电缆的同色芯线可以压在同一个端子内。PROFIBUS 电缆的红色芯线应当压入端子 29；绿色芯线应当连接到端子 30。

对于整个网络配置，注意事项如下：

① 要有屏蔽/保护接地母排，或可靠的多点接地，这对抑制干扰有重要意义。

② PROFIBUS 网络插头内置偏置电阻和终端电阻。

③ MM 440 端的偏置和终端电阻随包装提供。

④ 通信口的等电位连接可以保护通信口不致因共模电压差损坏，使通信中断。

⑤ 双绞屏蔽电缆屏蔽层须双端接地。

（3）注意事项

① 偏置电阻用于在复杂的环境下确保通信线上的电平在总线未被驱动时保持稳定；终端电阻用于吸收网络上的反射信号。一个完善的总线型网络必须在两端接偏置和终端电阻。

② 通信口 M 的等电位连接建议单独采用较粗的导线，而不要使用 PROFIBUS 的屏蔽层，因为此连接上可能有较大的电流，以致通信中断。

③ PROFIBUS 电缆的屏蔽层要尽量大面积接 PE。一个实用的做法是在靠近插头、接线端子处环剥外皮，用压箍将裸露的屏蔽层压紧在 PE 接地体上（如 PE 母排或良好接地的裸露金属安装板）。

④ 通信线与动力线分开布线，紧贴金属板安装能改善抗干扰能力。驱动装置的输入/输出端要尽量采用滤波装置，并使用屏蔽电缆。

⑤ MM 440 的包装内提供了终端偏置电阻元件，接线时可按说明书直接压在端子上。如果可能，可采用热缩管将此元件包裹，并适当固定。

二、任务实施

① 结合控制功能要求，绘制变频器的外围接线图，并完成硬件接线。

② 结合实际使用的电机铭牌以及 MM440 说明书，完成表 7-14。

表 7-14　USS 通信参数设置表

序号	参数号	出厂值	设置值	功能说明
1	P700			
2	P1000			
3	P2009			
4	P2010			
5	P2011			
6	P2012			
7	P2013			
8	P2014			
9	P0971			

③ 根据图 7-11，检查 USS Protocol 协议是否已经安装。

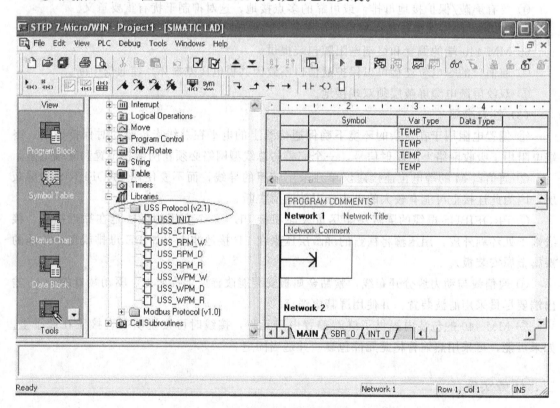

图 7-11　STEP7 编程环境下 USS 库函数目录

设置 PG/PC 通信接口参数，USS 通信是由 S7-200 和驱动装置配合完成的，因此相关参数一定要配合设置，如通信速率设置不一样，就无法通信。

④ 利用 USS 协议的初始化模块初始化 S7-200 的 PORT0 端口，见图 7-12。

在调用 USS 协议的各模块时，首先应考虑 PLC 与 MM440 变频器之间的软硬件设置是否匹配，建议在正式编程调试前先熟悉 USS 协议库每个模块的引脚含义，并在程序符号表里进行分配，见图 7-13。

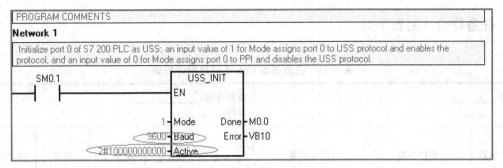

图 7-12　USS 库函数初始化

图 7-13　S7-200 程序符号表

			Symbol	Address
1			RUN	I0.0
2			OFF2	M10.0
3			OFF3	M10.1
4			DIR	I0.2
5			F_ACK	I0.1
6			RUN_EN	M0.2
7			D_Dir	M0.3
8			Fault	M0.5
9			Speed_SetPoint	VD100
10			Speed_Actual	VD14
11			Status_Word	VW12
12			Fault_Code	VW226
13			Fault_Value	VW228
14			R_P1000	VW196
15			W_P1000	VW198
16			R_P731	VD202
17			W_P731	VD206
18			R_P1120	VD220
19			W_P1120	VD224

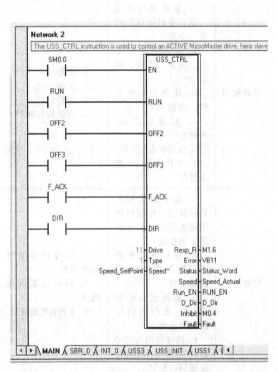

图 7-14　USS 库函数 USS_CTRL 指令模块

⑤ 将操作运行过程记录在下面。

三、任务评价（见表 7-15）

表 7-15　变频器的 USS 通信控制评价表

小组：_____							
姓名：_____			指导教师：_____				
			日期：_____				

评价项目	评价标准	评价依据	评价方式			权重	得分小计
			学生自评 30%	小组互评 30%	教师评分 40%		
职业素养	1. 积极参与小组工作，按时完成工作页，全勤 2. 能参与小组工作，完成工作页，出勤 90% 上 3. 能参与小组工作，出勤 80% 以上 4. 能参与工作，出勤 80% 以下 5. 未反映参与工作 6. 工作岗位 5S 完成情况	1. 出勤 2. 工作态度 3. 劳动纪律 4. 团队协作精神				0.5	
专业技能	1. 能正确使用工具和仪表，绘制出外围接线图并按照电路图正确接线 2. 能根据任务要求正确设置 USS 变频器参数 3. 能够正确地完成 USS 通信的硬件配置与连接 4. 能够使用 S7-200 软件完成对 MM440 变频器的控制	1. 操作的准确性和规范性 2. 回答问题的准确性 3. 工作页完成情况				0.5	
合计							

四、总结巩固

列出在本任务中学到的知识。

五、拓展训练

① 如果想通过 USS 通信完成 S7-200 对 MM440 变频器参数的设置，在控制系统的软硬件部分需要做哪些变动？

② 结合 USS 通信的特点及自己的理解，你认为它有哪些局限性？它不适用于哪些应用场合？

项目八

步进电机的PLC控制

步进电动机是一种特殊的电动机，它是将电脉冲信号变换成相应的角位移的电磁装置。一般电动机都是连续转动的，而步进电机每接收到一个脉冲信号，就转过一定的角度。步进电动机的角位移脉冲量具有信号线少、抗干扰等优点，在现代自动控制系统的精确定位方面有重要的应用价值。

在 S7-200 系列 PLC 中，高速输出指令可以产生高速电脉冲信号，可以用来驱动步进电机和伺服电机进行运动。

任务一 高速输出的应用

【学习目标】

1. 理解步进电机工作原理；
2. 掌握 S7-200 高速输出资源；
3. 能编写和调试步进电机控制程序。

一、必备知识

1. 步进电机工作原理

步进电机工作原理如图 8-1 所示。当 A 相控制绕组通电，B、C 两相均不通电时，电机内产生以定子 A 相极为轴线的磁场，使转子齿 1、3 的轴线与定子 A 相极轴线对齐；当 A 相控制绕组断电、B 相控制绕组通电时，转子在感应磁场的作用下逆时针转过 30°，使转子齿 2、4 的轴线与定子 B 相极轴线对齐，即转子转了一步。若断开 B 相，使 C 相控制绕组通电，转子逆时针方向又转过 30°，使转子齿 1、3 的轴线与定子 C 相极轴线对齐。

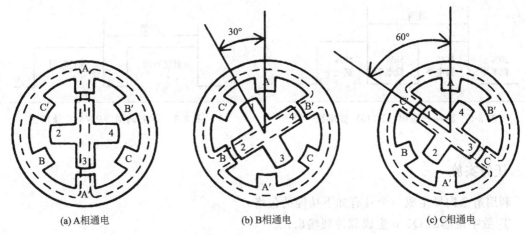

(a) A相通电　　　　　　　　(b) B相通电　　　　　　　　(c) C相通电

图 8-1　步进电机工作原理图

如此按 A 相—B 相—C 相—A 相的顺序轮流通电，转子就会一步一步地按逆时针方向转动；如按 A 相—C 相—B 相—A 相的顺序轮流通电，转子按顺时针方向转动。这种通电方式称为三相单三拍工作方式。除此之外还有三相双三拍和三相六拍工作方式。

2. S7-200 PLC 高速输出资源

S7-200 提供了 3 种开环运动控制方式：

① 内置的脉宽调制（PWM），用于速度、位置或占空比控制；

② 内置的脉冲列输出（PTO），用于速度和位置的控制；

③ EM253 位置控制模块，控制速度和位置。

S7-200 系列的 PLC 的 CPU 模块有两个数字输出点：Q0.0 和 Q0.1，可作为 PTO/PWM（脉冲列/脉冲宽度调制）发生器。用户可以使用指令编写程序或通过 STEP7-Micro/WIN 提供的"位置控制向导"生成控制程序。

EM253 位置控制模块提供带有方向控制、禁止和清除输出的单脉冲输出信号。可以将模块组态为包括自动参考点搜索在内的几种操作模式，为步进电机或伺服电机的速度和位置开环控制提供统一的解决方案。STEP 7-Micro/WIN 的位控向导提供了一个控制面板，可以控制、监视和测试运动操作。

3. PTO/PWM 功能

（1）PTO（脉冲列输出）

PTO 输出方波（占空比 50%，见图 8-2），并可指定所输出的脉冲数量和周期。脉冲列输出（PTO）功能可以产生一列脉冲或产生由多个脉冲序列组成的脉冲包络，从而控制一个步进电机，完成一个简单的斜坡上升、运行和斜坡下降等操作。

（2）PWM（脉宽调制）

PWM（见图 8-3）功能提供可变占空比的脉冲输出，时间基准可以设置为 μs 或 ms，周期的变化范围为 $10 \sim 65535 \mu s$ 或 $2 \sim 65535 ms$，脉冲宽度的变化范围为 $0 \sim 65535 \mu s$ 或 $0 \sim 65535 ms$。当指定的脉冲宽度值大于周期值时，占空比为 100%，输出连续接通。当脉冲宽度为 0 时，占空比为 0%，输出断开。PWM 的高频输出波形经滤波后可以得到与占空比成正比的模拟量输出电压。

图 8-2　脉冲列输出（PTO）波形图

图 8-3　脉宽调制（PWM）波形图

二、任务实施

利用指令向导生成一个具有如下功能的包络：

① 数字量输出 Q0.0 生成脉冲列输出；

② SS_SPEED：1000 脉冲/s；

③ MAX_SPEED：30000 脉冲/s；

④ 加、减速时间分别为 1000ms。

包络参数见表 8-1。将此包络在软件中的建立过程写在下面。

表 8-1　包络参数表

序号	包络中步的编号	目标速度	结束位置
1	第 0 步	3000	4000
2	第 1 步	30000	40000
3	第 2 步	3000	8000

（1）将生成的包络图形绘制在下面。

（2）利用此包络控制步进电机运行，完成以下任务：

① 绘制 PLC 与步进电机控制器硬件接线图；

② 编制 PLC 程序，按下 I0.0 来调用此包络，实现步进电机动作；

③ 将动作过程记录在下面。

三、任务评价（见表 8-2）

表 8-2 高速输出的应用评价表

| 小组：_____ | | | 指导教师：_____ | | | | |
| 姓名：_____ | | | 日期：_____ | | | | |

评价项目	评价标准	评价依据	评价方式			权重	得分小计
			学生自评 30%	小组互评 30%	教师评分 40%		
职业素养	1. 积极参与小组工作，按时完成工作页，全勤 2. 能参与小组工作，完成工作页，出勤 90% 上 3. 能参与小组工作，出勤 80% 以上 4. 能参与工作，出勤 80% 以下 5. 未反映参与工作 6. 工作岗位 5S 完成情况	1. 出勤 2. 工作态度 3. 劳动纪律 4. 团队协作精神				0.5	
专业技能	1. PTO/PWM 异同 2. 在 S7-200PLC 中指定数量脉冲产生的方式 3. 包络的配置方法 4. S7-200MAP 运动控制库中各函数及参数的含义	1. 操作的准确性和规范性 2. 回答问题的准确性 3. 工作页完成情况 4. 包络配置过程描述的准确性 5. 运动控制库的使用（软硬件）				0.5	
合计							

四、总结巩固

列出在本任务中学到的知识。

五、拓展训练

将本任务实施中的步进电机控制采用 S7-200MAP 运动控制库实现，功能要求不变，将 PLC 程序写在下面。

任务二 高速输入的应用

【学习目标】

1. 理解高速计数器的作用；
2. 了解 S7-200 高速计数器的资源；
3. 理解高速计数器工作方式并能正确选用；
4. 能编写和调试高速计数器程序。

一、必备知识

1. S7-200 的高速计数器资源

与普通计数器不同，高速计数器（High Speed Counter，HSC）的计数不依赖 PLC 的扫描周期。可以累计比 PLC 扫描频率高得多的脉冲输入。S7-200 的 HSC 最高计数频率为 30kHz。当脉冲数达到设定值或计数方向改变时，可以利用产生的中断事件完成预定的操作。

S7-200 系列 PLC 的 CPU 模块的高速计数器资源与模块型号有关，CPU221、CPU222 有 4 个 HSC，CPU224、CPU226 有 6 个 HSC。在使用时，每个 HSC 有对应的编号，例如 CPU226 的 6 个高速计数器分别编号为 HSC0～HSC5。

2. 高速计数器计数方式

高速计数器有 12 种工作模式，标号为模式 0～11。这 12 种工作模式可以分成四类。功能说明见表 8-3。

表 8-3 高速计数器工作模式功能说明

HSC 编号及对应输入端子	功能说明	使用的输入端子及其代表的功能			
	HSC0	I0.0	I0.1	I0.2	×
	HSC1	I0.6	I0.7	I1.0	I1.1
	HSC2	I1.2	I1.3	I1.4	I1.5
	HSC3	I0.1	×	×	×
	HSC4	I0.3	I0.4	I0.5	×
HSC 工作模式	HSC5	I0.4	×	×	×
0	单路脉冲输入的内部方向控制加/减计数	脉冲输入端	×	×	×
1	SM37.7=0，减计数			复位端	×
2	SM37.7=1，加计数			复位端	启动
3	单路脉冲输入的外部方向控制加/减计数	脉冲输入端	方向控制端	×	×
4	方向控制端为 0，减计数			复位端	×
5	方向控制端为 1，加计数			复位端	启动
6	两路脉冲输入的单相加/减计数	加计数脉冲输入端	减计数脉冲输入端	×	×
7	加计数端有脉冲输入，加计数			复位端	×
8	减计数端有脉冲输入，减计数			复位端	启动
9	两路脉冲输入的双相正交计数	A 相脉冲输入端	B 相脉冲输入端	×	×
10	A 相脉冲超前 B 相脉冲，加计数			复位端	×
11	A 相脉冲滞后 B 相脉冲，减计数			复位端	启动

注：表中"×"表示没有或不需要此部分功能。

171

3. 高速计数器工作模式选用原则

在选用高速计数器工作模式时，应遵循以下原则。

① 明确高速输入脉冲类型：单路输入脉冲（工作模式 0~5）、两路输入脉冲（工作模式 6~8）和两路输入正交脉冲（工作模式 9~11）；

② 明确方向控制信号类型（即加计数还是减计数）：内部方向控制（工作模式 0~2）、外部方向控制（3~5）、加减计数脉冲输入方向控制（工作模式 6~8）和双向正交脉冲方向控制（工作方式 9~11）；

③ 辅助功能确定：复位端信号（工作模式 1、2、4、5、7、8、10、11），启动信号（工作模式 2、5、8、11）。

根据外部高速输入器件和控制功能的要求，通过上述原则就可以确定高速计数器的工作方式。

4. HSC 对应的特殊功能寄存器

在特殊寄存器区（SM），每个高速计数器都有固定的特殊功能寄存器与之对应。这些特殊功能寄存器包括一个状态字节、一个控制字节、一个 32 位的当前值以及一个 32 位的预置值寄存器。在使用"指令向导"编程高速计数器时，会访问这些寄存器，也可以编写指令操作这些存储器，进行控制或监控。见表 8-4。

表 8-4　高速计数器用 SM 存储器

状态字节寄存器						
HSC0	HSC1	HSC2	HSC3	HSC4	HSC5	说明
SM36.5	SM46.5	SM56.5	SM136.5	SM146.5	SM156.5	当前计数方向，0 为减计数，1 为加计数
SM36.6	SM46.6	SM56.6	SM136.6	SM146.6	SM156.6	0 为当前值不等于预设值，1 为等于
SM36.7	SM46.7	SM56.7	SM136.7	SM146.7	SM156.7	0 为当前值不大于预设值，1 为大于

控制字节寄存器						
HSC0	HSC1	HSC2	HSC3	HSC4	HSC5	说明
SM37.0	SM47.0	SM57.0	—	SM147.0	—	0 为复位信号高电平有效，1 为低电平有效
—	SM47.1	SM57.1				0 为启动信号高电平有效，1 为低电平有效
SM37.2	SM47.2	SM57.2		SM147.2	—	0 为 4 倍计数速率，1 为 1 倍计数速率
SM37.3	SM47.3	SM57.3	SM137.3	SM147.3	SM157.3	0 为减计数，1 为加计数
SM37.4	SM47.4	SM57.4	SM137.4	SM147.4	SM157.4	写入计数方向；0 不更新；1 更新
SM37.5	SM47.5	SM57.5	SM137.5	SM147.5	SM157.5	写入预设值；0 不更新；1 更新
SM37.6	SM47.6	SM57.6	SM137.6	SM147.6	SM157.6	写入当前值；0 不更新；1 更新
SM37.7	SM47.7	SM57.7	SM137.7	SM147.7	SM157.7	HSC 允许；0 禁止，1 允许
SMD38	SMD48	SMD58	SMD138	SMD148	SMD158	新的当前值
SMD42	SMD52	SMD62	SMD142	SMD152	SMD162	新的预设值

注：1. 未列出的寄存器位或出现"—"的均为保留位；

2. 在执行高速计数器的中断程序时状态位才有效，通过监视高速计数器状态可以响应正在进行的操作所产生的中断；

3. 只有定义高速计数器及其计数模式，才能对高速计数器的动态参数进行编程。在执行 HDEF 指令前未定义控制字节，计数器工作于默认模式，复位输入和启动输入是高电平有效，正交计数速率为输入时钟频率的两倍。执行 HDEF 指令后不能改变计数器设置，除非 CPU 进入停止状态；

4. 高速计数器均有一个有符号双字型整数（32 位）的预置值和当前值，可以对当前值直接进行读操作，写操作必须通过 HSC 指令来实现。

5．高速计数器指令及应用

高速计数器指令有两条（见图 8-4），分别为高速计数器定义指令 HDEF 和高速计数器指令 HSC。高速计数器的程序可以由用户逐条编写，也可通过指令向导编程。

高速计数器定义指令 HDEF 在使能有效时为指定的高速计数器分配一种工作方式。

高速计数器指令 HSC 在使能输入有效时，根据高速计数器的特殊存储器的状态位，按照 HDEF 指令指定的模式设置高速计数器，控制其工作。

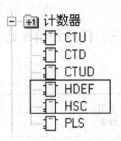

图 8-4　高速计数器指令

二、任务实施

用于高速计数器的控制要求如下：

① 高速输入采用 AB 正交编码器；

② 复位和启动通过外接的按键来控制。

根据以上任务要求完成下述任务：

① 高速计数器工作模式选择；

② 绘制 PLC 硬件接线图；

③ 通过指令向导，完成高速计数器配置，将过程记录在下面。

三、任务评价（见表 8-5）

表 8-5　高速输入的应用评价表

小组：＿＿＿＿＿＿　　　　　　　　　指导教师：＿＿＿＿＿＿
姓名：＿＿＿＿＿＿　　　　　　　　　日期：＿＿＿＿＿＿＿

评价项目	评价标准	评价依据	评价方式			权重	得分小计
			学生自评 30%	小组互评 30%	教师评分 40%		
职业素养	1. 积极参与小组工作，按时完成工作页，全勤 2. 能参与小组工作，完成工作页，出勤 90% 上 3. 能参与小组工作，出勤 80% 以上 4. 能参与工作，出勤 80% 以下 5. 未反映参与工作 6. 工作岗位 5S 完成情况	1. 出勤 2. 工作态度 3. 劳动纪律 4. 团队协作精神				0.5	
专业技能	1. HSC（高速计数器）的作用 2. S7-200PLC 中高速计数器工作模式选用依据 3. 高速脉冲向导配置方法 4. 高速脉冲指令程序编制与调试	1. 操作的准确性和规范性 2. 回答问题的准确性 3. 工作页完成情况 4. 硬件接线 5. 软件编程与调试				0.5	
合计							

四、总结巩固

列出在本任务中学到的知识。

五、拓展训练

解释说明图 8-5 中梯形图程序的控制过程和作用。

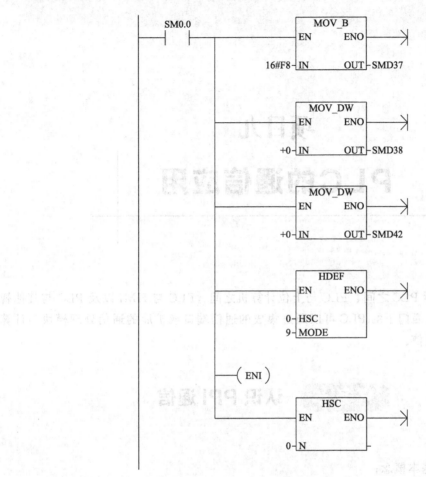

图 8-5　梯形图程序

项目九

PLC的通信应用

PLC的通信包括 PLC 之间、PLC 与上位计算机之间，PLC 与 HMI 以及 PLC 与其他智能设备之间的通信。西门子的 PLC 可以通过集成的通信端口或扩展的通信处理模块与计算机和其他智能设备通信。

任务一　认识 PPI 通信

【学习目标】

1. 理解通信的基本概念；
2. 能建立 PPI 通信的硬件连接及编写简单的测试程序。

一、必备知识

1. 通信的基本概念

（1）并行通信与串行通信

并行通信是以字节或字为单位的数据传输方式，目前应用较少。串行通信是以二进制的位为单位的数据传输方式，每次只传送一位。串行通信最少只需要两根线就可以连接多台设备，组成控制网络，可用于距离较远的场合。工业控制设备与计算机之间的通信几乎都采用串行通信方式。

（2）串行通信的接口标准

RS-232C 是美国 EIC（电子工业联合会）在 1969 年公布的通信协议。工业控制中 RS-232C 一般使用 9 针连接器。RS-232C 采用负逻辑，用 −15～−5V 表示逻辑"1"状态，用 +5～+15V 表示逻辑"0"状态，最大通信距离为 15m，最高传输速率为 20kbps，只能进行一对一的通信。通信距离较近时，通信双方可以直接连接，最简单的情况是不需要控制联络信号，只需要发送线、接收线和信号地线便可以实现全双工通信。

RS-422A 采用平衡驱动、差分接收电路，利用两根导线之间的电位差传输信号。这两根导线称为 A 线和 B 线，当 B 线的电压比 A 线高时，一般认为传输的是数字"1"；反之认为传输的是数字"0"。这种标准能够有效工作的差动电压范围十分宽。

相比于 RS-232C，RS-422A 的通信速率和传输距离有了很大的提高。一台驱动器可以连接 10 台接收器。RS-422A 采用全双工通信，用 4 根导线传送数据，两对平衡差分信号线分别用于发送和接收。

RS-485 是 RS-422A 的变形，RS-485 为半双工，只有一对平衡差分信号线，不能同时发送和接收信号。使用 RS-485 通信端口和双绞线可以组成串行通信网络，构成分布式系统。图 9-1、图 9-2、图 9-3 给出了上述几种串行接口标准的信号线连接图。

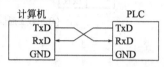

图 9-1 RS-232C 信号线连接图

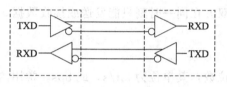

图 9-2 RS-422A 信号线连接图

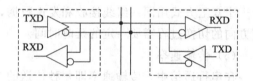

图 9-3 RS-485 信号线连接图

（3）异步通信与同步通信

在串行通信中，接收方和发送方应使用相同的传输速率。接收方和发送方的标称传输速率虽然相同，它们的实际发送速率和接收速率之间总是有一些微小的差别。如果不采取措施，在连续传送大量的数据时，将会因积累误差造成发送和接收的数据错位，使接收方收到错误的信息。为了解决这一问题，需要使发送过程和接收过程同步。按同步方式的不同，串行通信分为同步通信和异步通信。

异步通信采用字符同步方式，发送的字符格式一般由 1 个起始位、7 个或 8 个数据位、1 个奇偶校验位（可以没有）、1 个或 2 个停止位组成。通信双方需要对采用的信息格式和数据的传输速率作相同的约定。接收方检测到停止位和起始位之间的下降沿后，将它作为接收的起始点，在每一位的中点接收信息。由于一个字符信息格式仅有十来位，即使发送方和接收方的收发频率略有不同，也不会因为两台设备之间的时钟周期差异产生的积累误差而导致信息的发送和接收错位。

为了确认接收和发送数据的一致性，可以使用校验。奇偶校验用来检测接收到的数据是否出错。例如 PPI 通信协议采用偶校验，用硬件保证发送方发送的每一个字符的数据位和奇偶校验位中"1"的个数为偶数。如果数据位包含偶数个"1"，奇偶校验位将为 0；如果数据位包含奇数个"1"，奇偶校验位将为 1。这样可以保证数据位和奇偶校验位中"1"的个数为偶数。接收方对接收到的每一个字符奇偶性进行校验，如果奇偶校验出错，SM3.0 位为 ON。如果选择不进行奇偶校验，传输时没有校验位，不进行奇偶校验。

同步通信以字节为单位，每次传送 1、2 个同步字符、若干个数据字节和校验字符。同步字符起联络作用。通知接收方开始接收数据。在同步通信中，发送方和接收方应使用同一个时钟脉冲。可以通过调制解调方式在数据流中提取出同步信号，使接收方得到与发送方同步的接收时钟信号。

（4）单工通信与双工通信

单工通信方式指沿单一方向传输数据，双工通信方式可以沿两个方向传送数据，每个站既可以发送数据，也可以接收数据。双工方式又分为全双工方式和半双工方式，如图 9-4 所示。

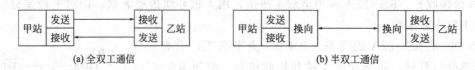

(a) 全双工通信　　　　　　　　　　　(b) 半双工通信

图 9-4　通信工作方式图

全双工方式：数据的发送和接收分别用两组不同的数据线传送，通信的双方都能在同一时刻发送和接收数据。

半双工方式用同一组线接收和发送数据，通信双方在同一时刻只能发送或接收数据。通信方向的切换过程需要一定的延时时间。

（5）传输速率

在串行通信中，传输速率即每秒传送的二进制位数，其单位为 bit/s，或 bps。常用的标准传输速率为 300～38400bit/s 等。参与通信各方的传输速率要相同。

2. 点对点接口协议（PPI）

PPI（Point to Point）协议是一种专门为西门子 S7-200 系列产品开发的通信协议，是 S7-200 PLC 默认的通信协议。通过 S7-200 PLC 自带的通信接口（Port0 或 Port1）即可进行 PPI 通信。可通过普通的两芯屏蔽双绞电缆进行联网，传输速率为 9.6kbps、19.2kbps 和 187.5kbps。

PPI 协议可用于 S7-200 PLC 与编程计算机之间（STEP 7 Micro/WIN 软件与 S7-200 的通信就是通过 PPI 协议完成的）、S7-200 PLC 之间、S7-200 PLC 与 HMI 之间的通信。

PPI 协议是一种主/从协议。网络中主站向网络中的从站发出请求，从站只能对主站发出的请求做出响应，自己不能发出请求。主站也可以对网络中其他主站的请求做出响应。

PPI 通信设置可以通过指令向导进行配置。

二、任务实施

PPI 通信控制要求如下：

① 两台 S7-200 PLC 之间进行 PPI 通信，主站地址 5，从站地址 6；

② 将主站 I0.0 到 I0.7 的状态映射到从站的 Q0.0 到 Q0.7；

③ 将从站 I1.0 到 I1.7 的状态映射到主站的 Q1.0 到 Q1.7。

根据要求完成以下任务：

① 确定两台 PLC 的型号；

② 列出完成本任务所需器件；

③ 利用指令向导配置 PPI 通信，将过程写在下面；

④ 将程序写在下面。

三、任务评价（见表 9-1）

表 9-1 认识 PPI 通信评价表

小组：_____   指导教师：_____

姓名：_____   日期：_____

评价项目	评价标准	评价依据	评价方式			权重	得分小计
			学生自评 30%	小组互评 30%	教师评分 40%		
职业素养	1. 积极参与小组工作，按时完成工作页，全勤 2. 能参与小组工作，完成工作页，出勤 90% 上 3. 能参与小组工作，出勤 80% 以上 4. 能参与工作，出勤 80% 以下 5. 未反映参与工作 6. 工作岗位 5S 完成情况	1. 出勤 2. 工作态度 3. 劳动纪律 4. 团队协作精神				0.5	
专业技能	1. PPI 通信向导配置 2. 程序编制与调试	1. 操作的准确性和规范性 2. 问题记录的准确性 3. 工作页完成情况 4. 程序调试情况 5. 问题回答及现场汇报情况				0.5	
合计							

四、总结巩固

列出在本任务中学到的知识。

五、拓展训练

① 列出 SMB30 和 SMB130 中各位的名称及在 PPI 通信的作用。

② 使用 PLC 的 PORT1 端口实现"任务实施"中的要求的任务，写出操作步骤。

③ 若要求在生成通信控制子程序的时候，读主站 VB1 到从站 VB300，写主站 VB307 到从站 VB200，通过编程实现本要求。

任务二 认识以太网通信

【学习目标】
1. 了解工业以太网通信的特点；
2. 能配置 S7-200 以太网通信及组态程序；
3. 能制作以太网通信线。

一、必备知识

1. 工业以太网

以太网具有传输速率高、网络资源丰富、系统功能强、安装简单和使用维护方便等很多优点。工业以太网是为工业应用而专门设计的遵循 IEEE802.3 国际标准的开放式、多供应商、高性能的区域和单元级网络。

S7-200 通过以太网模块 CP243-1 或互联网模块 CP243-1IT 接入以太网。S7-200 以太网通信主要有以下几种方式：

① S7-200 之间的以太网通信；

② S7-200 与 S7-300/400 之间的以太网通信；

③ S7-200 与 OPC 及 WINCC 的以太网通信。

2. 工业以太网常用的电缆及接头

图 9-5　RJ45 接头排线示意图

TP Cord 电缆（又称双绞线）、RJ45 连接头（又称水晶头）被广泛应用于工业以太网。

RJ45 连接头（见图 9-5）压线标准有 T568A、T568B 两种。双绞线两侧的线序均为 T568B 时叫做直通连接，适用于 PC 与集线器、PC 与交换器、PLC 与集线器、PLC 与交换机的连接。双绞线一侧为 T568A，另一侧为 T568B 时，叫做交叉连接，适用于集线器与集线器、电脑与电脑、PLC 与 PLC 之间的连接。

压线标准对照表见表 9-2。

表 9-2　RJ45 压线标准对照表

RJ45 连接头序号	双绞线线色	T568A	T568B
1	绿白	1	3
2	绿	2	6
3	橙白	3	1
4	蓝	4	4
5	蓝白	5	5
6	橙	6	2
7	棕白	7	7
8	棕	8	8

3. S7-200 PLC 间的以太网通信设置

SERVER 站要在编程软件中对"以太网向导"进行配置，配置完成后在程序中调用以太网通信控制子程序。

CLIENT 站也要在编程软件中对"以太网向导"进行配置，除了和 SERVER 站相似的配置外，还需配置通信 PLC 之间的数据交换区域。配置完成后在 CLIENT 站程序中除了调用以太网通信控制子程序，还需调用数据交换子程序。

SERVER 站不主动进行通信，CLIENT 主动进行通信请求。

二、任务实施

① 对两台 S7-200 PLC 之间进行以太网通信，SERVER 站地址 192.168.1.3，CLIENT 站地址 192.168.1.2；

② 将 SERVER 站 I0.0 到 I0.7 的状态映射到 CLIENT 站的 Q0.0 到 Q0.7；

③ 将 CLIENT 站 I0.0 到 I0.7 的状态映射到 SERVER 站的 Q0.0 到 Q0.7；

④ 确定两台 PLC 的型号；

⑤ 列出所需器件；

⑥ 利用指令向导配置以太网通信，将过程写在下面；

⑦ 将程序写在下面。

三、任务评价（见表 9-3）

表 9-3 认识以太网通信评价表

| 小组：_____ 姓名：_____ | | | 指导教师：_____ 日期：_____ | | | | |

评价项目	评价标准	评价依据	评价方式			权重	得分小计
			学生自评 30%	小组互评 30%	教师评分 40%		
职业素养	1. 积极参与小组工作，按时完成工作页，全勤 2. 能参与小组工作，完成工作页，出勤 90%上 3. 能参与小组工作，出勤 80%以上 4. 能参与工作，出勤 80%以下 5. 未反映参与工作 6. 工作岗位 5S 完成情况	1. 出勤 2. 工作态度 3. 劳动纪律 4. 团队协作精神				0.5	
专业技能	1. 以太网通信的应用及其特点 2. S7-200PLC 之间的以太网通信配置 3. S7-200PLC 之间的以太网通信程序编制 4. 通信电缆及其接线标准	1. S7-200PLC 之间的以太网通信配置 2. 回答问题的准确性 3. 工作页完成情况 4. 通信程序调试情况				0.5	
合计							

四、总结巩固

列出在本任务中学到的知识。

五、拓展训练

① 使用双绞线和水晶头制作一条直连电缆、一条交叉电缆。说明两条电缆结构和用途上的不同。

② 查找资料，说明 IP 地址的作用和格式。

③ 尝试学习和研究 S7-200 与 S7-300/400 之间的以太网通信以及 S7-200 与 OPC 及 WINCC 的以太网通信。

参考文献

［1］廖常初．PLC 编程及应用［M］．第 3 版．北京：机械工业出版社，2010．

［2］李雪梅，袁勇等．工厂电气与可编程序控制器应用技术［M］．北京：中国水利水电出版社，2006．

［3］邓则名，谢光汉等．电器与可编程控制器应用技术［M］．第 4 版．北京：机械工业出版社，2016．

［4］杨乐，郭选明等．PLC 控制系统［M］．成都：西南交通大学出版社，2015．

［5］侯宁．基于任务引领的 S7-200 应用实例［M］．北京：机械工业出版社，2014．

［6］周占怀．PLC 技术及应用项目化教程［M］．青岛：中国海洋大学出版社，2015．